环境治理主体责任及价值共创研究

PPP、创新与机制

任志涛　著

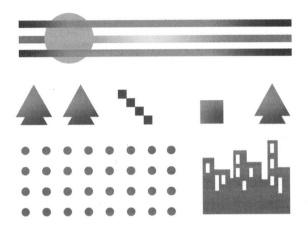

U0200608

中国财经出版传媒集团
中国财政经济出版社

图书在版编目（CIP）数据

环境治理主体责任及价值共创研究：PPP、创新与机制／任志涛著. ——北京：中国财政经济出版社，2021.4

ISBN 978 – 7 – 5223 – 0414 – 4

Ⅰ.①环… Ⅱ.①任… Ⅲ.①环境管理–研究–中国 Ⅳ.①X321.2

中国版本图书馆 CIP 数据核字（2021）第 040961 号

责任编辑：马　真　　　　　　责任校对：徐艳丽
封面设计：思梵星尚　　　　　　责任印制：党　辉

环境治理主体责任及价值共创研究：PPP、创新与机制
HUANJING ZHILI ZHUTI ZEREN JI JIAZHI GONGCHUANG YANJIU：
PPP、CHUANGXIN YU JIZHI

中国财政经济出版社 出版

URL：http：//www.cfeph.cn
E – mail：cfeph@ cfeph.cn
（版权所有　翻印必究）

社址：北京市海淀区阜成路甲 28 号　邮政编码：100142
营销中心电话：010 – 88191522
天猫网店：中国财政经济出版社旗舰店
网址：https：//zgczjjcbs.tmall.com
北京财经印刷厂印刷　各地新华书店经销
成品尺寸：170mm×240mm　16 开　24.75 印张　419 000 字
2021 年 5 月第 1 版　2021 年 5 月北京第 1 次印刷
定价：88.00 元
ISBN 978 – 7 – 5223 – 0414 – 4
（图书出现印装问题，本社负责调换，电话：010 – 88190548）
本社质量投诉电话：010 – 88190744
打击盗版举报热线：010 – 88191661　QQ：2242791300

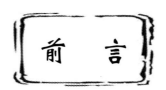

前　言

　　环境治理是推进国家治理体系和国家治理能力现代化的体现，是中华民族延续建设生态文明的千年大计，像对待生命一样对待生态环境，是树立践行绿水青山就是金山银山理念和基本国策，构建政府为主导、企业为主体、社会组织和公众共同参与的环境治理体系。进一步说，我国生态治理进入了新时代。当前环境治理面临单一传统的、自上而下的治理资金不足且效率不高，治理体系不完善等困境，如何在市场经济体制下，环境治理主体实现责任界定、风险共担、利益共享和价值共创，构建多元主体共同参与的环境协同治理体系、公私合作治理模式和机制的研究应运而生。公私合作（Public Private Partnership，简称 PPP）是公私双方以合作治理模式和机制提供公共产品与服务，公私合作治理不仅是一种模式，更是一种思想理念，本书认为环境治理市场化和社会化公私合作治理成为必然。政府自上而下的单向供给模式不足以解决环境问题，应进行因地制宜、以人为本的转型，坚持遵循共商共建共享原则，与市场、社会共同合作的 PPP 模式将成为生态治理提质增效的新路径。

　　2018 年，全国生态环境保护大会强调，提高环境治理水平，充分运用市场化手段，完善资源环境价格机制，采取多种方式支持公私合作项目，加大重大项目科技攻关，对涉及经济社会发展的重大生态环境问题开展对策性研究，进一步奠定 PPP 模式与生态环境治理的发展基调，PPP 模式在环境治理领域的应用取得阶段性成果。但是在治理过程中存在以下问题，一是由于环境资源的稀缺性、非排他性、消费上的竞争性以及环境治理 PPP 项目中多元共治的特点，治理过程中普遍存在责任分散和行为冲突等现象。治理主体基于趋利避害心理的利己主义诱导其主观上分散和推诿责任，存在降低自身责任风险的现象。同时，环境治理外部性和契约不完全性从客观上为机会主义行为创造了条件，导致环境治理 PPP 项目主体责任模糊、履责行为欠缺，严重降低了环境治理效率。二是 PPP 项目运行过程中存在环境污染转移、公地悲剧、邻避冲突和机会主义行为等问题更指向了价值缺失问题。同时，高度复杂性和不确定性的时代变化对政府治理的理念范式和角色定位提出了根本性挑战。以上问题已经不能简单地通过制度解决，需要从价值层面寻求新的解救方案。如何攻克 PPP 项目中的现有问题，实现环境治理 PPP 项目的主体责任及价值共创合作治理创新机制成为深度研究的重要课题。

责任是人与人交流互动的传播载体，也是政府进行国家治理的核心要素之一。当一个群体共同完成某项任务时，群体中每个个体的责任感相对其独立完成该项任务时会变弱，面对困难或遇到责任时会选择退缩，从而出现集体冷漠的现象，环境治理 PPP 项目为多元主体合作，如何避免责任分散效应，更好地对多元主体进行责任分担成为本书研究的重点。PPP 项目之间的合作关系属于组织间合作关系的范畴，具备组织间合作关系的性质，通过信任、合同、依赖等途径实现关系价值或价值增值，在环境治理 PPP 项目的运行过程中将会创造出公共价值、企业价值和关系价值，多元主体所共同创造的价值总和将形成价值共创。

本书以环境治理现状和实践问题为研究的逻辑起点，解决环境治理模式和机制短板，以我国环境治理主体责任及价值共创为核心要义，构建环境治理公私合作治理模式和机制，为我国环境治理创新模式和机制成功运行提供理论研究和实践新思路。

全书共十章，全面介绍了环境治理 PPP 项目的相关概念及理论基础，运用社会责任内生动力观、行动者网络、公共价值管理、价值共创和合作治理等相关理论，探究多学科公私合作治理理论。首先，对环境治理 PPP 项目主体内生责任内涵进行界定，在研究方法上引用 Q 方法对环境治理 PPP 项目社会责任内生动力特征进行分析，得出较为完善的环境治理 PPP 项目社会责任内生动力机制，对我国环境治理 PPP 项目社会责任内生动力生成、政府内生责任强化及内生责任分担进行了创新研究，揭示环境治理 PPP 项目政府内生责任影响规律及机理，建立环境治理 PPP 项目责任分担研究框架，提出环境治理 PPP 项目主体责任分担保障机制。其次，分析环境治理责任和价值创造源生动力，对环境治理 PPP 项目政府绩效、民营企业及公众参与影响项目公共价值的多层次多维度价值共创深度研究，分析政府—企业—公众的行为关系，全面阐述环境治理政府绩效历史演化阶段，引入以公共价值为基础的政府绩效管理理论，构建环境治理 PPP 项目政府绩效及价值共创达成机制。运用影响模型、实证研究、路径规划等方法从价值冲突、价值创造、保障策略等方面阐述了民营企业参与环境治理 PPP 项目价值创造的全过程。运用行动者网络思想，探讨环境治理 PPP 项目公共参与价值共创结构及其参与水平。最后，架构环境治理责任和价值保障体系，设置社会责任双轮驱动机制、政府绩效政策工具选择和公众参与价值共创超网络，形成"一个中心""两个维护""三位一体""四个坚守"的环境治理主体责任及价值创造体系，丰富和发展合作治理理论和实践，创建合作治理共同体，实现环境治理 PPP 整体可持续。

本人自 2002 年起长期从事 PPP 模式相关领域的理论研究及工程实践，在查阅了大量相关学术专著和资料的基础上，依据多年研究成果写作完成本书。感谢中国财政经济出版社对本书的支持，感谢为本书付出辛劳工作的同仁和朋友。

本书的内容涉及公私合作环境治理的多个方面，由于掌握的资料不够全面，加之本人水平有限，书中难免存在不足之处，敬请读者批评指正。

本书的出版受教育部人文社会科学规划基金项目"环境治理公私合作共生网络形成机理与管控机制"（17YJA630082）资助。

作者

2020 年 6 月

目　　录

第1章
绪 论

1.1
环境治理 PPP 项目研究背景及意义

1.1.1 环境治理 PPP 项目研究背景

环境治理是推进国家治理体系、治理能力现代化的体现，是中华民族延续建设生态文明的千年大计，我国生态治理进入了新时代，应进一步构建政府为主导、企业为主体、社会组织和公众共同参与的环境治理体系。当前环境治理面临单一传统，自上而下治理资金不足且效率不高，治理体系不完善等困境，如何在市场经济体制下，使环境治理主体实现责任界定、风险共担、利益共享和价值共创，构建多元主体共同参与的环境协同治理体系、公私合作治理模式和机制的研究应运而生。公私合作（Public Private Partnership，简称 PPP）为公私双方以合作治理模式和机制提供公共产品与服务，公私合作治理不仅是一种模式，更是一种思想理念，为使环境治理市场化和社会化，本书认为公私合作治理成为必然。政府单向地自上而下的供给模式不足以解决环境问题，应进行因地制宜、以人为本转型，坚持遵循共商、共建、共享原则，与市场、社会共同合作的 PPP 模式将成为生态治理提质增效的新路径。

在环境治理 PPP 项目取得一定成效的同时，由于责任履行不到位，多元目标差异性、行为异质性、信息的不对称，导致环境治理 PPP 项目在运行过程中产生了一系列问题，成为影响环境治理 PPP 项目良好运行的阻碍因素。

（1）目前有许多环境治理 PPP 项目出现了后期运维不达标、公众反对项目建设、民营企业难进入等问题。如青岛威立雅涉嫌排放超标等水质污染问题、三地 PX 项目事件等。环境治理 PPP 项目的效益难以量化、治理风险高、付费方式主要依靠政府购买，在 PPP 项目绩效体系不完善的情况下，如果政府责任履行不到位就会出现项目难以持续、失信公众以及环境污染负外部性加剧等问题。故如何促使政府部门积极应对环境治理 PPP 项目中的难题，有效发挥政府职能作用，以保障 PPP 模式在环境治理领域中的深入推进，已成为学者关注的热点。

（2）环境治理 PPP 项目具有很强的外部性特征，与周围居民与环境的安全和可持续发展息息相关，一旦项目实施主体放弃履行社会责任，进而触发项目负外部性，将会对社会及环境造成巨大的负面影响。环境治理 PPP 项目履行社会责任的内生动力愈发不可或缺，这就要求 PPP 项目主体在受到外部社会的压力之外，亟须加强其自身内部履责动力。同时环境治理 PPP 项目运行过程中的环境污染转移、公地悲剧、邻避冲突和机会主义行为等不良状况的发生均指向了价值缺失。由于环境治理 PPP 项目过程中的多元目标差异性、行为异质性、信息的不对称等内生特性引起的环境治理公共价值定义缺失、多元行为冲突不断、全过程绩效评估体系匮乏等问题，导致环境治理 PPP 项目发展出现阻碍。环境治理是政府、企业和公众异质性利益诉求，对接 PPP 新公共供给模式，探寻源于价值共创的政府绩效管理内涵，保证环境治理产出与社会需求的高度一致。

（3）PPP 模式在环境治理领域的应用取得很好的反响，但由于环境资源的稀缺性、非排他性、消费上的竞争性以及环境治理 PPP 项目中多元共治的特点，治理过程中普遍存在责任分散现象。治理主体基于趋利避害的利己主义诱导其主观上分散和推诿责任，降低自身责任风险；同时，环境治理外部性和契约不完全性从客观上为机会主义行为创造条件，弱化主体履责动力，最终导致环境治理 PPP 项目主体责任模糊、履责行为违规，严重降低环境治理效率。

（4）根据全国政府和社会资本合作（PPP）综合信息平台项目管理库数据显示，从 2018 年 12 月到 2019 年 11 月，参与环境治理 PPP 项目的民营企业数量增加 992 家，参与项目数增加 646 个，占社会资本数的比例却减少 0.3%，由此可以看出，民营企业参与环境治理 PPP 项目的热情逐渐增加，但民营企业的成交项目规模较小，一些民营企业对环境治理 PPP 项目相对谨慎，环境治理 PPP 项目市场还是以国有企业为主，民营企业参与程度有待加强。现阶段我国民营企业参与环境治理 PPP 项目的数量及其投资规模都有很大增加，但环境治理 PPP 项目投资回报机制缺乏、融资困难、同质化竞争严重等问题制约了民营企业参与环境治理 PPP 项目。同时环境治理外部性和契约不完全性从客观上为机会主义行为创造条件，治理主体基于趋利避害的利己主义诱导其主观上分散和推诿责任，引发环境治理 PPP 项目多元行为价值冲突。

（5）PPP 项目中的公众参与同样会对项目结构造成影响，作为环境治理 PPP 项目的消费者，其偏好和诉求都是影响环境治理 PPP 项目落地的一大因素。同时公众会在开始或者项目的全生命周期中通过环境信访、网络等方式参与其中，然而我国并没有完善的法律法规来规范公众参与，大规模爆发性的公众参与会演变为环境群体事件，这些都是我国治理制度化水平的严峻考验。政治制度对于环境信访表达和参与的载荷、吸纳水平一旦出现衰退，将很容易产生参与危机。环境群体事件的频繁爆发也会对社会秩序造成不利影响。这些都与环境治理 PPP 项目公众参与价值缺失有关，公众无法对环境参与有科学的认知，进而也无法进行有效的公众参与；缺乏对公众参与价值的认知，政府和企业无法为公众参与创造良好的环境。

因此，本书以政府、企业和公众三个主要主体为研究角度，从责任和价值两个方面入手。从责任生成的向度出发，界定政府在环境治理 PPP 项目中存在的内生责任，并对环境治理 PPP 项目政府内生责任的主体、内容、行为逻辑及特征进行剖析，利用政府自我控制与协调的机理，以提高政府在环境治理 PPP 项目中的履责效果；从内生视角来分析环境治理 PPP 项目主体履责的动力，厘清履责内外生动力的异质关系，明晰内生动力的基本特征，并以此构建环境治理 PPP 项目的内生动力机制；引入社会学的行动者网络理论，以网络化视角进行环境治理 PPP 项目责任分担逻辑解构，在此基础上，进行环境治理 PPP 项目责任分担的障碍诊断，并基于障碍诊断结果设计兼顾公平与效率的责任分担保障策略。

以价值共创理论和以公共价值为基础的政府绩效管理理论为基础，以提升政府绩效和深化环境治理效果为目的，政府绩效对接环境治理 PPP 项目价值共创，形成"政府绩效演化和逻辑—政府绩效价值建构—政府绩效博弈模型—政府绩效影响机理—政府绩效政策工具选择"的研究路径；从环境治理 PPP 项目的参与主体出发，分析其面临的价值关系冲突，构建环境治理 PPP 项目价值共创行为影响因素模型，剖析环境治理 PPP 项目价值的共创过程，建立博弈模型对价值共创主体行为进行分析与实证，并以此建立基于双方资源整合的价值共创机制；从环境治理 PPP 项目价值冲突和公众参与问题出发，以价值共创为视角，结合行动主义理念，从"价值冲突—价值共创"和"参与缺位—自主行动"两方面考虑环境治理 PPP 项目公众参与问题，分析公众参与水平和影响因素，梳理价值共创过程和行动者网络结构，并在此基础上构建相关政策网络，设计环境治理 PPP 项目公众参与保障策略。从而责任—价值双管齐下，提升环境治理 PPP 项目履责水平和价值创造水平，提升项目公平和效率，促进环境治理 PPP 的可持续发展。

1.1.2 环境治理 PPP 项目研究意义

1. 理论意义

（1）环境治理 PPP 项目有利于进一步丰富对政府责任体系的研究。现有对政府责任的研究多侧重于责任在经济、社会、环境以及法律等方面的探讨以及市场体制完善下的政府变革问题，往往体现在一般性、基础性及现实性的分析上。本书从责任生成角度入手研究，通过对政府责任进行深层次的来源剖析，结合政府在社会中的关系界面，研究政府在环境治理 PPP 项目中的责任并对其内生责任进行界定，围绕政府内生责任的内涵、责任的生成逻辑等方面展开研究，拓宽政府和市场关系理论研究领域。环境治理领域的公共物品属性强且外部性显著，引入 PPP 模式是市场化应用于公共领域的一种尝试，是处理政府与市场关系的积极探索。环境治理 PPP 项目是政府职能转变的一种具体体现，且政府在环境治理 PPP 项目中的责任问题更加突出。本研究从项目制与科层制的矛盾统一关系中来讨论 PPP 模式下政府和私营部门的契约型合作关系以及政府与公众的委托代理关系，着重研究政府在 PPP 项目中的角色和内生责任，对政府在市场化合作中的理论开展研究。结合已有研究，总结现有环境治理 PPP 项目中社会责任缺失的现状及履责动力不足的内生根源，以可持续发展为导向，通过对环境治理 PPP 项目中社会责任内生动力的基本内涵及特征关系进行解释，以此提出环境治理 PPP 项目以社会责任为内生动力的双轮驱动机制，促进环境与经济的可持续循环发展。

（2）以网络化视角进行责任分担的逻辑解构，消除人与自然的二元对立，丰富责任分担理论。本书引入社会学的行动者网络理论，平等看待环境治理

PPP 项目责任分担中公共部门、私人部门和社会公众组成的人类行动者和生态环境、环境治理基础设施、治理技术和法律政策组成的非人类行动者，关注非人类行动者在责任分担中的能动性及其与人类行动者之间的互动关系，通过行动者转译进行责任分担网络分析，弥补责任分担传统研究中人与人一元社会关系的研究缺陷，展开人与人、人与非人、社会与自然的多元关系合作治理研究。

（3）以公共价值为基础的政府绩效管理理论为基础，运用公共价值理论、价值共创理论等进行多学科交叉综合，以"政府绩效演化和逻辑—政府绩效价值建构—政府绩效博弈模型—政府绩效影响机理—政府绩效政策工具选择"为研究思路。综合分析我国环境治理中出现的价值缺失、行为冲突、公私博弈等问题，站在政府主导治理视角研究环境治理 PPP 模式下政府绩效内涵，寻找价值共创规律与政府绩效演进内涵。探究政府与社会资本之间的动态与静态的博弈关系，找寻价值共创行为选择下的最优解。拓展以公共价值为基础的政府绩效管理理论的应用领域，厘定环境治理过程中公共价值的具体内涵，探寻政府从"政府本位"到"社会本位"的价值取向转变轨迹，分析环境治理项目全生命周期的政府绩效政策选择工具及其应用路径。

（4）社会资本进入公共项目投资领域时，项目的价值冲突日渐凸显，主要反映在价值关系冲突。结合已有研究，从环境治理 PPP 项目的参与主体出发，分析其面临的价值关系冲突，以可持续发展为导向，构建价值共创行为的影响因素模型，从主体关系和行为互动两方面探讨价值共创过程，达到主体间的价值共赢，探究环境治理 PPP 项目主体的行为博弈，以此构建环境治理 PPP 项目价值共创机制，提高利益相关主体履责意识，丰富合作治理理论，促成项目环境经济的良性循环发展。从价值共创视角出发，梳理环境治理 PPP 项目中的价值冲突和价值共识，确立公众在环境治理 PPP 项目中的顾客地位，结合价值共创的服务生态系统研究范畴，梳理环境治理 PPP 项目价值共创生态系统逻辑，划分系统网络中的行动者，构建价值共创超网络结构，为环境治理PPP 项目公众参与研究提供新视角。结合行动主义理论，将行动者理念贯穿整个环境治理 PPP 项目公众参与价值共创过程和政策过程，分析行动者通过互动合作形成耦合结构，构建环境治理 PPP 项目公众参与价值共创超网络和政策网络，为环境治理 PPP 项目公众参与提供新的建构性和解释性框架。

2. 现实意义

（1）对我国未来环境治理 PPP 项目的发展提供指导和借鉴。环境治理的公共物品属性强，政府的履责将直接影响到项目的有效实施，建立健全政府内生责任体系，为多部门进行环境治理合作提供责权配置依据，为政府和社会资本合作做好基础铺垫，以保障各方的权利义务，促进民营资本进入环境治理领域，从而实现风险共担、利益共享以及物有所值。有利于厘清 PPP 模式中的政府责任，促进政府职责的转变。在实际进行 PPP 项目的操作中，由于各领域的具体情况不同，PPP 模式在我国的发展历史也并不长，政府与社会资本的责任不明确、角色定位不合理，因为职能履行不到位导致 PPP 项目无法继续进行的案例也有很多，研究环境治理 PPP 项目政府内生责任有利于政府明确自身定位，把握责任赋予的深层次变化，实现职责转变。为解决我国当前环境治理 PPP 项目"政府寻租行为""企业自利性行为"等机会主义责任缺失行为，应当合理配置环境治理 PPP 项目内生主体责任，有效加强双方内生性的履责动力，自发地维持环境治理 PPP 项目的可持续发展，对政府和企业在环境领域长期合作的伙伴关系，增强环境治理 PPP 项目内外生主体合作与信任关系具有重要意义。

（2）设计环境治理 PPP 项目的责任分担保障策略，在责任分担的背景下，公平和效率将会促进环境治理 PPP 项目的可持续发展。本书在环境治理 PPP 项目责任分担障碍诊断的基础上，以可持续为导向，从激励约束、风险管控、资源调度和效率评价四个方面设计兼顾公平与效率的责任分担保障策略，破解了因行动者利益诉求的异质性而导致的责任分担行为分异障碍，有效提升了环境治理 PPP 项目供给质量和效率。

（3）有利于解决我国当前政府进行环境治理时"强度低、不平衡"的价值缺失问题，实现多维度、多层次的环境集成治理，有利于对价值共创理论及其实现路径进行改革创新，分析政府与社会及公众之间的行为交互和冲突演进过程，提高政府环境治理能力。有利于改革政府治理范式，实现公共价值的持续创造，探索 PPP 模式在公共价值共同创造中的动力与持久力，有利于建构以公共价值为评价标准的环境治理 PPP 项目政府绩效评估体系，提出符合以公共价值为基础的政府绩效管理模型作为环境治理发展规律运行机理，指导我国多元主体参与环境治理 PPP 模式的实践。

（4）为解决我国当前环境治理 PPP 项目"市场失灵""政府寻租行为""企业自利性行为"等机会主义行为，应加强环境治理 PPP 项目价值共创动力，协调主体间行为互动，构建环境治理 PPP 项目价值共创机制，以自发地维持 PPP 项目的可持续发展，加强政府和社会资本在环境领域长期合作的伙伴关系。从环境治理 PPP 项目的价值缺失和价值冲突出发，分析项目的价值内涵、共识和冲突，分析在价值视角下的政府、公众行为变化，构建环境治理 PPP 项目公众参与价值共创超网络，为解决环境治理 PPP 相关问题提供关于价值方面的解决方案和治理范式。从环境治理 PPP 项目公众参与水平较低、参与意识不足、价值失灵等问题出发，结合价值共创和行动主义，通过生态位模型分析环境治理 PPP 项目价值共创生态系统下公众参与水平，利用面板数据分析公众参与宏观影响因素，并在行动者逻辑下构建价值共创网络和政策网络，为公众参与环境治理 PPP 项目提供"双网融合"保障机制。

1.2
国内外相关研究

1.2.1　环境治理公私合作主体责任研究

1. 环境治理公私合作研究

环境治理包含污染治理、对于自然生态的开发利用和保护，环境有公共物品属性，其治理的责任人是政府。多元合作治理改变了原有政府的单方治理，强调多个主体共同进行环境治理，缓解出现的政府失灵与缺位的相关问题。

关于环境治理模式中所面临的困境研究。Newig 和 Fritsch（2010）从多层次治理、公众参与、政策执行以及复杂系统的文献中探讨了多层治理的存在如何影响参与性决策能力，提供高质量的环境政策产出，进行改善执行和遵守。Potoski 和 Prakash（2004）、Muradian 和 Cardenas（2015）、殷杰兰（2016）指出，全球主要存在政府管制型、市场调控型、企业自愿型等环境治理模式，政府管制型面临信息不对称、高成本和制约其他治理主体能力发挥的困境，市场调控型面临投资收益问题、经济人负效应和交易成本的困境，企业自愿型面临"搭便车"行为、事后难评估和治污设施重复建设的困境。杨志军、耿旭、王若雪（2017）从环境政策入手分析得出我国在环境治理中存在强制型政策工具运用过溢、政府行政主体运用分布不均，以及经济型政策工具和自愿型政策工具使用不足等问题。Li 和 Xu（2018）指出，我国环境污染治理已进入以利益为中心的博弈阶段。

关于多元参与的治理模式基本形成的研究。俞海山（2017）指出，目前环境问题由政府单方治理难以满足要求，多主体的参与式治理要求政府、企业、公众等组织要在相互合作过程中实现共同治理。Vince 和 Haward（2017）研究了第三方评估和认证，将国家、市场和社区联系在一起，形成一种新的混合治理形式。Landauer 和 Komendantova（2018）研究了公众参与环境规划如环境影响评估（EIA），可以使当地社区能够就基础设施项目的环境、社会和经济挑战提供反馈，改善所有参与方的社会学习方式，有助于共同制定可持续的解决方案。Landon 和 Micah（2018）探讨了海洋塑料垃圾的治理特征、构造其严重程度的影响因素，调查私营部门在帮助减少海洋塑料垃圾的数量和影响方面的潜力，如果将企业社会责任的实施与促进治理框架（如支持性政府监管和非政府伙伴关系）相结合，将是最为有效的，如果管理政策要与海洋塑料碎片问题的规模和严重程度相匹配，就必须包括所有利益相关者。陈卫东、杨若愚（2018）；王丽、宫宝利（2018）；James 和 Raoul（2019）探讨了区域间的空间生态协调需要实现府际协同治理，且政府监管和公众参与影响了环境治理的满意度。贾文龙（2019）选取了环境治理领域的 1185 篇论文作为分析的样本数据，挖掘出环境治理中的政府责任、多元协同模式以及环境污染复杂化与差异化治理仍是环境治理领域的研究热点，其中政府与市场的竞合关系成为高度关注的焦点。

关于环境治理 PPP 项目的发展及问题研究。PPP 模式已经在环境治理领域得到应用，许多学者已经从水环境治理、农村环境治理、矿山废弃地治理、城市黑臭水体治理等领域开展了 PPP 模式的应用研究。黄晓军、骆建华、范培培（2017）及 Du（2018）指出政府与社会资本合作共同提供环境公共产品和服务，促进了政府治理的变革，可以解决资金、技术和人员短缺的问题，提高城乡环境治理的公平性。Ojelabi、Fagbenle 和 Afolabi 等（2018）及 Gillespie、Nguyen 和 Nguyen 等（2019）指出发展中国家在 PPP 项目实施时，面对的主要挑战包括：利益相关者对公私伙伴关系的不充分协商和利益冲突；人们对公私伙伴关系的消极行为；利益相关者对公私伙伴关系缺乏信心和不信任；公私伙伴关系有利环境差；监管框架薄弱或不完善；法律法规变化；有利政策薄弱。徐顺青、宋玲玲、刘双柳、高军（2019）及张雅璇、王竹泉（2019）指出 PPP 模式中政府与私人部门签订的合伙契约是核心，由于主体的特殊性，影响了环境治理 PPP 项目的发展，致使 PPP 项目合伙契约的不完全程度较高，市场失灵需要政府进行规制。

2. 内生性责任相关研究

内生作为经济上使用的名词扩展到各个领域，代表着内部与外部强连接的产物。外部环境作用叠加内部机理呈现出对内生责任的研究意义，责任是关系赋予产生的关联性权利和义务，可指导责任主体实现责任目标又强调责任的实现效率和方式方法。

关于内生性责任的探讨。樊佩佩、曾盛红（2014）提出"权威—责任—权力"的解释框架来考察三者间的张力如何对权力意志构成掣肘，从而产生"内生性权责困境"。程安林（2015）分析了内部控制制度的变迁演化过程中内外驱动对内部控制制度的"诱导性"和"强制性"需求。Atallah（2016）分析了兼并的内生效率收益，研究发现在均匀的良好市场中，所有可能的合并都会产生效率增益，而且当研发溢出效应非常低或非常高时，合并最显著。刘海明、曹廷求（2016）研究了微观主体内生互动产生的网络在货币政策传导过程中扮演了不可忽视的角色。钟茂初、姜楠（2017）考察了中国政府环境规制的内生性问题，指出不同规制指标均具有显著的内生性，不同指标呈现不同的内生影响机制。王娴、赵宇霞（2018）认为，治理主体决定"内生力"，不能错位、越位或缺位，否则会导致主体间的正向协同作用减退，出现内损耗。张春和（2017）及向运华、刘欢（2018）指出内生意识和自主能力是解决问题的关键。Gama、Maret 和 Masson（2019）研究了具有确定性单向溢出结构的标准对称双周期 R&D 双寡头模型，当其中一方获得优势则会导致内部异质性，溢出效应会内生出对于研发水平和成本利润的影响变量。

关于责任的运作机理研究。霍海红（2010）提出，在进行责任配置的过程中，前期指定的配置规则以及可预见情况的预防非常重要。Clarke 和 Agyeman（2011）以环境公民的概念为切入点，考察英国黑人和少数民族群体（BEM）对环境"权利"与环境责任的界定，确定了四种环境责任话语，讨论了包括信任、社会公平、责任推卸和政府干预等问题。Low（2016）提出政府在环境治理的过程中，效率与困难所形成的瓶颈效应逐渐显现，从政府环境治理责任体系的角度去建立一个基于公共行政决策、实施和监督的地方政府责任运行体系模型以分析制约政府责任有效履行的因素。Molenmaker（2016）证明了政府在履责时不愿意惩罚非合作的选择行为，而更愿意奖励合作选择行为，且奖励过度或惩罚的相对偏好更为明显。陈水生（2017）指出督办责任体制是一种有效的政府运作模式，通过压力型体制实现责任驱动，但该模式无法解释既有体制的内生使命与运作特点。Shelleyegan、Bowman 和 Robinson（2018）指出市场经济的发展促进了责任约束的加强，增强责任感、完善责任制是强化责任约束的有效手段。Franke（2018）认为环境治理中的认知管理概念化了政府各种治理能力，政府可通过互补和灵活的治理方式安排补充集中治理，努力实现保护和利用好自然之间的可持续平衡。

关于政府责任的特征及行为研究。Mclennan 和 Eburn（2015）明确了一些必要的，但往往是隐藏的权衡，评估政府责任的归属，以及应该如何分担相互竞争的价值观之间的权衡。任敏、雷蕾（2016）及张彩云、苏丹妮（2018）指出，政府环境治理能力取决于府际协作治理能力，分别从横向和纵向府际关系，依托政企合作、府际利益、法律法规和治理信息，提出了政绩考核影响地方政府间环境治理的策略互动假说。Knudsen 和 Steen（2018）研究了政府如何规范国际企业的社会责任，分析了通过强制性监管和支持性举措来塑造企业社会责任以实现政府责任目标。郭燕芬、柏维春（2019）探讨了政府责任包括从顶层设计到地方政策落地自上而下、从地方政府改革试点到中央政府总结推广自下而上及地区间对标先进的横向三种实践逻辑。曾云敏、赵细康、王丽娟（2019）强化高层政府在分类处理中的责任是实现转型的核心，同时也需要理顺基层政府的分类转运体系，激活公众参与在垃圾分类收集中的作用。吴建南（2018）及汤金金、孙荣（2019）指出环保督查的常态化转变和地方政府环保绩效是政府责任行为的有效约束。

3. 环境治理社会责任相关研究

在环境治理方面，2015 年 8 月中共中央办公厅、国务院办公厅印发了《党政领导干部生态环境损害责任追究办法（试行）》，而后在 2017 年 12 月发布了《生态环境损害赔偿制度改革方案》。多个省市也相应出台了地方性的环境责任制度，如 2017 年 9 月河北省出台了《河北省生态环境保护责任规定》，以及细化各相关部门责任的《河北省政府职能部门生态环境保护责任清单》。在 PPP 项目方面，自 2017 年以来各地区纷纷推出 PPP 负面清单管理，进一步明晰了 PPP 项目实施过程当中各方的权责利关系。国内外学者关于企业环境治理社会责任的相关研究如下：

环境责任是指根据个人或团体组织在环境中所处地位在对环境整体维护中

应承担的责任。外国学者的研究形成了较为完备的理论体系，例如"环境公共财产理论""环境公共信托理论""实体环境权论"等，为后续学者的研究提供了相对成熟的理论依据。

关于政府视角下的环境责任研究，20 世纪 70 年代初，美国学者约瑟夫·萨克斯（Joseph Sax）提出环境管理的"公共信托理论"，也称为"程序环境权理论"。该理论的实质是要通过建立民选的环境管理机关，以信托管理的形式将本应由公民行使的管理环境资源的权力转交政府机关行使，政府机关对人民负责，人民对政府的管理行为进行监督。之后 1987 年美国学者弗兰克·约翰逊·古德诺（Frank Johnson Goodnow）提出了责任政府理念和构建责任体制的设想，为政府承担环境治理责任提供了理论依据。根据责任政府理论，2000年美国学者爱蒂丝·布朗·魏伊丝（Edith Brown Weiess）在《公平地对待未来人类：国际法、共同遗产与世代间平衡》一书中提出，各层级政府应在资源平等利用、环境保护与治理、避免发生环境负面影响、减少灾难发生及造成的损失方面承担环境责任。

企业环境责任是企业承担广泛社会责任的重要方面，关于企业视角下的环境责任社会化的研究，Jennifer 和 Mark（2008）针对企业社会环境责任（CSER）的各种外部、行业和内部影响进行研究，以斯堪的纳维亚航空公司（SAS）为例解释公司选择（或否定）承诺 CSER 的原因。为 CSER 的履行制定适当的机制，以确保 CSER 成为能够影响公司决策制度重要部分；Baughn 和Nancy 等（2010）研究考察了 15 个亚洲国家企业社会责任（社会和环境），得出国家和地区在企业社会环境责任方面的重大差异。企业社会责任（社会和环境）与国家经济、政治和社会背景之间强烈揭示的关系反映了一个国家发展这种机构能力以促进和支持企业社会责任实践的重要性；Simpson 和 Taylor等（2010）针对中小型企业（SME）环境责任的竞争优势进行分析，结果显示，大多数接受调查的 SME 认为环境问题影响了其主要业务，少部分证实了环境责任在增加的收益方面能够带来竞争优势；Francisco 和 Yaiza（2007）以西班牙酒店业为中心进行实证研究，在理论上将企业社会责任和环境责任的重要性作为变量置于语境中，同时分析变量与企业绩效之间的关系，其研究结果表明两个变量之间存在密切正向关系。

关于公私合作多元主体环境责任的研究，Eckerberg 和 Joas 等（2004）认为，政府部门与社会资本方、社会公众的合作过程也是责任向这些部门发生转移的过程，实现环境治理的多主体合作对环境治理责任的多元主体共担大有裨益；UNDP（United Nations Development Programme，2002）认为，PPP 模式中把公共部门的社会责任、环境意识和公共考虑融合到私人部门的资金、技术、管理有效性和企业家精神中，可以提供比私人部门更好的选择；Daniel 和 Germà 等（2013）通过有序逻辑模型解释美国污水处理领域 PPP 项目私人部门参与度，研究明确政府部门与私人部门的责任与权利，其中成本回收面临的风险是私人参与的重要驱动因素；Karmperis 和 Sotirchos 等（2014）从责任主体、契约、监管和公共参与等方面研究了污水处理 PPP 模式，通过对污水处理（WT）PPP 项目的实施、资金利率估算等过程，为成本效益分析（CBA）方法和定量资金价值（VFM）评估提供了理论基础，并开发了适用于污水处理项目可行性阶段项目审查的算法模型。

关于我国生态环境责任体制机制改革方面的研究，陶弈成、龙圣锦（2018）针对《生态文明体制改革总体方案》对应地提出了三条优化路径，即强化政府部门的行政力量、强化公民监督机制、多方参与的企业环境社会责任体系的构建；闫胜利（2018）对我国政府环境保护责任三个阶段出台的法律法规进行了系统性梳理，发现需要进一步完善政府环保责任规范体系以及优化相关配套制度等；朱国华（2016）针对我国环境治理中的政府环境责任进行研究，提出政府环境第一性、第二性责任是保障环境元治理与环境善治实现，避免环境治理关键要素"失灵"；常纪文（2015）通过对《党政领导干部生态环境损害责任追究办法（试行）》的解读，认为在环境保护方面党内法规与国家立法实现了良好的衔接与互助，是中国特色社会主义环境法治的重大创新。

关于我国环境治理项目责任的研究，吴健、高壮（2016）通过梳理我国污水处理行业的政府角色演变，总结污水处理服务供给中政府在制度、规划、监管、融资等方面的责任；王堃宇（2018）从微观层面对 S 养殖场粪污无害化处理项目的环境保护成本和治理效益进行研究，提出了畜牧业环境保护工作责任以及可持续发展建议；丁阳（2016）运用层次分析法结合模糊综合评价法构建了光伏企业环境责任履行效果评价指标体系，并以天威薄膜光伏有限公司项目为例对光伏企业环境责任履行效果进行评价；魏茂莉（2017）通过研究得出环境型邻避冲突中设施公益性和风险性共存，同时这种悖论困境将长期存在，而政府责任在邻避型项目中是至关重要的角色。

关于多元主体环境治理责任的研究，刘宝（2010）指出政府可以通过运用 PPP 的形式来推进企业社会责任，以加强政府、企业、社会组织与公民的对话和沟通，从而建立一个新型的社会治理模式；陈婉玲（2014）提出公私合作制通过"契约约束机制"明确公私各方的具体权利和义务，应当通过立法剔除法律间的冲突，保留必要的政府责任和权利；叶晓甦、石世英等（2015）基于公平与效率理论，针对当前 PPP 项目存在的问题提出厘定 PPP 项目中公私责任，构建了我国 PPP 项目政府与企业的责任框架；李楠楠、王儒靓（2016）通过分析公私合作制公共部门、私营部门异质价值取向，提出了公私合作制需要经济法社会责任本位的理念，建立责权利相统一的风险承担机制以及完善法制体系的建设。

4. PPP 项目政府责任研究

政府责任是公共管理领域经常讨论和研究的课题，政府责任的内涵和研究也在不断的丰富中。PPP 模式是在公共管理和服务领域引入私人部门，使政府和社会资本以合作的方式共同提供产品和服务，PPP 项目中政府角色和职责发生变化，这为政府责任研究赋予了新的思路。

关于政府责任内涵的研究。Anonymous（1961）提出政策不可避免地由人们认为可取的政治目标所决定，政府责任的战略和战术也受到政治的影响。Trachtman（1993）指出责任履行的重点在于"回应、弹性、能力、正当程序"。卜广庆（2011）指出政府责任的产生具有内外生的双向特点，其动力在于内在道德机制与外在强力机制的功效发挥，其责任履行结果有待合民意性与合效能性的二维校验。Thompson（2014）指出分配责任的困难阻碍了对政府失败的调查和纠正。周雪光（2011）及张践祚、朱芸（2016）指出政府内部上下级部门间讨价还价谈判是政府运作过程的重要组成部分，根据不同治理情境对应的上下级互动特征，使责任从"模糊化运作"转向"清晰化运作"。Cane（2016）研究了政府的责任问题，在行使职权的基础上需要继续表现出政府责任的苛责性，而在将要履行的未来责任中则要强调其义务的责任范围。Balsas 和 Carlos（2017）分析了交通规划对政府承担交通风险责任至关重要。王丽（2019）通过对政府行为边界的契约化和绩效考核的机制创新以实现对政府责任边界的动态调整，以更好地发挥政府在新区建设中的作用。

关于 PPP 项目中的政府责任研究。陈婉玲（2014）及吴健、高壮（2016）指出在公私合作伙伴关系中，政府从公共资源的配置者和公共服务的供应者继而转变为推动者，政府重点不是"掌舵"，应保留必要权利并履行政府在 PPP 项目中融资、制度、规划、监管等方面的责任。叶晓甦、石世英、田娇娇（2015）从 PPP 项目起点、过程和结果公平的时序性角度出发，研究 PPP 项目中政府责任框架。Bures（2017）及邹东升、包倩宇（2017）研究公私合作伙伴关系中因为政府的公共责任缺失、规制指标设计不佳而导致的公共利益受损问题。Arbulú（2017）认为政府履行责任要站在社会公众的角度，维护公共利益，确保 PPP 项目的契合公平与效率。Cobbinah 和 Addaney（2017）研究了在城市固体废物管理（MSWM）中政府寻求与国际公司进行公私合作中的角色和责任。陈静（2017）及彭婧、张汝立（2018）对政府责任在 PPP 项目中的困境进行了归纳，指出政府缺乏竞争意识，漠视公众参与的重要性，与异质性主体合作的意识薄弱。Arild（2018）分析了政府在建立和规范市场方面发挥着关键作用，PPP 项目中公共物品交付与私人利润动机之间的冲突使得公共控制既重要又困难。潘海英、叶晓丹（2018）根据一般性政府责任理论并结合项目特点，从经济、社会责任两个维度建构了政府责任的分析框架。郑家昊、李庚（2018）认为为了有效应对准公共产品的负外部性所带来的治理难题，政府必须明确治理责任并精准履行相关职能，以引导者的身份拓展政府和社会资本的合作。

5. 企业社会责任驱动力相关研究

系统动力学理论由美国麻省理工学院（MIT）的杰伊·福瑞斯特（Jay W. Forrester）教授于 1956 年提出，其运用"凡系统必有结构，系统结构决定系统功能"的系统科学思想，根据系统内部组成要素互为因果的反馈特点，从系统的内部结构来寻找问题发生的根源。企业社会责任驱动力是判断影响企业履行社会责任的主要主体结构和组成要素。

国外学者对于企业社会责任动力的研究多在动力因素、利益相关者方面，具体如下：

在社会责任动力因素研究方面，Mark 和 Carroll（2003）将企业承担社会责任的动因归结为经济、制度、道德三个方面；Margolis（2001）等分析实证研究报告，证明企业社会责任与公司绩效呈正相关关系；Tierney 和 Cornelius 等（2006）假设公司是理性自利的，并且假设 FCSG（Federal Corporate Sentencing Guidelines）是企业履行社会责任的唯一动机，通过建立数学模型进行分析，得出 FCSG 对企业承担社会责任有积极影响；Joseph（2001）针对影响企业社会责任履行的动因提出由制度、道德和经济三个因素共同推动社会责任的履行；Campbell（2007）研究企业社会责任履行的影响因素时认为政府规制是制度因素的第一要素。

在利益相关者的社会责任动力研究方面，Henriques 和 Sadorsky（1999）等识别了监管部门、社会组织、社区和媒体对企业保护环境的压力。Clarkson（1995）等将利益相关者分为主要利益相关者和次要利益相关者，主要利益相关者是指对企业的生存起决定性的组织；次要利益相关者的压力是指能够影响企业并受企业影响的组织，不直接参与企业决策也不是企业生存的根本。相比之下，主要利益相关者对企业的影响更加显著，其他一些研究表明主要利益相关者和次要利益相关者同样对企业责任管理具有影响作用。

国内学者的研究多是在国外学者的研究成果的基础上，将其与中国实际情况相结合，国内学者的研究主要从企业发展动力、社会责任动力及企业社会责任驱动力方面进行梳理，具体如下：

在企业社会责任动力是企业发展动力研究的具体层面，我国关于企业发展动力的研究方面，郭汉丁、李柏桐等（2018）对于既有建筑节能改造市场如何提高节能服务企业（ESCO）动力进行了研究，通过构建既有建筑节能改造市场 ESCO 发展动力影响因素的社会网络模型，分析出既有建筑节能改造发展 ESCO 的关键因素的关联程度，并提出相应的对策建议；张晓明（2018）提出实现企业生态化需要在企业整体效益的基础上构建相应的动力机制，通过分析企业生态发展的基本动力规律，认为企业内外部动力机制的相互发展、相互促进能够真正实现企业生态化；陈伟东、尹浩（2014）提出社会企业发展的动力机制，通过对英国社会企业组织与环境的关系进行考察发现，英国社会企业强劲发展的关键在于外部推力（社会企业合法性机制）的构建和内部拉力（社会企业效率机制）的生成；陈剑、吕荣胜（2015）对节能服务行业的快速成长动力进行研究，其结合理论建模和数理验证方法实证分析节能服务企业动力要素对其成长绩效的影响，证实节能服务企业成长动力最显著的影响因素是政策支持，其次为整合能力、技术人才和资金来源；李勇、史占中等（2004）提出创新是企业集群发展的根本动力，并且深入分析了企业集群的创新能力在萌芽期、成长期、成熟阶段各个时期的变化。

动机是引导、激发和维持个体活动的内在心理过程或内部动力。通过激发和鼓励，使人们产生一种内在驱动力。因此在研究企业社会责任履行动机方面，佟蓬晖、赵德志（2018）通过对企业员工访谈调查来研究企业社会责任行为与员工内部工作动机的关系，研究表明企业社会责任行为对员工内部工作动机产生积极影响，同时为企业不同利益相关者履行社会责任行为的资源投入程度提供借鉴；刘春济、朱梦兰（2018）提出国有企业和民营企业之间的社会责任溢出效应存在多向度性，其在相互制衡中推动我国企业社会责任的不断演进；肖红军、张俊生等（2013）对企业伪社会责任行为的内涵、假设、动因、危害、曝光和治理方面进行了研究，进而构建了企业伪社会责任行为动因的深思熟虑（PORE）模型，从压力、机会、借口和曝光四个维度剖析了企业伪社会责任行为的动因；朱敏、施先旺等（2014）对 2005—2011 年我国深沪两市 A 股上市公司数据进行研究，基于企业盈余质量对企业履行社会责任动机进行验证，研究表明股权分散型非国有企业的盈余质量与企业社会责任之间的负向关系较为显著。

企业履行社会责任的驱动力具有内生性、外生性两方面特征，且二者具有一定的演进关系。田虹、姜雨峰（2014）从企业的外部压力和自我认知视角分析了企业社会责任履行的动力机制研究，其认为企业社会责任履行的主要影响因素包括利益相关者压力、制度压力和伦理领导；王端旭、潘奇（2009）基于组织学习的视角，通过企业社会责任内生的过程，构建了意义系统的企业社会责任蛛网模型，分析了这种意义系统的演变，从整体上提出企业社会责任发展路径；王瑾（2008）基于社会责任的理论回顾，以企业承担社会责任的驱动力构建了企业社会责任动力机制模型，并对驱动企业承担社会责任的外部和内部各因素进行分析，强调由外生向内生的制度结构演进；李兰芬（2008）认为企业性质构成企业社会责任的伦理本体，以企业性质所设定的企业使命为价值载体的企业社会责任是一种根植于企业自身的、内生的、独一无二的责任愿景；刘晓琴（2009）提出企业社会责任动力机制模型，并对驱动企业承担社会责任的外部和内部因素进行分析，强调由外生向内生的制度结构演进；马少华（2018）通过文献回顾，基于经济理性、社会契约和生态共生的视角，对不同情境因素下的企业社会责任动机进行了研究，提出企业在经济理性角度下承担 CSR 可获得各种直接或间接经济收益，在社会契约角度下为获得利益相关者的认可、组织的合法性以及适应外部的制度环境压力，企业积极履行CSR，从生态共生角度下解读企业在满足内外部环境的要求的同时，企业将CSR 纳入企业的战略体系中。

6. PPP 项目责任分担研究

PPP 项目责任分担具有多元性和外部性的特征。PPP 项目责任分担的多元性一方面是指分担视角的多样性，Ansell 和 Gash（2008）、Andersson 和 Ostrom（2008）、Bodin 和 Crona（2009）分别从协同治理、多中心治理和网络化治理角度发现公私主体间责任履行的依赖性和价值取向的异质性，指出环境治理责任分担需要多方非线性合作；另一方面是指分担主体的多元化，Li（2006）认为公私合作视域下环境治理责任共担是指政府部门、企业机构和社会公民通过正式或非正式机制进行治理责任共担和治理收益共享。齐媛媛、林东海（2016）指出 PPP 项目中政府、企业、公民、社会等合作主体依据各项环境政策、法律法规和标准，协调经济社会发展与环境保护的关系，进行治理责任的分配。谢慧明、沈满洪（2016）及唐玉青（2017）认为环境治理责任共担要充分发挥 PPP 模式中"政府—企业—公众"三维协同作用。PPP 项目责任分担外部性主要表现在外部性起源方面，任志涛（2017）指出环境治理的外部性特点导致治理中存在"搭便车"等道德风险。陆晓禾（2019）指出契约的不完全性为合作主体间的机会主义提供了生存环境。外部性对策方面，陈碧琴（2009）从外部性角度建立公共服务供给相对效率模型，依据外部性的正负和强弱对公私双方供给责任进行分配。Delmas 和 Keller（2005）及萨日娜（2018）通过案例分析指出将私人利益与期望的联合行动相结合，采取正式或非正式的制裁机制可以减少"搭便车"的途径。可见，PPP 项目责任分担多元性和外部性特征要求责任分担以公平和效率为目标。

学者们关于 PPP 项目责任分担的研究主要集中于责任的概念、责任分担的内涵及其相关理论。责任概念方面，涂春元（2006）指出责任包括职责义务、责任追究和后果承担三方面。卢静（2010）认为责任包含份内责任的履行和因责任履行不力而应承担的过失两个基本面。钱振华、刘家华（2015）指出责任是行为主体对行为及其后果的担当，是一种对行为及其后果的问责。责任分担内涵方面，谢娟（2015）将责任分担视为一种社会分工，即参与主体为了达到某种目的，依据契约关系和自身特征界定权利和义务，并在此基础上进行分工合作。刘磊（2015）指出责任分担即两个或两个以上主体共同分担责任。Constantinescu 和 Kaptein（2015）认为责任分担是两个或两个以上主体在道德和法律约束下的行为互动。López 和 Muñoz（2017）认为公私发展伙伴关系（PPDP）中公共部门与私人部门间的责任界限由权威机构明确划定，公共部门承担主要责任，私人部门则拥有更多的专业知识。Bonjour（2017）对欧盟的难民问题进行分析，指出责任分担是基于市场的潜在利益与政策协调持续努力的结果。责任分担相关理论方面，李沃克（1960）提出平衡理论，解释了以感情、义务为起源的初级群体同以规范为基础的正式组织间的互动过程，并基于此提出责任分担理论，认为责任分担理论是非正式组织和正式组织合作实现责任履行中角色与功能的互补，其中非正式组织主要负责依靠情感和经验即可完成的非标准化任务，正式组织负责依靠特定技术和知识才可以完成的标准化任务。美国政府（2005）在对华政策中提出责任分担论（Theory of shared responsibility），强调利益相关者间的合作与牵制。蔡守秋、潘凤湘（2017）认为环境损害责任分担是横向以污染者责任为主，纵向以国家责任为辅，并融合社会责任的综合性责任。可见，责任分担是两个及两个以上主体，对一项任务的内容及其完成过程中的过失进行分工合作的互动过程，以期提高任务完成效率，实现责任分担主体的互利共赢。

国内外学者主要从项目的外部环境和内部结构两方面对责任分担影响因素进行研究。Iseki（2010）研究了美国德州公路和加拿大金穗大桥的 PPP 项目，认为法律变更、不可抗力、公众反对和融资不力是责任分担考虑的主要因素。刘磊（2015）通过分析城市社区治理指出责任分担的影响因素有利益诉求、参与意识和政府监管。白拓（2015）探讨当前废弃物的责任问题，认为成本、收益、消费者支付意愿、奖励和惩罚都会影响责任分配。曹玉华（2017）通过分析我国土壤污染治理责任分配问题，认为经济能力、修复成本和损害赔偿会直接影响责任分担效果。Doorn 和 Neelke（2016）通过对四个跨界水管理案例进行分析，指出责任分配应被视为一个风险分配问题，责任分担要基于有效性、公平性和可持续性的考虑。Wang 和 Liu（2017）基于委托代理理论建立了 PPP 项目风险分配模型，表明风险分担与参与者的利他偏好、预期收益、成本和投资者所面临的努力有关。Montuoro 和 Lewis（2017）研究表明个人行为和外部攻击可以直接或间接地调节个人责任，认为个人责任与行为脱离度成反比，外部攻击程度与行为参与度成正比。高蒙蒙、汪冲（2018）认为 PPP 项目契约不完全性、主体履约精神、收益分流和补偿不足等因素会制约风险分配的效力。可见，责任分担影响因素主要有分担主体的利益诉求和能力差异、项目内部的奖惩机制、项目外部的法律要求、道德约束、不可抗力和需求变动等。

1.2.2 公共价值及价值共创相关研究

1. 公共价值相关研究

选择以公共价值作为地方政府绩效评价标准，是对地方政府绩效评价模式选择多元性的体现。Bryson J 等（2015）认为公共价值管理具有超越传统公共管理和新公共管理的优点；Wal V 和 Zeger（2015）认为公共价值内涵经历了公共价值概念在公共行政领域萌发，到公共价值管理发展成为一种新的公共行政模式，再到公共价值治理理论的提出和应用的理论变迁；Bao G 等（2013）提出了以公共价值为基础的政府绩效管理理论（PV - GPG 理论），认为政府绩效来自社会价值建构；Graaf G 等（2016）认为政府是公共价值创造的主导者，政府需要不断收集、识别、协调社会价值；Pandey S. K（2016）通过对领导角色转变、公众公共价值观转变探究公共价值认同及创造等变量之间的关系；Heintzman R 和 Marson B（2015）将公共服务价值链与政府绩效联系起来，发现政府价值链不仅包含"利润"目标，更面临多样的价值冲突与价值平衡；Moore M（2014）认为个体之间应该联合起来形成公众同盟，并且向政府表达公众意见，公众意见是期望政府创造符合公众意见的公共价值的表达，并称之为公众输入；常亮等（2017）认为公共治理项目通常涉及更多利益相关者的参与和合作，由于不同利益相关者所拥有的资源不同，并对价值有着不同的感知，因此利益相关者在项目中所追求的价值也不尽相同；张万宽（2011）认为公共服务项目中每一个利益相关者都需要在自己的价值诉求与其他利益相关者的价值诉求间进行选择。

Yang K（2016）认为公共价值创造可看作是将管理效率、伦理价值、集体利益、公民参与、合法性等价值要素进行整合的过程；刘方龙和邱伟年等（2019）通过组织编码重新定义了价值共创背景下组织核心价值观的内涵；Bozeman B 和 Johnson J（2015）总结了公共价值识别的六种路径，即归纳推演路径、案例剖析路径、问卷调查路径、内容分析路径、假设讨论路径和规范研究路径；王公为（2019）指出迭代式价值创新及其实现路径对创新管理和绩效提升具有显著的理论价值和现实意义；刘方龙和邱伟年等（2019）强调关注组织间在价值理念上的共鸣，如此才能共同创造出最大化的价值；Head B 和 Alford J（2016）认为随着经济社会的不断变革，公共问题呈现复杂性的特点，导致社会公共价值冲突愈演愈烈；何雨佳和石磊（2018）指出公共治理项目中利益相关者复杂的关系也使得价值间发生碰撞，甚至冲突更为频繁，进而可能阻碍项目的有效实施。

杨学成和涂科（2016）通过对出行平台各阶段因素的分析得出共享经济背景下的动态价值共创框架模型；司文峰和胡广伟（2018）以"互联网 + 政府服务"为背景，引入价值共创理论，分析网络时代下价值共创具有政府主导、公民中心、服务导向和渐进式改革的内涵；蔡春红和冯强（2017）认为以网络经济为背景的价值共创模式已经从价值链结构发展为价值网结构；HAT（2016）提出由公共组织效能、公共服务供给和信任与透明三要素构成的电子政府公共价值评估框架；周文辉和邱韵瑾等（2015）通过对电商平台价值共创三阶段分析得出异质的价值内涵：规则价值—数据价值—生态价值。

在逆向思维引导下，许多学者对价值是否总被共同创造提出疑问。李朝辉和卜庆娟等（2019）认为在利益相关者行为发生冲突时，价值创造路径有可能出现倒退或失败，并将此现象称为"价值减少"或"价值破坏"；陈伟和吴宗法等（2019）指出价值共毁是在价值形成过程中，由于资源配置不均造成利益减少的情形。

2. 价值观下的社会网络及社会治理研究

社会网络理论是管理学领域的重要理论之一，其中包含两种分析路径，其一是自我中心论（Egocentric Approach），强调以行动者为中心的网络可以获得网络发展的有利资源；其二是社会中心论（Sociocentric Approach），强调为了实现集体目标和个体目标而集聚起来的多元个体之间的网络关系。Fernánde Zpérez V（2014）指出社会网络是在组织内的人或行动者之间的关系模式，在这种网络模式下，信息、知识和观点等资源可以得到共享，并从社会网络规模和社会网络强度两方面来研究社会网络的维度；Jia K、Chen Y、Bi T等（2017）从企业管理角度探究社会网络在企业乐观主义和企业创新绩效之间的中介作用，并认为企业社会网络构成与企业规模和企业个体异质性有关；Rashid I、Murtaza G、Zahir Z A等（2018）指出社会网络是基于个体的目标和意愿等形成的，社会网络能够为个体提供各种不同类型的支持，并且对个性的行为和选择产生影响。

国内学者在社会网络的形成和发展方面的研究也取得了一定的进展。高良谋等（2010）从个体需要的开放式创新能力出发，探究个体处于社会网络中所需要的网络能力；胡振宇等（2017）探讨社会网络与企业成长绩效之间的关系，从企业网络规模、个体中心度和社会网络强度三方面解构社会网络构成；唐晓萍（2016）探讨了社会网络与企业多元化之间的关系，发现社会网络关系能够提升企业多元化能力，同时企业多元化能力也能够增加社会网络强度；吴绍玉等（2016）研究了社会网络与企业创新绩效之间的关系，提出社会网络能够通过创业学习、资源整合以及创业动态能力对企业创新绩效产生作用；张秀萍和王振（2017）指出社会网络强调个体成员之间的网络关系，社会网络本质上是一种关系网络构成的社会组织形式；卢娟和李斌（2018）从公民角度阐述了个体嵌入社会中所拥有的复杂网络关系从而形成的多层关系网络；黄嘉文（2019）从微观、中观和宏观三个维度探究企业社会网络负向功能表征。

英国于 1992 年开启的 PFI 模式标志着公私合作 PPP 模式正式进入公共服务领域，由此，市场竞争与公共服务的融合拉开了序幕。在我国，环境治理领域 PPP 模式得到了推广与完善，环境治理 PPP 模式同时具备提供公共物品和公共服务的功能，环境治理 PPP 模式通过政府与社会资本合作提供环保设备和环保服务，实现环境治理绩效。由此看来，环境治理经历了政府部门"掌舵"再到"授权"的历史，社会资本力量的突显强调了市场的作用。李树（2013）指出，在环保领域采用 BOT、TOT 等政府与社会资本合作的模式，能够解决环保领域金融投资不足和公共服务供给失衡等问题；蓝虹和任子平（2015）提出为解决环保领域融资难和公共服务供给力度不够的问题，可以构建用 PPP 模式进行融资解决；郭建卿和李孟刚（2016）从制度层面出发，提出政府要强化政策引导以规范环保领域的市场化进程，以 PPP 模式优化政府和社会企业的合作，实现双赢；唐泽良等（2019）探讨农村污水治理存在"二次污染"、资金匮乏和村民环保意识缺乏等现状，认为 PPP 模式可以为农村污水治理提供可行性方案；孙穗（2019）认为绿色 PPP 能够解决资金缺口问题的同时能够拓宽社会融资渠道，吸引社会资本参与绿色 PPP 项目，还可以建立绿色金融服务体系，促进绿色金融的发展。

社会治理领域价值共创的应用。朱国伟（2015）认为社会治理是政府与非政府治理主体（从个人到公共的、私人的非政府机构）共同致力于公共利益最大化而实现的价值共创过程。在理念相容、功能互补、资源共享与责任共担的过程中，进行着包括公民满意度提升、社会公平正义、政府廉洁高效等在内的不同价值的产出。卓光俊和杨天红（2011）从公民环境权的角度分析得出，环境权是环境公众参与制度的权利基础，环境正义是其存在的价值基础。从法理的维度分析环境公众参与制度的制度价值，环境公众参与制度是不同社会主体存在利益冲突时的公平解决机制，是程序正义的有效实现方式，是促进法治国家建设的有效途径，是协商民主的具体体现。宣兆凯（2006）从道德社会学视角研究发现制约提升公众参与环境保护水平的是相应的道德水准和道德价值观。孙金辉（2019）梳理了 PPP 中的价值创新逻辑，构建了一个基于价值逻辑和价值网络重构的 PPP 项目商业模式容器。陈晓春和张雯慧（2019）从价值共创视角，从"需求感知—组织运作—价值创造"框架分析了共建共治共享社会治理格局中的大数据应用和价值实现路径。

3. 政府绩效相关研究

国内外学者主要从成本角度、公平角度和价值链角度探讨责任分担原则。从成本角度看，Areti（2006）经过算数比较指出平等主义正义规则在责任分摊中政治吸引力、成本效益和实际可行性方面得分最高。邓敏贞（2013）认为像污水处理等受托治理业务依据污染者负担原则进行责任处置。Wang（2014）认为中国应该借鉴国外经验，让生产者承担垃圾处理成本，从源头减少垃圾。从公平角度看，吴江华（2011）指出机会均等原则、差别原则和平等原则保障了低碳责任分担的公平性。Chang（2013）提出共享责任原则可以大大减少中国对二氧化碳的责任排放。孙玉中（2017）指出共同但有区别责任原则为各国发展提供了合理的环境治理责任分配范式。从价值链角度看，Yu 和 Xie（2017）从价值链角度指出价值捕获原则有利于按行业公平合理地划分各省二氧化碳排放权。可见，责任分担原则应以可持续发展为导向，以公平性和效率性为依托，科学合理地分配治理责任，平衡治理主体间的利益和风险。

国内外学者采用定性和定量的方式探讨了责任分担路径。Wilkins（2002）提出包容性责任管理方法，明确参与各方之间对于项目责任的归属。李丁、顾绚（2011）从纵向和横向两个维度建立公平的责任分配体系，纵向公平是基于政府管理，合理分配上下级政府及政府与社会间的责任；横向公平是以市场活动为平面，合理分配生产、分配、交换和消费等环节的责任。Bryson 和 Crosby（2014）建立了相关方协同分析模型，认为经济补偿、法规整合和行政协商等方式是各主体实现环境治理责任的关键路径。代晓涛（2015）在考虑主观错误和原因的基础上，通过责任追究构建环境治理责任清单制度，确定每种原因造成损害结果时的责任归属。李冠杰、李荣娟（2016）提出了政府组织实施责任为主，行政相对人支持与参与责任为辅的农村污水治理责任分担模式。刘敏、毛宇辰（2018）采用 Shapley 值法将工期延误责任定量分摊至不同延迟活动中，再针对不同延迟活动应用 AHP - GEM 法量化业主和承包商的责任分摊。可见，学者们对责任分担路径的探讨多围绕静态的人类主体间关系展开，鲜有学者从动态的、兼顾人与非人、社会与自然多元关系的角度设计责任分担路径。

　　政府绩效经历了从"政府本位价值"到"社会本位价值"的取向转换，本书以地方政府绩效演化过程为线，对政府绩效内涵及模式选择相关研究展开梳理与评述。

　　政府绩效是针对政府行政活动结果效率及效能评估的过程，是实现政府预期目标和提高绩效的社会治理工具。Frederickson H（1991）强调政府提供服务的公平性，拓展了地方政府绩效评价选择范围；陈振明（1999）认为"效率"是行政管理中的标准尺度；Hatry H. P（1997）指出提高政府公共服务供给质量是政府绩效评价目的；Grubbs J W 和 Denhardt R B（2000）指出民主整治、公民权利、公民参与等概念应融入政府绩效管理与评价的价值追求中；孙涛和张怡梦（2018）以绩效管理为导向，探究服务型政府职能转变过程；鲍静和曹堂哲（2018）探究了改革开放以来政府职能转变下战略定位、机构改革、绩效改进的政府治理范式；Rosenbloom D. H（2017）指出对于政府绩效评价可以从价值结构入手，以政府价值冲突演化逻辑与路径为切入点，发展出更具过程导向性的政府治理策略和工具；李文彬和王佳利（2018）通过对广东地区的面板数据分析，剖析了地方政府绩效管理的扩散机制，研究发现政府绩效管理是在以中央强制为主、以学习与竞争以及模仿的共同影响下得以逐步扩散；王学军和王子琦（2019）阐述了政府绩效损失的内涵及其演变规律，从价值链视角审视了政府公共行为并构建了政府公共项目绩效损失测度框架；徐鸣（2019）建构了政府作为市场监管者角色下的绩效评价模型；Bryson J 和 Alessandro S（2016）提出的公共价值治理模型认为政府的政策分析能力、政府领导能力、政府对话协商能力、政府制度组织设计能力和政府评估能力五个因素共同影响着战略三角模型的达成与实现；郎玫（2018）基于政府多重博弈关系探究政府绩效不同环节中的"绩效损失"；沈奥和江旭（2019）探究政府基于动态环境背景而制定的柔性战略对绩效的影响。

　　地方政府绩效评价是政府解决价值困境和效能评价的过程，运用社会治理工具提升治理绩效。Rosenbloom D. H.（2017）指出由于政府绩效评价天然关注效率价值而非民主性价值导致在政府绩效评价过程中存在固有的价值困境；曹堂哲和魏玉梅（2019）探索绩效付酬模式引入政府购买服务领域的可行性，并提出按绩效付酬是政府进行公共治理的新工具；孙涛和张怡梦（2018）将政府差异化绩效评估看作优化政府技术治理的工具；Kamensky D 等（2019）通过对公共管理者组织价值观的积极态度和承诺水平测量发现，公共管理者行为越正向，组织健康和组织绩效水平也越高；Taylor J（2014）分析了政府绩效管理信息使用失败和公共管理者行为背离绩效管理实施初衷等因素所导致的绩效结果偏差。在我国政治经济背景下，冯严超和王晓红（2019）探究财政分权、地方政府竞争对循环经济绩效影响；Yimer M（2015）认为绩效是贯穿财政评价全过程的重要信息，并认为通过在政府财政中期预算框架中引入绩效信息，可以建立一套公共财政的绩效评估框架；王法硕（2019）强调政府政务数据开放的重要性，并认为制度规范是影响政府数据开放绩效的重要因素；姜文芹（2018）建立了民生领域内政府公共服务绩效评价指标体系；宋丽锋和孙钰等（2019）对我国七大城市的基础设施数据进行分析，提出提升地方政府绩效的有效路径。

在生态环境治理方面，程进和周冯琦（2018）探究政府供给主导型制度变迁过程中我国生态系统绩效管理发展过程；刘洋和樊胜岳等（2018）将生态治理政策成本结构绩效评价模型和公共价值绩效评价模型进行整合分析，构建了基于生态治理两方面的统一绩效评价模型；罗文剑和陈丽娟（2018）认为通过政府间的协同治理对大气进行污染整治并进行绩效改进是现阶段急需解决的问题；聂莹和刘倩（2018）选择从项目层面分析生态政策的公共价值，并对生态建设政策绩效进行评价；学者基于绩效流失、绩效破坏等逆向角度，探索政府逆向绩效管理的可行性。在 PPP 模式背景下，郑传斌和丰景春等（2018）实证分析不同付费类型的 PPP 模式对项目绩效的影响作用；李佳露和张艾荣（2019）基于供应链视角探索政府跨部门的信息沟通对绩效的影响。

4. 民营企业参与环境治理 PPP 项目相关研究

PPP 项目利益相关者众多，其中民营企业发挥着重要作用，在项目投资、建设和运用中不可或缺，有效提升了产品的供给效率和服务质量。目前民营企业参与环境治理 PPP 项目增长迅速，学者们对其进行了有效探索，从参与困境、参与价值和影响因素等方面进行了相关研究。

非正式制度壁垒、PPP 项目契约不完善以及参与机制不健全等问题造成了民营企业的参与困境。王俊豪（2017）利用经济学的相应制度，探讨了民营企业存在着大量的非正式制度壁垒，民营企业参与 PPP 项目应该制定相应的政策法规，健全参与机制。刘江帆等（2017）通过分析政府积极改善经济环境，制定相应的政策法规，提出民营企业参与 PPP 项目面临的主要问题是融资成本过高。宋健民等（2017）分析民营企业参与 PPP 项目的必要性，建立影响民营企业参与 PPP 项目的指标体系，通过改进的 DEMATEL 方法，寻找原因，最后从政府、环境和项目三个层面建立参与机制，并提出对应的保障措施。高蒙蒙等（2018）探讨民营企业参与 PPP 项目存在着很大风险，有效的风险分担是关键，通过建立相应的应对机制，可以促进 PPP 项目有效运行，提升民营企业的参与热情。刘俊峰（2018）认为民营企业参与 PPP 项目存在着很多障碍，有效的监督机制可以提升民营企业积极性，保证项目的成功。向鹏成等（2019）运用演化博弈模型，分析民营企业参与 PPP 项目面临的问题，结果显示，项目政策支持、融资能力、定价机制以及相应的激励机制等原因影响民营企业的积极性，从而使 PPP 项目面临着再谈判的发生。Amira Shalaby 等（2019）利用系统动力学观点，分析 PPP 项目主体对应的权利和义务，界定各自的利益，发现 PPP 项目中民营企业参与 PPP 项目存在的问题，并制定相应机制保证政府和民营企业的利益最大化。

民营企业参与环境治理 PPP 项目价值分析。Ole Andreas Aarseth 等（2016）对 PPP 项目的公众参与创造价值进行评估，分析公私伙伴关系对项目价值创造做出的贡献，进而探究 PPP 项目价值创造的内在机理。王颖林等（2016）界定了 PPP 项目主体的行为偏好，通过构建行为偏好的演化博弈模型，探究双方在各阶段演化博弈过程中的价值分配，对比各阶段的结果，提出相应的对策建议。叶晓甦等（2017）提出 PPP 项目中公共参与发挥着巨大作用，通过将顾客感知应用到 PPP 项目中，分析公众感知在 PPP 项目中的作用，进而探讨公共价值的实现，探讨相应的影响因素，建立 PPP 项目主体利益分配模型，将公共利益作为主线探讨利益相关者各阶段的价值分配，进而使 PPP 项目实现公共价值目标。Cian O'SHEA 等（2019）认为 PPP 项目伙伴关系能够高效解决项目运行过程中的问题，伙伴关系价值的实现，可以更好地为 PPP 项目提供服务，提高供给效率。胡长改等（2019）认为 PPP 项目的实施需要众多主体的参与，项目价值增值可以为利益相关者获取各种的利益，分析这一过程中利益相关者的价值创造能力对项目增值具有积极作用。徐永顺等（2019）从 PPP 项目契约的不完全性出发，分析项目合同柔性的作用，探究 PPP 项目价值增加的内涵，构建项目主体关系对项目价值的理论模型，得到项目主体关系价值的内在机理。石世英等（2019）在探究 PPP 项目价值的基础上，认为 PPP 项目伙伴关系发挥着重要作用，通过相关分析界定伙伴关系对 PPP 项目价值的影响，结果显示，伙伴关系中信任发挥着积极作用，促进 PPP 项目价值创造，另外合同也对 PPP 项目发挥着正向作用。

学者们对民营企业积极参与环境治理 PPP 项目的影响因素进行了探讨。Khalid Almarri 等（2017）在分析 PPP 项目关键成功因素的基础上，探究其对货币价值的作用，利用系统动力学进行模拟，探究 PPP 项目货币价值的内在机理。朱晓玲等（2017）分析了 PPP 项目主体存在的信息不对称问题，认为信息不对称会增加项目风险，需要进行有效的协调。卢明湘等（2018）认为民营企业参与环境治理 PPP 项目应符合规定，构建良好的进入和退出机制，进行各项政策支持，确保民营企业的利益，同时建立相应的监督机制。马慧（2018）通过对 PPP 项目文献分析，提出了 28 个民营企业参与困难的影响因素，认为稳定的经济环境、企业能力水平以及政府支持比重是民营企业参与困难的关键影响因素。Ye X 等（2018）以私人部门参与意愿构建影响因素模型，包括企业能力、技术和水平、政府监督、项目回报率等因素，通过改进的 DE-MATEL 方法进行数据分析，得到相对有效的变量，如政策支持、政治环境、项目经验、项目类型、公众满意度、项目投资回收期等，民营企业自身融资能力、技术能力、营商关系、管理能力等也影响着私人部门参与 PPP 项目的意愿。狄凡等（2018）对民营企业参与 PPP 项目的影响因素进行分析，认为风险因素是影响民营企业参与的主要因素，并提出风险应对措施，以维护民营企业参与积极性。王雨辰等（2019）认为 PPP 项目的公共性决定了其面临的挑战，从三个方面对民营企业参与进行分析，包括民营企业自身意愿不足、PPP 项目投资价值弱、政府选择偏好，通过问卷调研进行数据分析，提出政府选择偏好是影响民营企业参与 PPP 项目的主要原因。

5. 环境治理公众参与机制研究

"机制"（Mechanism）一词最早来源于希腊文，原指机器的运作和构造原理，后延伸至社会科学领域，《辞海》中将机制解释为"机器的架构和运行机理，也可以借指事物各个组成部分的关系与变化规律"。《现代汉语词典》将其定义为"有机体的关系、结构与功能，可以泛指一个系统各个部分彼此作用的方式与过程"。Mario Bunge（1997）认为"机制作为一个过程可以引发或者阻止整个系统或者其子系统的某些变化"。总结来看，机制的实质是其内部各要素为了实现机制的目标而相互作用、相互协作的活动过程。针对环境领域公众参与机制国内外研究集中于以下三方面：

在公众参与有效性方面，Pargal 和 Wheeler（1996）以印度尼西亚厂商环境治理为研究对象，发现参与公众的教育水平越高，厂商污染量排放越低。

Wang 和 Di（2002）通过对中国 85 个地方城镇的实证分析发现，上级政府对环境保护的重视程度和本辖区居民对环境污染的投诉会提升地方政府对环境污染的治理程度。Kathuria（2007）对印度的研究发现，水污染报道数量的增加将显著抑制企业污染行为。T Beierle 和 J Cayford（2010）通过 239 个案例证明公众参与不仅改善了环境政策，而且发挥了重要的教育作用，并帮助解决了经常困扰环境问题的冲突和不信任，密集的"解决问题"过程对于实现广泛的社会目标是最有效的，而参与者的动机和代理反应是成功的关键因素。实践中的民主将有利于广泛的利益。郑思齐等（2013）以中国 86 个地市为研究对象，发现地区公众"环境污染"网络搜索指数的上升能够促进地区环境质量改善。李子豪（2017）对 2003—2013 年中国 30 个省区的面板数据进行实证研究，表明环保组织、人大和政协环保提案对政府环境立法产生了显著积极影响，而环保信访、网络环保舆论对环境立法的积极影响并不显著；环保信访、环保组织、人大和政协环保提案都会对政府环境执法有显著促进作用，但网络环保舆论对环境执法的积极影响却不明显；网络环保舆论、人大和政协环保提案会对政府环境治理投资产生显著促进，但环保信访、环保组织对政府环境治理投资的积极效果不甚显著。岳经纶、刘璐（2018）认为地方政府发起的公众参与效果的差异受到了价值取向、行动目标和组织结构等行政因素的影响。即在政治制度稳定的前提下，通过提高官员的民主意识和加强行政能力建设，能够极大增强公众参与在治理民主化中的有效性。Reed M S（2018）界定了公众和利益相关者的不同参与类型，认为环境决策参与的有效性受到权力动态、参与者价值观及其认识论的显著影响。

在公众参与行为方面，任志涛、李海平（2017）等提出环境治理 PPP 项目的行动者网络（ANT）构建，将环保 PPP 项目实践中"行动者"的角色界定为"人类行动者""非人类行动者"，为提高环境治理 PPP 项目多元主体间的资源互补及服务供给效率提供了新的思路。Innes（2004）认为公众参与应被理解为公民和共同产生结果的其他参与者之间的多方式互动，并提出了制定代替实践框架，创建参与平台，调整机构的决策流程，以及提供教育和财务支持。Sieber R（2006）研究出公众参与地理信息系统（PPGIS），涉及利用地理信息系统（GIS）扩大公众参与政策制定以及 GIS 的价值，促进了非政府组织、基层团体和社区组织的目标实现。Gentzkow（2010）发现，近年来美国越来越多关于环保问题的报道，促使了政府官员对环境治理的改善。付宇程（2011）在现有公众"参与深度""参与程度"和"影响力"划分标准的基础上，从公众参与功能出发，将公众参与分为：信息供给型公众参与、价值聚合型公众参与、增进决策结果可接受型公众参与，并设计了决策信息的充分性、决策目标的确定性和决策结果的可接受性三个变量来考量不同公众参与类型的适用性。张荆红（2011）认为直接利益受损者行动目标由利益诉求向价值诉求的转变，为聚集者提供了参与契机；价值因素是聚集者参与集体行为的核心动力；直接利益受损者在面对社会价值诉求与个体自身利益选择时，后者的作用凸显，聚集者也随之选择退出，集体行动终结；当前，"价值—利益回归效应"在处理由偶然事件引发的价值主导型群体事件中具有有效性，中国社会转型时期的价值主导型群体事件并不完全与西方集体行动理论相契合。马勇（2018）通过地理探测器及 GWE 模型研究分析公众参与型环境规制空间分异格局基本稳定，显著空间正相关，但集聚程度逐年下降；公众参与型环境规制驱动因子作用力由大到小依次为环境风险、人地压力、排放强度、信息化水平、经济水平、产业结构。McEldowney M 和 Sterrett K（2018）分析了北爱尔兰区域战略框架的新方法，其中关键组成部分是独立的"研究联合会"参与其广泛的公众参与活动。夏高锋（2018）通过分析英国、法国、美国和日本四个国家公众参与机制的特点，得出参与主体包括当地社区和居民、非政府组织、专家团体等，参与方式涉及社区委员会、公众调查、政府信息公开、多放研讨会等。叶晓甦（2017）运用结构方程实证研究表明，伙伴主体、合作环境和公众参与对公共产品供给具有重要影响；良好的合作环境和公众参与将促进 PPP 伙伴主体及 PPP 项目供给的可持续。

在公众参与影响因素方面，Brent（1996）对美国公民的调查研究表明，性别会显著影响环境公众参与，表现在女性比男性更愿意参与环保活动。宣兆凯（2006）以道德社会学为研究视角，研究得出公众参与性低主要是由于公众环境意识普遍未达到应有的水平，并将公众环境意识水平分为三个层次：个体需要层次、社会需要层次、生态系统协调平衡层次。Tang 和 Song（2012）对中国公众参与环境保护的相关文献梳理后发现，公众参与环境治理的根本原因是其公众利益和生命财产受到污染侵害。王四正（2016）认为政治主体对社会政治的文化认知是政治主体意识生成的心理基础，而且决定着政治主体的政治态度、政治取向和政治行为，是公民有序政治参与的重要影响因素。祁玲玲（2013）认为缓解公众环境信访压力的最重要途径是提升包含制度制定和执行等国家环境治理能力，社会中间组织可以舒缓公民环境信访行为。曾粤兴（2017）从公众个体心理入手，运用计划行为理论，发现"弱组织化"和"制度弱化"使公众难以形成参与环境治理的观念认同和自觉行动,这是阻滞公众参与的内在因素。史恒通、睢党臣(2017)探讨了生态价值认知对农民流域生态治理参与意愿的影响。研究发现流域生态系统服务市场价值认知和流域生态系统服务非市场价值认知,显著提升了农民参与意愿,年龄和家庭农业劳动力则降低参与意愿。

1.3
环境治理 PPP 项目主体责任和价值问题

1.3.1　环境治理 PPP 项目主体责任问题

1. 社会责任缺失问题明显

环境治理体系中社会责任存在不足。现有治理体系中,对社会的污染管控主要针对企业以及机动车限行。实际上,我国的公众群体结构不同于西方国家,存在基数大、分布密集等特点。政府虽然采取了通过政策舆论引导公众参与,但是社会责任依然存在严重缺失。绝大部分人面对环境治理的态度是支持的,但是一旦环境治理涉及切身利益,一部分人选择观望,一部分人选择推卸责任,一部分人选择抵触规避,总之相当部分的人在环境问题上并没有付诸行动。政府的引导力量不足以促使相当部分的人付诸行动。环境保护在本质上属于社会公益事业的一种,问题的结点在于并不是每个人都愿意为其奉献个体利益。当今社会上的物质气息过于浓重,利益已经成为人们最为关注的问题。政府已然认识到这一问题,但仅凭舆论的只言片语和期待公众的自我觉悟就想转变这一态势未免过于乐观。

2. 规划领域存在缺陷

城市的发展离不开合理的规划布局,科学理性的规划设计不仅有利于城市的发展建设,更有利于资源节约和减少污染。对环境治理工作影响较为突出的两方面分别是绿化建设规划和基础设施建设规划。这两个方面存在的共性问题，也是极为突出的问题就是区域作业反复率高。同一片区域或道路在短期内多次反复进行绿化和翻修，不仅造成资源浪费，还会产生一定的污染，而绿化率和道路等基础设施的完成率都能对环境质量产生正相关影响。绿化区域前期规划调研的缺失导致同一区域耗费大量财政资金和人力进行重复性绿化，而人财物力均是有限的，间接使得一些需要绿化的裸地、荒地不能得到及时的绿化改善；基础设施中道路最为重要，一些道路在建成后不足 1 个月内先后经历煤气、电信等多个部门刨开施工，新道路瞬间变成了旧路，同时反复施工造成扬尘等环境污染。通过以上不难看出规划统筹领域上的缺陷。

3. 环境治理协作领域薄弱

环境治理不只是政府买单的行政事业，其开展离不开市场和社会的支持，其落实也离不开各地方的付出。在环境治理协作领域中，地区、部门、政府与社会协作是推进环境治理的关键。在地区协作中，京津冀、长三角地区的环境区域联防联控逐渐起步并成熟起来，但是在城市排名考核制度之下，省市之间的竞争机制能否让省市之间毫不保留地交流协作、互助共治很值得商榷。此外，省内区县协作问题也与省市协作出现了类似的问题，"不求环境治理效率高，但求比其他地区好"的声音严重阻碍地区环境治理协作的展开。在环境治理问题上，有不少问题通过政府与社会协作得以解决。政府与社会协作的主要问题在于由谁主导上，政府几乎全部占据了主导地位，使得社会力量习惯于辅助模式，而社会力量在某些方面所能产生的效果是优于政府行政干涉的。这就需要政府进一步明确自身在环境治理工作中的地位，在一些特殊的领域和事项上将主导权让与社会团体组织。

1.3.2　环境治理 PPP 项目价值问题

当前环境治理 PPP 项目价值面临的主要问题是公共价值的缺失。政府以公共价值为主要使命和目标，通过公共价值的实现配置公共资源和公共权力，制定公共政策，提供公共服务，获得公民的信任和合法性。公共价值实现的过程也是一个双向沟通的过程。以政府为主体的公共组织可以作为确定公共价值的主观发起者，积极引导公民的价值。如果我们以世界各国政府使用的指标为参考，可以得到以下五个具体的标准来提炼公共价值观：民主、开放、响应、问责和高质量。民主是指在 PPP 改革的启动和实施中，政府必须从根本上对人民负责，政府的权力必须得到人民的授权和监督。开放是指在 PPP 实际运营过程中，各方能够及时、快速、准确地获取 PPP 推广中的相关信息，包括协议、相关成本、运营绩效等。响应是指政府官员可以根据人民需要和实际情况，迅速适应经济社会发展和环境变化，调整相关公共服务供给的制度安排。责任是指改变公共服务供给方式后，政府完全可以承担公共责任。以高质量满足人民群众公共服务需求，保证公共部门提供公共服务的服务质量。在 PPP 项目的实际设计和扩大中，应该从这五个标准出发，着眼于公共价值兼顾"效率和效益"。事实上，基于 PPP 的五个具体标准，实现公共价值面临着一系列的挑战，例如，在民主方面，由于资源和信息传递不对称，以及对工作变化反应延迟，它必然会削弱政府的整体社会资本监督管理和创建一个"人民的真空"，在开放性方面，由于政府官员由"直接参与"向"间接参与"转变，私人机构提供的信息可能存在不准确甚至误导的情况，以及长期复杂的金融结构，这将使 PPP 的开放性大大降低。在响应性方面，法律法规不完善、政府信用风险较高、民营企业追求利润的纯目标等因素的综合作用将威胁 PPP 的响应性。在问责性和高质量方面，由于民营机构的市场化，民营机构往往有"利润最大化"的倾向，寻求机会逃避成本管制，从而削弱了服务质量。

第 2 章
环境治理 PPP 项目的相关概念及理论基础

2.1
环境治理 PPP 项目界定

2.1.1　环境治理概述

学者们对环境治理的内涵有不同的看法，现有的环境治理概念主要是从生态学的角度考虑，包括生态环境和人工环境。环境问题的发生分为两种，一种是生态环境自然引发的不利结果，包括海啸、雪灾、地震等天灾；另一种是人类在日常生活中改变生态环境，对环境进行过度开发，甚至破坏性利用，同时人类将自身活动产生的废弃物排入环境，导致环境污染。环境治理 PPP 项目主要是对第二种问题进行研究，探寻正确的解决方法。

环境治理有广义和狭义两种说法。广义的环境治理是按照科学的理论和方法，在环境可承受的范围内，对环境污染问题进行正确的管理。狭义的环境治理是人类设定预期的环境治理效果，针对环境污染问题进行管控，改善人类生存空间，实现不同环境治理目标的统一。根据上述分析，本书认为环境治理是政府、社会资本、公众等众多主体，根据现有的法律法规和道德约束，平衡利益需求和环境治理的冲突，通过合作治理，管理和预防人类环境污染的行为活动。

环境的公共物品属性决定其具有很强的外部性，环境治理很难在市场经济中体现出竞争力。基于此，环境治理应考虑加大市场化，引入社会资本参与治理环境，缓解政府治理环境的压力，各方履行自己责任，积极改善环境问题。现阶段环境治理强调可持续发展，多方共同参与环境治理，通过合作治理机制推进环境的可持续发展。国家强调建立环境治理体系，环境治理也是社会资本应尽的社会责任，通过治理环境可有效提升企业信誉，发挥技术优势。

2.1.2　PPP 项目概述

1. PPP 项目概念解释

PPP 项目产生于英国，在基础设施领域发挥着重要作用，基于此 PPP 项目在世界各国发展迅速，得到政府的鼓励和支持。目前 PPP 项目没有统一的定义，各个国家和组织对 PPP 项目的认识具有一定差异，详见表 2 - 1。从中可以看出尽管对 PPP 项目的定义不同，但各方都认为 PPP 项目是政府和社会资本间通过合作关系实现基础设施的有效供给。

表 2 - 1　　　　　　　　　　　　　PPP 项目的定义

机构或学者	定义强调的内容和侧重点
英国 PPP 委员会	强调公共服务供给中的契约关系，指出公共部门与私人部门通过签订长期的服务合同建立伙伴关系
加拿大 PPP 国家委员会、欧盟委员会	认为公私合作是一种合作经营关系，认为公共部门与私人部门通过适当的资源交互以满足公共需求
美国 PPP 国家委员会	强调公私合作的目的是提供公共产品或服务
中国政府和社会资本合作中心	强调公私合作中的责任分担，社会资本负责设计、建设、运营、维护基础设施的大部分工作，政府部门负责产品或服务价格和质量监管
住宅和城乡建设部	认为公私合作是一种制度，某项产品或服务供给的制度
诸大建	认为公私合作是一种治理创新，通过引入市场力量转变政府职能

本书参考英国财政部关于 PPP 项目的定义，认为 PPP 项目是政府和社会资本为提供基础设施和公共产品的长期合作关系，能够解决政府在基础设施领域面临的财政压力和供给效率不足的问题。PPP 项目中社会资本利用自身优势资源参与项目建设和运营，发挥政府和社会资本合作的优势，实现双方利益共享。

PPP 项目相对传统融资模式具有鲜明特点，其注重伙伴关系、利益共享和风险共担。伙伴关系是政府和社会资本通过签订合同，协调利益取向，实现长期合作；利益共享是社会资本利用自身资源进入 PPP 项目，享有项目规定的收益，和政府一起参与项目管理，共同履行应尽的义务和权力；风险共担是 PPP 项目在建设运营中会面临很多风险，依据合同约定和相关法律法规，共同承担风险。

2. 我国 PPP 项目运作模式

PPP 项目运作模式相对复杂，如图 2-1 所示。项目过程包括投资、建设、运行等五个阶段，项目主体包含公共部门、私营部门、项目公司、咨询公司、监理公司、金融机构、最终产品购买用户和公众使用者，此外还包括为项目公司提供保险的保险公司、承包商、建设商、供应商以及运营商等。PPP 项目主体共同构成项目系统，承担相应的责任和义务，为项目正常运作提供资源。在 PPP 项目众多主体中公共部门和私营部门是 PPP 项目的核心主体，通过签订合同形成伙伴关系，组建专门的 PPP 项目公司对项目进行管理。

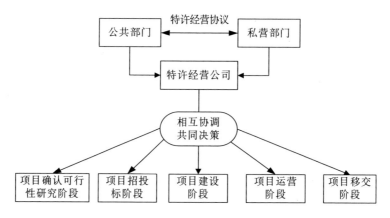

图 2-1　PPP 项目运作思路

国外 PPP 项目应用相对成熟，其运作模式没有较大差异。我国 PPP 项目起步较晚，根据发改委公布的 PPP 项目运作模式，主要包括经营性项目、准经营性项目和非经营性项目，分别由使用者付费、政府补贴和政府付费进行运行。当前我国 PPP 项目运作模式主要以 BOT 和 BOOT 为主，还有 BOO、MC、TOT、OM、ROT 等，在能源、交通运输、水利建设、生态建设和环境保护等领域应用广泛。

2.1.3　环境治理 PPP 项目概述

1. 环境治理 PPP 项目内涵

广义上环境治理领域的公共部门与私人部门的合作，都可以称之为环境治理 PPP。环境治理 PPP 项目领域包含水污染、垃圾污染、大气污染等单独要素的环境治理，也包括生态修复、森林治理、流域治理等综合性治理。环境治理 PPP 项目外部性和公共物品属性突出，加上其治理复杂性和投资回报的不确定性，使得环境治理 PPP 项目执行过程中机会主义行为频发。地方政府以公共利益为目标，为公众提供公共产品和服务，同时履行自己的社会责任，确保环境治理主体间公平性；社会资本在进入 PPP 项目后，由于契约的不完全和社会资本的逐利性，使社会资本采取机会主义行为追逐利益最大化，和环境治理 PPP 项目的公共性产生冲突。

2. 环境公私合作合作治理思想

环境治理 PPP 项目的运作实质就是合作治理。从合作治理角度考虑，环境治理 PPP 项目通过合作治理，能够发挥 PPP 项目的优势，解决环境治理不确定性问题。合作治理中利益相关者达成共识，基于平等地位参与环境治理，改变传统治理的弊端。环境治理中政府要确保政策稳定性，推广公共价值目标，建立相应的激励监督机制，吸引更多参与者积极进行环境治理；社会资本积极履行社会责任，参与环境治理：公众参与是对 PPP 项目的有效监督，公众根据环境治理的有效性进行反馈，避免"搭便车"等行为的发生。环境治理 PPP 项目要积极进行商业化运作，通过经济手段提高参与方的积极性。

3. 环境治理 PPP 项目现状

环境治理 PPP 项目在我国发展迅速，项目规模稳步上升。党的十九大以来，政府积极推进环境治理领域的发展，环境治理的市场化运作受到广泛关注，提出了环境治理的以人为本、绿色治理等先进理念，使得环境治理 PPP 项目朝着多元化合作治理转变。

为了进一步缓解政府的财政压力，引入社会资本，多个涉及地方融资和预算管理的文件出台，包括国发〔2014〕63 号、国发〔2014〕60 号、国发

〔2014〕43 号和财经〔2014〕76 号文件。同时，国家发改委和财政部也双双出台了关于 PPP 和特许经营等多项政策。通过 PPP 模式引入社会资本，解决了多年来社会资本融资不畅问题，也提高了政府投资建设和国有资产运营的效率。政府不再单纯依靠城投公司的融资，而是有了更多的融资渠道。随之，更多的相关资本市场的政策纷纷出台。国家在环境治理领域的政策倾斜和不断加大环境治理资金的投入，使环境治理产业在资本市场受到追捧。综上，因为生态文明建设受到国家的高度重视，在诸多政策的保障和引导之下，生态建设项目增多，大量资金投入环境治理领域，所以，PPP 模式在环境领域的应用不断扩大，作为政府稳增长、去杠杆的融资管理机制，成为生态建设项目主要的推进形式。2019 年管理库新入库项目数前五位是市政工程 629 个、交通运输 174 个、生态建设和环境保护 130 个、城镇综合开发 95 个、教育 62 个；新入库项目投资额前五位是交通运输 8633 亿元、市政工程 5298 亿元、城镇综合开发 2779 亿元、生态建设和环境保护 1471 亿元、林业 749 亿元，如图 2 - 2 所示。2014—2020 年累计项目数前五位是市政工程、交通运输、生态建设和环境保护、城镇综合开发、教育，合计占管理库项目总数的 75.2%，如图 2 - 3 所示。由此看出环境治理 PPP 项目近年来受到广泛关注，加之政府对环境治理市场化运作的支持，环境治理 PPP 项目发展前景广阔。

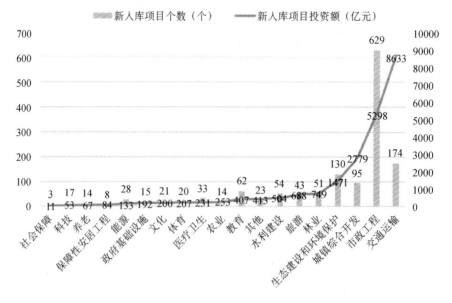

图 2 - 2　2019 年新入库项目数、投资额及行业分布

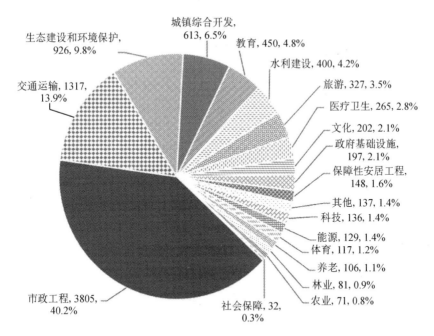

图 2 - 3　截至 2020 年 1 月 PPP 项目管理库累计项目数、占比及行业分布

环境治理 PPP 项目因其外部性和公共物品属性，导致社会公众受到影响，"搭便车"、机会主义行为等现象频发，社会公共利益受到损害。传统的政府行政体制对环境治理 PPP 项目存在机构交叉和权限重叠等问题，加上政府对公共利益的偏好引发的各方利益冲突，使得环境治理 PPP 项目还需要进一步发展。因此，环境治理 PPP 项目开始以"以人为本"为发展核心，注重各参与者的切实利益，协调治理过程中的矛盾和冲突，通过交流互动提高项目管理水平。同时，环境治理 PPP 项目注重可持续发展，从而对社会资本的经济实力和管理能力提出更高的要求。

2.2

环境治理 PPP 项目相关理论

2.2.1　外部性理论

1. 外部性理论基本概述

1890 年，马歇尔在《经济学原理》中首次提出"外部性"概念，他用

"内部经济"和"外部经济"的概念来说明"工业组织"（除土地、劳动、资本外的"第四类要素"）变化如何导致产量的增加。科斯在《社会成本问题》中对"庇古理论"进行了多次批判，他认为外部性问题的实质是侵害效应的相互性，如果交易费用为零，无论权利如何界定，都可以通过市场交易和自愿协商达到资源的最优配置；如果交易费用不为零，制度安排与选择是重要的。这就是说，解决外部性问题可以用市场交易形式即自愿协商。科斯定理成为外部性理论的一个重大发展。

2. PPP 项目外部性特征分析

城市基础设施 PPP 项目具备网络结构、公益性、正外部性的特征，而外部性的存在将导致社会资本方经济边际成本、边际收益与社会边际成本、社会边际收益存在不一致的现象，进而出现 PPP 项目的合作风险；与此同时，PPP 项目还具有开发周期长、沉没成本大、环境外部性明显的特征，国内学者针对邻避设施、垃圾焚烧等环境 PPP 项目的外部性特征进行了分析，发现环境治理 PPP 项目外部性最终将会转嫁（普惠）至社会公众，构建政府部门、社会资本方、社会公众等环境治理 PPP 项目多元主体协同治理机制，能够更好地内化项目产生的外部效应。因此，外部性特征将为环境治理 PPP 项目社会责任提供重要理论支撑。

2.2.2　社会责任内生动力观

1. 内生动力基本原理

动力学是物理学中的一个重要概念，研究作用于物体的力与物体运动的关系。根据物理动力学理论特征，动力学理论在其他领域中的应用形成了多个诸如经济动力学等交叉学科。其中经济动力学利用动力学的原理和方法来研究经济运动及其规律，衍生出了经济惯性论、经济引力论、内动力经济论等概念及理论，为动力学在企业经营管理中的应用提供了理论借鉴。在企业动力的研究中，从动力形成的原因来分，一般可以划分为内生动力和外生动力。从辩证学的观点分析，内因是事务变化的根据，外因是事务变化的条件和环境，外因通过内因起作用。因此，内生动力是决定事务运动和发展的根本性力量，外生动力需要内化为内生动力，才能最终成为真正影响事务运动与发展的力量。因此，这里将内生动力定义为"事务在运动与发展过程中，在其内部产生的，能够致使事务达到运动与发展状态变化的力量"。

2. 社会责任内生动力概念

社会责任内生动力一直是学术界探讨的重要议题，其对于利益诉求、生态共生、社会和谐具有重大意义。社会责任内生动力又可以称为"社会责任源动力"，其是维持企业社会责任履行、可持续发展的源泉。而企业承担社会责任的首要动机就是利益诉求，以维持企业生存。在社会资源的角度上，企业社会责任具有内生性的特征，企业需要通过与社会外部资源组织（客户、供应商、政府等利益相关者）合作实现彼此优势互补。为了维持社会资源需要企业增加社会成本，即企业需要对外部资源组织付出成本（承担社会责任）。因此，企业履行社会责任的驱动因素分为内部因素和外部因素两类，从经济理性、社会契约以及生态共生的角度来看，企业积极主动履行社会责任能够有效减少资源约束，故外部社会与环境诉求是企业自发履行社会责任的重要动机。因此，内在需求和外在约束共同构成了企业社会责任动力机制。

综上所述，本书对社会责任内生动力进行如下定义：社会责任内生动力是指一个组织因组织发展需要而履行相应社会责任所需要产生的自发动力。

2.2.3　行动者网络理论

1. 起源与发展

20 世纪 80 年代中期，以法国社会学家卡隆、劳和拉图尔为代表的社会学家创立了行动者网络理论（Actor Network Theory，ANT）。该理论研究了人类行动者与非人类行动者间的相互作用及其形成的网络关系，认为科学实践与其社会背景是在同一个过程中相互建构并共同演进。卡隆（1986）首次提出"行动者网络（Actor – Network）""行动者世界（Actor World）"和"转译（Translation）"的概念，认为网络的建构与演进是同时进行的，网络构建中不存在自然与社会的二元区分。劳（1986）指出行动者网络实质上是一个动态的互动过程，当网络中出现敌对或偶然力量时，网络的稳定性取决于行动者的相互作用和影响。拉图尔（1987）在卡隆和劳研究成果的基础上，结合自己独特的研究，在实践层面进一步发展了行动者网络理论。

2. 国内外研究现状

国外学者主要通过行动者网路理论解决社会问题。Sarker 等（2006）对某电子通信公司变革前后的职能结构进行网络建构，分析了该公司业务失败的影响因素；Hunter 和 Swan（2007）将行动者网络理论应用于"监狱教育背景下的黑人女性平等从业者"的案例研究；Roy Deya（2013）以印度首都新德里为例，依据行动者网络理论解释了诸如将立管、水处理厂、管井等物质实体纳入社会水治理网络的分析方法；Ezzamel 和 Xiao（2015）依据行动者网络理论探讨了中国应用于外商投资公司的三个会计准则的作用；Nelson（2016）运用行动者网络理论的本体论，将社会伙伴关系协议概念化为一个行动者，为权力分配的解构或探索提供了一种分析方式。国内学者主要借助行动者网络理论分析科技发展、社区治理和旅游融合等社会问题。王能能等（2009）从行动者网络理论的视角研究技术创新的动力；张鸿雁（2018）通过构建乡村治理的行动者网络，提出乡村治理路径需要从治理、运行和保障三个维度综合考虑；郑辽吉（2018）通过行动者网络理论对乡村旅游转型升级进行研究，从产业、生态、文明、治理和生活五大维度分析不同行动者对网络空间构建作用的差异，指出要充分发挥处于网络空间优势地位的行动者作用，纳入体验共享型行动者，促进创新知识在不同行动者之间的传输效率，提升乡村特色空间构建的水平，丰富乡村旅游转型升级的空间形式。但鲜有学者将行动者网络理论应用于环境治理 PPP 项目研究。

3. 基本原则和主要内容

行动者网络理论的基本原则是广义对称原则，该原则认为自然与社会是孪生体，当我们对某一方感兴趣时，另一方就成了背景。广义对称原则打破了自然与社会的传统二分法，描绘了一张人和非人行动者共同建构和演进的网络，在这个网络中，人和非人行动者同等重要。

行动者网络理论的主要内容包括行动者、网络和转译。首先，行动者是科学实践中的一切因素，既可以是人，也可以是非人的存在和力量，人与非人之间没有主动被动、主体客体之分；此外，行动者具有能动性，这里的能动性并不等同于"主动性"，行动者是在他物的驱使下被动行动的，这里是将支配行动者行动的能力视为能动性。比如，我们把非人类行动者产生的垃圾带来的环境问题视为支配、迫使人类采取措施的力量，那么垃圾作为行动者客观上发挥了自身能动性。其次，这里的网络既不同于 Internet 这样的技术网络，也不是非正式联结的结构化网络，而是一种对连接方法的描述。最后，转译是指核心行动者说服其他行动者朝其所期望的目标不断前进的过程。通过转译的问题呈现（Problematisation）、利益赋予（Interessement）、征召（Enrollment）和动员（Mobilization）环节，人类和非人类行动者的利益、角色、功能和位置被重新界定。

4. 适用性分析

环境治理 PPP 项目的建设是为了解决人与自然在发展过程中由行为摩擦引发的冲突，是实现人与自然可持续发展的必要条件。环境治理 PPP 项目具有技术性、公益性和复杂性的特点，参与主体的多元化、异质性、项目供给过程的动态性与行动者网络理论完美对接。如表 2 - 2 所示。

表 2 - 2　　　　　　ANT 的内在属性与环境治理 PPP 项目的对接点

对接点	环境治理 PPP 项目	行动者网络理论（ANT）
主体/行动者数目	多元主体	多个行动者
主体/行动者类别	人类与自然	人类行动者与非人类行动者
主体/行动者是否同质	否（异质）	否（异质）
关键问题	主体间的信息不对称	优势资源封锁
状态	动态的	动态的

2.2.4　公共价值管理理论

2006 年，英国曼彻斯特大学的杰瑞·斯托克教授提出公共价值管理理论是继传统公共行政理论和新公共管理理论之后的又一种公共行政管理范式，公共价值管理理论是基于市场化公共服务改革的批判以及平衡效率与公共性之间的关系而产生的。公共价值管理理论属于治理理论范畴，公共价值管理的制度设计为公共价值的创造和实现提供了充足的理论依据。

公共价值管理理论的研究热点经历了三个阶段：第一阶段，主要探寻公共价值管理理论的基本内涵，与传统行政管理与新公共管理理论进行对比分析。此阶段重点将行政管理的政府角色一分法发展为公共价值管理视域下的政府角色行为二分法。第二阶段，在完善理论基础的同时提出检验的重要性，强调对政府管理行为的评价与评估，丰富了公共价值识别、测量与评估的方法，使得公共价值的定性分析转变为定量分析，强化了公共价值管理在不同领域下的适用性研究。第三阶段，在完善公共价值创造和评估方法的同时，反思公共价值管理理论自身的问题，在新时代背景下，依托网络技术和大数据增强公共价值管理理论的实用性。

2.2.5　价值共创理论

共创价值根据发生的领域、价值类型、生产者和消费者的作用对比以及研究方法等，可以分为两种研究范式：生产领域的共创价值和消费领域的共创价值。

生产领域的共创价值实际上还是传统的价值创造理论，在这种范式里，价值的创造主体依然是企业的生产活动，消费者的参与是对生产活动的重复延续，类似于工程中的外包，将原本企业内部的生产活动交给外部人员实现。

消费领域的共创价值主要是营销学的价值共创，它吸收了哲学、社会学中共创价值理念，明确提出了价值共创体系。其研究范式经历了商品占主导（Goods dominant logic，G - D）、服务占主导（Services dominant logic，S - D）、顾客占主导（Customer dominant logic，C - D）和服务生态系统（Service Ecosystems）三个阶段。前两个阶段商品占主导和服务占主导中，商品和服务是由企业提供，因此其核心还是企业即商品和服务提供者占主导的逻辑。

顾客占主导的逻辑则不同，其核心是顾客，顾客是价值创造的主导者，价值创造也随之从传统的交换价值、使用价值变为社会情境价值（Value in Social Context），价值及其创造过程都与社会情境息息相关。这种逻辑下，消费者将企业提供的资源（产品或服务）与自身其他可供利用的资源和技能相结合。

服务生态系统则在服务主导逻辑的基础上，突破了用户和企业的二元结构，将价值共创基于更加复杂的环境，在这种高复杂性和高不确定性的社会中，价值共创更加强调在服务生态系统这个复杂网络下的资源互动，以及利益相关者的创造性合作、增强交流和协调。在网络中，企业和用户、生产者和顾客等所有要素的区别消失。在这个系统下，不同的行动者通过自发的感知和响应，根据各自的价值主张，通过制度、技术和语言来共同生产、提供服务和共同创造价值，从而形成松散耦合的时空结构。服务生态系统是 A2A 导向的，即 Actor to Actor，Actor 即行动者，也是服务生态系统中的资源整合者，它是一种相对独立的、自我调节的系统，是通过共享的制度安排、服务交换而产生相互之间的价值创造，且是与其他资源整合者互相连接所形成的。服务生态系统下的价值共创有五个基本原理，如表 2-3 所示。

表 2-3　　　　　　　　　服务生态系统价值共创原理

原理 1	服务是交换的根本基础
原理 2	价值由多个参与者共同创造，总是包括受益人
原理 3	一切社会和经济参与者都是资源整合者
原理 4	价值总是由受益人独特的、用现象学的方法来决定
原理 5	价值共创通过参与者创造的制度和制度安排来协调

　　环境治理 PPP 项目实际是环境服务生态系统，在这个系统中，政府与非政府治理主体（从个人到公共、私人的非政府机构）在理念相容、功能互补、资源共享与责任共担的过程中，共同致力于实现公共利益最大化的价值共创，实现包括生态环境恢复，公民环境获得感和幸福感提升，政、企、社信任加深等的不同公共价值创造。环境服务生态系统下，政府、企业和公众基于自发行动参与环境治理，其身份角色等异质性因素逐渐消失，变成资源整合者，相互之间互动产生链接，形成复杂网络的松散耦合结构。这其中蕴含的 A2A 导向实际就是下文解释的行动主义。

2.2.6　合作治理理论

1. 概念和内涵

　　"合作"（Collaboration）一词的本意是指"在一起工作"，广义的合作包括参与、互助和分工协作等。狭义的合作是指存在利益冲突的主体通过识别他们的不同之处寻找可以弥补自身局限性的共识对策的一个过程，强调主体行为是基于合作共识和平等地位。

　　合作治理理论（Cooperative Governance Theory）是为了满足政府有效治理公共事务的迫切需要而逐步发展起来的一种新型治理模式，是传统治理理论的重要分支。有关"合作治理"的概念，张康之认为合作治理是多元治理主体在平等、主动和自愿原则的指导下，鉴于多元价值因素以某一方为侧重参与社会公共事务的治理方式。蔡岚归纳总结出合作治理的三个特点，即合作治理是在每个主体拥有实质性权利和机会表达自身利益诉求的基础上，通过协商的方式寻求多方满意的集体决策过程；合作治理的实质是对治理主体及其资源的多元性认识和整合，即不同治理主体对其所拥有的治理性资源进行交换和共享；在合作治理过程中，因为单一个体没有足够的资源和能力独自实现"善治"，因此多元化治理主体需要在相互依赖的环境中共享公权力，并通过平等协商对话达成共识、界清权责、互信合作。

2. 适用性分析

生态环境问题需要合作治理。一是人类社会的高度复杂性和高度不确定性要求进行合作治理，二是生态环境的公共物品性、外部性和复杂性导致单方治理失灵，必须进行合作治理。生态环境合作治理主体是存在潜在利益冲突的政府、企业、公众和环保组织等。生态环境合作治理的前提是民主化，只有民主化才能使多元主体平等合作、主动合作。

PPP 模式与合作治理理论具有天然的契合性。PPP 模式强调伙伴关系、风险共担和利益共享，通过引入社会资本等市场主体与政府等公共部门成立特许经营公司进行基础设施或公共服务的供给，通过资源互补提高供给效率。PPP模式和合作治理理论都强调了合作、多元化、资源的交换、整合，不同的是前者更侧重实践，后者更侧重理论指导，因此，PPP 模式是合作治理的应用表现形式。

2.3

环境治理 PPP 项目主体责任和价值共创研究

2.3.1　环境治理 PPP 项目主体责任研究

1. PPP 项目社会责任相关概述

(1) 社会责任概念解释。企业社会责任，英文名称为 Company Social Responsibility（简称 CSR），CSR 最早由英国学者欧利文·谢尔顿（Oliver Shel-

don）于 1924 年提出。在《管理的哲学》一书中，Oliver 将 CSR 与公司的生产
经营能够满足产业内外各种人群需要的责任相联系，道德因素也同样含在 CSR
之内。第二次世界大战之后，CSR 逐渐被人们发现，也正是这一阶段开始出现
了一系列关于企业社会责任的概念，应用较为广泛的包括"三个中心圈"概
念、"金字塔"概念和"三重底线"概念，这些概念的发展推动人们对于企业
社会责任逐渐形成了基本共识。其中企业社会责任"金字塔"概念被广泛应
用于社会实践和学术研究当中，因此本书借鉴企业社会"金字塔"概念进行
论述。

1983 年美国佐治亚大学教授阿奇·卡罗尔（Archie Carroll）首次提出了企
业社会责任"金字塔"概念。他把企业社会责任看作是一个结构成分，其关
系到企业与社会关系的四个不同的层次，而企业社会责任是特定时期社会对企
业所寄予的经济、法律、伦理和企业慈善期望。企业社会责任"金字塔"结
构如图 2－4 所示。

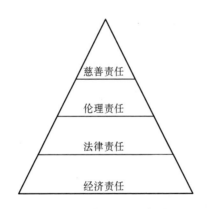

图 2－4　企业社会责任"金字塔"结构

"金字塔"结构的第一层级（基础层）是经济责任，经济责任反映了企业
作为营利性经济组织的本质属性，也是企业最重要的社会责任；第二层面是法
律责任，社会赋予并支持企业承担生产性任务、为社会提供产品和服务的权
力，同时也要求企业在法律框架内实现经济目标，因此企业肩负必要的法律责
任；第三层面是伦理责任，企业的经济和法律责任中都隐含着一定的伦理规
范，公众社会期望企业遵循那些尚未成为法律但却是社会公认的伦理规范；第
四层面同时也是最高层面是慈善责任，社会通常还对企业寄予了一些没有或无
法明确表达的期望，是否承担或应该承担什么样的责任完全由个人或企业自行
判断和选择，这是一类完全自愿的行为。

（2）企业环境责任理论。企业环境责任伴随着企业社会责任发展而来，是企业社会责任发展到一定阶段的产物。企业环境责任是企业社会责任的重要内容，是企业在履行环境法律法规、践行企业环境道德的基础上，在其正常的生产经营活动中体现的对资源有效利用、生态环境合理保护、治理与改善的一种行为。这里企业环境责任与上文所述社会责任"代内公平""代际公平"思想相呼应，进一步说明企业环境责任在企业践行社会责任中的重要程度。

（3）二元驱动下的社会责任。从环境类企业或项目中利益相关者的参与度来看，其社会责任驱动内因存在政府部门和企业两个维度，企业在既定的政策法规框架下自发驱动履行自身应尽的社会责任，同时政府具有天然优势地位，强监管的约束也会强制企业履行社会责任，双方生产经营内部即为社会责任履行驱动，因此社会责任驱动内因属于内因硬约束；而对于社会公众及组织（消费者、居民、NGO、职工等）来说，作为环境类企业或项目提供产品及服务的需求者，是社会责任的利益终端相对处于劣势，但能通过舆论传播、投诉建议等规范推动企业社会责任的履行，形成外因软约束层面。社会责任驱动内因强调企业或项目履行社会责任的主观意愿，从内因硬约束、外因软约束层面企业都必须履行社会责任以实现持续健康生产经营的目的。

2. PPP 项目政府责任相关概述

（1）政府责任的概念。首先，责任生成于人类社会，具有社会治理层面的公共价值，通常对责任一般从积极责任和消极责任的角度去分析，即一方面指在社会道德的软约束下，个体做好自己的份内之事，另一方面指当主体没有按规定做好自己的本职工作，就应受到的惩罚。

政府责任限定了责任主体是政府，此处的政府表示广义上的政府，代表了行使国家权力的所有机关。张成福（2000）认为广义的政府责任就是政府应该履行的社会义务，狭义的政府责任是指政府工作人员或政府机关违法行使自己的职权或未能依法履行义务，为其行为所应承担的法律责任。金太军（2000）则从两个视角对政府责任进行了界定，他认为从微观上看，政府责任应该是对国家代议机构或者公民负责；从宏观层面看，从中央到地方、自上而下的不同行政单元间的政府权责分配，形成了政府内最重要与最基本的纵向权力和责任关系。

对于政府责任的研究，不同学者保持着不同的观点，通常对政府的分类现有研究主要总结为"三类说""四类说"和"五类说"，如图 2-5 所示。

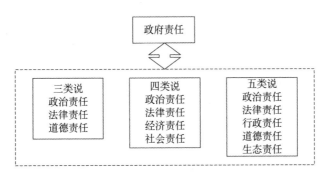

图 2-5　政府责任的分类

（2）PPP 项目中各主体的参与模式。在 PPP 模式中，参与主体主要包括公共部门和私人部门两大类。通常 PPP 项目主要由政府相关部门发起，这里的政府包含带有控制性行政管理意味的上级政府，由上级政府确定具体实施政府参与方，后期与社会资本签订契约履行政府方在具体 PPP 项目中的责任。依据前期 PPP 咨询机构的建议进行财政能力评估，可行性研究通过后报政府主管部门，然后进行招投标选定合作的社会资本，可以是单个企业或者企业的联合体。中标的社会资本与契约性政府签订 PPP 合作协议，其中规定了政府与中标社会资本的合作期限、付费方式、股权结构、风险分担情况等要素。PPP 项目公司负责项目的建设运营，同时商业银行、金融机构、保险公司、材料供应商等企业既可作为社会资本联合体中的一员与政府签订 PPP 合作协议，也可与项目公司进行后续合作，如图 2-6 所示。

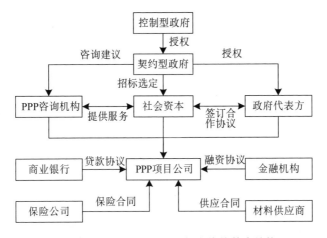

图 2-6　PPP 项目的各参与主体的基本结构

3. PPP 项目责任分担相关概述

（1）责任分担概述。我国关于责任分担的探讨主要集中在法学和心理学方面。法学方面，学者们倾向从正向角度对履行责任过程中发生的损害或出现的侵权行为进行责任追究；心理学方面，学者们更愿意从负向角度探讨责任分散效应。责任分散效应又称旁观者效应，是指一个群体共同完成某项任务时，群体中每个个体的责任感相对其独立完成该项任务时会变弱。即"人多不负责，责任不落实"，从而出现集体冷漠的现象。本书认为责任分担是指两个及两个以上主体，对一项任务的内容及完成过程中的过失进行分工合作的互动过程。

为了进一步了解责任分担在我国研究领域的分布情况，检索中国知网（CNKI）中近 10 年题名中含"责任分担"的文献，并对其进行分析，具体如图 2 - 7、图 2 - 8、图 2 - 9 所示。

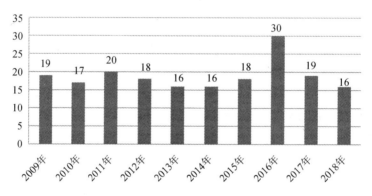

图 2 - 7　2009—2018 年责任分担文献分布柱形图

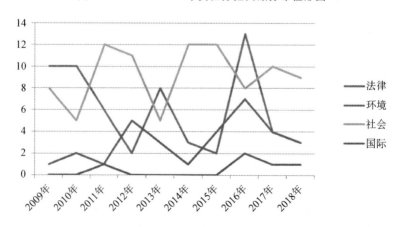

图 2 - 8　各领域近 10 年责任分担研究走势图

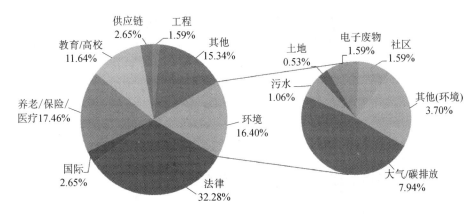

图 2 - 9　责任分担研究领域比率复合图

　　从上述图表可以看出：2016 年迎来了责任分担研究的波峰。寻其原因可以发现，2015 年发生一系列事件（如表 2 - 4 所示），引起学者们关注法律、环境和国际争议中的责任分担问题，同时，削弱了对社会问题中责任分担的关注。由图 2 - 8 可以发现环境、社会和国际领域责任分担研究走势图波动相近，法律方向则与其相反，说明责任分担法律法规越完善，环境、社会和国际问题越少。图 2 - 9 对社会和环境进一步分解，其中社会包括养老/保险/医疗、教育/高校、供应链、工程和其他模块；环境则包括大气/碳排放、污水、土地、电子废物、社区和其他模块。由此可以发现法律领域的责任分担仍是稳居第一，环境领域的责任分担则主要集中在碳排放方面，对环境治理 PPP 项目责任分担的研究相对贫乏。

表 2 - 4　　　　　　　　　　　　　　　　**2015 年责任分担事件**

序号	时间	事件
1	1 月 2 日	哈尔滨仓库火灾
2	1 月 9 日	全国反腐倡廉会议召开
3	1 月 20 日	缅甸战士冲突，数百名中国人被困
4	2 月 9 日	环境会议在京召开
5	2 月 11 日	高雄监狱挟持事件
6	8 月 12 日	天津港仓库爆炸
7	12 月 20 日	深圳山体滑坡

　　（2）环境治理 PPP 项目责任分担概念。通过对 PPP 项目、环境治理和责任分担的概述，可知环境治理 PPP 项目责任主要包括积极责任和消极责任。

积极责任一方面是指合作治理中可预见任务的执行责任，另一方面是指减少或避免不可预见风险发生的责任；消极责任是指不可预见风险发生后降低损失、恢复常态的责任。环境治理 PPP 项目责任分担是指多元主体通过合同文本或道德规范建立起合作关系，共同治理环境问题，并对合作前期可预见事件的责任厘定、合作中突发事件的责任追究以及合作后期责任履行结果进行合理分担。

2.3.2　环境治理 PPP 项目价值共创研究

价值共创过程中创造的价值是生产者通过提供产品服务和消费者通过消费产品服务共同创造的价值的总和。彭艳君（2014）认为价值共创所创造的价值包括经济价值、使用价值、关系价值和体验价值；唐方成等（2018）认为虚拟品牌社区价值共创过程顾客价值体现在消费功能利益、社交与自我成就利益和享乐利益三个方面；吴菊华等（2016）认为价值共创活动为顾客创造了价值共创体验，具体包括学习价值、享乐价值和社会融合价值；Zhang 等（2018）认为在共享经济背景下，共同创造价值可以分为功能价值、社会价值和情感价值。叶晓甦等（2017）研究进一步指出 PPP 项目价值应包括公共价值、企业价值及伙伴关系价值。

从目前对价值共创研究结果整理可发现，价值共创活动可创造的价值包括功能价值、享乐价值、社会价值、经济价值、创新价值等涉及企业与顾客的各方面价值。借鉴上述学者研究，将环境治理 PPP 项目价值产出分解为公共价值、企业价值和关系价值三个方面。公共价值是实施 PPP 项目政府绩效改善、环境质量提升与公众满意度的效果，企业价值是私人部门在 PPP 项目中获得的显性经济价值和隐性价值（如商誉、品牌效应等），合作价值是 PPP 项目的公共部门和私人部门因伙伴关系而增值实现的一部分价值。

1. 关系价值

关系是有价值的资产，也是主体参与社会的一条路径，但关系需要主体投入资金、资源和时间等专用性资产进行有效维系。然而，关系主体的专用性资产投入不能获得即时回报，这种延迟回报性奠定了信任与承诺对合作关系发展、维持与增进的重要性作用。在组织科学研究领域内，已有研究证明了信任、承诺、依赖和沟通是伙伴关系成功的关键因素。而 PPP 伙伴关系属于组织间合作关系的范畴，具备组织间合作关系的性质，信任、承诺和依赖等也是 PPP 伙伴关系成功的影响因素。持续有效的伙伴主体间合作行为是合同与关系规范相互作用的结果，具有法律效力的合同条款为 PPP 伙伴关系主体提供合作参照点；而关系规范通过社会关系与共享规范实现对 PPP 伙伴主体间关系的治理，这也进一步强化"伙伴关系是契约治理与关系治理相互作用的结果"。另外，价值创造是伙伴关系建立的关键判断，维持组织间的关系以创造更多价值；尤其持续有效的伙伴主体间合作行为，通过信任、合同、依赖等途径实现关系租金或关系价值或价值增值是其终极目标。

　　2. 公共价值

　　（1）公共价值概念界定。公共价值是在公共领域发生并发展的，能满足大多数人甚至是全体公众需要和实现其期望的价值，公共价值具有公益性、均等性和共享性等特征。核心价值是指客体对主体根本需要的满足所产生的效用和意义，是主体根本需要和核心利益所在。公共价值管理以集体偏好为关注点，重视政府所起到的核心作用，提倡多元网络治理结构，重新定义了民主与效率之间的关系，是自新公共管理之后又一新的公共行政范式，公共价值管理理论起源于环境破坏、资源浪费、道德冲突和信任缺失等公共行政领域的"严重问题"，公共价值管理给这些"严重问题"提供了新的解决视角与应对框架。

　　（2）环境治理中的公共价值。公共价值在环境治理语境下同样具有其独特内涵。新时代背景下的环境治理朝着治理者网络化、治理工具现代化和治理需求复杂化方向发展，公共价值概念除了体现在环境治理语境、实体论和共识论的基础上，还增加了独特的内涵。首先，多元主体参与环境治理体现了公共价值的多元性，环境治理无论是在过程还是在产出上都是多个利益相关者互动的产物，多元主体异质性及环境治理结果追求都使得公共价值是多元且不断变化的。其次，环境治理中的公共价值是非排他的，生态环境的非"私域"性就决定了无论是环境治理项目产出还是在产出过程中的价值创造都是公共的。最后，环境治理过程中的公众偏好及多元主体目标异质使得环境治理中的公共价值具有竞争性，竞争的良性结果是高绩效的组织能够在竞争中实现"优胜劣汰"，使得环境治理项目及服务的供给效率得以显著提升，竞争的消极影响则是价值目标的相互消减或多元参与者之间的"冲突"，导致公众普遍偏好的环境治理价值无法全部实现。

由于生态环境的特性，环境治理强调网络化的治理结构，从环境治理公共价值板块也可看出，环境治理公共价值是多元价值冲突交互的结果。随着政治、历史、文化背景的变化，环境治理公共价值是不断变化发展的，社会各界对于公共价值和环境治理的期望也并非静态的，在复杂的环境变化与公共价值冲突中准确回应社会需求，提升政府绩效的同时，增加公众与政府之间的黏性，是治理网络更加应该关注的问题。

（3）公共价值内涵。公共价值是一个多元参与形成的过程。政府以公共价值为主要使命和目标，通过公共价值的实现配置公共资源和公共权力，制定公共政策，提供公共服务，获得公民的信任和合法性。公共价值实现的过程也是一个双向沟通的过程。以政府为主体的公共组织可以作为确定公共价值的主观发起者，积极引导公民的价值。如果我们以世界各国政府使用的指标为参考，我们基本上可以得到以下五个具体的标准来提炼公共价值观：民主、开放、响应、问责和高质量。民主是指在 PPP 改革的启动和实施中，政府必须从根本上对人民负责，政府的权力必须得到人民的授权和监督。人民要通过各种稳定的制度安排，参与政府实际的 PPP 改革决策和实施过程。开放是指在PPP 项目实际运营过程中，各方能够及时、快速、准确地获取 PPP 推广中的相关信息，包括协议、相关成本、运营绩效等。响应是指政府官员可以根据人民需要和实际情况，迅速适应经济社会发展和环境变化，调整相关公共服务供给的制度安排。责任是指改变公共服务供给方式后，政府完全可以承担公共责任。以高质量满足人民群众公共服务需求，保证公共部门提供公共服务的私有机构的服务质量。在 PPP 项目的实际设计和扩大中，应该从这五个标准出发，考虑政策决定方案和实施模式，着眼于公共价值兼顾"效率和效益"。事实上，基于 PPP 的五个具体标准，实现公共价值面临着一系列的挑战。如果没有给予足够的重视，PPP 可能会偏离公共价值的最终方向。

3. 企业价值

现代企业制度的发展意味着企业可以成为商品与其他商品进行交易和交换。企业作为商品衡量的标准是企业在市场上体现出来的市场价格，企业的市场价格可以被评估和出售。随着时代的发展，企业价值研究应运而生，认为企业价值是衡量企业发展的重要指标，从而形成了对企业价值的深入探讨；对企业市场价值的讨论离不开对企业账面价值的讨论。企业的账面价值主要是指企业在经营过程中产生的物质交换和现金流量反映在账面上，主要表现形式是企业的会计制度。分析企业的市场价值，企业的市场价值通常被认为是企业的使用价值和交换价值，特别是在企业评估、合资、合并等其他市场行为中，尤其需要对企业的市场价值进行分析，可以在一定程度上体现企业的资产、创新能力、竞争优势等内容，需要注意的是，由于评估者的不同，企业的市场价值也呈现出不同的价值。企业的市场价值具有以下特点：一是客观，企业的市场价值是客观存在的产物，不是人的主观意志能转移的；二是诚信，企业各种素质和能力的反映是企业市场价值的整体表现；三是效用，即企业的市场价值能够满足一定的社会需求；四是全面性，即衡量企业功能和能力最全面的指标是企业的市场价值。

第 3 章
环境治理 PPP 项目主体内生责任界定

3.1
政府内生责任界定

环境治理 PPP 项目具有外部性，负外部性表现在项目建设运营的过程中对周边一定范围带来不利影响，如污水处理的二次污染、垃圾处理的气味与卫生污染等；正外部性表现在项目运营状态下，可经营性收入以外的环境水平、就业安置等综合性的社会效益。政府组织的天然属性决定了只有政府既可以代表公共利益也可以代表项目的利益运行环境治理 PPP 项目，承担公共物品市场化供给的责任。

本章将把环境治理 PPP 项目政府内生责任定义为：政府为了满足社会环境治理的需求，同时使机体能够有效运转且更为积极地实现环境治理 PPP 项目的责任目标，而对其自身进行自我控制与协调的责任，其中包含了责任认同、责任定位、责任动机、责任行为和责任强化五方面的内容。研究环境治理 PPP 项目中的政府内生责任强调政府主体的责任认同，将外界责任情感内化为自身的责任判断，产生相应的责任动机，从而在特定情境中产生行为实践，并通过责任评价和责任追究实现合理反馈的连续状态。

3.1.1 政府内生责任主体

在环境治理 PPP 项目的具体实施过程中，所有文件条款中公共部门都以

"政府方"来表示。这里具体指进行环境治理的地方政府,其内部也包含上下级之间的行政管理关系,比如某市污水处理项目,由该市人民政府委托住房和城乡建设委员会代表政府方签署 PPP 项目《特许经营权协议》,委托国有资产运营投资有限公司代表政府方签署 PPP 项目《资产转让协议》。由于政府方本身是个代名词,对于研究环境治理 PPP 项目中的政府责任来说显得过于宏观和笼统,故应从具体实施的角度考虑,在这里将政府方分为控制型政府和契约型政府。

控制型政府指因政府本质属性而拥有一定权利和义务,通过行政管理体制以出台政策、发布文件、进行决策等方式,承担责任的政府主体。控制型政府站在国家环境治理的角度,代表公共利益,进行顶层设计、规划、实施 PPP 项目。契约型政府指在环境治理 PPP 项目中与社会资本签订契约,依照契约的相关规定为社会资本提供合理的条件、付出相应的劳动、承担规定的义务以实现 PPP 项目中政府的责任。契约型政府站在环境治理 PPP 项目的角度,代表该项目的利益,进行项目的招投标、设计项目股权结构、监督项目运营质量等,保持项目的持续稳定运行。

控制型政府主要站在行政管理者的角度,既要满足社会公众对环境治理的需求,又要监督社会资本和契约型政府进行环境治理 PPP 项目的全过程;契约型政府受到科层组织中控制型政府的领导和指挥,同时对社会资本有履行契约的责任,对社会公众有委托代理进行建设管理的隐形契约责任,如图 3 - 1 所示。两者并不是分离的,在实际履责的不同阶段面对不同的事务时,同一个政府主体可能是控制型政府和契约型政府的集合体,承担双向责任。

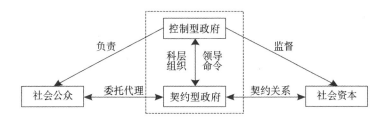

图 3 - 1　环境治理 PPP 项目政府内生责任中的主体关系

政府应为 PPP 项目的顺利实施提供相关支持,并且具有超前意识及风险意识,对于 PPP 项目中可能出现的风险和界面矛盾进行控制。图 3 - 2 列出了政府在 PPP 项目中应尽的责任内容,从人力、物资、制度、社会环境等方面确定 PPP 项目政府责任。环境治理 PPP 项目中政府的主体责任并没有发生实质性变化，依然是项目的主导者，但是与以往普通政府责任相比，政府在环境治理 PPP 项目中具有履责动力弱、市场化挑战强以及多元异质主体合作的特征。而且，环境治理 PPP 项目中的政府处在科层制与项目制的复杂关系结构中，科层制与项目制本身存在运行的特征差异。政府责任受二者融合背后的张力影响，使政府在 PPP 项目中履行责任的时候经常处在矛盾与难以厘清的混乱状态中，容易导致政府划分责任不明确、政府寻租以及履责效果差等问题。解决这些问题的关键是分析环境治理 PPP 项目中政府责任的来源。

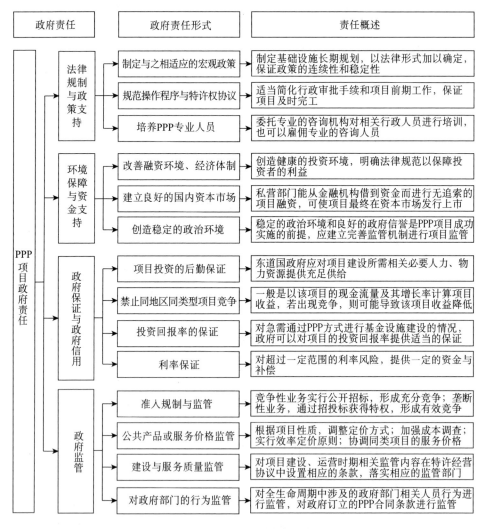

政府责任	政府责任形式		责任概述
PPP项目政府责任	法律规制与政策支持	制定与之相适应的宏观政策	制定基础设施长期规划，以法律形式加以确定，保证政策的连续性和稳定性
		规范操作程序与特许权协议	适当简化行政审批手续和项目前期工作，保证项目及时完工
		培养PPP专业人员	委托专业的咨询机构对相关行政人员进行培训，也可以雇佣专业的咨询人员
	环境保障与资金支持	改善融资环境、经济体制	创造健康的投资环境，明确法律规范以保障投资者的利益
		建立良好的国内资本市场	私营部门能从金融机构借到资金而进行无追索的项目融资，可使项目最终在资本市场发行上市
		创造稳定的政治环境	稳定的政治环境和良好的政府信誉是PPP项目成功实施的前提，应建立完善监管机制进行项目监管
	政府保证与政府信用	项目投资的后勤保证	东道国政府应对项目建设所需相关必要人力、物力资源提供充足供给
		禁止同地区同类型项目竞争	一般是以该项目的现金流量及其增长率计算项目收益，若出现竞争，则可能导致该项目收益降低
		投资回报率的保证	对急需通过PPP方式进行基金设施建设的情况，政府可以对项目的投资回报率提供适当的保证
		利率保证	对超过一定范围的利率风险，提供一定的资金与补偿
	政府监管	准入规制与监管	竞争性业务实行公开招标，形成充分竞争；垄断性业务，通过招投标获得特权，形成有效竞争
		公共产品或服务价格监管	根据项目性质，调整定价方式；加强成本调查；实行效率定价原则；协调同类项目的服务价格
		建设与服务质量监管	对项目建设、运营时期相关监管内容在特许经营协议中设置相应的条款，落实相应的监管部门
		对政府部门的行为监管	对全生命周期中涉及的政府部门相关人员行为进行监管，对政府订立的PPP合同条款进行监管

图 3 - 2　PPP 项目政府责任内容

3.1.2　政府内生责任内容

1. 责任认同

内生责任强调自发形成，将责任内化为主体的情感认知，政府的责任认同即为政府及其内部的责任主体对自身责任的认同。对责任认同的主体来说，政府实际上是形式主体，其工作人员则是行为主体；对责任认同的客体来说，政府责任与其权利、社会需求、工作人员的岗位责任与权力的同一性是政府责任认同的客体。在环境治理 PPP 项目实施过程中，政府与其工作人员应依次进行相关知识整合、项目价值性评价、项目实施规范性认同以及对实施的技术性进行思考和履行内生责任，实现内生责任认同的目标。

2. 责任定位

政府内生责任要求将政府定位于环境治理 PPP 项目的合作者。政府与企业签订 PPP 协议，在契约中强调平等和协商的理念以实现公私合作伙伴关系的建立，PPP 模式将政府放在契约的一端，社会资本通过获得收益来兑现自己的承诺，为项目提供优势资源，且政府的履约行为将直接影响到社会资本的选择，故保证政府的信用、履行合约规定的义务、按照合同办事将更为重要。

政府内生责任要求将政府定位于环境治理 PPP 项目的监管者。政府在 PPP 项目中是公众的代表，由于社会资本在进行环境治理 PPP 项目的过程中以契约为依据，以追求自身利益最大化为目标，难以将公益性较强的环境治理效果放在首位，政府需要对环境治理 PPP 项目进行监督管理。政府要对项目的立项审批、招标采购过程进行监督，确保 PPP 项目的合法性和可行性，防止出现不公平和"伪 PPP"的出现。

政府内生责任要求将政府定位于环境治理 PPP 项目的风险分担者。环境治理 PPP 项目的治理周期长、治理效果易反弹、投资金额大，同时面临的风险多。PPP 模式中的风险共担要求政府与社会资本按照资源优势承担最有能力控制的风险，故政府需要按照风险承担能力的大小，履行其风险分担者的责任。

3. 责任动力

责任动力驱使政府在环境治理 PPP 项目中积极履行内生责任。政府内生责任的初始源动力是政府内部成员的道德自觉，基于理想主义的假设观点，政府是公正无私的道德专制者，以追求社会公共利益最大化为目标，在道德自觉的驱使下政府会主动履行环境治理 PPP 项目的政府内生责任。然而理性经济人假设下，政府并不总是站在公共利益的角度以道德标准来严格要求自己，"懒政""怠政"行为也时有发生，这就需要强制力来约束政府。环境治理 PPP 项目中对政府进行环保约谈、建立督查体制以及公众监督机制等，形成了政府内生责任的外在强动力。故在环境治理 PPP 项目中，培养政府人员的自觉履职品性，并通过监察追责，形成内在约束和外在强制的动力机制。

4. 责任行为

政府在履责的过程中，责任行为会有主动与被动的选择。环境治理 PPP 项目不只是政府单一主体内部的履责选择，其履责的客体也包括企业、公众、第三方组织等，一旦政府选择被动行为，很容易传递到其他主体，从而影响政府的信用和形象。当政府选择主动责任行为时，政府积极履责会激发政府主观能动性，提高履责效率，同时传递给社会正确的价值观，积累政府良好形象。同时，责任行为也有公正与寻租的选择，政府在环境治理 PPP 项目中为维护自身利益或考虑到政府绩效，会做出有悖于公正的选择，比如在进行招投标选择社会资本的时候，或与企业共谋只注重项目效益而忽视公共价值等情况。政府处在多个角色当中，不同的情景下受到各种因素的影响，政府也会做出不同的选择，而责任行为的主动与公正性则是政府内生责任顺利实现的关键。

5. 责任评价

政府内生责任的评价要求包含环境治理 PPP 项目中的合民意性和合效能性。对于合民意性而言，政府在进行环境治理 PPP 项目决策的过程中要充分考虑到公众的意愿，由于环境治理 PPP 项目最终的消费者是公众，且项目与公众生活密切相关，当公众反对环境治理 PPP 项目的建设，比如引发邻避事件，环境治理 PPP 项目将无法顺利进行下去。政府内生责任体现了外部主体对政府的激励与约束，公众与企业感知是政府内生责任评价输出的主要端口，避免了政府"粉饰"功绩，影响绩效的公正性。现阶段，PPP 绩效评价体系依然不够完善，地方政府追求政绩增加了政府隐性债务，导致项目后期难以持续进行。政府内生责任要求从政府自身出发，在强调责任履行效率的同时注重行为结果的目的和方法，对政府内生责任的评价也体现了综合效能而非单方面绩效，有利于反馈评价主体进行调整。

3.2
企 业 内 生 责 任 界 定

3.2.1 企业内生责任界定原则

从不同角度看，PPP 项目的原则有不同的界定方式，从项目价值评价层面界定 PPP 项目，存在物有所值评价原则和财政承受能力评价原则；从项目经济社会效应层面界定 PPP 项目，存在公平原则与效率原则；从项目运作层面界定 PPP 项目，存在权、责、利一致性原则等。而对于环境治理 PPP 项目而言，本书认为其社会责任的界定应回归 PPP 项目"利益共享、风险共担"的基本原则，依据其多元主体的合作关系确立环境治理 PPP 项目社会责任的界定原则。

环境治理 PPP 项目的社会责任按照其主体责任进行划分，可以分为政府社会责任、社会资本方责任以及生态环境及社会公众社会责任三个责任类别，其中政府与社会资本方是项目的内部主体，而生态环境及社会公众是项目的外界主体。尽管生态环境及社会公众就环境治理 PPP 项目效果及评价层面等外生经济社会效益而言其需要履行一定的社会责任，但由于生态环境及社会公众作为外界主体其是公共产品及服务的最终受益者而非直接主导者，对于项目建设运营层面而言其没有对应的社会责任。因此，在环境治理 PPP 项目社会责任研究中政府与社会资本方作为内部主体是主要研究对象，可以从内生性视角对环境治理 PPP 项目社会责任进行层层解析。

3.2.2 企业内生责任主体

所谓企业社会责任（CSR），是指企业在所从事的各种活动当中，应当对所有利益相关者承担相应的责任。从内容来看，企业的社会责任可细分为道德责任、经济责任、文化责任、教育责任、环境责任等几个方面。而与企业或一般经营性项目不同的是，无论从广义还是狭义层面，环境治理 PPP 项目两大内部主体政府方和社会资本方存在着异质性耦合关系，双方关于项目社会责任的履行通常是通过成立 SPV（特殊目的意义载体）来表达项目责任。因此，政府在 PPP 项目中不仅仅是监管者的角色，更多的还是主导者和参与者。政府方属于环境治理 PPP 项目的内部主体，因而内生视角下环境治理 PPP 项目社会责任主体不仅包括社会资本方的社会责任，同样也包括政府方的社会责任。故在环境治理 PPP 项目中，履行社会责任的内生主体即为政府方和社会资本方，而不应把政府方归为外界主体类别。

环境治理 PPP 项目内部主体异质关系复杂交织，对于政府方而言，其既是"裁判员"，又是"运动员"，牵头政府代表方与社会资本方需持续保持良好的合作关系，其直接对项目生产经营管理负有责任；与此同时其与纵向监管政府、横向协同政府等存在着必要的府际关系，监管政府履行监督责任防止环境治理 PPP 项目内部主体"合谋"，横向协同政府履行协作责任促进环境治理 PPP 项目正向可持续发展。对于社会资本方而言，参与 PPP 项目尤其是环境治理 PPP 项目的准入门槛较高，在满足自身经营性利润的同时，还需要对内对外履行相应的公共责任。一旦项目产生了负外部效应并且发生外溢，则面临政府方的强制行为以及社会公众邻避效应等"内外交困"的局面。

具体来说，企业的责任包括：公司对消费者、员工、股东、社区、政府和环境的经济和社会责任。传统企业法和企业法理论是企业利润最大化、股东利润最大化的目标，现在企业社会责任的倡导者则认为，利润最大化只是企业目标之一，企业法律制度需在企业的利润目标和公共福利目标之间保持平衡。企业社会责任归结为四类：经济责任、法律责任、伦理责任、环境责任。

3.2.3　企业内生责任内容

总体上看，环境公共产品及服务的持续高效的供给是环境治理 PPP 项目应履行的社会责任。企业社会责任"金字塔"模型中的四个层级为环境治理 PPP 项目社会责任内容界定提供了思路。

从环境治理 PPP 项目政府与社会资本方关系来看，社会资本方具有一般企业的自利性特征，从基础层出发社会资本方更多履行的是经济责任。而政府方作为主导项目实施的权力机构，在 PPP 项目建设运营过程当中具有优势地位，政府方为了维护自身"政绩、形象"以及社会利益而更多地承担公共责任，而这种非经济责任在"金字塔"模型中属于经济责任以外的三个责任层级范畴，对内包括维护环境治理 PPP 项目法律法规以及契约的法律责任，对外包括居民、NGO、生态环境等伦理道德责任。

就此而言，可以基本界定在内生视角下环境治理 PPP 项目中社会责任具有微观意义上的企业社会责任的性质，其社会资本方履行的社会责任以经济、伦理道德责任及法律的基础性责任为主，积极履行则会对环境公共产品及服务的供给产生持续正向影响。

（1）企业需要承担经济责任，企业的主要目的是实现其经济的发展。企业应该以提供社会需要的服务和商品从而有效地生产为目标，企业应该以公平的价格为自身可持续发展提供足够的利润的价格水平。企业经济责任的重要指标主要表现在企业的收入、成本和利润等财务指标上。

（2）企业需要承担法律责任，主要指的是企业在经营活动中应该遵守所有法律、法规，要讲诚信，在企业的发展中应该兑现对他人的所有承诺，按照约定完成所有的合同义务。企业在履行其法律责任时，如果对相应的法律存在着疑问，可以向有关的法律部门提出自己的意见，但是在法律条文尚未修改之前，必须严格地依法办事。

（3）企业的伦理责任要求企业在发展过程中必须充分考虑到各利益相关者的利益，企业的发展不能违背伦理观念，不能只顾企业的发展而忽视了伦理责任，企业应该做让全社会满意放心的事情，只有这样企业才能得到可持续发展。

3.3
公众内生责任界定

公众责任是指身为社会系统要素的公众个体对其所生存的自然环境系统、社会环境系统以及系统中的其他子系统与要素有一种负责任的态度，能够积极地与系统及其中的要素进行有效的互动，使系统保持一种动态的平衡与发展的状态。公众将与生态文明建设和环境保护相关的责任称之为公众生态责任。其形成是由公众的本质属性即社会属性决定的，社会属性使公众拥有环境责任意识，在意识的目的性和创造性能动作用的影响下，才会形成和强化公众对于自然的人文责任，从而促进物质文明和精神文明和谐一致地发展，实现生态文明状态下的全方位的和谐发展和共同进步。生态责任的形成和发展密切联系着公众的存在价值，公众对于自然环境的责任是公众存在价值的体现方式和实现途径，公众存在价值在一定程度上影响并决定公众生态责任的形成。个体作为自然存在的价值和个体的社会价值互为存在的前提，共同构成了公众的存在价值，公众生态责任正是公众存在价值的一种具体体现。

公众生态责任主要有保护意识责任、生态建设认识责任、参与责任、践行责任等。公众作为生态文明建设过程中最为广泛的主体，其是否具有良好的环境保护意识和建设主体认识直接影响到生态建设的具体成效。凡是关乎公众生活环境的生态基础设施建设都离不开广大公众的参与和配合。公众自身利益与自然生态的好坏紧密相连，公众不应对政府产生过度依赖，应该意识到公众应在生态文明建设中负主要责任。公众对于生态建设的意识和认知直接影响公众主体参与空间的大小和公众践行度。公众应通过多种途径参与生态建设，同时在法律与政策权限范围内提高公众的赋予权限，提高公众参与政策制定和监督环节的机会与程度。

3.4
多元主体多层次责任体系构建

3.4.1　政府竖向责任

PPP 项目政府责任竖向界面是指构成界面的不同层级政府在界面内部属于直接隶属关系，或者称之为上下级关系的界面。通常而言，在上级公共部门—下级公共部门所组成的竖向界面上，由于二者之间存在固有的地位、信息差异，会造成在 PPP 项目实施过程中产生权利的不平等。当下级公共部门接受上级公共部门的指示时，由于双方之间存在地位、文化、制度以及知识或信息等多种差异，使得下级公共部门解读上级公共部门原有信息时可能出现理解偏差，导致下级公共部门难以正确、全面、有效地落实上级公共部门的规定，从而形成竖向界面内部矛盾。

在整个层级政府组织中，均实行的是"下管一级"，要求下一级政府对上一级政府负责，下一级政府需要接受上级政府的监督、检查和指导。在 PPP 项目实践操作过程中，中央政府和省级政府首先需要对提供公共服务进行决策，然后各地方政府负责执行、落实，同时接受上级政府的监督检查，而上级政府通过转移支付对 PPP 项目的直接负责政府进行适当补贴。地方政府没有独立的决策权，下级政府不能与上级政府有效地协商地方利益，只需完成上级指定的任务。

竖向问责的主要方式是由相对强势的上级部门，通过一定的评判体系对相对弱势的下级部门责任落实、任务完成情况进行考核，并对下级部门的失范行为追究其主要负责人的相应责任。显然，竖向问责的主体是发起问责的"上级政府部门"，竖向问责的特点表现在：强有力的上级对相对弱势的下级发起命令式的建议，往往目标清楚、见效快。

但是竖向问责也存在一定弊端，由于上级政府部门的信息多由下级政府部门提供，而国内政治生态中，下级政府部门之间往往以"井水不犯河水"的思想变相合谋，通常不会"出卖"同级政府向上级政府提供更多的有效信息，这就导致竖向问责中上下级政府之间的信息不对称，从而下级政府部门的问题不能得到很好的揭发，影响纵向问责有效性。

3.4.2　企业横向责任

PPP 项目是以公共需求为导向，带动政府投资人与项目经理以及项目其他参与方等一系列主体形成的契约缔结体。其中，PPP 项目中的私营部门具体包括由企业和承包商、供应商等组织构成的利益相关者，且通常来说，私营部门之间是通过正式和非正式的契约联结在一起，形成一个复合型的契约联结体系。

此外，在 PPP 项目中，公共部门作为公众利益的代表，实现公共利益最大化则是公共部门的核心目标。然而，私营部门作为一个营利性组织，多是以自身利益最大化为行动的逻辑出发点。在 PPP 项目的筹建过程中，为了达到资源高效、合理化配置，公共部门通常会凭借契约，将项目的建设过程委托给私营部门，从本质来说，公、私部门之间的关系是委托—代理的关系。委托方是公共部门，受托方则是私营部门。

由于公、私之间利益导向不同，双方难免地会产生利益和责任分歧。但

PPP 项目最终是使合作各方达到比预期单独行动更为有利的结果，尽管双方自身目标存在差异，双方都会朝着 PPP 项目利益最大化的方向前进来达到"双赢"。

3.4.3　公众纵向责任

在 PPP 项目的参与主体中，还包括公众。作为 PPP 项目的直接受益者，公众既是 PPP 项目的伙伴主体，也是项目的服务对象。公众与公共部门不存在地位从属关系。在 PPP 项目决策与管理过程中，公众拥有知情权、参与权和监督权等权利。从两者在 PPP 项目中发挥的作用来说，双方同处于 PPP 项目的行政与监管层。虽然 PPP 项目所有权和控制权归政府所有，但从公众与政府的利益诉求来说，公众被赋予和公共部门同等的 PPP 项目控制权。但在缺乏相应的约束机制的情况下，由于传统观念的影响，公众对监督公共部门的意识较为淡薄和不足，而基层公共部门也缺乏将政府目标对公众公开以及积极响应公众意见的动力，通常出于满足自身政绩的需要与上级公共部门的偏好保持一致。

在项目的不同阶段，公众对于 PPP 项目的利益诉求不尽相同，公共部门作为公共利益的维护者，应尽量满足公众正当所需，为公众参与 PPP 项目提供相关渠道。

3.4.4　"三位一体"多层次责任体系建立

环境治理各多元主体间的责任是相互交叉关联的，单一一方的履责和监督并不能达到各方责任实现的目标，因此构建了以政府自上而下的履责和监督作为竖向，以企业参与项目生命周期自始而终时间轴作为横向，以公众自下而上的参与及监督为纵向，构建"政府＋企业＋公众"三位一体的多层次责任体系，如图 3 - 3 所示。

履责方面，竖向上政府作为权利主体为环境治理 PPP 项目的落地提供政治、经济环境及自身信用的保障；横向上企业在项目的全生命周期中，不仅要保障项目的高质量高效率还要注意对生态环境的影响和社会责任的履行；纵向上公众通过参与树立责任意识。

问责方面，竖向政府的问责上，包含强有力的上级政府对相对弱势的下级政府命令式的问责和同时同级政府部门之间的相互问责，以及对企业的机会主义行为及公众的不规范参与的监督。然而命令式问责信息渠道较窄、发现问题阶段困难，同级问责不具备行政命令上的压制性，被问责单位在解决问题阶段可能会产生消极情绪，阻碍问题解决等缺陷，建立公众参与的问责机制，即由上级部门对被问责机构引入平行的第三方独立监察机构，该机构主要以公众为主体，一方面监督下级政府部门是否对上级政府部门存在信息隐瞒，疏通上下级之间的信息阻塞；另一方面监督同级政府部门间的变相合谋及同级被问责单位在解决问题时产生的消极情绪。

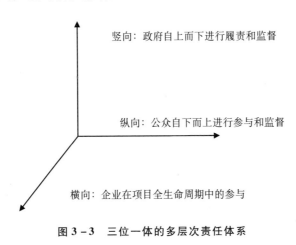

图 3 - 3　三位一体的多层次责任体系

3.5

本章小结

　　本章主要对公私合作视阈下环境治理 PPP 项目多元主体：政府、企业及公众的内生责任进行界定，并基于界面理论，论述政府在竖向、企业在横向和公众在纵向的责任关系，从履责和问责两方面构建以政府自上而下为竖向，以企业参与项目生命周期自始而终时间轴为横向，以公众自下而上为纵向的"政府＋企业＋公众"三位一体的多层次责任体系，旨在改进现有责任厘定不清、相互推诿等问题。

第4章
环境治理 PPP 项目政府内生责任
表述及强化路径

4.1
环境治理 PPP 项目政府内生责任特征

通过前面的概念和理论分析可知，环境治理 PPP 项目是政府在环境治理公共物品供给领域引入市场化的供给模式，为回避公共物品属性和市场化竞争的矛盾，而采取以政府与社会资本合作的形式进入市场。该模式与政府以往单纯管制市场以及单纯提供公共产品和服务的情况都不相同，政府既处在传统科层制的管理体系中，也存在具有合作契约的市场化模式中，对政府履行责任增添了新的要求。着手分析政府在环境治理 PPP 项目中的责任向度，找寻重新界定政府在市场和公共管理领域的责任平衡点，将外界责任内化为政府内生责任，站在政府的角度进一步搭建和梳理政府内生责任在环境治理 PPP 项目中的逻辑，有助于进一步解决政府履责过程中出现的问题。

4.1.1　政府在环境治理 PPP 项目中责任的向度分析

环境治理 PPP 项目中政府的主体责任并没有发生实质性变化，依然是项目的主导者，但是与以往普通政府责任相比，政府在环境治理 PPP 项目中具有履责动力弱、市场化挑战强以及多元异质主体合作的特征。而且，环境治理 PPP 项目中的政府处在科层制与项目制的复杂关系结构中，科层制与项目制本身存在运行的特征差异，如表 4 - 1 所示。政府责任受二者融合背后的张力影响，使政府在 PPP 项目中履行责任的时候经常处在矛盾难以厘清的混乱状态中，容易导致政府划分责任不明确、政府寻租以及履责效果差等问题。解决这些问题的关键是分析环境治理 PPP 项目中政府责任的来源。

表 4 - 1　　　　　　　　　　　科层制与项目制的不同之处

不同之处	科层制	项目制
特点	规章制度、专业分工、等级权威	临时性、目标导向、新机构和新规划
导向性	科层的规则导向	项目的目标导向
实现路径	科层间条线分散传递	项目统一规划
时效	科层常态性	项目时段性

剖析责任向度，回答的是政府责任源自哪里与如何发生的问题。政府在环境治理 PPP 项目中扮演了多重角色，发挥着国家治理以及行政职能的作用，要求政府对公众、环境、社会整体负责。环境治理 PPP 项目中的政府为了对各类企业、周边居民、媒体、专家、环保 NGO 组织等外部主体的关系负责，政府需要基于社会授予的环境治理权利和与其他主体间的委托代理关系，积极主动地响应各种诉求，从而产生环境治理 PPP 项目政府的外生性责任。同时，为缓解公众对环境治理需求的压力、满足企业对政府履行契约的要求、实现环境治理 PPP 项目的有效运转，政府需要在项目中发挥主观能动性，构建制度规范体系的实现上级部门与下级部门间的有效运转，由此产生政府的内生性责任。

来自外部社会的责任是由政府具有的公权属性所决定的，在权责对等的要求下，政府需要在环境治理 PPP 项目中担负起主导者的角色。同时政府也会展现出不同的责任出发点：一方面，站在维护自身统治阶级地位的角度，政府要做好自己的本职工作履行政府责任，以实现社会对政府的认可；另一方面，政府是社会环境治理公共利益的代言人，政府要为公共利益负责。环境治理 PPP 项目中的政府为了发挥管理职责、维护政府组织内部的协调、维护政府权威，会主动进行内部责任的建构，规范并明确合理的协作责任关系，对自身加以控制和纠偏，将主观责任和客观责任结合，以实现政府组织责任体系的有效运转。同时，由于外生性责任是责任来源的主要向度，但落实到责任的履行则是通过科层制的政府组织以及政府组织中的执行人员，故构建环境治理 PPP 项目中政府的内生责任，将外生性责任内化到政府内生性责任当中，通过外在压力的方式输入，以内化为政府内生责任的方式主动输出，可以将政府责任研究的重点放在探讨政府内生责任的高效输出以及项目成效上，如图4-1所示。

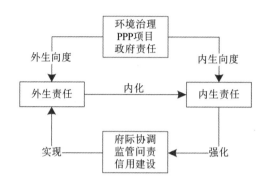

图4-1　环境治理PPP项目政府外生责任的内化

4.1.2　厘定环境治理 PPP 项目中政府内生责任的立场和目的

1. 厘定环境治理 PPP 项目中政府内生责任的立场

厘定政府在环境治理 PPP 项目中的内生责任，最基本的就是要摆明政府在环境治理 PPP 项目中的立场。在环境治理 PPP 项目中政府扮演着支柱性的角色，政府内生责任影响了政府行为，而政府行为直接决定了项目的运行。政府在 PPP 模式中与中标的社会资本签订协议，按照契约内容双方各自担负起环境治理的责任，但是政府不仅是项目合作者同时也是社会进行环境治理的代言人，代表了公共利益。

环境治理 PPP 项目的政府内生责任应将环境治理 PPP 项目的顺利实现作为秉持的立场。政府处在科层行政体制中，中央政府的顶层设计、政策方针通过各级政府的上传下达得到真正的履行，在信息不对称的状态下，容易出现层级消耗，难以达到理想的治理效果。地方政府进行具体的环境治理 PPP 项目时，应对环境治理 PPP 项目的立场和态度、对事件处理方式和过程的妥当与否直接影响着社会公众、企业、媒体等对政府形象的认识。因此，在厘定环境治理 PPP 项目中政府内生责任时应持有坚定的势必建设好环境治理 PPP 项目的立场。

2. 厘定环境治理 PPP 项目中政府内生责任的目的

提升政府在应对环境治理 PPP 项目中的能力，强化政府在环境治理 PPP 项目中的责任履行。目前我国环境治理 PPP 项目落地频繁，污水处理和垃圾处理类 PPP 项目得到较好的实施，但是土壤修复、水治理、污染防治等项目还处在探索期，PPP 模式中的支付方式、股权结构等难以在初期判断其正确性，政府与社会资本的责任界限不明晰，政府履责存在缺位与效率问题。环境治理 PPP 项目政府内生责任强调政府自身协调和控制以应对各种责任问题，对政府提出要求，只有提升政府应对环境治理 PPP 项目的能力，才能更好地发挥政府作用，在环境治理 PPP 项目中实现对环境产品的高效供给和满足公众需求。

为政府进行顶层设计和总体把控提供有效路径。厘定政府在环境治理 PPP 项目中的内生责任，不仅仅是为了提升其自身应对环境治理 PPP 项目的能力，它同时也为中央政府在进行规则制定、政策导向、总体把控时，提供有效的实施途径。环境治理 PPP 项目政府内生责任在特定情境下规范了政府集合体在行使政府权力履行政府责任的具体要求和路径，进一步厘清政府间责任流通渠道，增强上级政府对下级政府的有效合作，从而更好地进行环境治理 PPP 项目的建设。

4.2
环境治理 PPP 项目政府内生责任的行为逻辑

4.2.1 环境治理 PPP 项目政府内生责任的行为逻辑

1. 科层制管理体系下的行为逻辑

环境治理 PPP 项目中的执行政府部门收到上级政府的命令，依据上级对项目的决策进行可行性研究和物有所值评价，以及后期的建设运营。以命令—

控制模式为主，对上级政府部门负责，受到上级政府部门的监督检查，项目绩效与政府的政绩挂钩，同时受到科层制管理体系中官员任期、内部官员职位调整、政策变动等影响较大。在科层制管理体系中，以法章制度、等级权威为特征，政府履责会朝着上级指定的要求实施，且缺乏有效的反馈路径，受信息不对称的影响较大，行为偏离现象风险较高。而且上下级间的层级传递会出现"层级消耗"，上级传递来的任务会因受各种环境因素的限制和影响，形成责任下移过程中的权责失衡，不利于政府的履责。

2. 理性经济人假设下的行为逻辑

虽然政府处在科层制的管理体系中，受到上级公共部门的控制，但在理性经济人的假设中，政府依然有站在自身利益角度的经济人特性，当眼前利益与长远利益出现矛盾，当地方政府自身利益与公共利益出现冲突，在我国现有法律体制和监管体制不完善的条件下，政府很有可能出现寻租行为。政府的寻租行为分为政府有意寻租与无意寻租和政府主动寻租与被动寻租，腐败多数是由于政府主动寻租导致的。寻租行为的追求本质是自身利益，对于政府的监管体制不完善、绩效评价不全面等阻碍，难以实现对环境治理 PPP 项目中政府内生责任的监督控制。因此，注意环境治理 PPP 项目履行环节的寻租行为进行规避对于政府内生责任的实现也极为重要。

3. 环境压力体制下的行为逻辑

在环境需求、政策引导以及公众参与的条件下，地方政府结合对当地环境情况的了解发起 PPP 项目，并与社会资本合作成立项目公司。环境治理 PPP 项目中，政府部门受到来自上级政府和检查审计部门的监督考核，从而有自上而下的传来的压力；受到下级单位指示要求和项目周边居民对环境治理的要求，从而有来自下而上的压力；同时还要受到来自同类项目的竞争以及同级政府部门间绩效竞争，从而形成平行压力。在来自各方压力体制下的环境治理 PPP 项目政府会主动或被动地形成责任行为，同时产生项目成效从而反馈给压力源，进行新一轮的循环。依赖压力体制下被动执行的"压力模式"，其主要行为逻辑为"环境压力—政府行为—行为成效—反馈机制"，如图 4 - 2 所示。

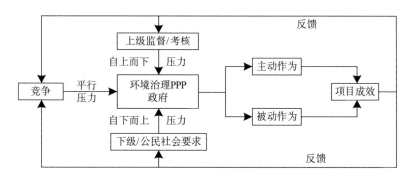

图 4 - 2　压力体制下的行为逻辑

4.2.2　环境治理 PPP 项目政府内生责任的特征

1. 权责划分明确要求程度高

在环境治理 PPP 项目中，政府是项目的决策者、主导者和参与者，一般而言，政府是对政府所有组织的集合体的总称，它既包含中央政府、地方政府，也包含不同行政部门的职能组织，环境治理 PPP 项目涉及的政府部门众多，各自分工不同，所起到的作用也各有偏重。比如同属于中央政府的财政部和发改委两大职能部门，财政部的主要职责是制定政府部门的预算，测算政府债务和政府支出，进行财政能力测算等，而发改委的主要职责是把控项目体量，规划总体建设等，双方都可通过制定相关政策、发布相关文件具体规定操作流程。然而，由于 PPP 项目所涉及的管理范围广，双方职责难免出现交叉重叠的现象，也会在 PPP 项目的操作流程、分管领域、规范文件等方面出现"飙"政策的现象，政策内容不统一、不衔接造成了许多实际操作中的问题，很难评判对错。政府内生责任根植于层级结构中，权责划分的明确程度是政府内生责任履行的基础，权责不对等导致权利滥用、不作为、责任缺位、相互推诿等问题。将权力清单化、责任法制化是环境治理 PPP 项目政府内生责任建设的重要目标和有力保障。

2. 政府横纵部门间联动性强

我国环境治理 PPP 项目中涉及的相关部门众多，既有上下级间领导与被领导的关系，也有同级不同部门间的协作。政府内生责任处在科层制的管理体制中，命令—控制模式要求下级政府按照上级政府的指挥进行责任履行；不同职权范围内的同级部门间要求做到协同合作，发挥各自部门的主要职责作用，配合实现政府内生责任。部门与部门间的横纵联动的行为运作成为环境治理PPP项目政府内生责任顺利实现的保证，政府内生责任要求横纵部门间流畅的交流与有效的责任传递，精简审批流程以简单有效的方式实现政府内生责任。

3. 市场化模式下公共价值追求

环境治理PPP项目既有市场化背景下的逐利性，也包含公共治理中对公共价值的追求。政府需要满足社会资本对项目利润的要求，也要以公共价值的最大化为导向，在两者的平衡下追求环境治理PPP项目的经济效益最大化是政府面临的挑战。政府为保障环境治理PPP项目的顺利运行，投入资源且希望得到回报，故在SPV公司中扮演项目"商人"角色，以较少的投入实现项目最大的收益，并设置合规的价格机制，保证社会资本的合法权益，以发挥社会资本的优势资源。同时政府服从于上级的命令与控制，在中央政策的扶持与导向下履行项目，在项目绩效背后更加注重自己的政治绩效，责任行为则会偏向于履行上级下达的指令，迎合上级的目标要求。环境治理PPP项目政府内生责任时常处在难以确定的情景中，当项目与科层治理的目标一致时，政府则表现出目标明确、积极履责的行为表现；然而，当两者目标不一致时，则表现出效率降低甚至是偏离公共价值的行为。

4. 寻求政、企、民异质主体合作平衡

环境治理PPP项目中的三大主体，即政府、企业和公众，由于处在不同的角色位置中，各自的价值追求、权利资源和行为逻辑不同，需要有共同的合作意愿、实现资源共享以及保持平等关系去进行异质主体间的合作。在环境治理PPP项目中，政府既是与社会资本共同实现项目的合作者，也是社会进行环境治理的代表，是维系稳定关系的纽带，也是让项目可持续进行的基础。环境治理PPP项目政府内生责任的基础要求就是要保障政企民三者间的合作关系，政府既要依据规则要求维护政府内部正常的层级关系，也要搭建政府与企业、政府与公众、企业与公众间的合作桥梁，实现主体间的合作。

4.3

环境治理 PPP 项目政府内生责任的影响机理分析

通过第 3 章对环境治理 PPP 项目政府内生责任的逻辑运行规律和特征的阐释，发现环境治理 PPP 项目政府内生责任应有其不同于以往对政府责任的普适性研究。研究政府在环境治理 PPP 项目中的责任必须要在特定的情境中，这样才能进一步厘清政府内生责任在环境治理 PPP 项目中的影响机理。

4.3.1　环境治理 PPP 项目政府内生责任影响因素的提取

1. 环境治理 PPP 项目政府内生责任影响因素识别

环境治理 PPP 项目政府内生责任的履行主体是政府方，政府内生责任的履行受到多方面因素的影响。首先，政府作为内生责任的执行主体，体现了"执行者"和"监管者"的双重矛盾身份，同时环境治理 PPP 项目政府内生责任的履行也受到政府层级间合作的影响，所以政府的行为仍然是最先考虑的因素。其次，政府是否在环境治理 PPP 项目中履行内生责任，还取决于公众与合作企业的配合，公众和合作企业是内生责任的客体，对政府内生责任的履行起着十分重要的作用。项目的绩效是对政府内生责任履行成效的展现，同时间接反映了政府在环境治理 PPP 项目中履行责任的结果。故本章将从政府、公众、企业及项目四个方面对环境治理 PPP 项目政府内生责任进行影响因素的识别。

（1）政府内部互动与外部监察的影响。政府这个集合体涵盖了参与项目的整个公共部门，可从内部与外部两个层面全面分析政府的行为选择对政府内生责任的影响。在政府内部的互动过程中，交流的效率、合理的互动规则以及公务人员的履责积极性等影响了环境治理 PPP 项目政府内生责任的顺利履行，政府人员需要适应与社会资本合作，将政府放在与企业平等的关系中，不再仅仅是监管与规制的代表。在政府外部监察的过程中，政府审计预算分配的合理性、社会资本的适格性、决策的正确性、公正情况以及项目资金使用率是政府在运行项目过程中的一系列决策安排，其正确程度影响了政府内生责任的履行。

（2）公众参与的影响。环境治理 PPP 项目的最终产品和服务最明显的属性就是公共物品属性和外部性，公众享受福利的同时直接反映了政府内生责任的履行情况。同时通过公众切身感受去检验政府内生责任的履行状况，是最真实的反映。公众对环境治理是否满意、对政府是否信任、公众参与的详细情况、政府对项目的解释、信息公开程度等都体现了政府内生责任的履行情况，同时也影响了环境治理 PPP 项目政府内生责任。

（3）合作企业感知的影响。政府与社会资本合作进行环境治理 PPP 项目，是运用了市场化的手段，政府以一定的利益付出换取企业的优势资源。政府在与企业的合作过程中，需要转变政府职能以一个平等合作的主体状态，互相协调共同完成项目。合作企业与政府相关部门的沟通交流体现了政府适应 PPP 模式的能力和与企业合作的契合度，同时合作企业对政府的信任、对政府的合作意愿等也反过来影响政府履责状况，且政府是否履行了承诺、政府是否积极分摊风险等方面，也可通过合作企业的感知反向作用于政府。

（4）环境治理 PPP 项目成果的反馈影响。项目最终的绩效是环境治理 PPP 项目成果的实体集合，同时也是政府内生责任的间接呈现。政府与社会资本成立了项目公司，主要由项目公司进行项目的具体实施，政府既有工作人员参与到项目公司中，同时也肩负起了监督管理的职责，政府虽然将部分建设和运营的责任转移到了社会资本身上，但是作为项目的主导者、合作者与监管者，仍然对项目负责，对项目成果负责。对环境治理 PPP 项目的产品和服务进行统计观测，工程质量、物有所值评价、完成任务量、及时率以及通过率反映了任务的完成情况，项目带来就业、经济社会效益、治污的成效等，反映了环境治理 PPP 项目对社会的贡献。这些都是政府内生责任履行下的产物，是项目政府绩效最真实的代表，有力论证了政府内生责任的作用体现。同时，这些指标对政府内生责任也起到了激励与逆向推动的作用。

结合文献研究、案例分析以及专家讨论，最终得到如表 4 - 2 所示的环境治理 PPP 项目政府内生责任的影响因素指标。

表 4 - 2　　　　　　环境治理 PPP 项目政府内生责任的影响因素

一级指标	二级指标	编号	具体表现
政府内部互动	各部门联动性	Ga1	沟通交流是否顺畅、信息不对称情况
	工作主动性	Ga2	主动承担责任的意识、清楚认知责任后果
	主流工作价值观	Ga3	责任履行的积极性、不作为被作为情况
	责任明确度	Ga4	责任分配状况、是否出现无人管理现象
	合作制度完善规范	Ga5	是否有规可依、是否精简操作、工作高效
	与企业合作的契合度	Ga6	是否可以积极配合各企业共同进行项目建设
政府外部监察	预算分配合理性	Gb1	当地政府负债情况、综合财力与项目匹配度
	社会资本适格性	Gb2	所选社会资本与项目的匹配度
	决策正确性	Gb3	目标合理、方案可行、可研报告、风险识别
	公正情况	Gb4	招投标公平性、项目执行是否存在寻租情况
	项目资金使用率	Gb5	项目资金的使用效率、是否存在闲置情况
公众参与	环境治理满意度	S1	公众是否感受到环境治理变化
	政府形象	S2	政府威信、政府能力
	公众参与情况	S3	公众参与途径数量、听证会、讲座
	政府回应力	S4	对公众问题的回应详略、及时性、数量
	信息公开程度	S5	公众对项目的了解情况
合作企业感知	政府信用	E1	政府是否完成既定义务、所作承诺是否履行
	政府执行力	E2	政府工作的效率、完成度
	政府保证	E3	应承担风险是否给予保证
	政府寻租	E4	是否存在为难社会资本现象
项目成果反馈	项目完成的及时率	P1	是否延迟工期、工期分配的合理程度
	项目验收通过率	P2	项目合格率
	工程质量评分	P3	对污染治理的有效性、是否存在反弹
	物有所值评分	P4	由专家评分的物有所值分数
	利润率	P5	与可行性评价收益的对比、收益情况
	项目完成任务量	P6	污水处理量、垃圾处理量、土壤修复亩数
	项目综合的社会贡献	P7	提供就业、生产额、税收、治污成效

2. 环境治理 PPP 项目政府内生责任影响因素的确定

（1）调查问卷的设计。在环境治理 PPP 项目政府内生责任影响因素中，不同因素对政府内生责任的影响略有差异，在定性提取影响因素的基础上，需要进行定量的分析。为了科学严谨地去识别这些指标对环境治理 PPP 项目政府内生责任的影响，需要对所列指标进行一次问卷调查，以检验政府内生责任影响因素体系建立的是否合理，从而为提取关键因素实现对政府内生责任的影响机理做准备。

按照环境治理 PPP 项目政府内生责任的研究内容设计问卷调查表。此次问卷的发放利用多种媒介，采取了定向邮件发放、专家面谈、问卷星填写等多种方式。采用 5 点李克特量表评价，按照无影响为 1 分、影响较弱为 2 分、影响一般为 3 分、影响较强为 4 分、影响很强为 5 分进行评价分数的采集，针对环境治理 PPP 项目政府内生责任的影响因素结合实践经验给出自己的评价。

本次调查问卷的发放对象主要是参与环境治理 PPP 项目的政府部门、PPP 咨询公司、高校以及其他科研单位、已参与过 PPP 项目的公众、私营企业中高层技术人员等。问卷回收后，对问卷进行分类，由于此次影响因素是针对政府内生责任，故问卷发放主要以政府部门、公共管理学者为主，分别占 31% 和 23%，占到调研总数的一半以上。本次问卷一共发出 200 份，回收 168 份，通过甄选，得到有效问卷 156 份，问卷应答率 84%，有效率 92.8%，符合标准要求。

（2）样本信度检验。李克特量表的信度分析采取 Cronbach's α 系数检验。基于环境治理 PPP 项目政府内生责任影响因素中得到的样本数据进行检验。检验的系数取值范围以及所表示的信度关系如表 4－3 所示，随着信度值的增加，信度呈现出较高的状态。

表 4－3　　　　　　　　信度检验中 Cronbach's α 系数取值标准

信度范围	参考标准
$[0.9, 1)$	非常好，可信
$[0.7, 0.9)$	好，可信
$[0.35, 0.7)$	一般，可信
$(0, 0.35)$	不好，不可信

由表 4－3 标准可知，信度检验的运算得出的 Cronbach's α 系数必须达到 0.7 以上，如不满足条件则需要重新调整问卷。输入问卷的数据，首先对问卷的整体进行信度检验，所得结果如表 4－4 所示。可知，整体性信度检验符合要求。其次按照政府内部、政府外部、公众、合作企业及项目五个维度进行检验，结果如表 4－5 所示，其 Cronbach's α 系数均大于 0.7，可靠性全部通过。

表 4 - 4　　　　　　　　　　　　问卷整体可靠性统计量

Cronbach's α	基于标准化项的 Cronbach's α	项数
0.796	0.858	27

表 4 - 5　　　　　　　　　　　　五个维度可靠性统计量

维度	Cronbach's α	基于标准化的 Cronbach's α	项数
政府内部自评	0.832	0.867	6
政府外部监察	0.868	0.887	5
公众评价	0.801	0.832	5
合作企业评价	0.805	0.816	4
项目成果评估	0.702	0.762	7

（3）样本效度检验。继续在 SPSS 软件中利用巴特利（Bartlett）球体检验和 KMO 检验，来检查问卷调查的数据测量值是否接近真实值，即进行样本的效度检验。其中 KMO 的评判标准值范围为 [0, 1]，具体标准如表 4 - 6 所示。

表 4 - 6　　　　　　　　　效度检验中 KMO 取值范围标准

KMO 值	评判标准
[0.9, 1.0)	非常适合
[0.8, 0.9)	适合
[0.7, 0.8)	一般
[0.6, 0.7)	可以
[0.5, 0.6)	不太适合
(0, 0.5)	极不适合

针对环境治理 PPP 项目政府内生责任影响因素的问卷调查表进行效度检验分析，最后得出的结果如表 4 - 7 所示。

表 4 - 7　　　　　　　　　　KMO 值与 Bartlett's 检验

变量	KMO 和 Bartlett's 检验		
总量	取样足够度的 KMO 度量		0.836
	Bartlett 的球形度检验	近似卡方	2390.892
		df	120
		Sig.	0.000

由表 4 - 7 可得环境治理 PPP 项目政府内生责任影响因素的变量总量的 KMO 值为 0.836，满足大于 0.7 的基本要求，并且 Bartlett 的球形度检验显著，

说明环境治理 PPP 项目政府内生责任影响因素的调查问卷具有很好的相关性，适合进行因子分析。

（4）得分分析。本次问卷主要考察指标提取的合理性，以及各指标权重的初步分析，为下文进行模型设计的主观性检验做准备。统计计算得出各指标得分及初步权重如表 4 - 8 所示。

表 4 - 8　　　环境治理 PPP 项目政府内生责任评价指标得分及权重

一级指标	二级指标	编号	平均得分	权重计算
政府内部互动	各部门联动性	Ga1	3.667	0.0372
	工作主动性	Ga2	3.667	0.0372
	主流工作价值观	Ga3	3.333	0.0338
	责任明确度	Ga4	4.333	0.0439
	合作制度完善规范	Ga5	3.769	0.0382
	与企业合作的契合度	Ga6	3.897	0.0395
政府外部监察	预算分配合理性	Gb1	3.667	0.0372
	社会资本适格性	Gb2	4.333	0.0439
	决策正确性	Gb3	3.667	0.0372
	公正情况	Gb4	4.000	0.0405
	项目资金使用率	Gb5	4.000	0.0405
公众参与	环境治理满意度	S1	3.667	0.0372
	政府形象	S2	4.000	0.0405
	公众参与情况	S3	3.000	0.0304
	政府回应力	S4	3.667	0.0372
	信息公开程度	S5	3.333	0.0338
合作企业感知	政府信用	E1	4.000	0.0405
	政府执行力	E2	4.333	0.0439
	政府保证	E3	3.667	0.0372
	政府寻租	E4	3.333	0.0338
项目成果	项目完成的及时率	P1	3.667	0.0372
	项目验收通过率	P2	2.333	0.0236
	工程质量评分	P3	4.333	0.0439
	物有所值评分	P4	4.000	0.0405
	利润率	P5	2.333	0.0236
	项目完成任务量	P6	2.667	0.0270
	项目综合的社会贡献	P7	4.000	0.0405

从中可以得出，责任明确度、合作制度完善规范、与企业合作的契合度、社会资本的适格性、项目公正情况、项目资金使用率、政府形象、政府信用、政府执行力、工程质量评价、物有所值评价、项目综合的社会贡献的得分较高，比其他因素对政府内生责任的影响更为显著，故下面将针对挑选出的 12 个因素进行关键因素指标识别模型的构建。

4.3.2　环境治理 PPP 项目政府内生责任关键因素分析模型

本章基于模糊集理论的 DEMATEL（Decision Making Trial and Evaluation Laboratory）和 ISM（Interpretation Structural Model）集成分析法，首先运用模糊集处理的方法对所得的专家评分进行预处理，以表示政府履行环境治理 PPP 项目的内生责任行为的相互影响程度，而 DEMATEL 方法则可通过分析环境治理 PPP 项目政府内生责任内部各影响因素之间的相互影响关系，区分出影响因素和原因因素，分析得出整个指标中的关键因素。进而使用 ISM 方法满足内生责任影响因素的复杂性要求，构建因素间的内在结构，从而对环境治理 PPP 项目政府内生责任关键因素影响机理问题进行探讨，计算方法的思路如图 4 - 3 所示。

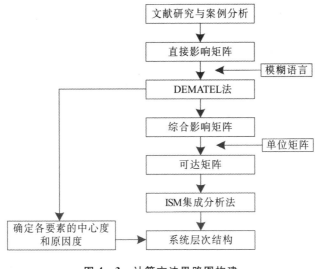

图 4 - 3　计算方法思路图构建

1. 各影响因素间关系的判定

对影响环境治理 PPP 项目政府内生责任因素进行进一步分析和整理。采用专家打分法，即将影响程度分为从"影响很大"到"没有影响"的五个等级并进行赋值，并邀请五位专家对所构建的环境治理 PPP 项目政府内生责任影响因素中 12 个指标之间的相互关系进行独自判定，最后得到五份由语言变量组成的数据，以备后续处理分析。如表 4 - 9 所示。

表 4 - 9　　　　　　　　　　　语言变量与模糊数的转换关系

语言变量	对应数字	相对应的三元模糊数
没有相互影响	0	(0.0, 0.1, 0.3)
相互影响很小	1	(0.1, 0.3, 0.5)
相互影响不大	2	(0.3, 0.5, 0.7)
相互影响较大	3	(0.5, 0.7, 0.9)
相互影响很大	4	(0.7, 0.9, 1.0)

2. 专家语言变量的转化及去模糊化

根据研究的 12 个政府内生责任影响因素，以表 4 - 8 的标准将各位专家的判定结果进行指标间的转换，转变为以三角模糊数为代表的数组，并作为初始计算矩阵奠定计算基础。运用 VIKOR 算法得出第 k 个专家所表示的在政府内生责任中 i 因素对 j 因素的标准化影响值。具体运算过程为：

$$m\alpha_{ij}^k = \frac{\alpha_{ij}^k - \min\limits_{1 \leqslant k \leqslant K} \alpha_{ij}^k}{\max\limits_{1 \leqslant k \leqslant K} \gamma_{ij}^k - \min\limits_{1 \leqslant k \leqslant K} \alpha_{ij}^k} \qquad (4-1)$$

$$m\beta_{ij}^k = \frac{\beta_{ij}^k - \min\limits_{1 \leqslant k \leqslant K} \alpha_{ij}^k}{\max\limits_{1 \leqslant k \leqslant K} \gamma_{ij}^k - \min\limits_{1 \leqslant k \leqslant K} \alpha_{ij}^k} \qquad (4-2)$$

$$m\gamma_{ij}^k = \frac{\gamma_{ij}^k - \min\limits_{1 \leqslant k \leqslant K} \alpha_{ij}^k}{\max\limits_{1 \leqslant k \leqslant K} \gamma_{ij}^k - \min\limits_{1 \leqslant k \leqslant K} \alpha_{ij}^k} \qquad (4-3)$$

$$m\alpha s_{ij}^k = \frac{m\beta_{ij}^k}{1 + m\beta_{ij}^k - m\alpha_{ij}^k} \qquad (4-4)$$

$$m\gamma s_{ij}^k = \frac{m\gamma_{ij}^k}{1 + m\gamma_{ij}^k - m\beta_{ij}^k} \qquad (4-5)$$

$$m_{ij}^k = \frac{m\alpha s_{ij}^k (1 - m\alpha s_{ij}^k) + m\gamma s_{ij}^k m\gamma s_{ij}^k}{1 - m\alpha s_{ij}^k + m\gamma s_{ij}^k} \qquad (4-6)$$

$$w_{ij}^k = \max\limits_{1 \leqslant k \leqslant K} \alpha_{ij}^k + m_{ij}^k \left(\max\limits_{1 \leqslant k \leqslant K} \gamma_{ij}^k - \min\limits_{1 \leqslant k \leqslant K} \alpha_{ij}^k \right) \qquad (4-7)$$

$$w_{ij} = \frac{1}{k} \sum_{k=1}^{k} w_{ij}^{k} \qquad (4-8)$$

应用公式（4-1）至公式（4-3）将因素间相互关系的得分进行三角模糊数标准化处理。其中，$m\alpha_{ij}^{k}$ 表示进行模糊标准化后的 α_{ij}^{k} 值；$m\beta_{ij}^{k}$ 和 $m\gamma_{ij}^{k}$ 分别表示进行模糊标准化后的 β_{ij}^{k} 值和 γ_{ij}^{k} 值。运用公式（4-4）和公式（4-5）得出左标准值 $m\alpha s_{ij}^{k}$ 和右标准值 $m\gamma s_{ij}^{k}$。利用公式（4-6）计算总的标准化值，记为 m_{ij}^{k}。继而根据公式（4-7）和公式（4-8）计算出各个专家对相互影响关系评分的最终处理结果，其中，w_{ij}^{k} 为第 k 个专家反映的 i 因素对 j 因素的量化影响值；w_{ij} 为所有专家评估的 i 因素对 j 因素的最终量化影响值。

3. 应用 DEMATEL 方法识别关键要素

$$G = \frac{A}{S} = \frac{A}{\max(\max \sum_{i=1}^{n} a_{ij}, \max \sum_{j=1}^{n} a_{ij})} \qquad (4-9)$$

$$T = G (I - G)^{-1} \qquad (4-10)$$

$$r = [r_i]_{1 \times n} = \left[\sum_{j=1}^{n} t_{ij} \right]_{1 \times n} \qquad (4-11)$$

$$c = [c_i]_{n \times 1} = \left[\sum_{i=1}^{n} t_{ij} \right]_{n \times 1} \qquad (4-12)$$

根据公式（4-9）和公式（4-10）计算直接影响矩阵 G 和综合影响矩阵 T。通过公式（4-11）和公式（4-12）计算出 T 的各行元素之和与各列元素之和。其中，t_{ij} 表示因素 i 对因素 j 的直接或间接影响程度；r_i 表示因素 i 对系统中其他因素的直接或间接影响程度的总和，即为影响度（D）；而 c_j 表示 j 因素受到系统中其他因素的直接或间接影响程度的总和，即为被影响度（R）。

$r_i + c_j$ 表示该因素在系统中的中心程度，称其为中心度（记为 $D + R$）；$r_i - c_j$ 表示该因素影响其他因素或被其他因素影响的程度，称其为原因度（记为 $D - R$）。若 $r_i - c_j$ 为正数，则表示因素 i 影响其他因素的程度大于其他因素对因素 i 的影响程度，这时称因素 i 为原因因素；若 $r_i - c_j$ 为负数，则表示因素 i 影响其他因素的程度小于其他因素对因素 i 的影响程度，这时称因素 i 为结果因素。

4. 应用 ISM 的集成法分析影响因素系统层次结构

鉴于 DEMATEL 方法将各因素自己与自己的相互关系值默认为 0，即表示不产生影响，为与 ISM 对接，现利用公式：

$$L = T + I \qquad (4-13)$$

进行矩阵调整，其中矩阵 I 为单位矩阵，以此计算得到整体影响矩阵 L。

根据计算结果观察矩阵数值，根据实际情况设置阀值 λ，其设置的目的是通过舍去可达矩阵中较小的数值，即忽略指标之间不显著的影响关系从而简化影响因素的系统层次结构，以便有针对性和更切合实际地对影响环境治理 PPP 项目政府内生责任因素指标系统的层次结构进行划分。

$$h_{ij} = \begin{cases} 1, & l_{ij} \geqslant \lambda \\ 0, & l_{ij} \leqslant \lambda \end{cases} \qquad (4-14)$$

$$R_i = \{y_i \mid y_i \in Y, \ h_{ij} \neq 0\}, \ (i=1, \ 2, \ \cdots, \ n) \qquad (4-15)$$

$$S_j = \{y_j \mid y_j \in L, \ h_{ij} \neq 0\}, \ (j=1, \ 2, \ \cdots, \ n) \qquad (4-16)$$

利用公式（4-14）可求得可达矩阵 $H = \{h_{ij}\}$。对可达矩阵计算进一步获取信息，以确定环境治理 PPP 项目政府内生责任各要素的可达集合和先行集合。利用公式（4-15）计算出可集合 R_i，利用公式（4-16）计算出先行集合 S_i。再求出两集合的交集，首次交集为表层因素，将表层因素舍去，得到第二层级的可达矩阵，重复上个步骤，所得交集为第二层影响因素；以此类推，连续计算可得出环境治理 PPP 项目政府内生责任影响因素系统的层次结构划分结果。

4.3.3 环境治理 PPP 项目政府内生责任关键因素作用机理

结合环境治理 PPP 项目政府内生责任影响因素指标体系，考虑到各指标间的代表关系，依照问卷调查中提取出的 12 个因素进行重新编码：责任明确度（Y1）、合作制度完善规范（Y2）、与企业合作的契合度（Y3）、社会资本的适格性（Y4）、项目公正情况（Y5）、项目资金使用率（Y6）、政府形象（Y7）、政府信用（Y8）、政府执行力（Y9）、工程质量评价（Y10）、物有所值评价（Y11）、项目综合的社会贡献（Y12）。

将各位专家的评价值进行三角模糊化处理，可得环境治理 PPP 项目政府内生责任 12 个影响因素的直接影响矩阵 W（如表4-10所示）。按照上述方法对直接影响矩阵进行计算，最终，可得 DEMATEL 计算结果分析表（如表4-11所示）。

表 4 – 10　　　环境治理 PPP 项目政府内生责任影响因素的直接影响矩阵

	Y1	Y2	Y3	Y4	Y5	Y6	Y7	Y8	Y9	Y10	Y11	Y12
Y1	0.0000	0.5281	0.5281	0.4563	0.5281	0.5388	0.4563	0.4563	0.4888	0.5281	0.4888	0.4888
Y2	0.4056	0.0000	0.5281	0.4563	0.5281	0.5388	0.4563	0.4563	0.4888	0.5281	0.4888	0.4888
Y3	0.4631	0.4056	0.0000	0.4888	0.5281	0.4888	0.4631	0.4888	0.4888	0.5281	0.5388	0.5281
Y4	0.4888	0.5281	0.4056	0.0000	0.4563	0.4622	0.4631	0.4631	0.4631	0.5388	0.5281	0.4631
Y5	0.4723	0.5281	0.5189	0.4056	0.0000	0.4723	0.4631	0.4888	0.5438	0.4888	0.5438	0.4631
Y6	0.5436	0.5281	0.4563	0.5388	0.4056	0.0000	0.4622	0.4631	0.5281	0.5436	0.4888	0.4622
Y7	0.4631	0.4622	0.4888	0.4631	0.4622	0.4056	0.0000	0.4631	0.4622	0.4888	0.4631	0.4622
Y8	0.4888	0.5388	0.4888	0.5378	0.4888	0.4631	0.4056	0.0000	0.5755	0.5189	0.4563	0.4888
Y9	0.4631	0.5000	0.4631	0.4631	0.4631	0.4631	0.4631	0.4056	0.0000	0.4631	0.4631	0.4888
Y10	0.4622	0.4631	0.4563	0.4888	0.4888	0.4631	0.4631	0.4631	0.4056	0.0000	0.4563	0.5281
Y11	0.5281	0.4631	0.5189	0.4563	0.5388	0.4631	0.4245	0.4622	0.4888	0.4056	0.0000	0.4631
Y12	0.4631	0.4622	0.4563	0.4631	0.5189	0.4631	0.4622	0.4888	0.4631	0.5281	0.4056	0.0000

表 4 – 11　　　　　　　　　　DEMATEL 计算结果分析

	影响度（D）		被影响度（R）		中心度（D + R）		原因度（D – R）	
	计算结果	排名	计算结果	排名	计算结果	排名	计算结果	排名
Y1	22.4435	1	20.7418	10	43.1853	5	1.7017	2
Y2	21.5208	6	20.9608	9	42.4816	9	0.56	3
Y3	21.6879	5	22.2356	2	43.9235	2	– 1.1477	10
Y4	20.9117	9	21.8615	4	42.7732	6	– 0.8498	7
Y5	21.8625	3	21.8237	5	43.6862	3	0.0388	4
Y6	20.3221	12	20.5216	11	40.8437	11	– 0.1995	6
Y7	22.1753	2	20.2315	12	42.4068	8	1.9438	1
Y8	20.4408	11	21.5741	7	42.0149	10	– 1.1333	9
Y9	21.8082	4	21.7258	6	43.534	7	0.0824	5
Y10	21.0007	8	22.1748	3	43.1755	4	– 1.1741	11
Y11	21.4803	7	22.6688	1	44.1491	1	– 1.1885	12
Y12	20.5689	10	21.4451	8	42.014	12	– 0.8762	8

1. 各指标影响度分析

从表 4 – 11 可以看出 Y1、Y2、Y5、Y7 和 Y9 属于环境治理 PPP 项目政府内生责任的原因因素。责任明确度（Y1）的影响度排名第一，但被影响度的排名位于倒数第二，表明责任明确度对其他环境治理 PPP 项目政府内生责任因素具有强烈的影响效果，且不受其他因素的干扰，主动性较强。同理，政府形象（Y7）的影响度排名第二，同时被影响度排名最后，同样是较强的主动因素。合作制度的规范完善（Y2）、项目的公正情况（Y5）和政府执行力（Y9）三个因素在所有排名中均处于较落后的名次，表明它们与其他九个因素之间的相互影响性较小，密切程度不佳。

剩余七个因素都属于环境治理PPP项目政府内生责任的结果因素，其中，物有所值评价（Y11）的被影响度排名第一，表明该因素与其他因素之间的相互影响程度最大，关系最为密切；与企业合作契合度（Y3）的影响度和被影响度的排名分别为第五和第二，表明该因素在整个分析因素指标中的关联性不稳定。从排名中可以看出，工程质量评价（Y10）、社会资本适格性（Y4）、政府信用（Y8）、项目综合社会贡献（Y12）的关联程度较强。由于影响度位居第12位和被影响度位居第11位，所有项目资金使用率（Y6）属于关系比较疏远的影响因素。

2. 各指标中心度分析

责任明确度（Y1）在所有因素中的影响度得分为22.4435，位居第一位，可认定为影响环境治理PPP项目政府内生责任的关键因素。同理，政府形象（Y7）的影响度得分为22.1753，位排名第二，且被影响度排名最后，即对其他因素的影响程度较大，而被影响的程度较小，属于环境治理PPP项目政府内生责任的关键因素。物有所值评价（Y11）是中心度排名第一的因素，得分为44.1491，说明在系统中发挥着极大的作用，且影响度得分为21.4803，排名第七，被影响度得分为22.6688，排名第一，说明Y11一定是环境治理PPP项目政府内生责任的关键因素。项目的公正情况（Y5）的中心度排名第三，得分为43.6862，观察其影响度的的得分为21.8625，排名第三，其被影响度的得分为21.8237，排名第五，说明该因素在整个影响因素中具有较大的影响作用，认定Y5为环境治理PPP项目政府内生责任的关键因素。同理，对社会资本适格性（Y4）和政府执行力（Y9）进行分析可知，其也是环境治理PPP项目政府内生责任的关键因素之一。

由表4-11可以得到，合作制度的规范完善（Y2）、政府信用（Y8）和项目资金使用率（Y6）的中心度得分分别为42.4816，排名为第九；42.0149，排名第十；40.8437，排名第11，表明其不是环境治理PPP项目政府内生责任的关键因素。分析与企业合作契合度（Y3）和工程质量评价（Y10）的得分可以发现，两者的影响度得分为21.6879，排名第五；21.0007，排名第十，影响程度较小，但是被影响度和中心度的得分和排名都位居前列，说明两个因素在环境治理 PPP 项目政府内生责任中属于被动类型的因素，不是关键因素。项目综合社会贡献（Y12）的影响度小于被影响度，且中心度排名倒数第一，因而不是环境治理 PPP 项目政府内生责任的关键因素。

经过对环境治理 PPP 项目政府内生责任的影响因素进行一一分析可得：首先，环境治理 PPP 项目政府内生责任中的因素众多，且相互之间存在较强的关联性，不同因素呈现政府内生责任不同的要点问题。其次，不同因素在环境治理 PPP 项目政府内生责任中体现出不同的作用路径。责任明确度、合作制度规范完善、项目公正情况、政府形象和政府执行力五个因素为环境治理 PPP 项目政府内生责任的原因因素指标，在整个指标系统中体现出主动性，持续影响着其他指标；与企业合作契合度、社会资本适格性、项目资金使用率、政府信用、工程质量评价、物有所值评价和项目综合社会贡献七个因素为环境治理 PPP 项目政府内生责任的结果因素指标，在整个指标系统中主要体现了被动性，受到其他因素的扰动。最后，在初筛的环境治理 PPP 项目政府内生责任的 12 个因素指标里，责任明确度、物有所值评价、项目的公正情况、社会资本适格性、政府执行力和政府形象是影响环境治理 PPP 项目政府内生责任评估的六个最关键的指标。

3. 各影响因素的系统层次结构划分

利用公式（4 - 13）求出环境治理 PPP 项目政府内生责任因素的整体影响矩阵 L，然后结合实际计算数据情况选取令 $\lambda = 0.085$，根据公式（4 - 14）可以求出可达矩阵 H 为：

$$
H = \begin{pmatrix}
1 & 1 & 1 & 1 & 1 & 1 & 1 & 1 & 1 & 1 & 1 & 1 \\
0 & 1 & 0 & 1 & 1 & 1 & 0 & 1 & 1 & 1 & 1 & 1 \\
1 & 1 & 1 & 1 & 1 & 0 & 0 & 0 & 0 & 1 & 1 & 0 \\
0 & 1 & 0 & 1 & 1 & 1 & 0 & 1 & 1 & 1 & 1 & 1 \\
1 & 1 & 1 & 1 & 1 & 0 & 0 & 1 & 1 & 1 & 1 & 0 \\
0 & 0 & 1 & 0 & 0 & 1 & 0 & 0 & 0 & 1 & 1 & 0 \\
1 & 1 & 1 & 1 & 1 & 1 & 1 & 1 & 1 & 1 & 1 & 1 \\
0 & 1 & 0 & 0 & 0 & 0 & 0 & 0 & 1 & 1 & 0 & 1 \\
0 & 0 & 1 & 0 & 0 & 0 & 0 & 0 & 0 & 1 & 0 & 0 \\
1 & 0 & 1 & 1 & 1 & 1 & 0 & 0 & 1 & 1 & 0 & 0 \\
0 & 0 & 1 & 0 & 1 & 0 & 0 & 1 & 0 & 1 & 1 & 1 \\
0 & 0 & 1 & 0 & 0 & 0 & 1 & 0 & 1 & 1 & 1 & 1
\end{pmatrix}
$$

　　按照上节论述的方法原理，对可达矩阵进行可达集合和先行集合的运算，从而进一步对环境治理 PPP 项目政府内生责任因素进行系统层次结构的划分，并构建出各因素的多级递阶解释结构模型，如图 4-4 所示。

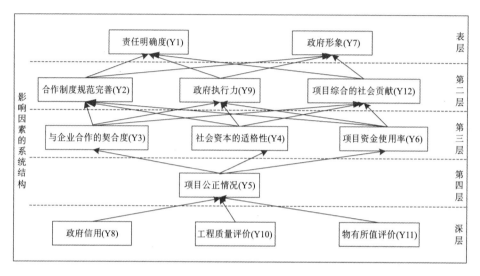

图 4-4　多级递阶解释结构模型

　　由图 4-4 可知，环境治理 PPP 项目政府内生责任影响因素的系统结构可划分为五个层次。最上层也就是表层的环境治理 PPP 项目政府内生责任影响因素主要包括责任明确度（Y1）和政府形象（Y7）。Y1 和 Y7 是系统中的关键要素，同时也是本层次中的关键要素，对政府内生责任有着直接影响作用。

　　合作制度完善规范（Y2）、政府执行力（Y9）和项目综合的社会贡献（Y12）属于环境治理 PPP 项目政府内生责任的第二层次影响因素，直接影响着责任明确度（Y1）和政府形象（Y7）。其中，政府执行力（Y9）是环境治理 PPP 项目政府内生责任影响因素系统中的关键因素，同时也是第二层次中的关键要素，对环境治理 PPP 项目政府内生责任有着重要影响作用。

　　第三层的影响因素主要有与企业合作的契合度（Y3）、社会资本的适格性（Y4）和项目资金使用率（Y6），属于较深层次的环境治理 PPP 项目政府内生责任影响因素，对表层因素和第二层因素都起着直接或间接的影响作用。社会资本的适格性（Y4）是整个分析系统中的关键影响因素，同时也是第三层次中的关键要素，对环境治理 PPP 项目政府内生责任有着深入的影响作用。

　　第四层次中仅包含了项目公正情况（Y5）这一个因素，该因素对上边各层次都起到了影响作用，且作为环境治理 PPP 项目政府内生责任影响因素系统中的关键因素，和该层次的关键要素，对环境治理 PPP 项目政府内生责任有着较深远的影响作用。

政府信用（Y8）、工程质量评价（Y10）和物有所值评价（Y11）是系统层次中的底层因素指标，起到最基础作用的同时也是整个因素分析系统的非关键要素，对环境治理 PPP 项目政府内生责任有着最深远的影响作用。

4.4

环境治理 PPP 项目政府内生责任的评价体系构建

本章在对环境治理 PPP 项目政府内生责任影响机理分析的基础之上，结合评价原则进一步设定评价指标、划分评价层级标准，通过构建环境治理 PPP 项目政府内生责任的评价模型，进一步展开对环境治理 PPP 项目中政府内生责任的评价，以实现对政府内生责任体系的反馈。

4.4.1　环境治理 PPP 项目政府内生责任评价的指标提取

1. 提取评价指标的基本原则

（1）全面性。环境治理 PPP 项目的实施流程复杂，涉及因素众多，且政府内生责任的表现较难统一，只有从多个层面考察其政府内生责任的形成过程以及形成结果，提取出尽可能多的责任表现，实现对环境治理 PPP 项目政府内生责任评价的全面性，才能保证评价结果的准确和有效。

（2）典型性。能够反映环境治理 PPP 项目政府内生责任的指标纷繁复杂，在保证全面性的基本原则下，提取的指标必须典型，能够充分反映政府内生责任的履行情况，与研究对象无关的指标应该排除。

（3）可衡量性。有些指标虽然能反映环境治理 PPP 项目政府责任效果，但其囊括的内容宽泛，理解容易发生偏差，从而导致出现度量偏差。因此，应将复杂宽泛的指标进行细化分解使其具有可度量性。

（4）定性与定量相结合。定量评价指标因其可明确度量而结果较为客观，但环境治理 PPP 项目中有很多方面的状况无法实现定量化，需采用定性指标，因此必须结合二者才能完整客观地反映实际效果。

2. 建立评价指标

根据环境治理 PPP 项目政府内生责任的影响因素以及系统层次结构分析的结果，按照评价指标的原则，从政府内部履责情况、政府外部监察情况、公众评价、合作企业评价、项目成效五个维度，适当调整部分因素指标，得到环境治理 PPP 项目政府内生责任的评价指标，如表 4 - 12 所示。

表 4 - 12   环境治理 PPP 项目政府内生责任评价指标

一级指标	二级指标	编号	具体表现
政府内部履责情况	各部门联动性	x1	沟通交流是否顺畅、可按时协调进行工作
	工作积极性	x2	工作氛围良好、积极行动推动项目进展
	PPP 操作情况	x3	政府进行物有所值、财政能力评价的合理性
	责任划分合理性	x4	是否责任划分到人、权责一致
	责任分配的落实	x5	责任分配状况、是否出现无人管理现象
	责任追究的效果	x6	当失误出现时是否快速合理调查并相应处罚
	政企合作制度的完善	x7	是否有规可依、是否精简操作、工作高效
	政府内部监管效果	x8	环保督查、环保约谈进行情况、是否二次污染
政府外部监察情况	预算分配合理性	x9	当地政府负债情况、综合财力与项目匹配度
	社会资本适格性	x10	所选社会资本与项目的匹配度
	决策正确性	x11	目标合理、方案可行、可研报告、风险识别
	公正情况	x12	招投标公平性、项目执行是否存在共谋
	项目资金使用率	x13	项目资金的使用效率、是否存在闲置情况
公众评价	环境治理满意度	x14	公众是否感受到环境治理的变化
	政府形象	x15	公众是否信任政府、是否认同政府做法
	公众参与路径建设	x16	公众参与途径数量、听证会和讲座场次
	政府回应力	x17	对公众问题的回应详略、及时性、数量
	信息公开程度	x18	项目规划、项目选址及相关信息的公布情况
合作企业评价	政府信用状况	x19	政府是否完成既定义务、所给承诺是否履行
	政府执行力	x20	政府工作的效率、完成度
	政府保证的履行	x21	应承担风险是否给予保证
	政府寻租的情况	x22	是否存在为难社会资本现象、是否谋取私利
项目成效	项目实施的工期安排	x23	是否延迟工期、工期分配的合理程度
	项目验收通过率	x24	项目合格率、建设质量
	项目治理效果检验	x25	对污染治理的有效性、是否存在反弹
	项目完成任务量	x26	污水处理量、垃圾处理量、土壤修复亩数等
	项目综合的社会贡献	x27	扩大就业率、生产额、税收、治污成效

4.4.2　环境治理 PPP 项目政府内生责任评价的层级划分

环境治理 PPP 项目政府内生责任履行得好坏直接影响了环境治理 PPP 项目的最终成果，及时的责任评价是对政府监督检查以及引导的依据。上文中已得出政府内生责任的关键影响指标，利用影响指标进一步去评价政府内生责任，对内生责任状况进行检查，以反馈给整个政府内生责任体系，并予以奖惩才能起到对责任的强化作用。

综合评估环境治理 PPP 项目政府内生责任，是一个系统地剖析和权衡各代表因素的复杂过程。由于影响政府在环境治理 PPP 项目中履行内生责任的指标多，而且涉及各个方面，往往难以从众多指标中科学合理地对政府内生责任进行具体评定。结合综效评价分析，简化评价指标分散化过程，按照一般量化要求将环境治理 PPP 项目政府内生责任指标评定划分为五个级别，即一星级、二星级、三星级、四星级、五星级，如表 4 - 13 所示。

表 4 - 13　　　　　环境治理 PPP 项目政府内生责任星级的界定

划分等级	等级界定
一星级（差）	表明该指标呈现的责任内容不达标，应给予批评和惩罚
二星级（及格）	表明该指标勉强符合要求，需要引起重视加强履行
三星级（中）	表明该指标履责效果一般，需要及时调整方式方法
四星级（良）	表明该指标履责良好，但仍有进步空间
五星级（优）	表明该指标的履责效果好，应给予奖励

将政府内生责任在环境治理 PPP 项目中的评价指标值进行量化处理，设定各级别对应的量化值，如表 4 - 14 所示。

表 4 - 14　　　　　　　评估指标的级别及量化

划分等级	评估指标量化值 xv_i
一星级（差）	$[0, 1]$
二星级（及格）	$(1, 2]$
三星级（中）	$(2, 3]$
四星级（良）	$(3, 4]$
五星级（优）	$(4, 5]$

4.4.3　环境治理 PPP 项目政府内生责任评价的模型构建

1980 年，著名学者蔡文创立了可拓学，以物元模型、可拓集合、关联函数理论为基础，主要用于多元数据量化决策，以解决综合评价的实际问题。可拓物元评价方法是从定性和定量两个角度处理现实矛盾问题的一种新方法，通过构建经典域物元矩阵、节域物元矩阵等并进行综合计算，使定性的评价指标实现量化，以使所得的评价结果可以实现主客观的结合。可拓学将事物进行数理形式化表述，将事物的称谓、事物的相关特征和特征的描述性量化值三者的集合作为事物的基本元，称其为物元。一般将某事物的称谓设为 N；其某个特征指标设为 c；对应的描述性量值设为 v，从而得到数理形式化表述的三元矩阵值 $R = \begin{bmatrix} N & c & v \end{bmatrix}$。其中，称谓 N、特征指标 c 和对应描述性量值 v 称为物元的三要素。本书中将环境治理 PPP 项目政府内生责任评价等级认定为事物 N，将评估的 n 个指标记作特征 c_1，c_2，$\cdots$，c_n，而赋予 n 个指标所对应的量值就是 v_1，v_2，$\cdots$，v_n。

1. 确定各物元模型

（1）经典域物元模型。设环境治理 PPP 项目政府内生责任评估等级，即一星级、二星级、三星级、四星级和五星级，记为 $N_j(j=1, 2, 3, 4, 5)$。c_i 表示等级 $N_j(j=1, 2, 3, 4, 5)$ 的特征，$V_{ji} = \langle a_{ji}, b_{ji} \rangle$ 表示为 c_i 的 j 级量值区间，则经典域为：

$$R_j = \begin{bmatrix} j & c_i & V_{ji} \end{bmatrix} = \begin{bmatrix} j & c_1 & V_{j1} \\ & c_2 & V_{j2} \\ & \vdots & \vdots \\ & c_n & V_{jn} \end{bmatrix}$$

（2）节域物元模型。建立的节域物元矩阵就是综合各评估指标的允许取值范围形成的物元模型。

$$R_p = \begin{bmatrix} p & c_1 & V_{p1} \\ & c_2 & V_{p2} \\ & \vdots & \vdots \\ & c_n & V_{pn} \end{bmatrix}$$

其中，$V_{pi} = \langle a_{pi}, b_{pi} \rangle$，$(i=1, 2, \cdots, n)$ 表示评价指标 c_i 所允许的取值范围，且满足 $V_{ji} \subseteq V_{pi}(j=1, 2, 3, 4, 5; i=1, 2, \cdots, n)$。

（3）待评物元模型。将所测得的政府内生责任各评价指标数据构建待评物元矩阵，所测得的各指标测得值为 $x_i(i=1, 2, \cdots, n)$，则待评物元矩阵为：

$$R_0 = \begin{bmatrix} p_0 & c_1 & x_1 \\ & c_2 & x_2 \\ & \vdots & \vdots \\ & c_m & x_m \end{bmatrix}$$

2. 确定各等级关联度

设 x 为实轴上一点，$V = (a, b)$ 为任意区间，则 $\rho(x, V)$ 记为点与区间的距。则：

$$\rho(x, V) = \left| x - \frac{a+b}{2} \right| - \frac{b-a}{2}$$

建立关联函数对环境治理 PPP 项目政府内生责任评估等级进行评价。设关联度为 $K_j(x_i)$，表示第 i 个指标数值域属于第 j 个等级的关联度。关联函数为：

$$K_j(x_i) = \begin{cases} \dfrac{-\rho(x_i, V_{ji})}{|V_{ji}|} & x_i \in V_{ji} \\ \dfrac{\rho(x_i, V_{ji})}{\rho(x_i, V_{pi}) - \rho(x_i, V_{ji})} & x_i \notin V_{ji}; \ \rho(x_i, V_{pi}) \neq 0 \\ -\rho(x_i, V_{ji}) - 1 & x_i \notin V_{ji}; \ \rho(x_i, V_{pi}) = 0 \end{cases}$$

将环境治理 PPP 项目政府内生责任的各指标的实际取值带入，可计算得出各关联度。

3. 确定评估等级

对于每一个特征指标 c_i，对应取 a_i 为指标权重，则 $a_i \left(\sum\limits_{i=1}^{n} a_i = 1 \right)$ 为环境治理 PPP 项目政府内生责任评价指标的权系数，可由层次分析法取得。则可得：$K_j(P_0) = \sum\limits_{i=1}^{n} a_i K_j(x_i)$

$K_j(P_0)$ 所计算出的值即为所界定的环境治理 PPP 项目政府内生责任与相应评价级别 j 的关联度取值。继而进行评价的综合性计算可以得到具体的环境治理 PPP 项目政府内生责任评价级别。由公式 $K_j(P_0) = \max\limits_{1 \leqslant j \leqslant 5} K_j(P_0)$ 可得，环境治理 PPP 项目政府内生责任的评价等级为第 j_0 级。

4.4.4　通州区水环境治理 PPP 建设项目的实证评价检验

1. 项目概况

北京市通州区水环境治理（河西片区）PPP 建设项目（以下简称通州区水环境治理 PPP 建设项目），该项目建设工程范围包括：南部城区外环路污水及再生水管线工程、萧太后河景观提升及生态修复工程、通惠河（通州段）水环境综合整治三期工程、玉带河综合治理工程（二期）、副中心低标准雨水管线升级改造工程、副中心雨水管网工程、智慧水务建设、桥梁改造工程等 11 个子项目，涉及水质改善、生态修复、黑臭水体治理等内容，本工程河西片区总投资 62049.80 万元（未包含拆迁费）。其中工程费 31324.48 万元，工程建设其他费用 3933.49 万元，预备费 1762.90 万元，拆改工程 25028.93 万元。

本环境治理 PPP 项目采用了"项目投资、建设和运营一体化 + 政府购买服务"模式，由政府和社会资本所组建的项目公司进行项目具体的融资、设计、建设、运营以及维护和移交等流程。在 PPP 模式的合作期限内，由政府方通过购买环境治理服务的方式向项目公司支付费用（项目对政府的支出依赖程度高，增加了政府债务风险），合作结束后由项目公司将该环境治理 PPP 项目无偿移交给政府。采用竞争性磋商方式选定北控水务投资和北京住总集团联合体为社会资本，与政府方大运河（北京）水务建设投资管理有限公司组建项目公司，三者股权占比为 63% : 27% : 10%。项目合作期限为 25 年，项目发起时间为 2016 年 5 月，目前处于执行阶段。

2. 实证检验

对通州区水环境治理 PPP 建设项目的政府内生责任进行评价，首先要确定环境治理 PPP 项目政府内生责任的评价指标，并邀请参加环境治理 PPP 项目的专家对每个评价指标进行分析，结合实践经验给出各指标相应的得分值作为后续计算的基础性数据。将相应的数据带入上述所建立的环境治理 PPP 项目政府内生责任评价的可拓物元模型，利用该方法对通州区水环境治理 PPP 建设项目的政府内生责任进行评定计算，最终得出该项目的政府内生责任的综合等级。

（1）评价指标及评价值的确定。对该水环境治理 PPP 项目进行分析，找出可代表环境治理 PPP 项目中政府内生责任履行情况的指标，建立政府内生责任评价指标体系，进行相关数据的收集整理并导入环境治理 PPP 项目政府内生责任评价的可拓物元模型中，以得出该项目的评价结果。

通过对参与通州区水环境治理 PPP 建设项目的专家学者、咨询机构等讨论各项评价指标对本项目的实用性和适用性，指标通过后，利用德尔菲法得出指标权重，以备后续使用。依然将通州区水环境治理 PPP 建设项目政府内生责任评定标准划分为一星级、二星级、三星级、四星级、五星级。邀请参与通州区水环境治理 PPP 建设项目的专家学者、政府和企业的工作人员以及公众等进行问卷调查，对各项评价指标的状态给予切合实际的评价，根据表 4 - 2 及表 4 - 3 等级评分标准，给各个评估指标评分，最终得到通州区水环境治理 PPP 建设项目政府内生责任评估指标的评价值及各失败因素风险等级，见表 4 - 15。

表 4 - 15　　通州区水环境治理 PPP 建设项目政府内生责任评价
指标权重及评分值

一级指标	二级指标	编号	权重计算	评分值	评价等级
政府内部履责情况	各部门联动性	x1	0.0372	2.304	三星级
	工作积极性	x2	0.0372	2.873	三星级
	PPP 操作情况	x3	0.0382	3.451	四星级
	责任划分合理性	x4	0.0442	2.187	三星级
	责任分配的落实	x5	0.0416	1.302	二星级
	责任追究的效果	x6	0.0395	2.411	三星级
	政企合作制度的完善	x7	0.0321	3.209	四星级
	政府内部监管效果	x8	0.0275	4.564	五星级
政府外部监察情况	预算分配合理性	x9	0.0372	4.334	五星级
	社会资本适格性	x10	0.0439	3.163	四星级
	决策正确性	x11	0.0372	3.943	四星级
	公正情况	x12	0.0405	3.773	四星级
	项目资金使用率	x13	0.0405	3.454	四星级
公众评价	环境治理满意度	x14	0.0372	3.163	四星级
	政府形象	x15	0.0405	2.653	三星级
	公众参与路径建设	x16	0.0304	3.065	三星级
	政府回应力	x17	0.0372	2.786	三星级
	信息公开程度	x18	0.0338	2.643	三星级
合作企业评价	政府信用状况	x19	0.0405	3.492	四星级
	政府执行力	x20	0.0439	2.359	三星级
	政府保证的履行	x21	0.0372	4.123	五星级
	政府寻租的情况	x22	0.0338	4.263	五星级
项目成效	项目实施的工期安排	x23	0.0372	3.996	四星级
	项目验收通过率	x24	0.0236	3.753	四星级
	项目治理效果检验	x25	0.0405	2.109	三星级
	项目完成任务量	x26	0.0270	3.682	四星级
	项目综合的社会贡献	x27	0.0405	4.093	四星级

（2）确定相关的物元矩阵模型。根据通州区水环境治理 PPP 建设项目政府内生责任评价指标的量化结果，可以得到通州区水环境治理 PPP 建设项目政府内生责任评估的经典域物元矩阵为：

$$R_1 = \begin{bmatrix} N_1 & x_1 & \langle 0,\ 1 \rangle \\ & x_2 & \langle 0,\ 1 \rangle \\ & \vdots & \vdots \\ & x_{27} & \langle 0,\ 1 \rangle \end{bmatrix} \quad R_2 = \begin{bmatrix} N_2 & x_1 & \langle 1,\ 2 \rangle \\ & x_2 & \langle 1,\ 2 \rangle \\ & \vdots & \vdots \\ & x_{27} & \langle 1,\ 2 \rangle \end{bmatrix} \quad R_3 = \begin{bmatrix} N_3 & x_1 & \langle 2,\ 3 \rangle \\ & x_2 & \langle 2,\ 3 \rangle \\ & \vdots & \vdots \\ & x_{27} & \langle 2,\ 3 \rangle \end{bmatrix}$$

$$R_4 = \begin{bmatrix} N_4 & x_1 & \langle 3,\ 4 \rangle \\ & x_2 & \langle 3,\ 4 \rangle \\ & \vdots & \vdots \\ & x_{27} & \langle 3,\ 4 \rangle \end{bmatrix} \quad R_5 = \begin{bmatrix} N_5 & x_1 & \langle 4,\ 5 \rangle \\ & x_2 & \langle 4,\ 5 \rangle \\ & \vdots & \vdots \\ & x_{27} & \langle 4,\ 5 \rangle \end{bmatrix}$$

综合通州区水环境治理 PPP 建设项目政府内生责任评估指标的允许取值范围，建立责任评估的节域物元矩阵为：

$$R_p = \begin{bmatrix} N_p & x_1 & \langle 0,\ 5 \rangle \\ & x_2 & \langle 0,\ 5 \rangle \\ & \vdots & \vdots \\ & x_{27} & \langle 0,\ 5 \rangle \end{bmatrix}$$

依据表 4-15 中的计算结果，将所测得的政府内生责任各评价指标数据构建待评物元矩阵，则待评物元矩阵为：

$$R = \begin{bmatrix} N & x_1 & 2.304 \\ & x_2 & 2.873 \\ & x_3 & 3.451 \\ & \vdots & \vdots \\ & x_{27} & 4.093 \end{bmatrix}$$

（3）通州区水环境治理 PPP 建设项目综合评估。由通州区水环境治理 PPP 建设项目政府内生责任评价指标与各个评价等级的关联度函数 $K = [K_j(v_k)]_{27 \times 5}$ 计算通州区水环境治理 PPP 建设项目政府内生责任评价指标与评价等级的关联度。计算结果如下：

$$K = \left[K_j(v_k) \right]_{27 \times 5} = \begin{bmatrix} 0.2315 & -0.1345 & 0.3168 & -0.1642 & -0.2342 \\ -0.3482 & 0.1256 & 0.2038 & 0.3168 & -0.2455 \\ -0.1578 & -0.2256 & 0.3740 & 0.1503 & -0.1897 \\ 0.0583 & -0.3785 & -0.2183 & 0.0762 & -0.0356 \\ -0.1578 & -0.1562 & -0.2840 & -0.1930 & -0.2812 \\ -0.0536 & -0.3656 & -0.2312 & -0.2632 & -0.4106 \\ -0.4593 & -0.2011 & -0.2354 & 0.2713 & -0.3454 \\ -0.3290 & -0.1897 & -0.4007 & -0.3902 & -0.0421 \\ -0.3695 & 0.1176 & -0.3209 & -0.1028 & -0.2056 \\ 0.1768 & 0.3214 & -0.0432 & -0.2331 & -0.1345 \\ 0.2345 & 0.1256 & -0.1089 & -0.3291 & -0.4204 \\ 0.1098 & 0.2832 & -0.3425 & -0.0432 & -0.1897 \\ 0.1294 & 0.1823 & 0.2819 & 0.3782 & -0.1087 \\ -0.2890 & -0.3832 & 0.1723 & -0.2710 & -0.3220 \\ 0.2309 & -0.1672 & 0.1209 & 0.1298 & -0.3602 \\ 0.3277 & -0.1120 & -0.3977 & 0.2313 & -0.2740 \\ -0.2310 & 0.4219 & -0.3583 & -0.3278 & -0.1209 \\ -0.1459 & -0.1832 & -0.2312 & -0.2712 & -0.3231 \\ -0.3472 & -0.2121 & -0.1021 & -0.3201 & -0.2809 \\ 0.3248 & -0.3472 & 0.2378 & 0.3281 & -0.1803 \\ 0.0826 & 0.3289 & -0.3805 & -0.3510 & -0.3290 \\ 0.0323 & -0.3459 & 0.2098 & 0.4836 & 0.0867 \\ -0.4387 & -0.3289 & 0.0239 & 0.3921 & -0.1923 \\ -0.0923 & 0.1099 & -0.0956 & -0.3390 & 0.0287 \\ -0.1921 & -0.3567 & -0.2983 & -0.3529 & -0.2430 \\ -0.3428 & 0.2309 & -0.2830 & -0.0912 & -0.2973 \\ 0.3298 & -0.3290 & -0.1895 & -0.2762 & -0.0954 \end{bmatrix}$$

将表 4-8 中环境治理 PPP 项目政府内生责任评价指标的权重系数 a_i ($i = 1, 2, \cdots, 27$)，以及关联函数计算的数据带入下式中：

$$K_j(R) = \sum_{i=1}^{m} a_i K_j(v_i)$$

计算可得：

$$K_1(R) = -0.1826 < 0, \quad K_2(R) = -0.2495 < 0, \quad K_3(R) = 0.0425 > 0,$$
$$K_4(R) = -0.1587 < 0, \quad K_5(R) = -0.3254 < 0$$

即 $K_{j0}(R) = \max\{K_1(R), K_2(R), \cdots, K_5(R)\} = K_3(R) = 0.0425 > 0$

依据 $K_{j0}(R) > 0$ 及取关联性的最大值原则，通州区水环境治理 PPP 建设项目政府内生责任评估等级为三星级，即该项目的政府内生责任履行情况一般，结合项目实际情况，该项目部分信息还未公开，且项目还在进行中，为避免出现再谈判、非正常退出等行为的发生，需要及时调整方式方法，政府应积极履行政府内生责任。通过分析，政府在 PPP 项目实施过程中，可以根据内生责任的评定检验自身履责情况，对于不足的地方积极采取相应的措施加强政府的内生责任，从而使环境治理 PPP 项目能够顺利进行。

4.5

环境治理 PPP 项目政府内生责任的强化路径选择

责任明确度、物有所值评价、项目的公正情况、社会资本适格性、政府执行力和政府形象是影响环境治理 PPP 项目政府内生责任的六个最关键的指标。通过有效的强化路径的构建，才能针对责任评估做出改善，进一步加强政府内生责任的建设。

4.5.1　建立科学的政府决策机制

环境治理 PPP 项目开展的目的是满足公共服务的消费者——社会公众，政府应该在其运行中承担必需的内生责任，建立科学的决策机制。

首先，保障公众对环境治理 PPP 项目的参与。在环境治理 PPP 项目中，利益主体主要有三方：政府、私营机构以及公众。公众能够获取的信息往往是最少的，能够传达环境诉求的渠道通常是狭隘的。而作为环境信息最敏感的感知方，社会公众参与项目决策，能够极大地提高公共项目的整体满意度。同时，公众的积极参与还能够实现对政府权力的监督，避免独断决策、权力寻租。

其次，建立健全环境治理 PPP 项目评估机制。前期立项对项目进行评估，以物有所值评价和财政承受能力评估为主要载体的可行性评价是确保环境治理 PPP 项目能够顺利进行的保证。政府部门应该基于这些考虑，着力构建评估体系，将体系运用于项目决策，提高各备选方案的相互竞争力，选择更加有效的治理技术与治理方案。

最后，设置合理的决策程序。政府部门应该充分考虑各种影响因素，将治理项目的关键指标纳入考虑范围，探究环境治理 PPP 项目的本源，建立项目决策的规范治理、示范流程，做到科学、合理、公正地决策。

4.5.2　提升政府公信力建设

政府公信力是政府形象和政府信用的外在表现。政府应该强化建立内生责任的理念，增强 PPP 项目责任意识，响应"建立责任型政府"的号召，赢得公信力。政府要强化内生责任理念，就要在实际的工作中对公众负责，提高政府的工作效率，提升政府的形象。积极引导公众参与环境治理 PPP 项目，在与公众的交流互动中，发挥公众的监督作用，激发政府内生责任。政府应该充分调动舆论的积极性，利用传统与新型媒体力量，通过现场问卷、线下宣传与政府官方微博、政务微信平台相结合的方式，获取有效信息，提高服务质量与决策效率。创建信息公开平台，提高环境治理 PPP 项目的透明度。项目的公开水平直接影响到公众对项目的参与程度，以及公众对政府的信赖程度，加强信息公开，有利于提高政府的服务水平，促进政府内生责任发挥作用，从而获得公众的信任。在大数据背景下，政府要创建信息公开管理体系，对信息进行及时收集、处理、呈现和反馈，政府可在数据中对项目进行观测，公众也可实时了解项目情况。

4.5.3　完善合作型监管机制

合作型监管在整体性治理理论的框架下不断得到发展，有效的监管机制是环境治理 PPP 项目顺利进行的保障，有利于政府内生责任的良性运转。环境治理 PPP 项目是多元主体进行环境共治的产物，政府、企业、公众等都站在了不同的角色位置，完善合作型监管机制有利于约束主体履责，同时强化政府内生责任的履行。

4.6
本章小结

本章对环境治理 PPP 项目政府内生责任进行了基本的解释，从责任向度出发，找寻政府责任产生的根源和复杂背景，进而去界定环境治理 PPP 项目政府内生责任。明确在环境治理 PPP 项目中政府内生责任立足于为项目负责、为公共利益负责的立场，努力提升其自身应对环境治理 PPP 项目的能力，同时也为中央政府在进行规则制定、政策导向、总体把控时提供可借鉴的经验和依据。通过对环境治理 PPP 项目政府内生责任的主体、内容、行为逻辑进行阐释，总结出政府内生责任具有对权责划分明确的要求程度高、政府横向与纵向部门间联动性强、寻求政、企、民异质主体合作平衡以及在市场化模式下追求公共价值的特征。从政府内部互动、政府外部审查、公众参与、合作企业感知以及项目成果五方面入手提取出影响环境治理 PPP 项目政府内生责任的 27 个因素指标，并通过问卷调查验证所建立的影响因素指标的合理性并提取影响较大的 12 个因素，基于模糊集理论的 DEMATEL 法分析 12 个因素之间的相互影响以及各指标在整个系统中的影响度和中心度，从而确定出责任明确度、物有所值评价、项目的公正情况、社会资本适格性、政府执行力和政府形象是影响环境治理 PPP 项目政府内生责任的六个最关键的指标。通过 ISM 集成分析法，划分关键因素的系统层次结构，以实现对环境治理 PPP 项目政府内生责任关键因素的机理分析。构建了环境治理 PPP 项目政府内生责任的评价体系，从评价的基本原则入手，以 27 个影响因素为载体，对综合评价标准进行详细划分。借鉴以往对责任评级的习惯，将各指标级别分为一星到五星级，通过可拓物元评价法，构建政府内生责任的评价模型，通过各物元矩阵的计算得出项目政府内生责任评价等级，并以通州区水环境治理 PPP 建设项目为例进行评价模型的实证检验。从建立科学的政府决策机制、提升政府公信力建设、完善合作型监管机制及健全政府追责问责三个方面提出了环境治理 PPP 项目政府内生责任强化路径。

第 5 章

环境治理 PPP 项目社会责任内生动力机制研究

5.1

环境治理 PPP 项目社会责任内生动力解释架构

5.1.1　环境治理 PPP 项目社会责任界定

1. 环境治理 PPP 项目社会责任的界定原则

PPP 项目起于政府与社会资本之间的合作关系，其"利益共享、风险共担"的基本原则已成为学术界和实务界的共识。依照不同角度，PPP 项目原则有不同的界定方式，从项目价值评价层面界定 PPP 项目存在物有所值评价原则和财政承受能力评价原则；从项目经济社会效应层面界定 PPP 项目存在公平原则与效率原则；从项目运作层面界定 PPP 项目存在权、责、利一致性原则等。而对于环境治理 PPP 项目而言，本章认为其社会责任的界定应回归 PPP 项目"利益共享、风险共担"的基本原则，依据其多元主体的合作关系确立环境治理 PPP 项目社会责任的界定原则。

环境治理 PPP 项目的社会责任按照其主体责任进行划分，可以分为政府社会责任、社会资本方社会责任以及生态环境及社会公众社会责任三个责任类别，其中政府与社会资本方是项目的内部主体，而生态环境及社会公众是项目的外界主体。尽管生态环境及社会公众就环境治理 PPP 项目效果及评价层面等外生经济社会效益而言其需要履行一定的社会责任，但由于生态环境及社会公众作为外界主体其是公共产品及服务的最终受益者而非直接主导者，对于项目建设运营层面而言其没有对应的社会责任。

2. 内生视角下的环境治理 PPP 项目社会责任主体界定

对于企业或一般经营性项目（如房地产开发、工业制造业等）而言，政府部门对其生产经营活动主要履行其市场监管责任，政府部门并不直接参与生产经营活动，故政府方并不属于其内部主体。因此政府在 PPP 项目中不仅仅是监管者，更多的还是主导者和参与者。政府方属于环境治理 PPP 项目的内部主体，因而内生视角下环境治理 PPP 项目社会责任主体不仅包括社会资本方的社会责任，同样也包括政府方的社会责任。故在环境治理 PPP 项目中履行社会责任的内生主体即为政府方和社会资本方，而不应把政府方归为外界主体类别中。

以环境治理 PPP 项目内部主体之一社会资本方为例，当前我国 PPP 项目社会资本方参与者主要以中央和地方国有企业或者具有国资背景的民营企业为主，对民间资本进入 PPP 项目形成了"挤出效应"。尽管民间资本的 PPP 项目参与程度与参与意愿逐年上涨，但由于政府主导的公共项目对于民间资本具有天然的"隐性壁垒"，加之社会公众对民资的"不信任"心理，所以民间资本即便参与了某个环境治理 PPP 项目，但正向履行社会责任同样困难重重。因此，在环境治理 PPP 项目实施过程中强调各方主体履行社会责任的内生动力尤为重要。

3. 内生视角下的环境治理 PPP 项目社会责任内容界定

总体上看，环境公共产品及服务的持续高效的供给是环境治理 PPP 项目应履行的社会责任。根据 Carroll（1979）提出的企业社会责任"金字塔"模型中的四个层级，为环境治理 PPP 项目社会责任内容界定提供思路。

从环境治理 PPP 项目政府与社会资本方关系来看，社会资本方具有一般企业的自利性特征，从基础层出发社会资本方更多的履行的是经济性责任，社会资本方需要维持环境治理 PPP 项目预期的经济利益目标，同时社会资本方也应在相关政策条例及法律法规下取得经济利益，因此社会资本方仍需履行法律责任，而伦理责任及道德责任层次显然已超越了社会资本方在环境治理 PPP

项目层面（SPV）的履责范畴。而政府方作为主导项目实施的权力机构，在PPP 项目建设运营过程当中具有优势地位，政府方为了维护自身"政绩、形象"以及社会利益而更多地承担公共责任，而这种非经济性责任在"金字塔"模型中属于经济责任外的三个责任层级范畴，对内包括维护环境治理 PPP 项目法律法规以及契约的法律责任，对外包括居民、NGO、生态环境等伦理道德责任。

就此而言，可以基本界定在内生视角下环境治理 PPP 项目中社会责任具有微观意义上的企业社会责任的性质，其社会资本方履行的社会责任以经济及法律的基础性责任为主，而政府方则主要以履行法律及伦理道德的中观责任为主，两者责任内容不存在明显的界限，同时两者责任内容相辅相成，积极履行则会对环境公共产品及服务的供给产生持续正向影响。而"金字塔"模型最高层级慈善责任相对于项目管理类研究层面而言较为宏观，故本书暂不考虑。

5.1.2　环境治理 PPP 项目社会责任内生动力的生成机理

1. 社会责任内生动力生成的基本思想

社会责任履行驱动力按照其生成原理，通常可以分为内生性动力与外生性动力两种。这里借鉴马克思主义唯物辩证法对社会责任内生动力进行解释。

根据马克思主义唯物辩证法，事物动力的发展是内生和外生共同起作用的结果。其中内生动力是动力发展的本源，其决定着事物的发展方向；而外生动力是事物发展必不可少的条件，同时外生需要通过内生产生作用。其二，参照利益相关者理论，对于企业社会责任而言，其对内履行股东、职工、企业可持续发展等责任，对外则要履行环境、公众、社区居民等责任，内外利益相关者的相互联系决定着企业社会责任履行动力存在着内生与外生关系，且二者密不可分，当企业对内部利益相关者积极履行社会责任时，对应地其内部利益相关者才能积极推动企业履行对外部利益相关者的责任。

由此可以得出，社会责任内生动力区别于外生动力，主要是前者强调系统组织内部因某种需要而自发产生的动力，而外生动力则是系统组织外部制约其内部必须履行社会责任的一种动力。对于环境治理 PPP 项目而言，其社会责任内生动力即主体履责的主动性及自发性，外生动力则可以理解为环境治理PPP 项目履责的被动力，其中内生动力是 PPP 项目社会责任履行的核心动力。因此可以得出以下结论：

　　所谓环境治理 PPP 项目社会责任履行的内生动力机制，是指环境治理 PPP 项目主体内部具有的对项目社会责任履行能够起正向推动作用的各种因素及其相互关系的总和。

　　2. 环境治理 PPP 项目社会责任内生动力的生成逻辑

　　依据环境治理 PPP 项目社会责任的界定以及社会责任内生动力生成的基本思想，这里可以将环境治理 PPP 项目社会责任驱动力划分为内生动力及外生动力两个维度，而政府部门与社会资本方是环境治理 PPP 项目内部两大主体，故其社会责任履行的动力主体即为该内生主体，因此环境治理 PPP 项目社会责任内生动力的生成逻辑也需从政府与社会资本方之间的合作关系入手。

　　内生主体合作共治是环境治理 PPP 项目社会责任内生动力生成的逻辑起点。社会资本方参与公共环境治理项目，与政府形成内生共治模式，这种内生共治模式在契约关系下表现为形式上的相互独立，但内生主体在决策与谈判等事务上的合作竞争关系则体现出"多中心治理"思想。而在环境治理 PPP 项目"多中心治理"的框架下政府与社会资本之间是平等互利的合作关系，进而双方实现了异质性的价值诉求，在环境治理 PPP 项目中发挥着各自的职责与作用。内生主体需依据其在环境治理 PPP 项目中的角色定位，发挥其能力优势，参与到项目的具体责任工作中。

　　内生主体资源共享是环境治理 PPP 项目社会责任内生动力生成的实质。由政府与社会资本的契约关系可知，双方的合作共治关系是由契约的方式决定的，其中约定了政府与社会资本方在环境合作共治方面的权利与义务。政府方打破长期以来公共项目被垄断现象，将优质环境治理项目打包成 PPP 项目并建立项目资源库，这不只是解决财政资金短缺困境，同时也与社会资本方建立契约关系，双方成为项目中创造价值、承担风险的内生主体。在合作共治下社会资本方投入大量物质资本、技术与管理资源等，政府方则投入大量公共资源，双方在合作共治下实现资源的合理配置，即实现环境治理 PPP 项目内生主体合作治理需要，使得各个主体的价值回报与其资源投入相匹配。

　　因此可以得出，环境治理 PPP 项目社会责任内生动力是政府与社会资本在显性契约约束下合作共治、资源共享下生成的。

　　3. 环境治理 PPP 项目社会责任内生动力的派生逻辑

　　内生动力，其字面意义可以理解为"既定事物正向发展的内生主体动力组合"。该组合具有属于"原生性"的动力性质。而在此生成过程当中也会存在分化而来的某种性质，即"派生性"的动力性质。在环境治理 PPP 项目内生主体的异质性耦合关系当中，其势必会导致在内生动力生成过程中出现分化性质，即环境治理 PPP 项目社会责任内生动力的派生性。与原生性内生动力对社会责任履行起正向推动作用相悖，派生性内生动力将对环境治理 PPP 项目社会责任履行起到负向的制约作用，这主要与内生主体的异质性履责主观意愿相关，因此这里将从内生主体异质性利益偏好、强互惠行为特征两个方面分析其环境治理 PPP 项目社会责任派生逻辑。

环境治理 PPP 项目内生主体存在异质性利益偏好。Arrow（1951）最先提出社会选择理论，而通过引用该理论对个体偏好与社会选择的分析，能够精准定位环境治理 PPP 项目内生主体的异质性偏好。一般而言，利益偏好通常划分为亲社会取向和亲自我取向，其个体分别称之为亲社会者和亲自我者。而对于环境治理 PPP 项目中存在的内生主体异质性利益偏好，则可以明确政府"亲社会者"与社会资本方"亲自我者"异质性角色的定位，而环境治理 PPP 项目参与者通过契约相联系，由于参与者利益偏好的冲突使得各方在行为方式上产生不同，进而制约着契约治理方式。而在公共物品供给行为方面，社会偏好的分解及检验后会发现，双方可信任的回报行为会受到纯粹利他偏好和互惠偏好的双重影响。同时在环境治理 PPP 项目中，个体资源禀赋和异质性利益偏好对履行社会责任的行动结果也将产生影响。鉴于此，可以得出内生主体之间存在异质性利益偏好，其派生性作用将对环境治理 PPP 项目社会责任的履行起到消极的作用。

环境治理 PPP 项目中存在强互惠行为特征。强互惠理论是一种超越或突破"经济人"与"理性人"假说的人类行为理论，将强互惠理论引入环境治理 PPP 项目内生主体的行为特征分析中，通常 PPP 项目中政府部门作为社会权力的主导机构，在环境治理方面和 PPP 项目中处于优势地位，与此同时在异质性利益偏好驱使下，其对社会资本方同时拥有着亲社会偏好和选择惩罚的权力，因此在环境治理 PPP 项目中，政府部门为持续保障公共利益，其实际具备强互惠的惩罚利他性。这也解释了为维护环境治理 PPP 项目的公共利他性，无论惩罚效率的高低，政府部门都将会更加倾向于选择惩罚的手段来约束社会资本方违约行为这一普遍情况。

综上所述，环境治理 PPP 项目社会责任内生动力的派生性是引导内生主体失责的一种性质，其将会导致项目的运行发展陷入恶性循环。因此在社会责任履行过程中应持续强化其原生性，弱化其派生性，使内生主体的履责意愿回归同质性。环境治理 PPP 项目失责行为动态反馈效应如图 5 - 1 所示。

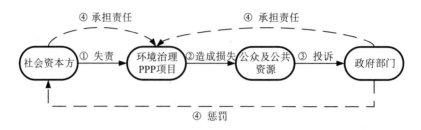

图 5 - 1   环境治理 PPP 项目失责行为动态反馈效应

5.1.3   环境治理 PPP 项目社会责任内外生动力演进分析

环境治理 PPP 项目社会责任的内外生动力并非是一成不变的，两者之间是存在着一种相互演进的关系。根据上文刘晓琴（2009）提出的企业社会责任动力机制模型，其强调企业社会责任动力机制由外生向内生的制度结构演进。而环境治理 PPP 项目的外生条件复杂，当地行政干预以及公众诉求等尤为强烈，同时当地政府也是项目内生主体，因此责任的外生被动力与内生动力在某种条件下会存在相互演进的关系。当公众诉求、行政干预等外生条件频发且超过一定的阈值时，便会触发项目主体（含政府部门）对其内部履责要素和行为进行调整；而项目主体的自发主动性则会减少甚至规避现阶段的外生冲突，并且提升外生条件的利益诉求，内外生条件相互演进从而形成一个良性的螺旋式上升循环系统，以促进环境 PPP 项目可持续发展。

1. 利益相关者视角下环境治理 PPP 项目社会责任内外生动力演进分析

根据利益相关者理论，企业在利益诉求的同时考虑到企业持续发展和扩大规模，应向利益相关者履行社会责任。在环境治理 PPP 项目中，利益相关者投入了大量资源，而不同的资源禀赋将形成不同作用及功能下的社会责任。因此可以尝试从利益相关者视角分析环境治理 PPP 项目社会责任内外生动力演进关系。上述在界定环境治理 PPP 社会责任内生动力时已将政府部门纳入了其中，因此在利益相关者视角下可以划分为政府方、社会资本方是社会责任履行者，社会公众及组织是社会责任承担者两个层面。环境治理 PPP 项目中利益相关者作为社会责任内外生动力直接主体，在项目实施过程中不断进行着资源交易，由此可见，社会责任动力使得利益相关者投入了自身的资源优势，并赋予了利益相关者相应的权力，对应的社会责任内外生动力之间形成相互演进关系，利益相关者为了各自利益会相互促进和相互合作，共同推动项目社会责任履行。

2. 关系契约视角下环境治理 PPP 项目社会责任内外生动力演进分析

现代企业理论已经把企业理解为不同个人之间一组复杂的显性契约和隐性契约的交汇所构成的一种法律实体。从环境治理 PPP 项目来看，因其环境治理的规模庞大、流程复杂，同时也符合一般企业的经营规律，故环境治理 PPP 项目也是显性契约和隐性契约相交汇的法律实体。关系契约主体对环境治理 PPP 项目的所有权反映了应承担的社会责任，政府部门和社会资本方本身可视为环境治理 PPP 项目的显性契约主体，是社会责任主要履行者，社会公众可视为环境治理 PPP 项目的隐性契约主体，因此可以尝试从关系契约的角度来分析环境治理 PPP 项目社会责任内外生动力演进。

环境治理 PPP 项目同一般意义上的 PPP 项目同样具有不完全契约属性，政府部门和社会资本方以关系契约为系构成长期稳定的合作关系。其中，社会资本方的社会责任与环境治理 PPP 项目发展阶段有关。在建设期阶段，政企双方签订初始契约，社会资本方将投入巨大资本、人力等生产要素，符合大型工程项目的一般建造模式，在技术、经验等内生条件和政府规范引导和约束下社会责任往往能够良好履行。而在项目运营维护阶段，往往由于项目契约不完全，政企信息不对称、地位不对等而发生"敲竹杠""政府寻租"等机会主义行为，进而触发项目再谈判，履行社会责任的内生动力也随之消减。一般来说，一个环境治理 PPP 项目的启动必然伴随着其应有的责任使命，因此对于项目隐性契约主体社会公众而言，其虽然没有强契约关系的约束，但却是维系环境治理 PPP 项目社会责任动力、降低项目社会责任成本的重要协调工具。

5.2
环境治理 PPP 项目社会责任内生动力特征分析

5.2.1　环境治理 PPP 项目社会责任动力要素特征解析

在以往学者关于企业社会责任驱动力特征的研究中，研究重点主要集中在企业绩效、制度环境、管理者价值观、道德水平、企业品牌价值、组织文化与战略等方面，这为本书的社会责任内生动力因素提供了借鉴。从外溢效应来看，企业主动履行社会责任能够为企业带来更高的声誉资本，提高自身竞争力，以更大限度地获取基础资源，以此进一步强化企业内生实力，形成螺旋上升的良性循环体系。尽管企业履行社会责任成为社会广泛共识，但对于环境治理 PPP 项目而言，其缺乏对环境治理、政企耦合性合作社会责任特性的考虑，对企业履行社会责任的行为动机解释并不充分。因此，我们试图通过建立环境治理 PPP 项目履行社会责任场域，对内生动力特征进行解析。

1. 环境治理 PPP 项目社会责任动力要素场域构建

场域理论是社会学研究领域的主要理论之一，最早是 19 世纪中叶的物理学的概念，由库尔特·考夫卡（Kurt Koffka）等提出，而后布迪厄场域理论逐渐成为研究主流。而今多是指个人的行动会受该行动发生的场域影响，该场域不仅指物理环境，还包括他人行动以及互相之间的联系等诸多因素。通过上述内外生动力的演进关系分析，环境治理 PPP 项目社会责任场域是内外生动力共同作用的结果，利益相关者、关系契约、环境成本三个维度共同构建了环境治理 PPP 项目社会责任特定场域。

通过上述分析可知，在环境治理 PPP 项目中利益相关者们天然存在着契约关系（显性和隐性），而其间的关系将最终实现环境成本的内部化。对于 PPP 项目社会责任而言，利益相关者和关系契约则共同构成"社会责任共生面"，对于环境治理社会责任而言，关系契约与环境成本共同构成"社会责任着力面"，利益相关者和环境成本共同构成"社会责任控制面"。同时，又因环境治理 PPP 项目的履责行为不仅在于项目治理效率层面，还与利益相关者的支持和认可度、环境成本上限规制有关。而基于关系契约形成的社会责任内部关系治理机制，对于利益相关者来说则是一种外部治理机制。因而环境治理 PPP 项目社会责任场域内外合力将共同促使责任主体目的趋同，以此实现项目实施的合理性。

2. 环境治理 PPP 项目社会责任动力要素解析

在现有的学术研究中，将社会责任履行动力因素按内生和外生两个层面进行划分，内生因素一般包括规模、管理水平、盈利能力、财务绩效、管理者素质、组织内部结构等，外生因素一般包括法律、利益相关者诉求、行业规范、贸易组织壁垒、社会伦理等。而通过上述分析得知，在环境治理 PPP 项目社会责任"原生性"及"派生性"两种性质的作用下，内生动力要素场域同时存在推

动社会责任履行和抑制社会责任履行这两种驱动要素。具体而言，在环境治理
PPP 项目中其社会责任驱动要素会因为内生主体履责需求以及外生主体责任感知
发生变动。这里将内生要素称之为内生驱动要素，外生驱动要素称之为外部视角
下的内生驱动要素，其中内生驱动要素中有正向角度、负向角度两种驱动因素。

（1）内生驱动要素。正向角度下的驱动因素。环境治理 PPP 项目主体声
誉资本的建立与维护。环境公共物品及服务的供给具有持续性的特征，随着生
态环境领域的治理需求不断提高，声誉资本的建立与维护对于地方政府追求政
治晋升以及社会资本方获取资源来说是一种良好的提升。建立与维护声誉资本
需要项目主体与外界利益相关者建立信任机制，以减少社会责任履行过程中的
隐性成本，使得履责效率持续提升。声誉资本无法对环境治理 PPP 项目的绩
效带来显著提升，且其具有长期性、不可估值性等特点，因此声誉资本可以称
为项目主体的一种"软"资源（战略资源）。环境治理 PPP 项目具有较强的
"共生"核心竞争力。核心竞争力是企业可持续发展的必然要求，而环境治理
PPP 项目的核心竞争力即人与自然互利共生。内生主体履行社会责任能够生成
环境治理 PPP 项目的共生网络，使得当地居民与自然能够建立起一种可持续
的共生关系，这种共生关系不仅能够有效地解决环境问题，而且从长远的角度
来看能够实现项目效益的持续递增，不断地强化项目主体与外界利益相关者之
间的信任关系，与声誉资本的建立与维护实现优势互补。

负向角度下的驱动要素。公共价值导向与项目利润诉求的异质关系。地方
政府代表着社会公众的利益，环境治理 PPP 项目的公共价值能够提升地方政府
环境治理绩效，以维持地方政府民众形象。根据府际关系理论，在纵向、横向等
各层级政府网络关系中这与地方政府官员的"政治晋升"有着密切联系。而在
公共产品市场化的供给机制中，对于社会资本方而言，项目营利性是其作为企业
基本生存的保障，项目利润诉求在社会资本参与项目时占据主导地位，尤其是环
境治理项目营利性普遍较差，在实现公共价值的第一导向的同时还要最大程度追
求利润，因此公共价值导向与项目利润诉求的异质关系将限制环境治理 PPP 项目
内生主体履行社会责任的道德理性，社会责任持续性与短期逐利存在异质关系。

（2）外生视角下的内生驱动要素。由上述环境治理 PPP 项目社会责任内
生动力的基本解释可以得出，外生主体对于环境治理 PPP 项目社会责任的履
行只能起到促进与约束等方面的调节作用，并不具备主导作用。通常来讲，国
家及地方政策支持与变动、行业法律法规、社会公众舆论等作为一般外生主体
对环境治理 PPP 项目社会责任的履行起到调节作用，这里不对具体要素进行

深入分析与识别，外生主体对项目内生主体履行社会责任的驱动影响将在下文 Q 方法分析中体现。

5.2.2 环境治理 PPP 项目社会责任内生动力的特征分析

1. Q 方法的理论基础

（1）Q 方法论基本介绍。Q 方法论（Q 方法），最早是心理学研究领域的一种测量方法，1935 年由英国物理学家、心理学家威廉·史蒂芬森（William Stephenson）首次提出，并在著作《行为研究：技术及其方法》中对 Q 方法进行了详细论述。Q 方法是由因子分析法发展演化而来的。近 20 年来 Q 方法逐渐被社会科学界所认知，并广泛运用在经济、教育等各个研究领域。在国内关于 Q 方法的研究中，赵德雷、乐国安（2003）对 Q 方法有详尽的解释，并将 Q 方法与传统的 R 型因子分析（R 方法）相比，两种方法在研究对象、关注视角、测量主体的状态与作用、测量数量等方面存在差异。在操作方面，Q 方法可以根据受访者的陈述（或者倾向于某种陈述）提出自己的意见，以界定自己的态度。综上，Q 方法是史蒂芬森从因子分析理论（Q 方法论）中发展并加以改进，一种专门研究人的主观性的测量方法论。如分析观点、意见、信念、态度、价值观等方面的特征表现。

（2）Q 方法论的相关研究综述。Q 方法在国内的研究不多，能查阅到的文献也比较有限，而国外学者将其广泛运用在各个领域，如舆论、环境、政治学、商业管理、公共卫生、教育等。如 Pike 和 Wright 等（2015）提出在文化生态系统服务中的诸如幸福感、精神提升等非物质价值很难量化，而 Q 方法可以将定性、主观性的数据转化为定量的数据进行测量。在该项研究中，Q 方法作为评估机制其相关性得到了充分的验证，作者强烈主张在非物质价值测量研究中使用 Q 方法，相比较传统方法 Q 方法能够获取到更有深度的信息；Kraak 和 Swinburn 等（2014）通过 Q 方法论对食品环境进行研究，通过粮食网络伙伴关系对不同利益相关者的责任感知和问责制期望进行探索性研究，基于 PQ Method 统计软件对 31 名参与者进行调查，调查结果显示政府与工商界的合作能够重新建立消费者在经济上对健康产品的支持。国内的研究多数是在文献梳理、方法阐述及心理学研究的应用方面，根据 CNKI 文献库，其中赵德雷、乐国安最早研究 Q 方法论，他们系统性阐述了 Q 方法的科学性和使用方法，并与传统 R 方法论进行了综合对比，证实了 Q 方法论的应用价值；周凤华、王敬尧（2006）的研究重点放在了 Q 方法论在定性与定量研究中重要的"桥梁"作用上面，分析了 Q 方法论具有的传统定性、定量研究的优势；宗益祥（2014）在新闻传播领域对 Q 方法有新的论述，该研究与威廉·斯蒂芬森的"传播游戏理论"（传播游戏理论为威廉·斯蒂芬森后续提出 Q 方法论奠定了基础）有重叠、继承之处；另外，杨英武（2010），曲英、王蕴琦（2014），冯成志、贾凤芹（2010），刘孟宇、王丽颖（2012）等分别在城市土地开发、城市人群消费等城市研究领域和临床医学、中医诊疗等医学研究领域应用 Q 方法进行了课题研究，进一步拓展了 Q 方法在我国具体应用的实践领域。

（3）Q 方法研究的特点。国内外研究 Q 方法论的学者普遍认为 Q 方法论是在定量与定性研究方法上的一个重大突破，而 Q 方法区别于传统研究方法主要在于 Q 方法在研究中存在以下两个特点：

Q 方法论关注研究对象的主观性。Q 方法通过调查对研究对象的主观性进行稳定的描述，进而实现对其准确的考察；除此之外，Q 方法在研究过程中一般不针对研究目的事先提出假设，而是通过研究多个不同的个体并对其主观性进行描述，以此判断研究对象的主观性。因此，Q 方法不仅在量化测度应用方面有着实质突破，在探索性研究、创新发现方面也有重大意义。

综上所述，结合国内外社会科学领域的应用，证明了 Q 方法对于主观性问题可以提供新的理论依据。而 PPP 项目尤其是环境治理 PPP 项目领域的研究相对较少，知名专家和学者更是凤毛麟角，其职业背景（如实务界、政府人员、学术界等职业）和擅长领域（流域治理、废弃矿山治理、农村人居环境整治等领域）差异性较大，且内生性视角的研究本身同属于行为心理学的研究范畴，因此环境治理 PPP 项目社会责任内生动力机制的研究恰恰与 Q 方法的理论思想相契合，本书尝试用 Q 方法的创新思想进行研究。

2. 环境治理 PPP 项目社会责任内生动力 Q 方法研究的流程设计

（1）问卷设计。Q 方法的问卷是研究主题的陈述语句，其主要涉及意见母体的收集、因子设计和 Q 语句组成三个步骤。

意见母体的收集。通常 Q 方法的意见母体可以从期刊、书籍等文献中收集，或通过对研究对象进行访问获得。本书将主题确定为基于对环境治理 PPP 项目社会责任的讨论，探索出影响其项目主体履责的内生动力，并以此构建社会责任内生动力机制。将通过查阅 CNKI、Springer 以及专著中的研究结论以及相关环境治理 PPP 项目案例整理初始访谈量表，而后对环境方面的专家学者、实务操作者、政府工作人员进行访谈，最终形成一个较为完善的研究母体。

因子设计和 Q 语句组成。一般来说 Q 陈述语句的提取有结构性抽样和非结构性抽样两种，为了保证陈述语句抽样的完整性与系统性，选择结构性抽样的方式进行因子设计。因此对于环境治理 PPP 项目的社会责任研究，可将调查对象分为四类：政府部门人员（包含环境保护部门、城乡建设部门、发展改革部门、财政金融部门等）、社会资本方（国有企业、民营企业）、专家学者（指中立方、高校院所、咨询机构等）、社会公众（NGO、环境治理项目周边居民等）。此外，调查对象按专业领域划分为 PPP 项目管理与生态环境治理，每组设置四个陈述语句的情况。

（2）Q 样本工具设计。样本工具的设计是访谈的重要前提。样本工具设计的主要步骤包括 Q 问卷计分表设计、P 群体的选择、Q 排序三个步骤。

Q 问卷计分表设计。被试者按照同意程度、符合程度或喜好程度等条件对样本进行排序的过程，即为 Q 排序。分类主要包括两种方式：强制分布和非强制分布。强制分布是要求被试者按照指定的分布（通常为正态分布）数量挑选卡片；非强制分布则是让被试者依照自己的想法自由分类卡片。文献显示，大多数研究选用了强制分布，而且强制分布可以促使被试者系统地思考每一个陈述间的关联性及相对重要性。除了分类方式外，研究者还需要设定分布的等级。一般来说，方法的分类等级以奇数为宜，其中 7 级、9 级、11 级最为普遍，而且为了符合统计处理中的假定，卡片的分布以正态分布最为理想。

Q 问卷计分表有明确的程度等级划分，被调查者根据个人主观判断将陈述语句的序号填入各个等级的空格当中。常见的 Q 问卷计分表如表 5-1 所示。

表 5-1　　　　　　　　　　　Q 问卷计分表

同意程度	最不同意 ←			中立		→ 最同意	
程度	-3	-2	-1	0	1	2	3
题号							

P 群体的选择。P 群体即接受访谈的测试群体，Q 方法中的测试群体不需要很多，但应满足"多元化"的要求，不仅要求接受访谈的群体背景特征、

专业擅长不一样，而且在数量上也应符合一定的规律，不应以"凑数"来满足 P 群体的构成。

Q 排序。根据上述设定的七个等级，使被调查对象填写的每个等级的题项都能符合正态分布。在形成完整的 Q 分类之后通常会对调查对象进行访谈，使得调查对象能够充分表达个人的主观意见，尤其对于左右两端的极端题项以及持"中立"意见的题项做出解释。此外在 Q 排序的过程中，需要积极听取调查对象对陈述语句的意见，并加以更新及改正，确保陈述语句更加全面准确。

（3）数据处理与结果说明。当全部的调查对象都 Q 排序完毕之后进行数据处理。一般情况下数据处理分为三个步骤：对所有 Q 排序的相关系数进行计算；对所有 Q 排序组成的相关矩阵进行因子分析（假设有 10 名调查对象对上述陈述进行排序，会得出 10 个分布相同、排序不同的 10 个记录表即 Q 排序，然后再根据调查对象之间的相关系数，进而形成相关矩阵，该相关矩阵为 10×10 排列）；计算上步的因子分析的分值和差异值。

Q 方法论有专门的软件进行数据分析，常见的软件有 PC Q、Flash Q、PQ Method 等，其中 PQ Method 最早出现且使用相对较多，故本书采用 PQ Method 软件进行数据处理。图 5 - 2 为 PQ Method 软件的初始界面。首先从相关矩阵提取出形心因素，然后列举出调查对象各个因素的因子负荷，由此判断各个 Q 排序和因素的相关性。可以将各个 Q 排序表现在坐标系当中，以便能够直观地表达各个陈述语句的相似性。同时也可以对坐标轴进行手动旋转得到族群，更加突出各个 Q 排序的空间关系。各个 Q 排序的坐标值即旋转之后的因子负荷 f。通过因子分析、最大方差旋转等数据处理过程，以及坐标轴空间位置关系的判断，可以得出各个因子得分的排序以及各个因子间的关系和差异程度，以此对各个内生动力要素与环境治理 PPP 项目社会责任履行进行阐释。

C:\PQMETHOD\projects\q-conference>pqmethod travel

```
+--------------------------------------------------+
|                 PQMethod - 2.11                  |
|                 (November  2002)                 |
|                                                  |
|       by Peter.Schmolck@unibw-muenchen.de        |
|     Adapted from Mainframe-Program QMethod        |
|            by John Atkinson at KSU               |
+--------------------------------------------------+
|                The QMethod Page:                 |
| http://www.rz.unibw-muenchen.de/~p41bsmk/qmethod/ |
+--------------------------------------------------+
```

Hit ENTER to begin

图 5 - 2　PQ Method 软件的初始界面

3. 环境治理 PPP 项目社会责任内生动力 Q 方法研究的实施过程

依据 Q 方法流程设计，结合环境治理 PPP 项目社会责任特点开展对 Q 方法的具体实施。

（1）建立 Q 样本。按照上述的 Q 方法流程设计，首先通过案例研究、文献回顾建立环境治理 PPP 项目社会责任内生动力要素的初始量表，然后进行专家访谈、对调查问卷进行陈述语句设计，并对部分语句进行解释。

案例研究。本书认为环境治理 PPP 项目的成败与 PPP 项目主体行为有着直接关系，"失败"的环境治理 PPP 项目表现出的负外部性则更容易对项目主体的履责行为进行判别。这里所述的"失败"的环境治理 PPP 项目并非仅是指"不成功""未落地"的项目，也包含与项目初衷不相符或者运行过程中出现较大负面影响的项目。因此选取历年来我国环境治理 PPP 项目"失败"案例进行梳理，对主体内外生社会责任履行动力与失败因素之间的相关性进行分析，整理如表 5－2 所示。

表 5－2　　　　　　　　　　环境治理 PPP 项目失败案例

项目区位	项目名称	因素识别说明	成因	案例出处
山东青岛	威立雅污水处理厂	政府单方面变动价格、政府信用 国际汇率变动、公众需求变动	内生 外生	赵辉等，2017
广西西宁	第一污水处理厂	运行困难、违约、再谈判频发 政策法规变更、公众补偿不足	内生 外生	西宁市环保局，2017
江苏常州	横山桥污水处理厂	邻避效应尖锐、建设工期延误 内控机制松散、政府信用	外生 内生	欧金玉等，2014
吉林长春	汇津污水处理厂	国家政策的变更、合同违约 政策公允价值变动、政府信用	外生 内生	邓敏贞，2013
湖北汉口 （武汉）	垃圾焚烧发电站	公众抗议反对、运行困难 管理效率低下、协商沟通不足	外生 内生	宋金波等，2012
江苏某地	某污水处理厂	再谈判延误、融资困难 法律变更、审批延误	内生 外生	柯永建，2010

文献研究。是对文献资料的检索、搜集、鉴别、整理、分析，进而形成事实科学认识的方法。从 CNKI 文献检索库中选择最近 20 年关于环境治理 PPP 项目研究的期刊、会议论文、硕博士论文等相关文献进行回顾。尽管研究环境治理 PPP 项目社会责任的文献较少，但是通过对文献的研读仍可从中发掘出环境治理 PPP 项目公私主体的异质性责任关系，以此判定其内外生动力关系。截至 2019 年 4 月共检索出 136 篇相关的论文，此类相关文献发表趋势呈逐年上升态势，论文内容涵盖了农村环境治理、水环境治理、矿山治理等多个方面，以及政府、产业基金及私营部门等多个维度。知网计量可视化分析的分布结果如图 5－3 所示。

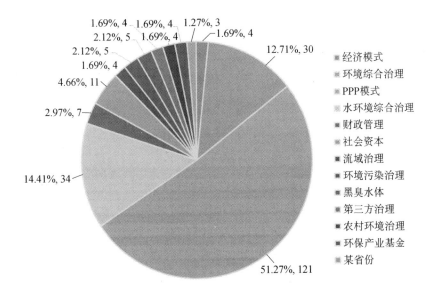

1.69%, 4　1.69%, 4　1.27%, 3

2.12%, 5　1.69%, 4　1.69%, 4

2.12%, 5

1.69%, 4

4.66%, 11

2.97%, 7

14.41%, 34

12.71%, 30

51.27%, 121

- 经济模式
- 环境综合治理
- PPP模式
- 水环境综合治理
- 财政管理
- 社会资本
- 流域治理
- 环境污染治理
- 黑臭水体
- 第三方治理
- 农村环境治理
- 环保产业基金
- 某省份

图 5 - 3　环境治理 PPP 项目研究现状分布

　　综上案例研究和文献回顾，根据企业社会责任"金字塔"模型，以及环境治理 PPP 项目中经济性责任、非经济性责任的界定，可以得出 Q 方法的环境治理 PPP 项目社会责任内生动力要素的初始量表，如表 5 - 3 所示。

表 5 - 3　　环境治理 PPP 项目社会责任内生动力要素的初始量表

研究对象	维度	分类	子目	说明
环境治理 PPP 项目社会责任内生动力要素	经济性动力	经济效益动力	财务透明度	社会资本方、SPV 公司财务公开程度
			其他信息透明度	政府招标、执法信息公开程度
			风险分配合理性	公私风险初始、再谈判等分配合理程度
			财务绩效	社会资本方经营状况，PPP 项目预期经济收益
			劳资水平	项目所属员工薪资反作用于项目履责程度
			职工福利	项目所属员工福利反作用于项目履责程度
	非经济性动力	法律法规动力	法律意识	项目负责人、委托人法律意识
			政策执行力	项目负责人、委托人政策执行力
			政策法规变动承受能力	政策法规变动直接影响项目责任履行
			政府信用	政府承诺效力
		环境伦理动力	高层责任感	高层社会道德、责任感
			公众意识	实施 PPP 项目的同时考虑公众影响
			环境意识	实施 PPP 项目的同时考虑环境影响
			组织文化及价值观水准	PPP 项目社会价值观、企业组织文化
		其他内生动力	可持续发展观念	PPP 实施主体可持续发展观念

陈述语句设计。为确保申述语句的全面完整以及适用性，根据整理出的初始陈述语句量表，开展专家访谈工作。邀请相关学者对上述的初始陈述语句进行评价，对初始陈述中需要调整的、未提及待补充的进行调整完善。该环节重点对市域高校、研究院等从事政企合作研究的教授、副教授进行面谈，对于外埠地区如北京、上海等知名教授、青年学者则通过邮件方式寄送初级量表，并在后续开展电话、微信交流；调查问卷方面是以邮寄纸质、邮箱群发以及微信"问卷星"的方式发布调查问卷，调查问卷的主要对象包括：一是高校硕博士研究生导师（主持过 PPP 相关省部级以上课题）、学术研究者，来源为在校硕博士研究生（发表过高质量 PPP 相关学术论文）；二是实务工作者，来源为工程咨询公司、社会资本方（国有企业、民营企业）；三是政府工作人员，来源为地方区县级政府相关部门（环保部门、发改部门、财政部门、城建部门等）。

该研究专家访谈 20 人次，调查问卷收回 120 份，有效问卷 107 份（调查问卷有效率 89.17%）。问卷显示，专家对本研究要素设定的认可度为92.547%，最终的环境治理 PPP 项目社会责任内生动力的陈述语句，包括了经济性动力和非经济性动力两个维度，涉及社会资本方、政府部门、社会公众、当地环境等多个层面。同时采纳部分学者的建议，对初始量表进行了陈述语句表达的调整，着重突出了各个要素的关键词汇，以便于调查对象理解和后期的数据分析。

通过对陈述语句的直观判断，其所包含的要素基本上已能将社会责任内生动力解释清楚，但部分语句由于句长的限制需要对其进一步解析：

第 2 条"环境治理 PPP 项目 SPV（平台公司）财务状况公开程度对社会责任有影响"。通常对于 PPP 项目而言，社会资本方一般不会直接对外公开此单个项目的财务状况，而是将其表现在社会资本方财务状况中。SPV 作为 PPP 项目的运作主体，尽管从股权结构上隶属于社会资本方（关系合并报表），但是其财务状况的公开程度将进一步揭示该项目的运营情况，且能够反映项目主体是否主观向外界公开其亏损或盈利的经营状况。

第 25 条"环境治理 PPP 项目社会资本方供应链管理能力对社会责任有影响"。"重头轻尾"的 PPP 项目并非"真 PPP"，也是"不负责任"的表现。而"负责"的社会资本方体现出的是从头到尾对项目的可持续经营能力，这就要求社会资本方具备相应的供应链管理能力。从融资端到建设端，再到运营端，强大的供应链管理能力将使社会资本方在各个阶段都能保障 PPP 项目社会责任的稳定履行。

第 29 条"环境治理 PPP 项目运营主体自主化经营对社会责任有影响"。这里"自主化"经营是指政府牵头主持项目，破解项目落地与运营方面的种种障碍，但并不直接干预项目的运作。而现实情况是，一部分 PPP 项目或多或少具有了"政治色彩"，有些地方政府利用其优势地位而制定的种种举措和其行为直接影响了项目正常的计划运营，对项目社会责任的履行也会产生负面影响。

（2）Q 排序。本书的 Q 排序主要根据上述设定的 32 条陈述语句，采用强制分布的分类方式，将 Q 排序的范围采用 7 等级划分法，得分从 −3 — +3，从左到右依次为 2、4、6、8、6、4、2。其中最左列分布代表的是最不同意的社会责任内生动力要素，该列有两个空格；以此类推，从极左至极右分别代表着从不同意至同意的程度变化，中间列分布代表的是中立态度，对社会责任内生动力要素的认可程度持模糊意见，该列有 8 个空格；最右列分布代表非常同意的社会责任内生动力要素，该列有两个空格。

在具体的 Q 排序中，要求调查对象可以先将各个陈述简单地划分成不同意、中立、同意三类基本态度，然后根据量表设计的要求依次进行排序。与此同时，在完成排序后调查对象仍需对选择极端排序中的陈述作出相应解释。

（3）资料收集及处理。Q 样本的收集分为面对面访谈和邮件、电话回访等形式。调查对象收到的调查问卷包含环境治理 PPP 项目社会责任内生动力陈述语句卡片和对极端陈述的意见卡片。

描述性统计。资料收集完成后，首先对调查对象的个人基本信息进行描述性统计。描述性统计一般有针对左右极端问题的和调查对象群体总体特征总结，本书的研究自 2016 年 10 月启动至今，共发放问卷 20 份，回收有效问卷 18 份，其中面对面访谈的调查问卷结果为 15 份，邮件回访调查问卷结果 2 份，电话问卷调查问卷结果 1 份，回收率为 90%。经对调查问卷的二次复查，发现 18 份调查问卷均有效。

样本效度检验。Bartlett's 球形检验和 KMO（Kaiser – Meyer – Olkin）检验统计量是用于比较变量间简单相关系数和偏相关系数的指标。在本书的研究中 KMO 值是主要用来检验 Q 样本数据的测量值是否在真实值区间范围。KMO 的值在 0 到 1 之间。当 KMO 的值越接近 1，变量间的关联性就越强，表示此问卷可以做因子分析检验；反之变量间的关联性弱，说明不适合做因子分析检验。此次问卷的 KMO 度量标准设定为：$0.9 \leqslant KMO < 1.0$ 时表示非常适合；$0.8 \leqslant KMO < 0.9$ 时表示比较适合；$0.7 \leqslant KMO < 0.9$ 时表示一般适合；$0.6 \leqslant KMO < 0.7$ 时表示可以适用；$0.5 \leqslant KMO < 0.6$ 时表示不太适合；$KMO < 0.5$ 时表示极不适合。

　　本书研究中 Q 样本的效度检验是对环境治理 PPP 项目社会责任内生动力要素 32 条陈述分别进行总量和四个层面的 KMO 值与 Bartlett's 检验，最后得出的结果如表 5 - 4 所示。

表 5 - 4　　　　　　　　　　　　　　KMO 值与 Bartlett's 检验

变量	KMO 和 Bartlett's 检验		
总量	取样足够度的 KMO 度量		0.812
	Bartlett 的球形度检验	近似卡方	1038.27
		df	210
		Sig.	0.000

　　由表 5 - 4 可知，环境治理 PPP 项目社会责任内生动力要素变量总量的 KMO 值为 0.812，处在"比较适合"的区间内，并且 Bartlett 的球形度检验显著，说明环境治理 PPP 项目履责内生动力要素变量之间相关性较强，适合进行因子分析。因子负荷分析。在变量效度检验完成之后，需要借助 PQ Method 进行因子负荷分析。在本阶段，首先进行探索性因子分析，通过主轴因子法（Principal Components Factor Analysis，又称为"主轴因素法"）提取出共同因子，其次在得出初步结果之后根据因子负荷的数量对调查对象进行分组，最后从各个分组的共性中进行类型划分，对不同类型的调查对象的认识态度进行分析。

　　（4）命题与数据录入。将全部 20 份调查问卷的 Q 排序资料用 PQ Method 软件进行相关性分析和因子分析。这里只需要输入各个陈述的编号，其中各个因子的重要程度之间没有关联，彼此独立存在。PQ Method 能够自动校对录入数据是否重复、遗漏，进而能够保证每份 Q 样本的数据都能够准确无误。选取某一项调查问卷 PQ Method 软件数据分析如图 5 - 4 所示。

　　因子分析。在本研究中选择主轴因素法进行分析。PQ Method 软件将输出 18 条样本记录的相关矩阵，同时能够计算出 18 个相关矩阵的所有特征值。其特征根及解释变量如表 5 - 5 所示。

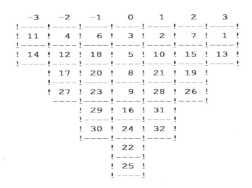

```
     -3    -2    -1     0     1     2     3
   !----!----!----!----!----!----!----!
   ! 11 !  4 !  6 !  3 !  2 !  7 !  1 !
   !----!----!----!----!----!----!----!
   ! 14 ! 12 ! 18 !  5 ! 10 ! 15 ! 13 !
   !----!----!----!----!----!----!----!
        ! 17 ! 20 !  8 ! 21 ! 19 !
        !----!----!----!----!----!
        ! 27 ! 23 !  9 ! 28 ! 26 !
        !----!----!----!----!----!
             ! 29 ! 16 ! 31 !
             !----!----!----!
             ! 30 ! 24 ! 32 !
             !----!----!----!
                  ! 22 !
                  !----!
                  ! 25 !
                  !----!
```

图 5 - 4　某一项调查问卷数据的 PQ Method 软件分析图

表 5 - 5　　　　　　　**Last Routine Run Successfully（Initial）**

Numble	Eigenvalues	As Percentages	Cumul Percentages
1	12.5363	38.0270	38.0270
2	3.4119	26.8202	64.8472
3	2.7436	11.6874	76.5346
4	2.3625	6.6058	83.1404
5	2.1147	3.6387	86.7791
6	2.0143	2.9641	89.7432
7	1.9482	2.7991	92.5423
8	1.8366	2.1167	94.6590
9	1.7021	1.2248	95.8838
10	1.6235	1.1731	97.0569
11	1.4725	0.8553	97.9122
12	1.2607	0.6337	98.5459
13	1.0391	0.5849	99.1308
14	0.8152	0.3798	99.5106
15	0.6635	0.2315	99.7421
16	0.5217	0.1052	99.8473
17	0.4322	0.0896	99.9369
18	0.2519	0.0631	100.0000

　　根据 Kaiser 准则，这里只保留特征值大于 1 的因素，分析得出共有 4 个共同因素，其中前 4 个特征根的累计解释变量已达 83%。余下的 14 个特征根对 Q 样本的解释变量的贡献率均相对较低，最高的不大于 5%。因素分析走势如图 5 - 5 所示。

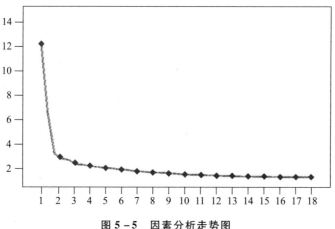

图 5 - 5　因素分析走势图

　　因子旋转。将上述因子分析得出的前 4 个贡献率较高的因子进行因子旋转分析，实际是将调查对象分为 4 个组，采用的正交旋转法对 4 个因子进行旋转分析，最终得出旋转后的各个因子的解释变量（解释样本）的比例，如表 5 - 6 所示。

表 5 - 6　　　　　　　　　　　　解释变量比例表

序号	F1	F2	F3	F4	合计
解释样本比例（%）	38	26	12	7	83
样本记录在因子上个数	4	3	6	2	15

　　依据表 5 - 6 显示，Q 样本记录在 F1—F2 的因子的个数均大于 1，且总数为 15，所有 P 样本中仅有 3 条样本记录未在上述 4 个因子中体现，累计解释样本比例为 83%，因此选取的 4 个因子是具有代表性的。

　　调查对象因子负荷。因子负荷在这里表达的是提取的调查对象公因子对原始变量的影响程度。利用 PQ Method 软件自动归类功能，Q 样本数据在经过 PQ Method 软件的统计分析后即可得出初步的分析结果，而对于判断受访者应负荷于哪个因素的标准，可以依据下列公式计算而得：

　　因素负荷数 $> \dfrac{2.58}{\sqrt{n}}$（n = Q 语句的个数，本研究中有 32 条 Q 语句）

　　因素负荷数 $> \dfrac{2.58}{\sqrt{32}} = 0.456$（本研究 n = 32）

　　因此需要将各个因素负荷数的临界值与 0.456 进行比较，判断其是否大于

该标准，进而可以看出各个调查对象对环境治理 PPP 项目社会责任内生动力
的主观意见及态度。假设某调查对象在某陈述的因子负荷大于 0.456，则可断
定该调查对象对环境治理 PPP 项目社会责任内生动力的主观意见及态度就属
于该类型语句。同时，在对调查对象进行归类的过程中，各个类型语句之间的
相关性越低则越能在分析过程中接近理想状态，即调查对象在所属类型语句下
的因素负荷值显著高于临界值的同时，其他因素的负荷值则同样也会显著低于
临界值。

　　据上所述，本研究通过 PQ Method 软件的自动归类功能协助对调查对象进
行分类后发现，而其分类的结果，在表 5 - 7 中以大写字母 X 进行标记，同时
按照自动分类后的各组调查对象的因子负荷值的大小进行排序，因子负荷值越
高越则表示越能代表该类型。

表 5 - 7　　　　　　　　　　　　　因子负荷值量表

样本	因子负荷量				样本	因子负荷量			
	1	2	3	4		1	2	3	4
P3	965X	0.048	0.228	0.131	P2	0.053	- 0.086	0.862X	0.027
P1	0.917X	- 0.072	0.125	0.310	P4	0.232	0.077	0.854X	- 0.059
P7	0.825X	0.266	0.087	0.217	P16	0.174	0.053	0.826X	0.012
P10	0.793X	0.253	0.382	0.110	P17	0.042	0.210	0.798X	0.017
P5	0.731X	0.175	0.276	0.260	P18	0.097	0.294	0.737X	0.274
P13	0.312	0.889X	0.027	0.178	P15	0.158	0.183	0.721X	0.034
P11	0.241	0.854X	0.039	0.242	P8	0.041	0.067	0.168	0.803X
P9	0.119	0.833X	- 0.025	0.330	P12	0.464	0.351	0.078	0.616X
P14	0.063	0.727X	0.279	0.035	P6	0.139	0.339	- 0.034	0.533X

　　经过 PQ Method 软件计算 18 位调查对象对于 32 条陈述语句的数据排列，
结果显示其统计数据的分类排列可以划分为 4 组类型不同的角色。角色 Ⅰ（社
会资本层面关注者：3，1，7，10，5）、角色 Ⅱ（政府政策层面关注者：13，
11，9，14）、角色 Ⅲ（PPP 项目运行层面关注者：2，4，16，17，18，15）、
角色 Ⅳ（生态环境及社会公众关注者：8，12，6），且各个分组角色之间主观
意见存在明显差异。

　　因子得分。因子得分矩阵表示各项指标变量与提取的公因子之间的关系，
在某一公因子上得分高，表明该指标与该公因子之间关系越密切。因子得分矩

阵可以通过因子负荷矩阵计算得出。其中 PQ Method 软件能够将各个因子得分用样本记录表示，本研究中因子得分的计算公式如下：

$$F_i = a_{i1}x_1 + a_{i2}x_2 + \cdots + a_{ij}x_i + a_{i18}x_{18}$$

其中，F_i 是因子旋转中提取的贡献率较高的因子，$i = 1，2，\cdots，4$；a_{ij} 是系数；x_j 是样本记录的各项因子的值，其中 $j = 1，2，\cdots，30$。

通过对上述因子旋转中提取的公因子进行估计，对各个因子在各个陈述语句上的因子得分进行计算，进而可以得出各个因子在陈述语句中的得分及排序情况，如表 5 - 8 所示。

表 5 - 8 陈述语句得分及排序情况

序号	题项	I		II		III		IV	
		得分	排序	得分	排序	得分	排序	得分	排序
1	环境治理 PPP 项目社会资本方的财务状况公开程度对社会责任有影响	1.37	6	- 0.35	20	- 0.71	23	0.08	16
2	环境治理 PPP 项目 SPV（平台公司）财务状况公开程度对社会责任有影响	0.02	15	- 0.06	16	- 1.32	29	1.31	3
3	环境治理 PPP 项目牵头政府招标工作信息公开程度对社会责任有影响	- 0.52	19	- 1.21	27	- 0.66	22	- 0.17	17
4	环境治理 PPP 项目牵头政府信息公开程度对社会责任有影响	- 0.57	20	- 1.41	28	- 0.91	25	0.18	15
5	环境治理 PPP 项目公私部门初始谈判分配合理程度对社会责任有影响	1.29	7	1.23	7	- 1.21	28	- 0.76	23
6	环境治理 PPP 项目公私部门再谈判等分配合理程度对社会责任有影响	- 0.15	16	0.55	13	1.15	6	- 0.83	24
7	环境治理 PPP 项目预期经济收益完成情况对社会责任有影响	1.06	9	1.15	8	1.74	1	1.27	4
8	环境治理 PPP 项目社会资本方经营状况对社会责任有影响	1.93	1	0.61	12	- 0.78	24	- 0.39	19

续表

序号	题项	I		II		III		IV	
		得分	排序	得分	排序	得分	排序	得分	排序
9	环境治理 PPP 项目所属员工薪资、福利水平对社会责任有影响	-1.02	26	0.21	15	1.07	7	1.09	7
10	环境治理 PPP 项目责任主体政策执行力对社会责任有影响	1.25	8	1.53	2	0.24	13	0.51	12
11	环境治理 PPP 项目责任主体法律意识对社会责任有影响	-0.41	17	1.36	5	1.46	4	-0.25	18
12	环境治理 PPP 项目运营主体对政策变动的承受能力对社会责任有影响	-0.49	18	1.47	3	1.51	3	0.47	13
13	环境治理 PPP 项目责任政府承诺效力对社会责任有影响	-0.93	25	1.41	4	0.16	14	0.71	10
14	环境治理 PPP 项目高管的社会道德品质对社会责任有影响	-1.55	29	-1.56	29	-1.47	31	-1.53	32
15	环境治理 PPP 项目高管的责任感知对社会责任有影响	-1.39	28	1.04	9	1.32	5	-0.62	22
16	社会公众满意度对环境治理 PPP 项目社会责任有显著影响	-0.65	21	1.49	5	-0.29	19	1.49	1
17	生态承载力要求对环境治理 PPP 项目社会责任有显著影响	-0.71	22	-0.13	16	-0.17	18	1.42	2
18	环境治理 PPP 项目运营主体的社会价值观对社会责任有影响	0.85	10	-0.18	17	-1.37	30	-1.47	31
19	环境治理 PPP 项目运营主体的可持续发展观念对社会责任有影响	-0.84	24	-1.77	32	0.39	12	1.15	6
20	环境治理 PPP 项目运营主体组织文化对社会责任有影响	0.76	11	-1.03	24	-1.11	27	-1.29	29
21	环境治理 PPP 项目社会资本方既往项目类似经验对社会责任有影响	1.54	5	0.88	10	-0.52	21	0.81	9

续表

序号	题项	I		II		III		IV	
		得分	排序	得分	排序	得分	排序	得分	排序
22	环境治理 PPP 项目社会资本方信誉、口碑对社会责任有影响	1.86	2	-0.54	21	0.01	15	1.02	8
23	环境治理 PPP 项目牵头政府主要领导执行力对社会责任有影响	-0.77	23	1.62	1	-0.36	20	0.23	14
24	环境治理 PPP 项目社会资本方供应链管理能力对社会责任有影响	-1.81	31	-0.71	22	-0.05	16	-0.55	21
25	环境治理 PPP 项目社会资本方企业性质对社会责任有影响	1.65	4	0.81	11	-0.11	17	0.63	11
26	环境治理 PPP 项目定价机制对社会责任有影响	-1.12	27	-1.09	25	1.63	2	1.21	5
27	环境治理 PPP 项目公众参与运营决策程度对社会责任有影响	-1.89	32	-0.81	23	0.56	11	-1.11	28
28	环境治理 PPP 项目运营主体自主化经营对社会责任有影响	0.69	12	1.29	6	0.93	8	-0.94	26
29	环境治理 PPP 项目运营主体内控机制对履责能力的影响	0.07	14	-1.63	30	-1.55	32	-0.89	25
30	环境治理 PPP 项目目标履责考核指标细化程度及完成情况	-1.67	30	-1.71	31	0.68	10	-1.36	30
31	环境治理 PPP 项目社会责任履行评价体系的完善程度	0.38	13	-1.14	26	0.75	9	-1.03	27

5.2.3 Q 样本中不同角色类型分析与讨论

根据 Brown（1998）对 Q 因子解释方式的看法，他认为可以从以下三方面着手：其一，对每个因子中的左右两个极端陈述语句（最不同意：-4、-3；最不同意：4、3）进行解释；其二，指出因子之间存在的共识；其三，将各个因子与其余因子进行比较分析，找出该因子的不同之处并加以说明。这三方面的讨论过程如下：

1. 不同角色类型的极端陈述分析

（1）角色 I：社会资本层面关注者。表 5-9、表 5-10 是社会资本层面关注者角色的主观意见分布及 Q 陈述语句得分的情况。从其中可以看出，该角色类型认为：环境治理 PPP 项目社会资本方的经营状况、信誉、过往业绩、业务拓展能力以及企业性质（诸如国有企业、民营企业；上市公司、非上市公司；内地企业、外资、中外合资企业等）对环境治理 PPP 项目社会责任履行有着正向作用；环境治理 PPP 项目社会资本方供应链管理能力、派驻项目高管个人素质、定价机制、履责考核指标及自主化经营不会对环境治理 PPP 项目的社会责任履行不会起到明显作用。

表 5 – 9　　　　　　　　社会资本层面关注者极端陈述分布情况

命题选项	R3	R1	R7	R10	R5
4	8/10	8/23	10/26	30/23	23/8
3	22/1/23/26	1/22/26/19	8/23/1/22	8/22/26/1	10/22/26/1
– 4	25/15	31/27	16/31	15/27	16/29
– 3	29/27/16/31	32/20/16/25	25/29/21/27	25/29/31/16	15/25/27/31

表 5 – 10　　　　　　　　社会资本层面关注者极端陈述得分情况

序号	Q 陈述语句	得分
8	环境治理 PPP 项目社会资本方经营状况对社会责任有影响	+ 1.93
23	环境治理 PPP 项目社会资本方信誉、口碑对社会责任有影响	+ 1.86
10	环境治理 PPP 项目社会资本方业务拓展能力对社会责任有影响	+ 1.77
26	环境治理 PPP 项目社会资本方企业性质对社会责任有影响	+ 1.65
22	环境治理 PPP 项目社会资本方既往项目类似经验对社会责任有影响	+ 1.54
1	环境治理 PPP 项目社会资本方的财务状况公开程度对社会责任有影响	+ 1.37
27	环境治理 PPP 项目定价机制对社会责任有影响	– 1.12
16	环境治理 PPP 项目高管的责任感知对社会责任有影响	– 1.39
15	环境治理 PPP 项目高管的社会道德品质对社会责任有影响	– 1.55
31	环境治理 PPP 项目目标履责考核指标细化程度及完成情况	– 1.67
25	环境治理 PPP 项目社会资本方供应链管理能力对社会责任有影响	– 1.81
29	环境治理 PPP 项目运营主体自主化经营对社会责任有影响	– 1.89

　　分析这些陈述语句可以看出环境治理 PPP 项目社会责任履行对于社会资本方的自身状况的要求较高，而这种高要求普遍存在于环境治理 PPP 项目公开招标社会资本方的阶段。该阶段会设置一定的"门槛"对社会资本方的实力进行综合考察，而企业性质作为影响社会责任履行的正向因素之一也恰恰反

映出当前我国 PPP 发展中内地国有企业占主导地位，民营企业、外资企业等在参与 PPP 项目中并不具优势的现象。而在环境治理 PPP 项目建设运行阶段，社会资本方已确定合作，其派驻高管、定价机制等并不会对其履行社会责任有着明显约束。因此从社会资本方的角度而言，选择合适的社会资本方是社会责任能否正向履行的关键。

（2）角色Ⅱ：政府政策层面关注者。表5-11、表5-12是政府政策层面关注者角色的主观意见分布及 Q 陈述语句得分的情况。该类型角色普遍认为在环境治理 PPP 项目中牵头政府执行能力、责任主体的政策执行力、对政策变动的承受能力及法律意识等对环境治理 PPP 项目社会责任履行有着正向影响；认为环境治理 PPP 项目牵头政府的信息公开程度、派驻项目高管的个人素质、内控机制、目标履责考核指标及运营主体的可持续发展观念对环境治理PPP 项目社会责任履行几乎无影响。

表 5-11   政府政策层面关注者极端陈述分布情况

命题选项	R13	R11	R9	P14
4	11/24	11/13	14/24	13/24
3	5/14/12/13	14/24/32/29	11/12/13/27	14/12/11/29
-4	3/31	3/30	3/4	4/31
3	4/6/20/30	6/31/4/20	6/30/20/31	3/6/20/30

表 5-12   政府政策层面关注者极端陈述得分情况

序号	Q 陈述语句	得分
24	环境治理 PPP 项目牵头政府主要领导执行力对社会责任有影响	+1.62
11	环境治理 PPP 项目责任主体政策执行力对社会责任有影响	+1.53
13	环境治理 PPP 项目运营主体对政策变动的承受能力对社会责任有影响	+1.47
14	环境治理 PPP 项目责任政府承诺效力对社会责任有影响	+1.41
12	环境治理 PPP 项目责任主体法律意识对社会责任有影响	+1.36
29	环境治理 PPP 项目运营主体自主化经营对社会责任有影响	+1.29
3	环境治理 PPP 项目牵头政府招标工作信息公开程度对社会责任有影响	-1.21
4	环境治理 PPP 项目牵头政府信息公开程度对社会责任有影响	-1.41
15	环境治理 PPP 项目高管的社会道德品质对社会责任有影响	-1.56
30	环境治理 PPP 项目运营主体内控机制对履责能力的影响	-1.63
31	环境治理 PPP 项目目标履责考核指标细化程度及完成情况	-1.71
20	环境治理 PPP 项目运营主体的可持续发展观念对社会责任有影响	-1.77

从以上分析来看，环境治理 PPP 项目社会责任履行对政府政策的要求往往是聚焦于某特定项目的微观层面。就政府而言，随着国家对 PPP 项目的不断规范发展，需要 PPP 项目牵头政府自身作出积极调整，向合作型政府、契约型政府的角色转变，在环境治理 PPP 项目中发挥出应有的主导作用，以增强政企双方合作互信关系；就政策而言，PPP 项目主体也应对政策具有的较强理解、在调控政策实施中不会对其社会责任履行的主观态度产生明显波动。而责任政府的信息公开程度、可持续发展观念应属于当地责任政府的工作作风及理念，与当前国家对各级政府的要求并不相左，而派驻高管及内控机制等则与社会资本层面关注者中"环境治理 PPP 项目高管的社会道德品质对社会责任有影响""环境治理 PPP 项目定价机制对社会责任有影响"相对应，均体现出了政企两大环境治理 PPP 项目运行主体对社会责任履行不会产生明显约束的主观意见及态度。

（3）角色Ⅲ：PPP 项目运行层面关注者。从表 5 - 13、表 5 - 14 PPP 项目运行层面关注者的主观意见分布及 Q 陈述语句得分情况来看，该类型角色最同意的观点集中在环境治理 PPP 项目预期经济完成情况、定价机制、运营主体对政策变动的承受能力、法律意识、派驻责任感知及再谈判分配合理程度对环境治理 PPP 项目社会责任履行有着正向影响；最不同意的观点集中在运营主体的组织文化、初始谈判合理程度、员工薪资及福利水平、社会价值观、派驻项目高管的社会道德品质、运营主体内控机制对环境治理 PPP 项目社会责任履行不产生影响。

根据 PPP 项目运行层面关注者的主观意见以及态度，环境治理 PPP 项目社会责任履行在运行阶段至关重要。从项目经营利润诉求的角度来看，只有在当期环境治理 PPP 项目完成预期经济目标时，才不会产生负外部效应，并会积极履行宏观意义上的社会责任，诸如增加就业、社会救济、居民福利等。运营主体对政策变动承受能力、再谈判分配合理程度同样对项目维持持续盈利能

表 5 - 13　　　　PPP 项目运行层面关注者极端陈述分布情况

命题选项	R2	R4	R16	R17	R18	R15
4	7/27	7/12	7/13	13/27	13/27	20/27
3	6/12/16/20	6/9/27/20	12/16/20/27	9/12/16/20	6/9/16/20	6/7/13/16
-4	5/21	2/21	2/29	5/21	15/21	19/21
-3	2/15/19/29	5/15/19/30	5/15/19/21	2/15/19/30	5/2/19/29	2/5/15/30

表 5 - 14　　　　　　　　PPP 项目运行层面关注者极端陈述得分情况

序号	Q 陈述语句	得分
7	环境治理 PPP 项目预期经济收益完成情况对社会责任有影响	+ 1.74
27	环境治理 PPP 项目定价机制对社会责任有影响	+ 1.63
13	环境治理 PPP 项目运营主体对政策变动的承受能力对社会责任有影响	+ 1.51
12	环境治理 PPP 项目责任主体法律意识对社会责任有影响	+ 1.46
16	环境治理 PPP 项目高管的责任感知对社会责任有影响	+ 1.32
6	环境治理 PPP 项目公私部门再谈判等分配合理程度对社会责任有影响	+ 1.15
21	环境治理 PPP 项目运营主体组织文化对社会责任有影响	- 1.11
5	环境治理 PPP 项目公私部门初始谈判分配合理程度对社会责任有影响	- 1.21
2	环境治理 PPP 项目所属员工薪资、福利水平对社会责任有影响	- 1.32
19	环境治理 PPP 项目运营主体的社会价值观对社会责任有影响	- 1.37
15	环境治理 PPP 项目高管的社会道德品质对社会责任有影响	- 1.47
30	环境治理 PPP 项目运营主体内控机制对履责能力的影响	- 1.55

力、持续履行社会责任能力有着积极影响，而"环境治理 PPP 项目定价机制对社会责任有影响""环境治理 PPP 项目高管的责任感知对社会责任有影响"陈述满意程度与上述社会资本层面关注者、政府政策层面关注者明显相左，因此进行二次回访，结果说明了各个层面关注者之间存在明显异质性，而 PPP 项目运行层面关注者是将环境治理 PPP 项目运行状态与社会与环境效应紧密联系在一起。

（4）角色Ⅳ：生态环境及社会公众关注者。从表 5 - 15、表 5 - 16 可以得出，该类型角色主要从生态环境及社会公众的角度对 Q 陈述语句进行选择排序。其认可度相对较高的陈述语句有社会公众满意度、生态承载力、员工薪资及福利水平、预期经济收益完成情况、定价机制及运营主体的可持续发展观念；认可度相对较低的陈述语句有社会责任履行评价体系、公众参与程度、运营主体组织文化及社会价值观、履责考核指标及派驻项目高管的道德品质。

表 5 - 15　　　　　生态环境及社会公众关注者极端陈述得分情况

命题选项	R8	R12	R6
4	2/18	2/17	17/18
3	7/17/27/20	7/18/20/27	2/7/20/27
- 4	32/28	21/28	21/32
- 3	19/21/15/31	19/15/31/32	28/19/16/31

表 5 - 16　　　　　　生态环境及社会公众层面关注者极端陈述得分情况

序号	Q 陈述语句	得分
17	社会公众满意度对环境治理 PPP 项目社会责任有显著影响	+ 1.49
18	生态承载力要求对环境治理 PPP 项目社会责任有显著影响	+ 1.42
2	环境治理 PPP 项目所属员工薪资、福利水平对社会责任有影响	+ 1.31
7	环境治理 PPP 项目预期经济收益完成情况对社会责任有影响	+ 1.27
27	环境治理 PPP 项目定价机制对社会责任有影响	+ 1.21
20	环境治理 PPP 项目运营主体的可持续发展观念对社会责任有影响	+ 1.15
32	环境治理 PPP 项目社会责任履行评价体系的完善程度	− 1.03
28	环境治理 PPP 项目公众参与运营决策程度对社会责任有影响	− 1.11
21	环境治理 PPP 项目运营主体组织文化对社会责任有影响	− 1.29
31	环境治理 PPP 项目目标履责考核指标细化程度及完成情况	− 1.36
19	环境治理 PPP 项目运营主体的社会价值观对社会责任有影响	− 1.47
15	环境治理 PPP 项目高管的社会道德品质对社会责任有影响	− 1.53

从生态环境及社会公众关注者的主观意见及态度来看，其与 PPP 项目运行层面关注者存在着同质关系，而与社会资本层面关注者、政府政策层面关注者形成了明显的异质关系，主要体现在预期经济收益完成情况与定价机制的相关陈述。与此同时，其认为环境治理 PPP 项目社会责任履行效果应体现在最终受益者上，即社会公众与生态环境。对外而言，社会公众满意度、生态承载力将制约着 PPP 项目运行主体对社会责任的履行。对内而言，在现实当中通常某特定项目大量利用周边的劳动力，其薪酬与福利水平也能够反映项目社会责任的履行情况。而评价体系、公众参与程度、派驻高管的道德品质等认可度较低的陈述语句，则从中可以看出生态环境及社会公众关注者的一种"不信任感"，认为非经济性的、"肉眼无法判别"的"软条件"对于项目社会责任履行而言并不具有约束能力。

2. 不同角色类型的共性分析

通过统计分析，共找出四种不同类型调查对象主观意见及态度基本一致的题项内容，其因子得分均为"正"或均为"负"，且差异值较低，如表 5 - 17 所示。

首先，题项 7 和题项 15 的四类调查对象的因子得分一致性较高，说明四类不同层面的关注者均认为环境治理 PPP 项目具有稳健的经营收益对社会责任的履行很有必要，这也与社会责任"金字塔"模型的底层"经济责任"概念相符；而对于高管的道德品质，四类不同层面关注者则均认为其对社会责任履行不会有显著作用，体现了高管道德品质在项目履责过程当中具有较强的不确定因素。其次，类型Ⅰ、类型Ⅱ均认可主体履责执行力、社会资本方供应链管理能力对社会责任的重要程度，而类型Ⅲ、类型Ⅳ则相对认可，体现出了环境治理 PPP 项目运行主体相比较外界主体（居民、NGO 等）其专业能力与管理能力更强，内外主体之间存在着"履责不对称"的情况，而外界主体对于项目社会责任履行主动性则体现在对项目运行主体的专业能力与管理能力的越来越重视。因此可以基本得出，持续获利的环境治理 PPP 项目并不被外界主体所排斥，政府、社会资本方及社会公众实现"各取所需"，其同样能够很好地履行社会责任。

表 5 - 17　　　　　　　　　　不同角色类型共性分析统计

序号	Q 陈述语句	Ⅰ	Ⅱ	Ⅲ	Ⅳ
		得分	得分	得分	得分
7	环境治理 PPP 项目预期经济收益完成情况对社会责任有影响	1.06	1.15	1.74	1.07
11	环境治理 PPP 项目责任主体政策执行力对社会责任有影响	1.25	1.53	0.24	0.51
15	环境治理 PPP 项目高管的社会道德品质对社会责任有影响	-1.55	-1.56	-1.47	-1.53
25	环境治理 PPP 项目社会资本方供应链管理能力对社会责任有影响	-1.81	-0.71	-0.05	-0.55

3. 不同角色类型的差异性分析

表 5 - 18 是社会资本层面关注者与政府政策层面关注者之间的差异性统计，其主要体现在三个方面。其一，从题项 23、题项 1 可以得知对于社会责任履行而言，社会资本层面关注者更加看重参与环境治理 PPP 项目的社会资本方的实力，政府政策层面关注者则对社会资本方实力和社会责任的关系并不敏感；其二，题项 21、题项 30、题项 16 均是关于项目运行层面关注者的态

度，两个层面关注者对于题项 21、题项 30 和题项 16 的态度有较大差异，表明社会资本层面关注者认为项目社会责任的履行需要制定良好的运行机制，与高管责任感知的关系并不大，而政府政策层面关注者则认为组织文化、内控机制并不能对社会责任履行产生强约束，高管的责任感知这一主观行为将会对项目社会责任履行产生较大影响；其三，在环境治理 PPP 项目社会责任中关于政府政策的描述，社会资本层面关注者表现出了消极态度，体现了对政府部门的"不信任"，认为政府部门的强势地位对社会责任履行没有影响，而政府政策层面关注者则认为政府作为环境治理 PPP 项目的牵头方和主导者，会对社会责任的履行产生直接影响。总体而言，政府与社会资本两大主体对于环境治理 PPP 项目社会责任的认识存在一定差异，且都倾向于"向对方找原因"，而环境治理 PPP 项目主体间出现这种责任分歧将制约着项目良性发展。

表 5 - 18　　　　　　社会资本层面关注者与政府政策层面
关注者之间的差异性统计

序号	Q 陈述语句	I 得分	II 得分	差值
23	环境治理 PPP 项目社会资本方信誉、口碑对社会责任有影响	1.86	- 0.54	2.4
21	环境治理 PPP 项目运营主体组织文化对社会责任有影响	0.76	- 1.03	1.79
1	环境治理 PPP 项目社会资本方的财务状况公开程度对社会责任有影响	1.37	- 0.35	1.72
30	环境治理 PPP 项目运营主体内控机制对履责能力的影响	0.07	- 1.63	1..7
16	环境治理 PPP 项目高管的责任感知对社会责任有影响	- 1.39	1.04	- 2.43
24	环境治理 PPP 项目牵头政府主要领导执行力对社会责任有影响	- 0.77	1.62	- 2.39
14	环境治理 PPP 项目责任政府承诺效力对社会责任有影响	- 0.93	1.41	- 2.34
13	环境治理 PPP 项目运营主体对政策变动的承受能力对社会责任有影响	- 0.49	1.47	- 1.96

　　表5-19显示了社会资本层面关注者和PPP项目运行层面关注者之间的差异性，其主要体现在三个方面。其一，项目运行层面关注者对于社会责任履行方面并不重视采购阶段对社会资本层面的考察，而社会资本层面关注者的态度与表5-18分析一致，认为社会资本方实力的体现将对社会责任履行有较大影响；其二，两类关注者都认为PPP项目运行阶段的一系列决策与活动都将对社会责任的履行产生影响，但其关注点不同，社会资本层面关注者的关注点更多的在政企合作关系上，认为政企初始谈判即应实现责任的合理分配，在运行阶段的社会责任履行过程中政企运行主体应有着相同的价值观，项目运行层面关注者则更多地关注项目运行负责人的主观层面，领导层的个人实力和责任感知会对社会责任履行影响较大，对于付费型项目而言，该类关注者认为定价机制同样会对社会责任履行具有一定影响；其三，对于外界主体参与项目对社会责任履行的影响，两类关注者态度不一，社会资本层面关注者并不重视外界主体对项目的参与和评价，而项目运行层面关注者则基本保持中立态度。

表5-19　　社会资本层面关注者与PPP项目运行层面关注者之间的差异性统计

序号	Q陈述语句	I 得分	Ⅲ 得分	差值
10	环境治理PPP项目社会资本方业务拓展能力对社会责任有影响	1.77	-1.01	2.78
8	环境治理PPP项目社会资本方经营状况对社会责任有影响	1.93	-0.78	2.71
5	环境治理PPP项目公私部门初始谈判分配合理程度对社会责任有影响	1.29	-1.21	2.5
19	环境治理PPP项目运营主体的社会价值观对社会责任有影响	0.85	-1.37	2.22
27	环境治理PPP项目定价机制对社会责任有影响	-1.12	1.63	-2.75
16	环境治理PPP项目高管的责任感知对社会责任有影响	-1.39	1.32	-2.71
28	环境治理PPP项目公众参与运营决策程度对社会责任有影响	-1.89	0.56	-2.45
31	环境治理PPP项目目标履责考核指标细化程度及完成情况	-1.67	0.68	-2.35

由表 5 - 20 可知，社会资本层面关注者与生态环境及社会公众关注者的差异与前两表类似。其中，生态环境及社会公众关注者与项目运行层面关注者的态度基本一致，表明 PPP 项目在运行过程中履责与否与生态环境及社会公众联系紧密。同时这类关注者相比较社会资本层面和政府政策层面关注者更加重视生态环境和公众利益的诉求对项目社会责任履行的影响。

表 5 - 20 社会资本层面关注者与生态环境及社会公众层面关注者之间的差异性统计

序号	Q 陈述语句	I 得分	Ⅳ 得分	差值
19	环境治理 PPP 项目运营主体的社会价值观对社会责任有影响	0.85	- 1.47	2.32
8	环境治理 PPP 项目社会资本方经营状况对社会责任有影响	1.93	- 0.39	2.32
10	环境治理 PPP 项目社会资本方业务拓展能力对社会责任有影响	1.77	- 0.48	2.25
21	环境治理 PPP 项目运营主体组织文化对社会责任有影响	1.29	- 0.76	2.05
27	环境治理 PPP 项目定价机制对社会责任有影响	- 1.12	1.21	- 2.33
17	社会公众满意度对环境治理 PPP 项目社会责任有显著影响	- 0.65	1.49	- 2.14
18	生态承载力要求对环境治理 PPP 项目社会责任有显著影响	- 0.71	1.42	- 2.13
9	环境治理 PPP 项目 SPV（平台公司）财务状况公开程度对社会责任有影响	- 1.02	1.09	- 2.11

表 5 - 21 显示的是政府政策层面关注者和 PPP 项目运行层面关注者之间的差异性，两者差异性体现面涉及较广。首先，政府政策层面关注者相比后者更加重视政企双方的合作关系与政府领导能力对社会责任履行的影响；其次，两者对于社会资本层面的看法也存在一定差异，项目运行层面关注者对其持否定态度，而政府政策层面关注者则基本持中立态度；最后，在项目社会责任履行

中对于社会公众参与和评价两者的态度差异较大，政府政策层面关注者持否定态度。

**表 5 - 21　　　　政府政策层面关注者和 PPP 项目运行
层面关注者之间的差异性统计**

序号	Q 陈述语句	II	III	差值
		得分	得分	
5	环境治理 PPP 项目公私部门初始谈判分配合理程度对社会责任有影响	1.23	-1.21	2.44
24	环境治理 PPP 项目牵头政府主要领导执行力对社会责任有影响	1.62	-0.36	1.98
10	环境治理 PPP 项目社会资本方业务拓展能力对社会责任有影响	0.43	-1.01	1.44
22	环境治理 PPP 项目社会资本方既往项目类似经验对社会责任有影响	0.88	-0.52	1.4
27	环境治理 PPP 项目定价机制对社会责任有影响	-1.09	1.63	-2.72
31	环境治理 PPP 项目目标履责考核指标细化程度及完成情况	-1.71	0.68	-2.39
20	环境治理 PPP 项目运营主体的可持续发展观念对社会责任有影响	-1.77	0.39	-2.16
32	环境治理 PPP 项目社会责任履行评价体系的完善程度	-1.14	0.75	-1.89

由表 5 - 22 可知，政府政策层面关注者和生态环境及社会公众层面关注者的差异性与表 5 - 21 类似，相比较项目运行层面而言，生态环境及社会公众层面关注者更加突出了其对外界主体参与项目社会责任履行的肯定态度，以及对项目运行主体主观能力上的否定态度，又一次体现了对于项目社会责任履行而言外界主体对内生主体的"不信任感"。

表 5 - 22　　　　　　　政府政策层面关注者与生态环境及社会

公众层面关注者之间的差异性统计

序号	Q 陈述语句	II 得分	IV 得分	差值
29	环境治理 PPP 项目运营主体自主化经营对社会责任有影响	1.29	- 0.94	2.23
5	环境治理 PPP 项目公私部门初始谈判分配合理程度对社会责任有影响	1.23	- 0.76	1.99
16	环境治理 PPP 项目高管的责任感知对社会责任有影响	1.04	- 0.62	1.66
12	环境治理 PPP 项目责任主体法律意识对社会责任有影响	1.36	- 0.25	1.61
20	环境治理 PPP 项目运营主体的可持续发展观念对社会责任有影响	- 1.77	1.15	- 2.92
27	环境治理 PPP 项目定价机制对社会责任有影响	- 1.09	1.21	- 2.3
17	社会公众满意度对环境治理 PPP 项目社会责任有显著影响	- 0.26	1.49	- 1.75
4	环境治理 PPP 项目牵头政府信息公开程度对社会责任有影响	- 1.41	0.18	- 1.59

对于 PPP 项目运行层面关注者和生态环境及社会公众层面关注者之间的差异性分析，由表 5 - 23 显示可知，两者之间大部分的差异性并不突出，基本上属于一者持否定态度的同时另一方持相对中立的态度，并没有体现出明显差异，但对于员工薪资、福利方面和社会责任履行之间的联系则表现出较大差异。主要因为大型环境治理 PPP 项目通常按照"就近取材"原则，利用当地劳动力或技术人才共同建设运营项目，对于外界主体而言其内部员工薪资、福利则关乎着项目社会责任能否正向履行。

表 5 - 23　　　　PPP 项目运行层面关注者与生态环境及社会
公众层面关注者之间的差异性统计

序号	Q 陈述语句	Ⅲ 得分	Ⅳ 得分	差值
31	环境治理 PPP 项目目标履责考核指标细化程度及完成情况	0.68	- 1.36	2.04
6	环境治理 PPP 项目公私部门再谈判等分配合理程度对社会责任有影响	1.15	- 0.83	1.98
16	环境治理 PPP 项目高管的责任感知对社会责任有影响	1.32	- 0.62	1.94
29	环境治理 PPP 项目运营主体自主化经营对社会责任有影响	0.93	- 0.94	1.87
2	环境治理 PPP 项目所属员工薪资、福利水平对社会责任有影响	- 1.32	1.31	- 2.63
17	社会公众满意度对环境治理 PPP 项目社会责任有显著影响	- 0.29	1.49	- 1.78
18	生态承载力要求对环境治理 PPP 项目社会责任有显著影响	- 0.17	1.42	- 1.59
22	环境治理 PPP 项目社会资本方既往项目类似经验对社会责任有影响	- 0.52	0.81	- 1.33

　　综上得知，对于环境治理 PPP 项目社会责任的履行而言，内外生主体主要在经济利益、政策支持等方面体现出了的一致性认同，而在多个方面仍存在着较大分歧。因此，在环境治理 PPP 项目社会责任的履行过程中潜在着"内外交困"的双重困境，即环境治理 PPP 项目内生合作主体的异质性冲突，以及内外供需主体之间的异质性冲突。双重困境将制约项目社会责任的正向履行。本书将在后面的章节建立博弈模型对环境治理 PPP 项目社会责任履行的双重困境进行实证分析。

5.3

环境治理 PPP 项目社会责任内生动力特征实证研究

5.3.1　环境治理 PPP 项目社会责任内生动力的博弈机理

1. 环境治理 PPP 项目社会责任内生动力的博弈行为

环境治理 PPP 项目社会责任的履行涉及多元主体参与, 在某一特定的 PPP 项目中多元主体也随着项目周期阶段的进行而不断地履行职责, 而在上述环境治理 PPP 项目的内外生动力的界定中, 这种行为显然是环境治理 PPP 项目内生主体之间、内外生主体之间的博弈行为。因此, 分析环境治理 PPP 项目内外生主体履行社会责任的博弈过程需达到如下条件:

在博弈的过程中内外生主体的参与者可以灵活采取各种策略, 其参与者包括负责项目的政府方、主导项目的社会资本方以及项目所在地周边的居民、社会组织等。

在博弈过程中每个参与者都是相互独立彼此互不影响的, 对于可能存在的多个参与者, 可以规定其博弈的先后次序。

在博弈过程中各个参与者选择的策略组合都将对博弈结果有必然影响, 博弈双方在博弈之后都将取得相应的收益或者付出相应的代价。

2. 环境治理 PPP 项目社会责任内生动力的博弈策略选择

不同的研究视角下, 环境治理 PPP 项目社会责任内外生动力博弈模型可以有多种。一般地, 根据参与博弈的主体关系不同可以分为合作博弈和非合作博弈。合作博弈是指环境治理 PPP 项目内外生主体之间依据隐性契约形成的合作关系, 目的在于互利共赢的一种博弈模型; 与之对应的非合作博弈则在环境治理 PPP 项目社会责任履行过程中较为常见, 其主要基于博弈主体之间的信息不对称以及不信任关系, 进而博弈主体之间发生利益分歧导致博弈主体的损失。

按照环境治理 PPP 项目内外生主体履行社会责任的博弈先后顺序，可以分为静态博弈和动态博弈。静态博弈是指环境治理 PPP 项目内外生主体的既定策略即确定了整个博弈的结果，此后任何一方的策略改变均不会对博弈均衡产生影响；动态博弈也称多阶段博弈，是指环境治理 PPP 项目内外生主体的博弈行动有着先后顺序，后行动的主体可以在观察到先行动主体采取的策略之后，再作出相应的策略，动态博弈模型中内外生主体不能同时选择策略。此外，还可以根据博弈主体之间的信息获取能力不同分为完全信息博弈和不完全信息博弈。

5.3.2　环境治理 PPP 项目社会责任内生动力博弈实证分析

1. 博弈背景及基本假设

在分析环境治理 PPP 项目社会责任内外生主体的博弈过程时，需要根据上述研究场域的界定以及博弈分析的基本方式，建立博弈模型的基本假设：

假设 1：环境治理 PPP 项目社会责任内外生主体都是理性经济人，内外生主体之间会基于自己的预计期望最大化而采取相应的策略。

假设 2：环境治理 PPP 项目社会责任内外生主体博弈模型中，仅有内生主体和外生主体两大主体，两者各自包含了与之对应的角色，且各个主体的角色都有着采取相同策略的偏好。

假设 3：环境治理 PPP 项目社会责任内生主体政府方代表有两种策略：作为与不作为，政府方代表在社会责任履行过程中有着诸多行为，但总而言之其对于项目运行全过程的明显对立的两个主观行为即作为与不作为；环境治理 PPP 项目社会责任内生的又一主体社会资本方有着两种选择：履责与失责。社会资本方是第一责任主体，其主观意识对于环境治理 PPP 项目社会责任履行有着重要作用。

假设 4：环境治理 PPP 项目社会责任外生主体同样有两种策略：制约与不制约。外生主体的构成比较复杂多样，但项目的履责效应对当地居民与 NGO 的影响较为强烈，主要因为当地居民作为环境治理 PPP 项目供给产品与服务的最终消费者，项目的外部效应与之紧密相关，而 NGO 作为社会群体的代表往往对于不履责等负面行为触动极大。因此若两者通过投诉、抗议等行为最终能够对社会责任内生主体行为形成制约则策略有效，反之则属于不制约的范畴。

基于以上四个基本假设，本书设定了初始静态博弈模型以及动态博弈模型两层级博弈对环境治理 PPP 项目社会责任内外生动力进行分析。

2. 初始博弈路径及均衡分析

单单从环境治理 PPP 项目政企双方的显性契约层面来看，政府与社会资本之间的博弈大多是临时的、一次性的。为了研究在初始博弈时政企双方在无强制约束下自发履行社会责任的形成状况，本书首先建立了政企双方初次合作的静态博弈模型，模拟环境治理 PPP 项目实施过程中政企双方的履责偏好。

通过 Q 方法的分析，政府及政策层面关注者与环境及社会公众层面关注者之间关系紧密，因此在环境治理 PPP 项目内生主体博弈模型中，由政府部门代表环境及社会公众的利益，因此政府部门在博弈模型的行动选择有：（合作，惩罚）；与此同时，社会资本层面关注者与项目运行层面关注者关系紧密，由社会资本方代表项目运行主体利益，其行动选择有：（履责，失责）。其中，P 表示符合内生主体履责，环境治理 PPP 项目得以可持续发展；IP 表示内生主体失责，意味着项目内生主体在项目建设运营以及管理等方面的低质量，环境治理 PPP 项目不可持续；S 表示项目显性契约约定的社会资本方履行的社会责任产生的收益；R_1 表示政府对于社会资本方失责而选择惩罚后可获得的收益；R_2 表示社会资本方失责所产生的收益。建立静态博弈模型，双方支付矩阵如表 5 - 24 所示。

表 5 - 24　　　　　环境治理 PPP 项目内生主体静态博弈支付矩阵

政府部门	社会资本方	
	履责	失责
合作	P, S	IP, S + R_2
惩罚	P + R_1, S - R_2	IP + R_1, S - R_2

由支付矩阵可以看出：环境治理 PPP 项目内部主体静态博弈中的纳什均衡为（$IP + R_1$, $S - R_2$），即社会资本方的最优策略是失责，而政府部门的最优选择则为惩罚，在初始状态的惩罚即政府部门不与社会资本方共同履行社会责任。与此同时，该博弈均衡结论也说明了我国现阶段环境治理 PPP 项目内生主体履责动力不足，政企之间易滋生出信任危机。

3. 动态博弈路径及均衡分析

（1）动态博弈路径。模型假设：在动态博弈中，环境治理 PPP 项目政企双方都符合触发战略（本章表示为外生主体触发制约策略），即任何一方选择欺骗都会使双方永久终止合作。参与者分别是以政府部门为代表的 A 集合和以社会资本方为代表的 B 集合。根据现实经验容易判断出，在 PPP 项目当中 A 集合具有绝对的话语权和主导地位。由此 A 集合在下一阶段的博弈将处于优势，而 B 集合则处于劣势。

建立阶段性博弈 G：A 集合与 B 集合的参与人分别进入阶段性博弈。将 A、B 集合阶段博弈的支付记为 v_1、v_2。当 A 集合和 B 集合进入每一个阶段的博弈，与初始博弈模型不同的是当 A 集合中的成员选择不再与 B 群体共同履责时，双方的阶段支付为（0，－S）。这是因为政企双方不再共同履责之后，对于政府代表而言并没有损失，其可以选择替代的其他社会资本方重新共同履责；而对于 B 集合而言，存在着丧失与 A 集合的合作带来的机会成本，以及退出项目潜在的声誉成本，将该损失记为 －S。用博弈树模拟阶段博弈路径如图 5 -6 所示。

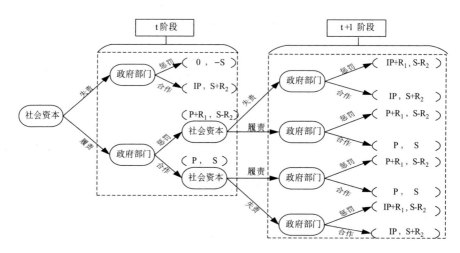

图 5 -6　完全信息重复博弈树

阶段博弈 G 无限重复，则博弈双方的总支付如下：

政府部门 A 的总支付：$v_1 = v_{1(t)} + \delta^1 v_{1(t+1)} + \delta^2 v_{1(t+2)} + \cdots + \delta^n v_{1(t+n)}$

社会资本方 B 的总支付：$v_2 = v_{2(t)} + \delta^1 v_{2(t+1)} + \delta^2 v_{2(t+2)} + \cdots + \delta^n v_{2(t+n)}$

同时给出政企合作区间与非合作区间的二维模拟坐标轴（见图 5 -7）。其中横坐标 a 代表贴现因子（对未来履行社会责任的重视程度）；纵坐标 b 表示博弈重复概率。这里将 δ 解释为贴现因子和概率的结合，其意义为社会资本方在博弈中预期被惩罚的概率；曲线 DD 代表所有满足的集合 $\delta = ab = \dfrac{R_1}{p + R_1 - s}$，比较 δ 与 $\dfrac{R_1}{p + R_1 - s}$ 的关系：当 $\delta \geqslant \dfrac{R_1}{p + R_1 - s}$ 时，政企双方处于非合作区间；当 $\delta < \dfrac{R_1}{p + R_1 - s}$ 时，政企双方处于合作区间。

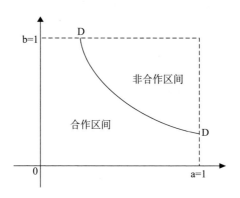

图 5 - 7　合作区间与非合作区间坐标轴

如果博弈参与方的贴现因子较低，履责作为均衡点则要求动态博弈有较大的惩罚概率，反之如果博弈中惩罚出现的概率较低，就要求参与方有更大的贴现因子（对未来履行社会责任的重视程度）。

（2）博弈均衡分析。在动态重复博弈中，各方博弈参与人要考虑社会责任履行的持续性。A 集合会主动发起与 B 集合在下一阶段的博弈，即便不履行社会责任对其的长期利益影响也不会很大，所以在每一个独立的阶段博弈中，A 集合在决策 $t + 1$ 阶段时，其优先选择一定是不信任，进而触发外生主体制约策略；对于社会资本方而言，其要考虑 δ 的影响程度，无限重复博弈模型中的子博弈预期会有两种情况出现。

第一种情况：在 t 阶段博弈中，社会资本方如果选择失责，则 A 集合和 B 集合的支付为（$IP + R_1$，$S - R_2$）。在 $t + 1$ 阶段，政府单位通过在 t 阶段博弈时对社会资本方的了解程度，看到其选择失责行为，则在 $t + 1$ 阶段时，政府单位会选择终止与社会资本方的社会责任共担关系。于是，在 $t + 1$ 阶段，A 集合和 B 集合的支付为（0，$-S$），双方进入非合作区间。同理可得，t 阶段之后，社会资本方 B 集合将很难赢得政府的信任，而当地政府完全可以选择其他社会资本方单位继续履行社会责任。当地政府单位 A_1 和 A_2 的支付分别为：

$$v_{A_1(t)} = IP + R_1$$

$$v_{A_2(t+1)} = 0 + \delta(IP + R_1)$$

对社会资本方而言，t 阶段以后的支付为：

$$v_{B(t)}^* = (S - R_2)_t - \delta(S - R_2)_{t+1} - \cdots n\delta(S - R_n)_{t+n}$$

第二种情况：在 t 阶段博弈中，政府部门 A1 选择与社会资本方履行社会责任，社会资本方 B 集合如果履责，政府部门也会选择不与其合作，双方的支付即为 $(P + R_1, S - R_2)$，双方处于合作区间。在 $t+1$ 阶段，政府部门 A 集合中 A_2 再同社会资本方 B 集合进行博弈时，A_2 会根据社会资本方 B 集合在 t 阶段的行动，判断是否与社会资本方 B 集合合作。社会资本选择失责，博弈将同第一种情况进行下去；社会资本方选择履责，则 A 集合和 B 集合的支付为 $(P + R_1, S - R_2)$。在 $t+1$ 阶段，政府单位通过 t 阶段对社会资本方履责情况的掌握，政府部门会继续与社会资本方共同履行社会责任。于是，在 $t+1$ 阶段中，A 集合和 B 集合的支付仍为 $(P + R_1, S - R_2)$。同理，在 $t+n$ 阶段，只要社会资本方能保持持续性履责，政府单位也选择与其保持合作关系，双方处于合作区间，此时外生主体不触发制约策略，政府单位 A_1 和 A_2 的支付分别为：

$$v_{A_1(t)}^* = P + R_1$$

$$v_{A_2(t+1)}^* = \delta(P + R_1)$$

社会资本方在 t 阶段之后的支付是：

$$v_{B(t)}^* = (S - R_2)_t - \delta(S - R_2)_{t+1} - \cdots n\delta(S - R_n)_{t+n}$$

对 A 集合、B 集合在上述这两种情况下的支付进行比较，可以得出：

$$\Delta A_1 = v_{A1(t+1)} - v_{A1(t)}^* = IP - P$$

$$\Delta A_2 = v_{A2(t+1)} - v_{A2(t+1)}^* = \delta(IP - P)$$

$$\Delta B = v_{B(t)} - v_{B(t)}^* = \left[(S - R_2)_t - \delta R_{2(t+1)} - \cdots - n\delta R_{2(t+n)}\right]_1 \\ - \left[(S - R_2)_t - \delta(S - R_2)_{t+1} - \cdots n\delta(S - R_n)_{t+n}\right]_2$$

上式 $IP < P$；$\Delta A_1 < 0$；$\Delta A_2 < 0$，可以看出 A 集合代表的政府更青睐于选择第二种情况。对于社会资本方而言，当惩罚系数 δ 值达到临界条件时，其选择履责和失责的收益差额为 $\Delta b < 0$。总之，如果社会资本方在重复博弈刚开始的阶段选择失责，那么在重复博弈不断进行的情况下社会资本方选择失责的收益将会越来越低于履责。

综上，得到子博弈精炼纳什均衡为：如果社会资本方在每一次阶段博弈中总是选择履责，政府部门则会在下一阶段选择信任，保持合作关系；只要社会资本方曾经在一次阶段博弈中失责，合作暂且终止，政府将重新考虑与社会资本方之间的合作关系。

5.3.3　博弈模型的案例研究

1. 案例概况

近年来多家知名企业密集参与到环境治理 PPP 项目中，其中在固废、液废以及生态修复等领域的布局成为重点，但环境治理 PPP 项目违约的情况时有发生，使得 PPP 项目在环境治理领域进退两难。以天津市双港垃圾焚烧发电厂项目为例，项目基本情况及相关指标如表 5 - 25 所示。

表 5 - 25　　　　　　　　　　　　　案例背景

序号	指标	基本情况
1	项目名称	天津市双港垃圾焚烧发电厂
2	项目参与主体	天津市政府（政府方）；泰达集团（社会资本方）
3	项目投资额	5.4 亿元（社会资本方出资）
4	特许经营协议签署时间	2005 年 3 月
5	特许经营期限	30 年
6	项目设计能力	年处理垃圾 40 万吨
7	主要违约问题	伴随焚烧垃圾产生的二噁英气体有致癌因素的传播导致周边居民恐慌，上访投诉乃至群体事件不断

2. 实证分析

根据表 5 - 25，在天津双港垃圾焚烧发电厂的案例当中，天津市与泰达集团之间的博弈是在无强制条件自发形成的情况下进行的。然而在项目的运营阶段面临着不断的亏损，由此在初始阶段双方最优的选择即为：（惩罚，失责）。但这对于双方而言显然均不是最优的结果。改变公私合作这种困境不能单纯依赖市场的调节，根据社会责任内生动力的派生性，政府需要对社会资本方采取惩罚措施。假设 δ^* 为惩罚概率 δ 达到非合作区间的临界值，建立初始静态博弈模型支付矩阵验证惩罚机制的有效性，如表 5 - 26 所示。

表 5 - 26 引入惩罚机制后的支付矩阵

政府部门	社会资本方	
	履责	失责
合作	P, $S + R_2$	IP, $S + R_2 - d_2$
惩罚	$P + R_1 - d_1$, $S - R_2$	$IP + R_1 - d_1$, $S - R_2 - d_2$

其中：P、S、R、R_1、R_2 含义如前所述；d_1 代表政府部门惩罚支付；d_2 代表对惩罚社会资本方的损失；同时规定 d_1、d_2 必须高于某一最低水平，使得社会资本方在选择支付方面失责高于履责。此时的惩罚概率处于（$\delta \leqslant \delta^*$）区间，此区间称为"严厉的惩罚机制"，即社会资本方在面对政府惩罚时社会资本方的最优策略是继续履责，公私双方处于合作区间。

由表 5 - 26 分析可知，当天津市政府通过引入严厉的惩罚机制，双方在初始博弈当中的纳什均衡即变为（合作，履责）；进而根据上述对动态博弈路径的分析，如图 5 - 8 所示，之后的各阶段子博弈精炼纳什均衡也同样成为（合作，履责），公私双方将始终处于合作区间而不会使得外生主体触发制约策略，进而可以验证严厉的惩罚机制引入环境治理 PPP 项目中的可行性和有效性。后经专家考察分析得出该项目失败的本质原因是初始的不完全契约，致使后期收益不足时政府补偿额不明确，社会资本方利益受损而导致了其社会责任

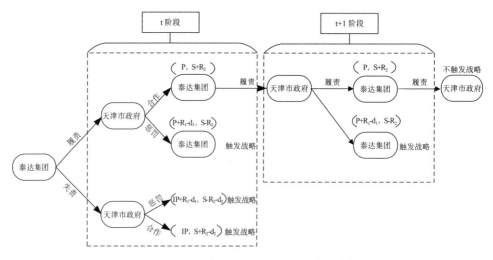

图 5 - 8 天津市政府与泰达集团动态博弈树

履行不到位的情况。同时这也验证了政企双方异质偏好和强互惠行为的社会责任内生动力的派生性特征。天津双港垃圾焚烧发电站项目没有充分履行 PPP 模式应付的社会责任，因此该项目成为典型的环境治理 PPP 项目失败案例。

5.4
本章小结

环境治理 PPP 项目的可持续发展与项目内生主体积极履行社会责任密不可分。因此，分析环境治理 PPP 项目内生主体履行社会责任的内在机理及动力特征，构建环境治理 PPP 项目社会责任内生动力机制尤为重要。本章首先从我国当前生态环境及 PPP 模式治理现状着手，对环境治理 PPP 项目社会责任内涵进行解释；其次运用 Q 方法对环境治理 PPP 项目社会责任履行特征进行了剖析，并建立博弈模型加以实证。具体而言，本章得出以下两个方面的研究结论：

1. 建立了环境治理 PPP 项目社会责任内生动力的内涵架构

首先解释了环境治理 PPP 项目社会责任基本内涵。借鉴企业社会责任（CSR）等理论思想，提出内生视角下的环境治理社会责任具有微观意义上的企业社会责任特征，其社会资本方以基础性责任为主，而政府则以中观责任为主。其次解释了环境治理 PPP 项目社会责任内生动力基本定义。借鉴马克思主义唯物辩证思想，提出环境治理 PPP 项目社会责任履行的内生动力机制是指环境治理 PPP 项目主体内部具有的对项目社会责任履行能够起正向推动作用的各种因素及其相互关系的总和。同时根据此定义对环境治理 PPP 项目社会责任内生动力的生成逻辑及派生逻辑进行分析，指出内生动力的派生性对社会责任的履行具有负向抑制作用。最后分别从利益相关者、关系契约、环境成本三个视角对环境治理 PPP 项目社会责任内外动力演进关系进行了分析。

2. 明晰了环境治理 PPP 项目社会责任内生动力的特征关系

首先从利益相关者、关系契约、环境成本三方面构建了环境治理 PPP 项目社会责任内生动力要素场域，明晰了环境治理 PPP 项目社会责任内生动力特征的研究基本载体；在此基础上对环境治理 PPP 项目社会责任动力要素进行解析，包含了内生驱动要素和外生驱动要素，其中内生驱动要素分为正向角度、负向角度两种驱动因素，而外生驱动要素对社会责任的履行起到调节作用。其次运用 Q 方法论对环境治理 PPP 项目社会责任内生动力特征进行分析，从中划分出社会资本层面关注者、政府政策层面关注者、项目运行层面关注者、生态环境及社会公众层面关注者四个层面，得出环境治理 PPP 项目内生主体在履行社会责任过程中潜在着"内外交困"的风险。最后建立博弈模型对上述特征加以实证，并借用天津双港垃圾焚烧发电站项目这一典型案例证实项目内生主体的履责关系特征。

第6章
环境治理 PPP 项目责任分担障碍研究

6.1
环境治理 PPP 项目责任分担逻辑
解构和行动者网络演绎

6.1.1　环境治理 PPP 项目责任分担逻辑起点

1. 环境治理 PPP 项目责任分担的过错责任

过错责任是指在环境治理 PPP 项目责任分担中，依据主体主观过错判定其是否承担责任，并按照行为过错程度确定责任范围的一种分配方式。责任分担应以"惩前"为手段而达到"毖后"的目的，因此，过错责任在责任分担中占有首席地位，是归责体系的基础。过错责任可以起到教育和惩戒的作用，避免主体过错行为和环境损害的发生，而且有利于调动多元主体的积极性，实现责任追究的激励功能。

2. 环境治理 PPP 项目责任分担的能级分布

能级分布是指在环境治理 PPP 项目责任分担过程中，依据多元主体的能力值将其划分到相应的责任层级，通过"能责对等"提高责任分担效率。能级分布实质是综合考虑多元主体参与责任分担的意愿、效益、成本和时间，选取最佳的责任分担主体排布层级。责任分担层级包括顶层的核心责任、中层的主要责任和底层的一般责任，多元主体拥有的权力和利益自上而下依次递减，此外，三角形的层级结构保证了责任分担的稳定性。环境治理 PPP 项目多元主体责任分担能力和责任层级如图 6－1 所示。

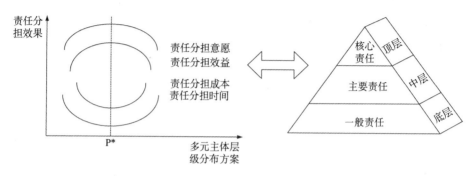

图 6－1　环境治理 PPP 项目责任能级分布

从图 6－1 可以看出，多元主体责任分担能力值的大小取决于其参与责任分担的意愿、效益、成本和时间；不同责任事件和同一责任事件不同阶段，由于资源禀赋的差异，多元主体责任分担能力各不相同，因此，多元主体在责任层级中的位置是动态的。

责任分担的能级分布一方面可以做到责权利对等统一，保证责任分担的公平性。通过对各层级合理分解任务，在明确各主体责任的前提下，授予其相应的权力，使权责统一起来；同时为了调动各层级主体履行责任的积极性，按照责任分担的大小给予相应的利益和荣誉，使责利统一起来。另一方面可以充分发挥责任分担主体的主动性和创造性，提高责任分担效率。处于底层层级的主体受更高权力和更大利益的诱惑，会主动提升自身分担能力，挤入上一层级；处于顶层层级的主体面对低层层级主体的威胁，会积极增强自身分担能力，稳固自身层级。

3. 环境治理 PPP 项目责任分担的利益反哺

利益是环境治理 PPP 项目合作关系建立的纽带，由于多元主体的异质性，不同主体所拥有的利益资源参差不齐，导致责任分担过程中主体机会不公平。利益反哺是指在存有利益差距的治理主体间，反哺主体对受哺主体进行利益回馈或付出，以满足双方利益诉求的行为活动。其中，反哺主体是利益强势方，受哺主体是利益弱势方。

利益反哺是一种协调和解决网络利益问题的基本方式，通过利益反哺缩减主体间的利益差距，调动受哺主体积极加入责任分担；受哺主体利益需求得到满足可以维护合作关系稳定，促进合作收益的实现，间接满足反哺主体的利益需求，调动其责任分担积极性，促进责任分担的可持续发展。

6.1.2　环境治理 PPP 项目责任分担特征浅析

1. 环境治理 PPP 项目责任分担的契约不完全性

环境治理 PPP 项目的长期性导致责任分担契约对未来情况无法预见或约定；参与主体的有限理性导致责任分担契约对其在项目全生命周期内的权利义务无法明确；通过契约厘清责任分担主体权利义务的交易成本过高。因此，环境治理 PPP 项目责任分担契约是不完全的。

责任分担契约的不完全性容易引起责任分担主体间的利益冲突，致使合作中出现道德风险和逆向选择，造成资源浪费和交易成本的增加。道德风险方面，比如当项目面临市场需求变化、自然灾害等不可抗力时，公共部门可能会利用自身权威将这部分责任推卸给私人部门；在契约签订前，私人部门可能会隐瞒某些重要信息，导致公共部门无法准确预知私人部门的风险承受能力和责任履行能力。逆向选择方面，比如资产专用性可能诱发私人部门利用其掌握的资源锁定公共部门，提出超出契约本身的要求以获取更大利润；公共部门也可能通过政策变更等手段影响私人部门的经营管理。

2. 环境治理 PPP 项目责任分担的外部性

英国经济学家马歇尔最早提出外部性概念，外部性主要是指私人收益与社会收益、私人成本与社会成本不一致的现象。环境作为一种公共产品，拥有非竞争性和非排他性的特点，因此环境治理 PPP 项目责任分担具有强外部性特征。

由于环境治理 PPP 项目责任分担中信息不对称常常引发道德风险，导致责任分担出现负外部效应，主要表现为短期化行为、"搭便车"现象和"敲竹杠"现象。但是，以公平和效率为导向的责任分担则存在正外部效应，主要表现为参与主体和社会经济发展的无形资产提升及对有形资产的带动，见表 6 - 1。

表 6 - 1   环境治理 PPP 项目的外部性分析

类别	表现形式	具体内容	例证
负外部性	短期化行为	环境治理 PPP 项目责任分担带来的效益由所有主体共同决策而定，各方主体为防止其他主体采取自利行为，在短期利益和长期利益、眼前利益和未来利益间权衡时，往往偏好眼前的短期利益	长春汇律污水处理项目失败的主要原因在于长春市政府官员的寻租行为，即为了短期的政绩，向投资者承诺过高的利润回报，吸引建设资金，运营期通过政策变更和合同违约锁定香港汇律污水处理有限公司
	"搭便车"	参与主体在治理过程中倾向于等待其他主体治理环境以供自己免费享用	汉口北垃圾焚烧发电项目由于项目前期选址公众参与不足，对问题反馈秉持"搭便车"的思想，认为会有其他市民或组织进行监督反馈，使得项目运营中二噁英等有毒物质的排放严重污染空气和饮用水，造成居民上访投诉乃至群体事件不断发生，严重降低治理效率
	"敲竹杠"	环境治理 PPP 项目责任分担中资产专用性诱发参与主体间"敲竹杠"行为	青岛威立雅污水处理项目中青岛光威污水处理有限公司利用自身专业优势和政府知识缺陷锁定政府，签订了污水处理价格的不平等协议，导致后期的再谈判，增加了合作成本
正外部性	行动者资产升值	政府增强公信力，减少财政压力；企业提高声誉，增加项目数量；公众实现超额收益	大理洱海环湖截污（一期）PPP 项目中大理州政府通过简化审批流程，强化州、市、部门间的纵横沟通，吸引中国水环境集团加入，缓解财政压力，提高治理效率，赢得社会公众的良好评价 中国水环境集团充分发挥自身在设计、建造、财务和运营方面的优势，在保证质量的同时压缩成本近 5.1 亿元，树立起良好形象，增加了自身参与其他项目的机会；公众在享有宜居环境的同时，缓解了后代子孙的环境问题，产生代际正外部效应
	区域经济资产升值	项目所在区域经济增长	大理市生活垃圾处置城乡一体化系统工程通过改善大理市的生态环境，提升市民幸福感，实现人才引进，吸引外埠企业在本地投资，带动了大理市的经济增长

3. 环境治理 PPP 项目责任分担的行为异质性

（1）项目利益的异质选择。环境治理 PPP 项目责任分担涉及的项目利益主要包括社会利益、经济利益和环境利益，当环境治理 PPP 项目责任分担中出现项目利益冲突时，公共部门出于自身与社会公众间的委托代理关系，为防止因公众反对引发的政治危机，会优先保障社会利益；私人部门具有天然的资本逐利性，为了追求自身利益最大化，会优先选择经济利益；社会公众是社会利益的载体，同时是有限理性经济人，当自身利益同其他利益发生冲突时，会优先维护社会利益。

（2）角色担当的矛盾行为。公共部门在环境治理 PPP 项目责任分担中扮演顶层设计者、监管者和投资者三重角色，顶层设计者和监管者属于组织外部角色，投资者属于组织内部角色，公共部门在项目供给中难以厘清三重角色的各自职能及其出现的时间节点，容易出现以设计、监管之便为自身投资谋取不当利益的现象。私人部门在环境治理 PPP 项目责任分担中扮演投资者和供给者的角色，在项目供给中可能出现私人部门利用自身项目信息优势，向其他参与主体故意隐瞒信息以截取项目利益的现象。社会公众在环境治理 PPP 项目责任分担中扮演付费者、使用者和监督者的角色，其中监管者属于组织外部角色，付费者和使用者属于组织内部角色，社会公众一方面基于自身成本考虑往往忽视外部监管角色，导致供需错位，另一方面在内部角色扮演中存在"搭便车"现象，即某些社会公众间接享受服务却未给付费用，导致项目价值的外溢。

6.1.3　环境治理 PPP 项目责任分担网络演绎

1. 环境治理 PPP 项目责任分担行动者划分

依据社会学的行动者网络理论，以人与自然合二为一为研究起点，认为环境治理 PPP 项目责任分担中人类行动者主要包括公共部门、私人部门和社会公众三大类，非人类行动者主要包括物质性的环境治理 PPP 项目和概念性的生态环境、治理技术和法律政策等，具体的行动者划分见表 6-2。

表 6-2　　　　　　　　环境治理 PPP 项目责任分担行动者的划分

类别		内容
人类行动者	公共部门	中央政府、地方政府、政府授权部门（财政部、环保部、税务局、知识产权局、立法机构等）
	私人部门	投资企业（科技类或生态类企业）、SPV、设计施工单位、运营维护单位、材料设备供应单位、金融机构（银行、信托、证券、保险等）、咨询机构
	社会公众	公共服务消费者、环保 NGO、科研院所（高校、研究所、专家库）、传播媒体（新闻媒体、网络媒体等）
非人类行动者	物质性的	环境治理 PPP 项目
	概念性的	生态环境、治理技术、法律政策

环境治理 PPP 项目责任分担的核心行动者是中央政府。一是中央政府的利益诉求兼顾经济利益、社会利益和环境利益。二是环境治理 PPP 项目中政府职能发生转变，由全能型政府转变为有限型政府、管制型政府转变为服务型政府，新的角色和定位有助于政府进行良好沟通和项目监管，为了避免地方政府多重角色下的道德风险和机会主义，中央政府是核心行动者的最优选择。

2. 环境治理 PPP 项目责任分担行动者转译

环境治理 PPP 项目责任分担行动者转译包括问题呈现、利益赋予、征召和动员四个环节。其中，问题呈现对责任分担行动者强制通行点进行界定；利益赋予对责任分担行动者的利益诉求进行表征；征召对责任分担行动者间关系链条进行描述；动员对责任分担行动者的责任进行分配。

（1）问题呈现。问题呈现是责任分担行动者转译的第一步，指核心行动者将与自身利益需求相一致的其他行动者关注的对象问题化，并设立一个"强制通行点"（Obligatory Passage Point，OPP），使其他行动者通过该点均能实现利益最大化，从而结成相互依赖的网络联盟。

中央政府将"保障环境治理 PPP 项目责任分担效率"作为转译的强制通行点，其他行动者要想在网络中实现各自的目标，就必须以保障环境治理 PPP 项目责任分担效率为行为导向。如图 6-2 所示。

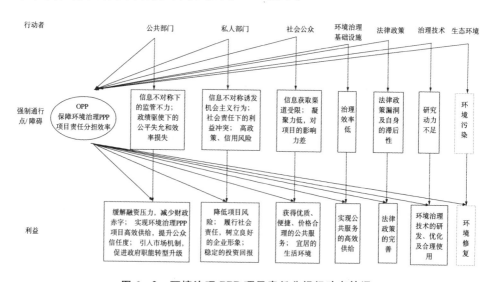

图 6-2　环境治理 PPP 项目责任分担行动者转译

从图 6-2 可知，环境治理 PPP 项目中公共部门、私人部门和社会公众在责任分担网络构建中的障碍和利益是从整体角度进行的概述。下面，将从局部视角进一步解读人类行动者在责任分担网络中的障碍和利益，如表 6-3 所示。

表 6-3　　　　　　　　环境治理 PPP 项目责任分担人类行动者转译

人类行动者		障碍	利益
公共部门	中央政府	与地方政府及其下辖政府部门等内部行动者间的信息不对称，进而导致监管不力，职责归类不明确	对环境治理 PPP 项目责任分担中其他行动者的行为进行监督管理
	地方政府	与私人部门和社会公众等外部行动者间的信息不对称，政绩驱使下政府官员与私人部门等行动者间的暗箱操纵与合谋现象，进而影响公共服务供给的公平和效率	提升政府公信力转变政府职能
	政府授权部门	与其他部门间的信息不对称，进而导致责任的推诿扯皮	公开透明的信息交流清晰的责任分配
私人部门	投资企业	资本逐利性下的责任逃避	稳定的投资回报履行企业社会责任树立良好的企业形象
	设计施工单位	与投资企业间信息不对称，从而诱发机会主义行为	
	运营维护单位		
	材料设备供应单位		
	金融机构	贷款或投资风险	
	咨询机构	人员资质低，利益诉求下的道德风险	
社会公众	使用者/消费者	利益诉求的表达力弱	优质的公共服务
	环保 NGO	公众认同度低	增强公众影响力
	科研院所	经费紧张	社会价值和自我价值的提升
	传播媒体	信息传播失真	履行社会责任，提升社会影响力

（2）利益赋予。利益赋予是责任分担行动者转译的第二步，是核心行动者用来保证其他行动者扮演好自身角色而不发生背叛行为的一种利益协调机制。中央政府作为责任分担网络的核心行动者，对网络中其他行动者的利益赋予主要是通过将政策优惠、资金划拨和下放权力等方式将资源共享或让渡给其他行动者，以期强化问题化环节中的行动者角色，促使其他行动者被征召加盟责任分担网络。

（3）征召。征召是责任分担行动者转译的第三步，是其他行动者直接或间接接受核心行动者赋予他们的利益，并积极响应核心行动者为其指明的征召路径，成为责任分担网络的成员。这里的征召路径即网络链条，包括合同关系、管控关系、供需关系、咨询关系、监督关系和购销关系等。

环境治理 PPP 项目责任分担网络中的征召主要分为三类：一是人类行动者间的征召。中央政府通过管控关系征召地方政府加入网络，通过供需关系征召传播媒体进入网络，扮演第三方监管的角色；地方政府、投资企业和金融机构通过合同关系连接起来，并基于各自的利益诉求组建 SPV 公司，SPV 公司通过公开招投标等途径先后征召设计施工单位、原料设备供应单位和运营维护单位进入网络；地方政府基于委托代理关系征召消费者/服务者进入网络，消费者/服务者利益诉求表达受阻促使其主动征召环保 NGO 进入网络代其发声；地方政府为了更好地推进环境治理 PPP 项目的落地，主动征召专业的咨询机构进入网络。二是人类行动者与非人类行动者间的征召。中央政府作为环境治理 PPP 项目的宏观掌舵者，面对日益严重的环境污染被动征召生态环境进入网络，秉承环境治理 PPP 项目高效供给的初心主动征召治理技术和法律政策进入网络；环境治理中技术滞后促使其主动征召科研院所进行技术革新。三是非人类行动者间的征召。生态环境的损害要求其主动征召环境治理基础设施加入网络并进行环境修复，如表 6 - 4 所示。

表 6 - 4　　　　　　　环境治理 PPP 项目责任分担行动者间征召

类别	征召	征召路径
人类行动者间征召	中央政府→地方政府	管控关系
	中央政府→传播媒体	监管关系
	地方政府→投资企业	合同关系
	地方政府→金融机构	合同关系
	地方政府→消费者/服务者	委托代理关系
	地方政府→咨询机构	合同关系
	地方政府、投资企业、金融机构→SPV 公司	合同关系
	SPV 公司→设计施工单位、原料设备供应单位、运营维护单位	购销关系
	消费者/服务者→环保 NGO	供需关系
人类行动者与非人类行动者间征召	中央政府→生态环境	监管关系
	中央政府→治理技术	供需关系
	中央政府→法律政策	管控关系
	治理技术→科研院所	供需关系
非人类行动者间征召	生态环境→环境治理基础设施	供需关系

（4）动员。动员是责任分担行动者转译的第四步，核心行动者在动员阶段成为整个网络的代言人（Agent），并向其他行动者定向分配责任，其他行动者接受责任并积极履行，以维护整个网络的运行。

在项目准备阶段，地方政府动员咨询机构为项目提供专业咨询服务；在项目前期融资阶段，政府动员金融机构为项目提供信贷支持，拓宽投资企业的融资渠道；在项目设计施工阶段，SPV 公司动员设计施工单位参照我国在环境治理类基础设施设计和建设方面的相关规定以及各省市环保局颁布的相关政策法规进行作业；在项目运营维护阶段，SPV 公司动员运营维护单位制定合理的环境治理 PPP 项目运营维护方案，通过对项目主体及相关设备的合理使用和定期检修，确保其性能正常发挥。此外，SPV 公司还会动员原料设备供应单位为项目的建设运营供应所需原料和设备；生态环境和使用者/消费者基于自身的利益诉求动员环保 NGO 积极疏导、整合民间力量进行诉求表达并监督其他行动者的行为活动，避免网络中存在与环境治理价值偏差的一切行为活动。政府作为技术、法律政策、生态环境和环境治理基础设施的代言人，直接动员治理技术为环境治理提供技术支撑，动员法律政策为环境治理 PPP 项目责任分担营造安定有序的法制环境，动员生态环境及时反馈受损程度或修复进度；间接动员环境治理基础设施进行服务供给。动员阶段实现了行动者优势资源的动态流动，提高环境治理 PPP 项目责任分担的科学性和合理性。

3. 环境治理 PPP 项目责任分担网络分析

环境治理 PPP 项目责任分担行动者通过转译过程的互动形成结点（行动者）、网眼（责任）和链条（征召和动员等），每个结点都有资源聚集，通过网眼和链条将这些分散的资源动态配置到最佳结点，最终联结成复杂交互的责任分担网络，如图 6 - 3 所示。

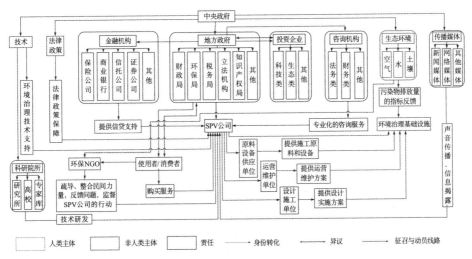

图 6 - 3　环境治理 PPP 项目责任分担逻辑网络

环境治理主体责任及价值共创研究：PPP、创新与机制

　　由图6-3可知，环境治理PPP项目责任分担中中央政府作为核心行动者，其他行动者通过直接或间接追随中央政府的方式形成责任分担网络，强调了责任分担的关系思维和过程思维。环境治理PPP项目责任分担网络平等看待人类行动者和非人类行动者，消除了传统研究中人与自然二元对立，在人与非人、社会与自然的互生关系中寻求网络的稳定性。

　　环境治理PPP项目责任分担网络中公共部门的职责主要有法律政策支持、环境保障、政府保证和政府监管四个方面；私人部门的职责主要有项目的前期介入、建设、运营和移交；社会公众的责任主要有提升自身参与素质、监督反馈、项目付费和环境保护四个方面；此外，生态环境、环境治理基础设施、治理技术和法律政策等非人类行动者具有监督反馈、产品或服务供给、技术支持等职责。具体责任清单如表6-5所示。

表6-5　　　　　　　　　　环境治理PPP项目行动者责任清单

行动者	责任内容	责任明细	责任清单
公共部门	法律政策支持	以法律形式规范环境治理PPP项目发展，制定特许权协议；优化操作程序，适当简化行政审批手续和项目前期工作，保证政策的连续性和稳定性	制定相关法律法规
			颁布相关扶持政策
	环境保障	协助私人部门向金融机构贷款，开展无追索的项目融资；避免官员寻租和过度行政干预，形成良好的政府信誉；维护社会利益，防止公众抵制	规范的融资环境
			稳定的政治环境
			良好的市场环境
			稳定的社会环境
			良好的主体参与环境
	政府保证	对项目建设提供人力、物品等资源的供给；禁止同地区同类型项目竞争，保障项目收益；资金使用的帕累托最优，实现项目最大产出，此外，综合考虑项目的社会效益和经济效益，确定合理的产品或服务价格；对超过一定范围的利率风险，提供一定的资金补偿	项目投资的后勤保证
			项目唯一性保证
			投资回报率的保证
			利率保证
	政府监管	对竞争性业务实行公开招标，垄断性业务通过招投标获得特权，形成有效竞争；产品或服务的价格制定及调整；特许经营协议中设置项目建设、运营期的监管条款，落实相应的监管部门；对项目基本情况、招标信息及对投标企业的要求等项目信息及时在官方网站进行实时披露	准入规制与监管
			产品或服务价格监管
			建设与服务质量监管
			项目信息监管

续表

行动者	责任内容	责任明细	责任清单
私人部门	项目前期介入	项目投标中正当竞争；参与项目的规划设计，结合自身行业经验给出专业建议；以自有资金投入项目，金融机构可进行债权投资	良性竞争
			规划设计介入
			项目融资介入
	项目的建设	派一支由专业技术、管理人员组建的团队入驻项目；配合项目需要，及时供应相应的材料和设备；负责项目的施工建设	专业技术和人员供给
			材料及设备供应
			项目施工
	项目的运营	综合考虑使用者的可承受能力及自身的资金回报诉求，进行科学合理的定价；对项目建设运营期各项指标及时进行公示，保障信息对称；对项目运营期出现的各种质量问题进行维修和定期保养、检查	公共服务/产品定价
			项目信息公示
			项目维修养护
	项目移交	保障项目移交时的使用价值，对于可挽回的残余资产进行补救，合理清算残余价值，一并移交给公共部门	项目残值保障
社会公众	提升参与素质	积极主动的学习了解参与环境治理 PPP 项目的程序、自身掌握的权利以及应该履行的义务，让自己做到"有权可使、有责要履、有利可图"	了解公众参与的程序
			了解公众参与的权利
			了解公众参与的义务
	监督反馈	行为监督和意见反馈，主要涉及项目的立项、招投标、设计、施工建设和运营阶段	参与监督反馈
			自发组织的监督反馈
	项目付费	对环境治理 PPP 项目提供的产品或服务的使用进行费用支付	产品或服务费用支付
	环境保护	社会公众提升自身环保意识，从源头减少环境污染；此外，要积极呼吁身边人员和社会人士组织并参与环保行动，携手保护身边的绿水青山	履行环境保护
			呼吁环境保护
生态环境	监督反馈	通过显性的自然灾害和隐性的污染物含量向人类主体反馈生命体征	反馈生命体征
环境治理基础设施	服务或产品供给	向社会公众提供良好的环境治理公共产品或服务	高效供给公共服务
技术	提供技术支持	技术更新迭代直接影响环境治理效率	提供技术支持
法律政策	监督管理	对多元主体展开行为规制	健全的法律环境

6.2

环境治理 PPP 项目责任分担障碍诊断

6.2.1 环境治理 PPP 项目责任分担障碍的初始症状分析

1. 环境治理 PPP 项目责任分担网络视角下行动者异议

环境治理 PPP 项目责任分担网络视角下，行动者利益的多元化、异质性利益诉求的多样性以及满足其自身利益所需资源的稀缺性和有限性，促使各行动者出于自身利益考虑做出利己行为引发行动者异议，即行动者对责任分担问题产生争议。环境治理 PPP 项目责任分担行动者异议来源如表 6-6 所示。

由表 6-6 可知，环境治理 PPP 项目责任分担中人类行动者与人类行动者、人类行动者与非人行动者间因利益诉求的异质性在合作过程中存在行为分异现象。为了进一步分析责任分担障碍症状，依据环境治理 PPP 项目责任分担行动者责任清单，厘清异议过程中各行动者的责任履行状态。

2. 环境治理 PPP 项目责任分担行动者责任履行现状

（1）公共部门责任履行情况。

第一，法律政策缺位。我国尚未出台 PPP 项目的专项法律，项目的实践操作主要以六部委下达的相关指导意见或通知为标准；有关 PPP 项目的法规政策以宏观把控为主，缺乏中观指导，对项目实际问题的解决意义不大。

第二，政治环境不稳定。项目的长期性决定了政府人员在特许经营期内因正常或非正常原因出现决策人员的变更，容易出现新官不理旧账的现象；政府官员任职期间可能在个人利益诱导下出现价格寻租、招标寻租和社会管制寻租的投机行为。

第三，市场环境不稳定。当项目实际需求低于政府保障的最低需求时，公共部门可能利用自身政策资源的优势，通过颁布新规或修改旧规的方式拒绝履行合作前期约定的向私人部门购买产品或服务的职责。

表 6 - 6　　　　　　　　　环境治理 PPP 项目责任分担行动者异议

类别	异议	行为分异的表现
人类行动者↔人类行动者	地方政府↔使用者/消费者	地方政府：地方官员寻租、新官不理旧账等现象体现出其对使用者/消费者委托代理责任的逃避现象
		使用者/消费者：普遍存在"搭便车"心理，前期利益表达缺位、中期意见反馈不足、后期利己主义过度，爆发邻避冲突和游行示威等公众抵制现象
	地方政府↔投资企业	地方政府：角色冲突，存在控制性政府通过政策变更逃避契约性政府的履约责任问题
		投资企业：资本的逐利性容易产生企业在成本、进度等优势资源方面锁定政府，谋取不当利益的机会主义行为
	中央政府↔地方政府	中央政府：作为整个网络的顶层设计者，动员地方政府积极整治环境问题，提供高质的环境治理基础设施
		地方政府：唯政绩论的行为导向，环境治理 PPP 项目"走马观花，盲目推进"的失责现象，不但降低服务效率和水平，同时加重地方债务
非人类行动者↔人类行动者	生态环境↔人类行动者	生态环境：对人类行动者的不良行为给出负反馈，如雾霾、水质下降、土壤沙化等现象；甚至给出强负反馈，如山体滑坡、泥石流、洪涝等自然灾害
		公共部门：对人类行动者的监管缺位，生态环境相关的法律政策不健全，环境保护的宣传普及动作不强
		私人部门：追求自身利益最大化，宁愿向政府购买排污权，也不愿提升自身治污技术
		社会公众：环保意识弱，乱扔垃圾、随地吐痰等破坏环境的行为频发

第四，政府监管错位。公共部门在项目监管过程中既是审判者又是执行者，在双重身份和利益诱导下容易偏离公正性，降低行动者责任履行的积极性和主动性；公共部门对外存在共担责任的监管范围难以厘清，对内存在政出多门的监管权分化问题；公共部门对项目信息的滞后公布或部分公布现象，严重阻碍信息交流，造成市场竞争不充分。

（2）私人部门责任履行情况。

第一，私人部门前期恶性竞争。环境治理 PPP 项目前期恶性竞争主要有价格恶性竞争和手段恶性竞争。其中价格恶性竞争是指私人部门在投标中竞相压价，甚至不惜低于成本报价抢占市场份额，中标后在项目运营期通过增长服务或产品价格谋取利益；手段恶性竞争是指私人部门通过影响政府官员或恐吓竞争对手等不当行为成为项目招标的胜出者。前期恶性竞争的短视行为已严重破坏责任分担环境。

第二，私人部门融资责任推诿。环境治理 PPP 项目融资过程中投资企业为了降低自身的资产负债率，会要求项目出表，以减少自身的出资比例并通过施工利润实现资金的快速回笼。银行等金融机构为 SPV 融资的前提是投资企业必须给予实质增信，这与投资企业的出表要求相背离，从而出现双方相互推诿融资责任，阻碍环境治理 PPP 项目的实施进度。

第三，公共服务/产品价格越位。私人部门在确定公共服务或产品价格时容易忽视社会利益，盲目追求经济利益，此外，当项目实际收益高于预算收益时，存在私人部门向公共部门蓄意掩盖收益的机会主义行为，严重影响社会公众和公共部门在项目运营期的履责效果。

（3）社会公众责任履行情况。

第一，公众参与素质低。社会公众作为理性经济人，出于自身参与成本的考虑往往产生强烈的"搭便车"心理，认为其他个体会代其履行环境保护的责任，自己可以坐享其成，阻碍污染源头减量的实施。

第二，自下而上的监督反馈缺位。公众参与环境治理 PPP 项目的方式有自上而下的被动式参与和自下而上的主动式参与，如图 6-4 所示。自下而上的公众参与程度更高，能充分发挥和体现公众参与的价值。但是，实践过程中社会公众的参与方式多为自上而下的被动式参与，参与深度也多停留在象征性参与，造成监督反馈不到位，降低公共服务或产品供给的满意度。

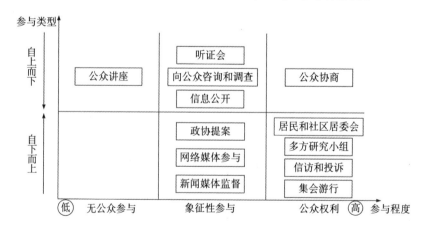

图 6-4　环境治理 PPP 项目公众参与类型与深度

第三，环境保护意识不强。社会公众因其分布广、体量大，具有源头减排的责任，但部分社会公众基于自身成本考虑，宁愿购买公共服务或产品，也不愿保护环境，降低环境治理基础设施的市场需求。

（4）非人类行动者责任履行情况。

第一，生态体征反馈错位。生态环境在向人类行动者反馈自身生命体征时，显性的自然灾害可以引起人类行动者的重视，但这种重视往往是短期的亡羊补牢型，缺乏可持续的长效治理机制；隐性的污染物含量超标鲜少能引起人类行动者的重视，存在严重的安全隐患问题，使人与自然间的关系变得脆弱。

第二，公共服务供给低效。环境治理基础设施在供给产品或服务的过程中，存在因人类行动者的不当操作、技术滞后等问题削减其使用寿命或降低其产品或服务质量的现象，最终导致其责任履行效果不佳。

第三，治理技术更新滞后。技术研发者进度缓慢或使用者购买力不足都会降低治理技术对环境治理 PPP 项目的支持力度，降低环境治理效率。

第四，法律政策不完善。法律政策在环境治理 PPP 项目责任分担中存在滞后性和法律漏洞，造成责任分担法律环境不健全，容易引发其他行动者的机会主义行为，产生行为分异现象。

因此，依据前面分析的环境治理 PPP 项目行动者责任清单，明晰行动者异议后各行动者的履责状态，如表 6-7 所示。

表 6-7　　　　　　　环境治理 PPP 项目行动者责任现状

责任主体	责任明细	责任现状	案例支撑
公共部门	法律政策支持	缺位	廉江中法供水厂
	打造稳定的政治环境	不稳定	长春汇律污水处理厂
	保障良好的市场环境	不稳定	天津双港垃圾焚烧发电厂
	保障良好的主体参与环境	不稳定	广州番禺垃圾焚烧发电厂
	投资回报率的保证	不稳定	长春汇律污水处理厂
	政府监管	错位	兰州威立雅污水处理厂
私人部门	良性竞争	错位	哥伦比亚某电力项目
	项目融资介入	缺位	北京第十水厂
	公共服务/产品定价	越位	兰州威立雅污水处理厂
	项目信息公示	缺位	菲律宾电力供应项目
	项目残值保障	错位	汤逊湖污水处理厂
社会公众	提升参与素质	缺位	北京第十水厂
	自发组织的监督反馈	缺位	汉口北垃圾焚烧发电厂
	环境保护	缺位	天津双港垃圾焚烧发电厂
非人类行动者	反馈生命体征	错位	汤逊湖污水处理厂
	高效供给公共服务	错位	山东中华发电项目
	治理技术更新	缺位	哥伦比亚某电力项目
	健全的法律环境	缺位	廉江中法供水厂

为了解决责任分担行动者异议带来的责任错位、缺位和越位问题，需要对环境治理 PPP 项目责任分担障碍因素进行分析，挖掘责任分担问题本源，给出责任分担障碍诊断结果。

6.2.2　环境治理 PPP 项目责任分担障碍因素的理论构建

1. 环境治理 PPP 项目责任分担障碍因素的理论取样

（1）研究方法。目前，学术界对 PPP 模式在环境治理领域的应用研究较多，但环境治理 PPP 项目责任分担障碍因素的研究缺乏，可借鉴的研究成果较少，无法根据现有理论进行实证研究。因此，通过质性数据分析的扎根理论无疑是环境治理 PPP 项目责任分担障碍因素识别最理想的研究方法。

扎根理论是社会学家格拉泽和施特劳斯于 20 世纪 60 年代中期提出的一种质性分析方法。该方法以情境为依托自下而上收集数据，通过对数据进行比较、归纳、思考和分析提炼出概念和范畴，各范畴间通过一定联系构成基础理论。扎根理论具体研究过程如图 6-5 所示。

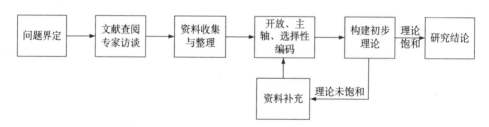

图 6-5　扎根理论研究过程

（2）原始资料收集。扎根理论收集原始资料的方法主要包括访谈法和文本资料研究法，强调数据来源的多重性。本章采用文本资料为主，访谈分析为辅的方式获取研究资料。一方面是学术界关于 PPP 模式在环境治理领域的应用发表了很多成果，通过检索文献资料可以较容易获取以往学者的研究成果；另一方面是近年来我国开展了大量的环境治理 PPP 项目实践，实务界对合作治理中的责任分担有较为深刻的感受，通过专家访谈可以弥补文本资料的数据缺陷。

一是文本资料研究法。本章以"环境治理""PPP""责任""失败"为关键词，检索 2013—2018 年中国知网（CNKI）和维普中文科技期刊中收录的相关文献，共获得 1936 篇，选取其中有代表性的 265 篇进行资料收集，其中，随机抽取 195 篇文献进行编码，其余 70 篇文献用于理论饱和度检验。此外，在财政部、环保部和大岳咨询有限公司的官方网站查找环境治理 PPP 项目相关信息及会议实录。分析并摘录以上研究资料中影响责任分担的相关内容并对其汇总整理。

二是专家访谈。本章最终确定 8 名受访者，其中 3 名是来自 PPP 项目咨询机构的工作人员，5 名是来自高等院校从事 PPP 项目研究的科研工作者。访谈前一周以电子邮件的方式向受访者发送访谈提纲。访谈开始前，首先向受访者介绍本次访谈的主题。然后围绕以下两个话题正式进行访谈：一是受访者认为项目失败的原因有哪些，二是阻碍项目责任分担的原因有哪些。此外，对文本资料研究中涉及而受访者未提到的原因展开讨论确认；受访者根据自己过往的项目经验进行作答。访谈结束后将访谈录音逐字逐句整理形成电脑文本。

2. 环境治理 PPP 项目责任分担障碍因素的理论模型

（1）范畴提炼。范畴提炼是扎根理论的核心成果，本章借助 NVivo10 软件对资料进行开放性编码、主轴性编码和选择性编码，完成范畴提炼。其中，开放性编码是从海量原始资料中提炼出明显现象进行初始概念化，再将其与原始资料反复对比进行核心概念化，并在此基础上完成副范畴提炼。主轴性编码是对开放性编码提炼的副范畴进行关联性分析和同属性归类，完成主范畴提炼。选择性编码将开放性编码和主轴性编码提炼的所有范畴归纳聚合到核心范畴，同时找出各范畴间的联系，为总理论的形成做铺垫。三种编码与范畴间的逻辑关系如图 6 - 6 所示。

图 6 - 6　三种编码与研究范畴间的逻辑关系

开放性编码。借助 NVivo10 软件对原始资料进行开放性编码，得到 182 个初始概念、58 个概念、25 个副范畴。初始的范畴和概念如表 6 - 8 所示。

表 6 - 8　　　　　　　　　责任分担障碍因素的开放性编码

副范畴	概念	初始概念
融资压力 A1	财政紧张 a1	财政收入、财政支出、债务压力、财政问题
	融资压力 a2	资信水平、偿债能力、项目级别、融资渠道、与金融机构合作
营运能力 A2	专业化人员 a3	项目经验、参与项目的级别、执业证书、受教育程度、职业素养
	技术更新 a4	污染治理效率、技术研发、技术购买
	管理知识 a5	PPP 内涵、重建设轻运营、国外成功案例的学习
光环效应 A3	绩效 a6	基础设施供给、政治绩效、经济绩效、工作效率/效能、文化绩效、社会绩效
	声誉 a7	政府形象、企业形象、公众信任、行业口碑
政策优惠 A4	税收优惠 a8	增值税即征即退、投资抵免企业所得税、减免企业所得税
	审批流程精简 a9	审批程序、审批管理、项目服务、审批效率
投资回报 A5	项目收益 a10	现金流入、内部收益率、超额收益
	项目成本 a11	成本控制、税金、融资成本、费用支出
公共服务 A6	公众满意度 a12	便捷度、服务价格、舒适度
	服务供给效率 a13	供给时间、服务成本、服务收益
生态环境 A7	污染物含量 a14	污染物浓度、污染物排放标准、污染物排放量
	自然灾害数量 a15	地震、洪涝、山体滑坡、沙尘暴
信息沟通 A8	财务信息 a16	自有资金、净现金流、借贷信息
	建设信息 a17	施工进度、工程质量、安全施工
	政策信息 a18	政策解读、政策法规、政策听证
履约能力 A9	项目控制权 a19	实质控制权、剩余控制权、控制权结构
	项目经验 a20	参与项目的类型和规模、成功项目的数量、从事环境治理 PPP 项目的年限
履约信誉 A10	履约记录 a21	违约次数、履约次数、违约行为及影响
	口碑形象 a22	社会影响力、社会责任、环境责任
资源配置 A11	资源利用率 a23	资源利用效率、资源耗损
	资源流动性 a24	资源分配、资源周转
PPP 合同监管 A12	特许经营协议 a25	特许期、项目收益方式、超额利润的分配、公私双方责任
	其他合同文本 a26	履约合同、工程承包合同、运营服务合同、原料供应合同、产品或服务购买合同、融资合同、保险合同

续表

副范畴	概念	初始概念
法律政策 监管 A13	PPP 上位法空白 $a27$	PPP 法律缺位、PPP 立法空白
	政策法规 $a28$	通知文件、意见、条例、管理办法
	法律制度 $a29$	招投标法、预算法、政府采购法、合同法
道德舆论 监管 A14	新闻媒体 $a30$	报刊、广播、电视
	互联网 $a31$	网络、新媒体、短信、移动电视、自媒体、微博、微信、论坛、BBS、贴吧
补偿激励 监管 A15	可行性缺口补助 $a32$	使用者付费不足、财政补贴、股本投入、优惠贷款
	剩余控制权配置 $a33$	剩余控制权的使用、剩余控制权的支配、剩余控制权的处置
	触发补偿 $a34$	触发阈值、补偿区间、损失值
惩罚约束 监管 A16	缴纳罚款 $a35$	罚金、排污费
	义务劳动 $a36$	无偿的社会劳动、社会帮扶
	不良信誉记录 $a37$	信用水平、信用档案
政府信用 风险 A17	政府换届 $a38$	人员变更、政府换届
	政府形象 $a39$	公众的信任度、财政能力、履约效率
	政府信用 $a40$	寻租、政企合谋、新官不理旧账
竞争性 风险 A18	同类项目 $a41$	同类项目数量、项目的唯一性
	上下游项目 $a42$	上下游项目、产业链
需求变化 风险 A19	消费行为 $a43$	消费偏好、消费意愿
	供需关系 $a44$	项目数量、公众需求、技术升级
运营成本 风险 A20	材料设备价格 $a45$	建筑材料的价格、污染治理设备的价格
	人员成本 $a46$	管理人员薪资、技术人员薪资
供给能力 风险 A21	建设风险 $a47$	质量风险、安全风险、进度风险
	运营风险 $a48$	收益风险、成本风险
	移交风险 $a49$	残值风险、移交风险
收益变更 风险 A22	垄断经营 $a50$	寡头垄断、垄断竞争
	成本增加 $a51$	人员成本增加、设备费用增加、材料成本增加
公众反对 风险 A23	公众反对 $a52$	游行、公众抵制、邻避冲突
	利益侵害 $a53$	人居环境变差、参与成本高昂、服务的使用费用高
自然灾害 风险 A24	环境损害过度 $a54$	污染物排放超标、承载能力下降
	环境利益 $a55$	环境成本、环境修复
建设施工 风险 A25	质量风险 $a56$	建筑质量、质量检查
	安全风险 $a57$	人员安全、设备安全、环境污染
	进度风险 $a58$	项目延期、预期进度、实际进度、延期天数

主轴性编码。借助 NVivo10 软件进行主轴性编码，最终将 25 个副范畴概念归纳总结为 4 个主范畴概念，主范畴归纳过程如表 6 - 9 所示。

表 6 - 9　　　　　　　　　　责任分担障碍因素的主轴性编码

主范畴	副范畴	关系内涵
利益诉求 B1	融资压力	基于公共部门的财政紧缺和私人部门参与项目级别的局限性，通过缓解融资压力，降低准入门槛，动员公私部门合理分担项目责任
	营运能力	专业化运营人员可以带来科学的管理知识和先进的治污技术，增强公共服务供给效率和项目收益，动员公私部门合理分担项目责任
	光环效应	良好的政府绩效和企业声誉所带来的光环效应会促使公私部门积极分担项目责任
	政策优惠	公共部门提供的税收优惠和项目审批流程精简等政策优惠，促进私人部门主动分担社会责任
	投资回报	成本和收益直接决定了项目的投资回报，高额的投资回报无疑会激发私人部门分担责任的热情
	公共服务	便捷、舒适、价格合理的公共服务会给社会公众带来更高的获得感和幸福指数，促进责任分担中公众参与的宽度和深度
	生态环境	成功的环境治理 PPP 项目可以降低污染物含量和自然灾害发生概率，生态环境的改善或修复可以动员生态环境接受责任分担结果
合作意愿 B2	信息沟通	项目财务、施工建设和政策环境等方面的信息交流，加强行动者间的信任关系，减少基于机会主义的责任逃避行为
	履约能力	项目实质控制权和项目经验决定了行动者的履约能力，履约能力越高，责任承载力越大
	履约信誉	良好的口碑形象和过往参与项目的履约记录有助于建立平等互惠的合作关系
	资源配置	集中行动者的优势资源，通过资源流动实现资源利用的帕累托最优，形成高效的合作关系

续表

主范畴	副范畴	关系内涵
监督管理 B3	PPP 合同监管	通过特许经营协议和其他合同文本对责任分担进行监督管理
	法律政策监管	财政部、环保局和发改委等公共部门下发的通知文件，引导、督查责任分担规范化进行
	道德舆论监管	借助新闻媒体报道、互联网时代下的新媒体和自媒体平台，监督责任分担中的机会主义和道德风险
	补偿激励监管	公共部门通过可行性缺口补助、剩余控制权配置和触发补偿的激励手段监督管理责任分担中私人部门行为
	惩罚约束监管	公共部门通过罚金、无偿劳动和信用档案约束责任分担中私人部门和社会公众的行为
风险感知 B4	政府信用风险	政府换届、地方财政能力和履约行为等影响其他行动者对政府信用的风险感知
	竞争性风险	同类项目的出现打破项目的唯一性，同类项目数量及上下游项目数量决定了竞争性风险的大小
	需求变化风险	社会公众的消费行为影响市场需求、现有项目和技术影响市场供给，进而影响需求变化的风险感知
	运营成本风险	项目运营中材料设备价格和人员成本的增长导致运营成本增加，影响行动者的风险感知
	供给能力风险	项目的建设、运营和移交风险决定项目的供给能力风险
	收益变更风险	项目的垄断经营通过影响供需关系间接影响项目收益，成本增加直接影响项目费用
	公众反对风险	社会公众受到利益侵害会爆发邻避冲突和游行示威等抵制行为，增加项目的公众反对风险
	自然灾害风险	生态环境中污染物含量超过其自身承载力，严重损害其自身利益时，会大大增加自然灾害发生的概率
	建设施工风险	项目实施中的质量、安全和进度直接决定其建设施工风险的大小

选择性编码。借助 NVivo10 软件进行选择性编码，将所有副范畴和主范畴归纳聚合责任分担障碍因素。核心范畴及其子范畴如表 6-10 所示。

表 6 - 10 责任分担障碍因素的选择性编码

核心范畴	主范畴	副范畴
责任分担障碍因素 *C*	利益诉求	融资压力
		营运能力
		光环效应
		政策优惠
		投资回报
		公共服务
		生态环境
	合作意愿	信息沟通
		履约能力
		履约信誉
		资源配置
	监督管理	PPP 合同监管
		法律政策监管
		道德舆论监管
		补偿激励监管
		惩罚约束监管
	风险感知	政府信用风险
		竞争性风险
		需求变化风险
		运营成本风险
		供给能力风险
		收益变更风险
		公众反对风险
		自然灾害风险
		建设施工风险

（2）模型的构建。通过文本资料和访谈资料的获取、编码和分类，环境治理 PPP 项目责任分担障碍因素被有序、抽象、系统地展示出来。借助 NVivo10 软件中的模型创建功能，构建环境治理 PPP 项目责任分担障碍因素的理论模型，如图 6 - 7 所示。

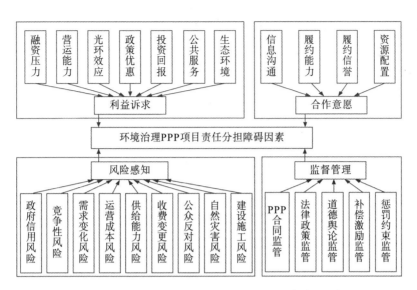

图 6 - 7 环境治理 PPP 项目责任分担障碍因素的理论模型

从图 6 - 7 可以看出，环境治理 PPP 项目责任分担障碍因素包括利益诉求和合作意愿的内部影响因素，监督管理和风险感知的外部影响因素。其中，利益诉求和合作意愿负向作用责任分担障碍因素，风险感知正向作用责任分担障碍因素，监督管理双向作用责任分担障碍因素，即适度的监督管理可以促进责任分担。

（3）模型的饱和检验。借助 NVivo10 软件对剩余 70 篇文献进行开放性编码和主轴性编码，编码过程中没有发现新范畴，并且逻辑关系仍然包括在现有构建的理论模型中。因此，本章构建的环境治理 PPP 项目责任分担障碍因素的理论模型符合饱和度检验要求。为了保证责任分担障碍因素理论模型的可行性，识别责任分担的关键障碍因素，需要对环境治理 PPP 项目责任分担障碍因素进行实证研究。

3. 环境治理 PPP 项目责任分担障碍因素的假设推演

（1）利益诉求因素的影响作用。利益诉求是环境治理 PPP 项目责任分担的内部障碍因素，责任分担行动者异议的起因是行动者利益诉求的异质性。公共部门参与责任分担更关注治理的社会利益，希望通过责任分担缓解自身财政压力，增强项目运营能力，实现公共服务供给质量和效率的提升，增强政府公信力。私人部门参与责任分担更关注治理的经济利益，希望通过责任分担获取一定的资金回报和政策优惠，履行社会责任和环境责任，进而提升自身形象和信誉。社会公众参与责任分担更关注治理的社会利益和环境利益，希望通过责任分担获取便捷、舒适、价格合理的公共服务，进而拥有良好的人居环境。生态环境参与责任分担更关注治理的环境利益，希望通过责任分担缓解自身病痛，实现从不健康到亚健康甚至健康的生态修复。治理技术希望通过责任分担获取研发资金和技术人员进行技术升级或更新，同时增强人类行动者的使用意愿。法律政策希望通过责任分担揭露自身问题和不足，促使人类行动者修改旧政策或制定新政策，不断完善自我。

因此，作出如下假设：

H1：利益诉求因素对环境治理 PPP 项目责任分担障碍有显著影响。

H1－1：融资压力对利益诉求因素有显著影响。

H1－2：营运能力对利益诉求因素有显著影响。

H1－3：光环效应对利益诉求因素有显著影响。

H1－4：政策优惠对利益诉求因素有显著影响。

H1－5：投资回报对利益诉求因素有显著影响。

H1－6：公共服务对利益诉求因素有显著影响。

H1－7：生态环境对利益诉求因素有显著影响。

（2）合作意愿因素的影响作用。合作意愿是环境治理 PPP 项目责任分担的内部障碍因素，行动者通过主动或被动改变自身合作意愿和行为，内部创造责任分担开放、包容、公开、共享的合作氛围。较弱的合作意愿会降低责任分担中信息、资金、人员和技术的流速，增加时间成本、降低分担收益，进而降低责任分担效率，反之亦然。

合作意愿和行为的改变主要体现在信息沟通、履约能力、履约信誉和资源配置方面。良好的信息沟通可以降低责任分担交易成本，进而增强行动者参与责任分担的意愿；行动者的履约能力越强，责任分担所需时间越短、成本越少，进而增强其他行动者参与责任分担的意愿；履约信誉决定责任分担的信任环境，行动者的履约信誉越好，行动者间信任度越强，风险感知越弱，进而增强其他行动者参与责任分担的意愿；资源配置越接近帕累托最优，行动者优势资源专用性带来的道德风险越弱，责任分担溢出效益越高，进而增强行动者参与责任分担的意愿。

因此，作出如下假设：

H2：合作意愿因素对环境治理 PPP 项目责任分担障碍有显著影响。

H2－1：信息沟通对合作意愿因素有显著影响。

H2－2：履约能力对合作意愿因素有显著影响。

H2－3：履约信誉对合作意愿因素有显著影响。

H2－4：资源配置对合作意愿因素有显著影响。

（3）监督管理因素的影响作用。监督管理是环境治理 PPP 项目责任分担的外部障碍因素，不合理的监督管理会增加行动者基于机会主义和道德风险的行为选择，进而降低责任分担效率。基于理性经济人的假设，在责任分担行为选择面前，行动者一方面会考虑行为的时间成本、资金成本和名誉成本，另一方面会对比行为带来的基本收益和超额收益。当责任履行行为的利益小于机会主义或道德风险行为的利益时，行动者选择机会主义或道德风险行为，降低责任分担效率，反之亦然。

监督管理主要表现为宏观的法律政策监管和道德舆论监管、中观的激励补偿监管和惩罚约束监管、微观的 PPP 合同监管。政策监管以国家六部委或地方政府颁布的 PPP 相关政策为主；道德舆论监管以社会公众的公开言论为主；激励补偿监管和惩罚约束监管以公共部门采取的各项措施为主；PPP 合同监管以特许经营协议等相关合同文本为主。

因此，作出如下假设：

H3：监督管理因素对环境治理 PPP 项目责任分担障碍有显著影响。

H3－1：PPP 合同监管对监督管理因素有显著影响。

H3－2：法律政策监管对监督管理因素有显著影响。

H3－3：道德舆论监管对监督管理因素有显著影响。

H3－4：补偿激励监管对监督管理因素有显著影响。

H3－5：惩罚约束监管对监督管理因素有显著影响。

（4）风险感知因素的影响作用。风险感知是环境治理 PPP 项目责任分担的外部障碍因素，行动者的风险感知越强烈，责任分担中的豁然事件发生的概率越大、潜在成本越高，责任分担效率越低。基于理性经济人的假设，高度的风险感知诱发行动者产生强烈的"避责心理"，导致责任分担中行动者的策略选择由亲密合作到行为分异，降低责任分担效率，反之亦然。风险感知主要表现为宏观的市场感知：竞争性风险、需求变化风险；中观的项目感知：供给能力风险、建设施工风险；微观的行动者感知：公共部门的政府信用风险、私人部门的运营成本风险和收费变更风险、社会公众的公众反对风险、生态环境的自然灾害风险。

因此，作出如下假设：

H4：风险感知因素对环境治理 PPP 项目责任分担障碍有显著影响。

H4 - 1：政府信用风险对风险感知因素有显著影响。

H4 - 2：竞争性风险对风险感知因素有显著影响。

H4 - 3：需求变化风险对风险感知因素有显著影响。

H4 - 4：运营成本风险对风险感知因素有显著影响。

H4 - 5：供给能力风险对风险感知因素有显著影响。

H4 - 6：收益费用风险对风险感知因素有显著影响。

H4 - 7：公众反对风险对风险感知因素有显著影响。

H4 - 8：自然灾害风险对风险感知因素有显著影响。

H4 - 9：建设施工风险对风险感知因素有显著影响。

6.2.3　基于 SEM 的环境治理 PPP 项目责任分担障碍因素的实证分析

1. 天津市双港垃圾焚烧发电项目概况

（1）项目规模。天津市双港垃圾焚烧发电厂位于天津市津南区双港镇，该项目主要工艺为生活垃圾焚烧，总投资 57776.55 万元，日处理量 1200 吨，年处理能力 40 万吨，装机容量 24 兆瓦，平均每年上网电量达到 1.23 亿千瓦时。

（2）项目运作。天津市双港垃圾焚烧发电厂采用 BOT 模式建设，2013 年 7 月 31 日，天津泰达环保有限公司与天津市生活垃圾处理中心签署为期 30 年的特许经营协议，协议期满后泰达环保将项目资产无偿移交给天津市生活垃圾处理中心。泰达环保有限公司负责项目投资、建设、运营和维护；天津环卫工程设计院负责提供垃圾供给，并无偿提供土地使用权；天津市生活垃圾处理中心向泰达环保有限公司支付垃圾处理费，并保证每日 900—1300 吨生活垃圾供应量。

（3）项目特点。项目运营之初，因垃圾运输及处置过程中污染物排放破坏了空气及水质，已影响周边小区居民和学校师生的正常生活，导致居民上访投诉事件频发，但得到政府部门积极回应并加强项目管理。

目前，天津市双港垃圾焚烧发电厂运作良好，年垃圾处理量占天津生活垃圾总量的 25%；年上网发电量 1.2 千瓦时，相当于每年节约标准煤 48000 吨；

垃圾焚烧的废气排放指标达到欧盟标准，同时达到居民区环保要求。

基于双港垃圾焚烧发电厂"由危转安"的运营特点，选取该项目为案例进行环境治理 PPP 项目责任分担障碍因素的实证分析相比单一的失败或成功案例效果更好。

2. 责任分担障碍因素的数据收集与分析

（1）问卷设计。通过环境治理 PPP 项目责任分担障碍因素的理论构建，以提取的 25 个副范畴为观测变量设计天津市双港垃圾焚烧发电项目责任分担障碍因素的调查问卷。该调查问卷主要分为两部分内容，第一部分涉及被调查人所属行业、项目经验及其参与过的项目类型；第二部分主要通过李克特五级量表来设计问卷中的问题，涉及利益诉求、合作意愿、监督管理和风险感知四类因素。

由于天津市双港垃圾焚烧发电项目责任分担涉及的部门较多，在进行问卷调查时应考虑周全。因此，本次问卷调查的发放对象涉及天津市双港垃圾焚烧发电项目的政府机构、私营部门、高校、咨询机构和科研院所。本次问卷调查历时两个月，从 2018 年 1 月上旬进行至 2018 年 2 月下旬。通过各种途径发放问卷 300 份，经回收、筛选有 265 份问卷符合问答要求，经计算应答率为88%。其中，政府机构占比 32%、私营部门占比 25%、高校占比 15%、咨询机构占比 18%、科研院所占比 10%，如图 6 - 8 所示。

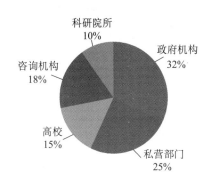

图 6 - 8　责任分担障碍因素问卷调查群体职业分布

以上参与天津市双港垃圾焚烧发电项目责任分担障碍因素的被调查者中，从事环境治理 PPP 项目工作的几乎在 3 年以上，在环境治理 PPP 项目责任分担方面有很强的理论研究和实践基础，保证了此次问卷调查样本数据的准确性。

（2）数据检验。

一是信度检验。信度检验用来反映研究数据是否真实可靠，信度越高表示测量值与实际值间的误差越低。本章选取克朗巴哈系数 Cronbach's α 进行信度检验。运用 SPSS 22.0 对环境治理 PPP 项目责任分担的四类障碍因素分别计算其 Cronbach's α，验证每一类影响因素能否测量该组的潜变量，若该组的系数 Cronbach's α > 0.7，则认为因素之间的内部一致性是可信的；若该组的系数 Cronbach's α < 0.7，需要进一步观察该组因子的"项已删除的 Cronbach's Alpha 值"，选取"项已删除的 Cronbach's Alpha 值" > 0.7 的因子进行删除并再次验证，直至达到信度要求。相关分析结果如表 6 – 11 所示。

表 6 – 11 数据信度检验结果

项	Cronbach's Alpha	项数
利益诉求	0.839	7
合作意愿	0.754	4
监督管理	0.846	5
风险感知	0.662	9

从表 6 – 11 可以看出，风险感知这组的系数 α < 0.7，因此，打开 SPSS 22.0 对风险感知的 9 个指标进行检验，检验结果如表 6 – 12 所示。

表 6 – 12 风险感知的信度检验

项	项已删除的刻度均值	项已删除的刻度方差	校正的项总计相关性	项已删除的 Cronbach's Alpha 值
A17	24.23	20.570	0.303	0.643
A18	23.83	20.617	0.332	0.636
A19	24.52	18.968	0.403	0.618
A20	24.11	19.357	0.376	0.625
A21	24.84	17.819	0.485	0.593
A22	24.39	20.361	0.328	0.637
A23	23.98	21.658	0.301	0.649
A24	23.86	20.936	0.313	0.641
A25	23.76	21.810	0.268	0.713

从表 6 – 12 可以看出建设施工风险的"项已删除的 Cronbach's Alpha 值" >

0.7，说明建设施工风险不能很好地描述风险感知，因此删除 A25，假设 H4 - 9：建设施工风险对风险感知因素有显著影响，不成立。天津市双港垃圾焚烧发电项目责任分担障碍因素数据的最终信度分析如表 6 - 13 所示。

表 6 - 13　　　　　　　　　　　信度检验汇总

项	Cronbach's Alpha	项数
利益诉求	0.839	7
合作意愿	0.754	4
监督管理	0.846	5
风险感知	0.713	8
总体	0.809	24

由表 6 - 13 可知，利益诉求、合作意愿、监督管理和风险感知的 Cronbach's Alpha 系数均大于 0.7，说明各组因素能够很好地测量该组潜变量，总体 Cronbach's Alpha 为 0.809，说明问卷总体信度水平较高。

二是效度检验。效度检验用来反映研究数据是否有效地表达研究变量。首先，本章选用 KMO（Kaiser - Meyer - Olkin）检验和 Bartlett's 球形检验进行效度检验。KMO 检验的基本要求是：KMO≥0.7，Bartlett's 球形检验的基本要求是检验统计量的观测值足够大，即相应的 P 值小于显著性水平，适合做因子分析。运用 SPSS 22.0 对识别出的责任分担障碍因素进行的 KMO 检验和 Bartlett's 球形检验的结果如表 6 - 14 所示。

表 6 - 14　　　　　　　　　　KMO 和 Bartlett 的检验

变量	KMO 和 Bartlett 的检验		
总体	取样足够度的 Kasiser - Meyer - Olkin 度量		0.754
	Bartlett 的球形检验	近似卡方	1858.394
		Df	276
		Sig.	0.000

由表 6 - 14 可知天津市双港垃圾焚烧发电项目责任分担障碍因素的总体 KMO 值为 0.754，满足大于 0.7 的基本要求；Bartlett 的球形度检验中 P 值为 0.000，拒绝相关系数矩阵的零假设，适合做因子分析。

其次，本章通过因子分析进行结构效度检验，因子分析是通过分析观测变量数据提取少数几个因子来描述大部分信息。检验标准是特征值不小于 1，特征值对总方差的累积贡献率大于 60% 。借助 SPSS 22.0 软件对 24 个观测变量的 265 份数据进行因子分析，相关结果如表 6 – 15 所示。

表 6 – 15　　　　　　　　　　　　解释的总方差

成分	初始特征值			提取平方和载入		
	合计	方差的%	累计%	合计	方差的%	累计%
1	5.409	27.288	27.288	5.409	27.288	27.288
2	2.802	16.674	43.962	2.802	16.674	43.962
3	1.837	11.972	55.934	1.837	11.972	55.934
4	1.654	8.520	64.454	1.654	8.520	64.454
5	0.965	5.274	69.728			
6	0.947	3.592	73.320			
7	0.928	3.089	76.409			
8	0.879	2.896	79.305			
9	0.862	2.471	81.776			
10	0.807	2.035	83.811			
11	0.741	1.930	85.741			
12	0.659	1.879	87.620			
13	0.645	1.760	89.380			
14	0.578	1.688	91.068			
15	0.508	1.561	92.629			
16	0.488	1.432	94.061			
17	0.451	1.298	95.351			
18	0.413	1.146	96.505			
19	0.362	0.973	97.478			
20	0.324	0.808	98.286			
21	0.302	0.641	98.927			
22	0.272	0.471	99.398			
23	0.222	0.310	99.708			
24	0.052	0.292	100.000			

由表 6 – 15 可知，通过主成分分析提取出特征值大于 1 的公因子四个，这四个公因子对原变量的方差解释能力为 64.454%，大于 60%，满足效度检验要求。

综上，问卷具有良好的信度和效度，此外，由于本次调查收回有效问卷 265 份，符合结构方程大样本容量要求，因此，可以进行结构方程建模。

3. 责任分担障碍因素的模型构建与运算

（1）结构方程模型。结构方程模型是根据已有理论或知识构建反映自变量与因变量间关系的模型，借助调研数据对构建的模型进行验证和修改，精确地揭示各变量间的影响路径和影响强弱。结构方程模型由测量模型（Measure Model）和结构模型（Structural Model）组成。

测量模型用来描述观测变量 X 与潜变量 ζ、η 间关系，可用方程表示为：

$$X = A_x \zeta + e$$

式中：X 为外生观测变量组成的向量；A_x 为外生观测变量上的因子复合板；e 为测量方程的残差矩阵。

验证性因子分析（Confirmatory Factor Analysis，CFA）是典型的测量模型，主要包括一阶验证因子模型和高阶验证因子模型。前者潜变量只能由观测变量进行测量，后者潜变量可以由其他潜变量进行测量。

结构模型用来说明潜变量间的因果关系，可用方程表示为：

$$\eta = \beta \eta + \gamma \zeta + \varepsilon$$

式中：β 为内生潜变量的系数矩阵；γ 为外生潜变量的系数矩阵；ε 为结构方程的残差矩阵。

本章选用结构方程识别天津市双港垃圾焚烧发电项目责任分担的关键障碍因素，一是因为责任分担障碍因素存在不可直接观测的潜变量；二是因为观测变量与责任分担障碍间存在影响路径，且影响强弱各不相同。

（2）责任分担障碍因素模型构建。基于环境治理 PPP 项目责任分担障碍因素的理论模型，本章将设立一阶因子模型中的二阶因子模型。通过 AMOS 22.0 软件，由利益诉求、合作意愿、监督管理和风险感知 4 个潜变量和 24 个观测变量构建了天津市双港垃圾焚烧发电项目责任分担障碍因素的初始模型，如图 6－10 所示。

（3）模型拟合。模型拟合是将调研数据带入初始模型中进行求解的过程。参数估计是模型拟合的主要内容，本章选取最大似然估计 ML（Maximun Likelihood）作为模型拟合方法。利用 AMOS22.0 软件对责任分担障碍因素的结构方程模型进行参数估计，得到标准化估计模型图如图 6－9 所示，标准化路径系数 β 的评判标准如表 6－16 所示，拟合相关数据结果如表 6－17 所示。

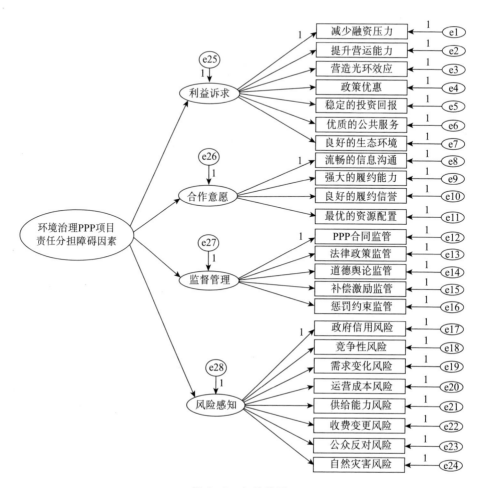

图 6 – 9　初始模型

表 6 – 16　　　　　　　　　路径系数的评价标准

结构方程	路径系数 β	影响描述
结构模型	$\beta \leqslant 0.2$	潜变量间影响关系较小，不明显
	$0.2 < \beta \leqslant 0.4$	潜变量间影响关系一般，需要考虑
	$0.4 < \beta \leqslant 0.6$	潜变量间影响关系较大，需要考虑
	$0.6 < \beta \leqslant 1$	潜变量间影响关系很大，需要考虑
测量模型	$\beta \leqslant 0.6$	测量指标不能很好地表达潜变量，影响程度很小，删除指标
	$0.6 < \beta \leqslant 0.7$	测量指标能较好地表达潜变量，影响程度较大，需要考虑
	$0.7 < \beta \leqslant 0.8$	测量指标能很好地表达潜变量，影响程度很大，需要考虑
	$0.8 < \beta \leqslant 1$	测量指标能很好地表达潜变量，影响程度极大，必须考虑

表 6 – 17 模型拟合相关数据结果

路径关系			标准化路径系数	多相关系数平方（SMC）	建构信度（CR）	平均方抽取（AVE）
利益诉求	< …	环境治理 PPP 项目责任分担动力	0.861	0.741		
合作关系	< …	环境治理 PPP 项目责任分担动力	0.733	0.537	0.866	0.618
监督管理	< …	环境治理 PPP 项目责任分担动力	0.765	0.585		
风险感知	< …	环境治理 PPP 项目责任分担动力	0.781	0.610		

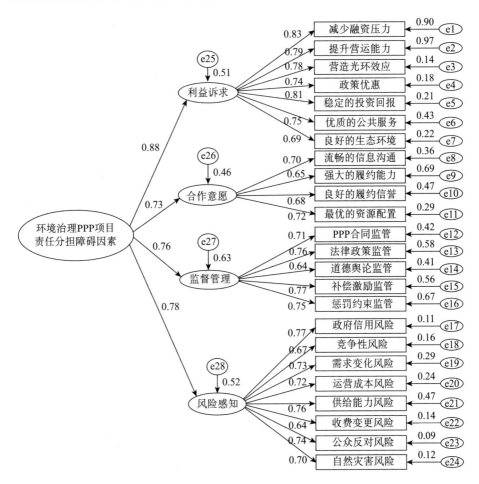

图 6 – 10 二阶验证性因子估计模型

从图 6 - 10 可以看出，天津市双港垃圾焚烧发电项目责任分担障碍因素的二阶因子模型中所有的路径系数 β 值均大于 0.6，即达到显著水平；从表 6 - 17 可以看出 4 个初阶因子的 SMC 值均大于 0.5，即 4 个初阶因子对模型的评估相对理想。此外，构建信度 CR 值为 0.866，说明二阶因子模型的内在质量较高，平均方差抽取值 AVE 为 0.618，说明二阶因子模型具有良好的收敛效果。因此，环境治理 PPP 项目责任分担障碍因素的二阶因子模型具有较高的基本适配度。

（4）模型拟合检验。本章选取的拟合指数主要包括绝对适配度指数、增值适配度指数和简约适配度指数三类。天津市双港垃圾焚烧发电项目责任分担障碍因素的二阶因子模型拟合指数如表 6 - 18 所示。

表 6 - 18　　　　　　　　整体模型适配度检验摘要

统计检验量	适配的标准或临界值	检验结果数据	模型适配判断
绝对适配指数			
χ^2 值	P > 0.05（未达显著水平）	51.02（P = 0.437 > 0.05）	是
RMR 值	< 0.05	0.043	是
RMSEA	< 0.08（若 < 0.05 优良；< 0.08 良好）	0.001	是
GFI 值	> 0.90 以上	0.958	是
AGFI 值	> 0.90 以上	0.935	是
增值适配度指数			
NFI 值	> 0.90 以上	0.964	是
RFI 值	> 0.90 以上	0.953	是
IFI 值	> 0.90 以上	0.987	是
TLI 值（NNFI 值）	> 0.90 以上	0.965	是
CFI 值	> 0.90 以上	0.932	是
简约适配度指数			
PGFI 值	> 0.50 以上	0.626	是
PNFI 值	> 0.50 以上	0.745	是
PCFI 值	> 0.50 以上	0.773	是
χ^2 自由度比	< 2.0	0.147	是
AIC 值	理论模型值小于独立模型值，且同时小于饱和模型值	105.020 < 156.000 105.020 > 1441.461	是
CAIC 值	理论模型值小于独立模型值，且同时小于饱和模型值	221.074 < 491.269 221.074 < 1493.040	是

从表 6 - 18 可以看出，模型的绝对拟合指数、增值拟合指数和简约拟合指数均达到适配的标准。因此，可以判定天津市双港垃圾焚烧发电项目责任分担障碍因素的二阶因子模型整体拟合效果较好，初始模型成立。

4. 责任分担障碍因素的模型结果分析

通过模型的设立、拟合及检验可以看出天津市双港垃圾焚烧发电项目责任分担障碍因素的结构模型达到很大的拟合程度，相关假设得到验证：

结果 1：利益诉求因素对环境治理 PPP 项目责任分担障碍有显著影响。

结果 H1 - 1：融资压力对利益诉求因素有显著影响。

结果 H1 - 2：营运能力对利益诉求因素有显著影响。

结果 H1 - 3：光环效应对利益诉求因素有显著影响。

结果 H1 - 4：政策优惠对利益诉求因素有显著影响。

结果 H1 - 5：投资回报对利益诉求因素有显著影响。

结果 H1 - 6：公共服务对利益诉求因素有显著影响。

结果 H1 - 7：生态环境对利益诉求因素有显著影响。

结果 2：合作意愿因素对环境治理 PPP 项目责任分担障碍有显著影响。

结果 H2 - 1：信息沟通对合作意愿因素有显著影响。

结果 H2 - 2：履约能力对合作意愿因素有显著影响。

结果 H2 - 3：履约信誉对合作意愿因素有显著影响。

结果 H2 - 4：资源配置对合作意愿因素有显著影响。

结果 3：监督管理因素对环境治理 PPP 项目责任分担障碍有显著影响。

结果 H3 - 1：PPP 合同监管对监督管理因素有显著影响。

结果 H3 - 2：法律政策监管对监督管理因素有显著影响。

结果 H3 - 3：道德舆论监管对监督管理因素有显著影响。

结果 H3 - 4：补偿激励监管对监督管理因素有显著影响。

结果 H3 - 5：惩罚约束监管对监督管理因素有显著影响。

结果 4：风险感知因素对环境治理 PPP 项目责任分担障碍有显著影响。

结果 H4 - 1：政府信用风险对风险感知因素有显著影响。

结果 H4 - 2：竞争性风险对风险感知因素有显著影响。

结果 H4 - 3：需求变化风险对风险感知因素有显著影响。

结果 H4 - 4：运营成本风险对风险感知因素有显著影响。

结果 H4 - 5：供给能力风险对风险感知因素有显著影响。

结果 H4 - 6：收益费用风险对风险感知因素有显著影响。

结果 H4 - 7：公众反对风险对风险感知因素有显著影响。

结果 H4 - 8：自然灾害风险对风险感知因素有显著影响。

此外，从图 6 - 10 可以得出以下结论：

（1）天津市双港垃圾焚烧发电项目责任分担障碍因素按影响程度由大到小依次是：利益诉求 > 风险感知 > 监督管理 > 合作意愿。因此，利益诉求是责任分担的关键障碍因素。

（2）利益诉求潜变量的 7 个外生观测变量的路径系数依次是 0.83、0.79、0.78、0.74、0.81、0.75、0.69，按路径系数大小排序所得的观测变量依次是减少融资压力 > 稳定的投资回报 > 提升营运能力 > 营造光环效应 > 优质的公共服务 > 政策优惠 > 良好的生态环境，其中，减少融资压力和稳定的投资回报的路径系数大于 0.8。因此，融资压力和投资回报对利益诉求的影响相对更显著。

（3）风险感知潜变量的 8 个外生观测变量的路径系数依次是 0.77、0.67、0.73、0.72、0.76、0.64、0.74、0.70，按路径系数大小排序所得的观测变量依次是政府信用风险 > 供给能力风险 > 公众反对风险 > 需求变化风险 > 运营成本风险 > 自然灾害风险 > 竞争性风险 > 收费变更风险。可见，责任分担行动者对政府信用风险感知最强烈，迫切需要采取相关措施增强政府信用。

（4）监督管理潜变量的 5 个外生观测变量的路径系数依次是 0.71、0.76、0.64、0.77、0.75，按路径系数大小排序所得的观测变量依次是补偿激励监管 > 法律政策监管 > 惩罚约束监管 > PPP 合同监管 > 道德舆论监管。可见，责任分担行动者相比强制性的法律政策监管更偏好正向的激励补偿监管，此外，道德舆论监管力度薄弱，间接表明了环境治理 PPP 项目责任分担中社会公众话语权小而无力的现状，需要加强社会公众的参与力度。

（5）合作意愿潜变量的 4 个外生观测变量的路径系数依次是 0.70、0.65、0.68、0.72，按路径系数大小排序所得的观测变量依次是最优的资源配置 > 流畅的信息沟通 > 履约信誉 > 履约能力。可见，责任分担中资源配置对行动者合作意愿的影响最显著，行动者合作意愿中履约能力相比信息沟通和履约信誉影响力较弱，即行动者的软素质更有利于提高责任分担中行动者的合作意愿。

6.2.4　环境治理 PPP 项目责任分担障碍诊断结果分析

1. 责任分担障碍症状的原因

环境治理 PPP 项目责任分担网络中行动者责任履行缺位、错位和越位现象是由行动者的利益诉求和合作意愿、责任分担的监督管理和风险感知导致的。其中，利益诉求方面，公共部门希望减少融资压力和提升营运能力；私人部门希望获取政策优惠和投资回报；社会公众希望享受优质公共服务；非人类行动者希望获得良好的生态环境；此外，公私部门希望取得光环效应。合作意愿方面，行动者对其他行动者履约能力和履约信誉的期许；行动者对责任分担过程中的信息沟通和资源配置的考察。监督管理方面，宏观的法律政策监管和道德舆论监管；中观的激励补偿监管和惩罚约束监管；微观的 PPP 合同监管。风险感知方面，宏观的市场感知：竞争性风险、需求变化风险；中观的项目感知：供给能力风险；微观的行动者感知：公共部门的政府信用风险，私人部门的运营成本风险和收费变更风险，社会公众的公众反对风险，生态环境的自然灾害风险。

2. 责任分担障碍症状的根本原因

环境治理 PPP 项目责任分担网络中行动者利益诉求的异质性是行动者责任履行缺位、错位和越位现象的根本原因。

3. 责任分担障碍症状的关键原因

环境治理 PPP 项目责任分担障碍症状的关键原因依次是融资压力、投资回报、政府信用风险、补偿激励监管和履约信誉。

4. 责任分担障碍的保障策略建议

责任分担障碍的保障策略应以行动者利益诉求为起点，采取补偿激励为主，法律政策为辅的监管对策，降低责任分担行动者的风险感知，促进行动者间进行资源配置和信息沟通，通过提升责任分担效率和效益满足行动者的利益诉求。

6.3

环境治理 PPP 项目责任分担保障策略

6.3.1　环境治理 PPP 项目责任分担的激励约束

利益诉求是环境治理 PPP 项目责任分担的关键障碍因素，因此，建立基于利益诉求的激励约束制度，规范责任分担行动者的行为，减弱或规避责任分担中行为分异现象，进而提升责任分担效率。利益诉求由经济、权利和声誉三类因素组成。经济方面，公共部门的融资压力、私人部门的投资回报；权利方面，公共部门的营运能力、私人部门的政策优惠、社会公众的公共服务和自然的生态环境；声誉方面，行动者的光环效应。因此，下面将以环境治理 PPP 项目责任分担行动者的利益诉求为线索，以"经济—权利—声誉"为内容，以正向的行为导向和负向的行为归化为载体，建立责任分担激励约束制度。

1. 环境治理 PPP 项目责任分担行为导向

行为导向是一种正向的激励措施，主要包括责任分担预备金和奖励金的经济激励、剩余控制权让渡的权利激励和责任分担案例示范库的声誉激励。

（1）建立环境治理 PPP 项目责任分担预备金和奖励金。预备金可以削弱责任分担行动者的风险感知。环境治理 PPP 项目责任分担预备金是针对特许经营协议及其他合同文本中模棱两可的情形而设立的，由契约签署行动者依据其参与项目的盈利能力确定其出资比例，作为责任分担储备用款，用于责任承担行动者进行责任履行，旨在减少行动者责任分担成本，进而减轻行动者参与责任分担的风险感知。

奖励金可以加强责任分担行动者的履责意愿。环境治理 PPP 项目责任分担奖励金是针对行动者在责任分担过程中表现出的正向行为进行奖励，这里的正向行为是指促进成本节约、质量提高和收益保障的行为；此外，有效的责任分担能使项目及时止损甚至带来溢出效益。这种直接的奖励金和间接的溢出效益可以引导行动者参与责任分担并积极履行责任。

（2）建立环境治理 PPP 项目剩余控制权让渡。剩余控制权让渡可以提升行动者的合作意愿。剩余控制权是指在契约中没有明确规定，留待未来或然事件发生时实现的那部分权利。环境治理 PPP 项目责任分担中剩余控制权让渡的对象是责任分担事件发生后信息、资金、技术、风险、利益等资源的控制和分配。通过剩余控制权的让渡，一方面维护了责任分担过程中权力、责任和利益的平衡，促进责任分担行动者间合作意愿的达成；另一方面通过赋予行动者在集体决策中的话语权，提升其参与责任分担的程度和意愿，进而保障责任分担效率。

（3）建立环境治理 PPP 项目责任分担案例示范库。示范库的建立可以促进责任分担的可持续发展。环境治理 PPP 项目责任分担行动者的信誉直接影响初始信任关系的建立，甚至影响责任分担行动者的行为策略选择。通过建立案例示范库，选取成功案例列入示范库，不仅为后续类似项目的责任分担提供参考依据，而且从侧面反映出公共部门和私人部门良好的信誉水平和较高的履约能力，对责任分担行动者具有积极的宣传作用，促进各行动者积极履行责任，保障责任分担的可持续性。

2. 环境治理 PPP 项目责任分担行为归化

行为归化是一种负向的约束措施，主要包括限制收益分享和给予经济处罚的经济约束、公共部门问责和全方位监管的权利及声誉约束。

（1）限制责任分担收益分享和给予责任分担经济处罚。环境治理 PPP 项目责任分担的目的是避免或减少或然事件对项目收益带来的不利影响，使项目成本、工期和收益按照预期顺利完成，因此，科学合理的责任分担可以带来一定的溢出效益。作为责任分担行动者本可以共享这份额外收益，但是，对于采取不履责或履责不力的行动者，将限制其分享责任分担额外收益，这里的履责不力是指责任分担中采取基于机会主义的行为策略；对于严重阻碍责任分担、造成重大效率损失的行动者，应在此基础上进一步给予经济处罚。通过限制收益和给予处罚的手段规范责任分担行动者的行为选择，迫使其有效履行责任，保证责任分担效率。

（2）公共部门问责和全方位监管。公共部门在环境治理 PPP 项目中既是责任分担的参与者，又是责任分担的监管者，这种双重角色定位容易导致其与私人部门发生利益合谋，从而出现双重机会主义行为。因此，需要剥离公共部门责任分担参与者和监管者的双重角色。一是分离角色的实现机构，即分开设立责任分担参与机构和责任分担监管机构；二是分离角色的遵循规则，即分别制定责任分担参与规则和责任分担监管规则。下面对公共部门责任分担参与角色进行问责，对责任分担监管角色建立全方位监管制度。

6.3.2　环境治理 PPP 项目责任分担的风险管控

风险感知对环境治理 PPP 项目责任分担的影响仅次于利益诉求，因此，需要构建责任分担的全流程风险管控模式，降低责任分担主体的风险感知。由于环境治理 PPP 项目责任分担风险具有偶然性、阶段性和复杂性的特点，因此以交易成本为脉络线，沿着"事前预防—事中控制—事后弥补"的层次结构进行建构。希望通过责任分担的全流程风险管控模式，规范责任分担行动者的行为选择，实现降低交易成本、带来溢出效益的管控目标，提升责任分担效率。

1. 环境治理 PPP 项目责任分担风险的事前预防

责任分担风险的事前预防主要通过完善相关法律政策、展开第三方风险评估和培养复合型人员为责任分担提供良好的合作环境，降低责任分担主体的风险感知。

（1）完善相关法律政策。出台 PPP 项目的专项法律，清晰界定 PPP 项目从招标到落成应遵循的规则和应承担的法律责任，让责任分担行动者的行为有法可依、协调统一，进而提高公共服务供给效率；制定环境治理 PPP 项目责任分担相关政策，规范责任分担行动者间的交互行为，降低责任分担交易成本。通过完善的法律政策加强责任分担的监督管理，降低责任分担中风险的发生率。

（2）展开第三方风险评估。鉴于环境治理 PPP 项目责任分担行动者的机会主义行为，由地方政府委托专业咨询机构进行责任分担的风险评估，有效避免地方政府责任分担参与者和监管者的角色冲突，同时提升责任分担风险评估的专业性和科学性。专业咨询机构通过组建专项评估小组，参考国内外典型案例，并结合项目自身特点，科学严谨的从成本、进度、质量和现金流的全管理角度预测责任分担中政府信用风险、竞争风险、需求变化风险、运营成本风险、供给能力风险、收费变更风险、公众反对风险和自然灾害风险，考察项目责任分担的可实施性。

2. 环境治理 PPP 项目责任分担风险的事中控制

责任分担风险的事中控制主要通过建设地方政府信用践约机制降低责任分担行动者对政府信用、项目竞争性、需求变化和运营成本的风险感知；通过建立项目信息公开机制降低责任分担行动者对公众反对的风险感知；通过制定产品或服务价格动态调整机制，降低责任分担行动者对收费变更的风险感知。

建设公共部门信用践约机制。将地方政府的履约信用纳入年度绩效考评，强化其诚信意识，推动其积极履约，降低责任分担中政府信用风险；公共部门与私人部门在特许经营协议中约定排他性条款，禁止同类竞争性项目的出现，并对此条款制定相应的违约办法，降低责任分担中竞争性风险；特许经营协议中约定项目回报机制，当市场需求量不足或运营成本增加时，地方政府对项目进行可行性缺口补助，当市场需求量超额或运营成本降低时，地方政府对项目超额收益进行分享，降低责任分担中需求变化风险和运营成本风险。

6.3.3　环境治理 PPP 项目责任分担的资源调度

合作意愿决定了环境治理 PPP 项目责任分担的信任环境。资源配置是合作意愿的关键影响因素，环境治理 PPP 项目责任分担的资源主要包括信息资源、资金资源和技术资源。由于责任分担行动者的能力、责任和权利各不相同，导致行动者对各类资源的掌握程度参差不齐，即各行动者在环境治理 PPP 项目责任分担中存在自身优势资源。然而，资源的异质性和利益诉求的多样性增强了责任分担行动者的机会主义行为倾向，因此，需要搭建跨行动者的资源统筹调度平台，即将责任分担行动者的资源聚集到一起并进行合理的调度及配置。资源统筹调度平台的搭建主要包括五个步骤：建立资源池、确定资源调度原则、制定资源配置计划、开展资源调度评价。通过搭建资源统筹调度平台，优化资源配置，提高资源利用效率，进而提升责任分担行动者的合作意愿。

1. 环境治理 PPP 项目责任分担的资源池构建

资源池是资源统筹调度平台建立的第一步，同时也是环境治理 PPP 项目责任分担中资源调度的载体。资源池的功能主要包括利益赋予驱动下的一般性输入和资源调度及配置后的目标性输出。一般性输入是指通过利益赋予将责任分担行动者的资源以信息流、资金流和技术流的方式汇聚到资源池。资源池将收集到的资源分类管理，一级分类是按照责任分担事件的紧急情况，将其分为应急资源和普通资源；二级分类是按照资源的重要性，将其分为关键资源和一般资源。目标性输出是指针对责任分担事件中资源的需求情况，在资源池中有序提取相应资源，定向配置给责任分担网络中的行动者。对于责任分担事件中的剩余资源经过一般性输入再次回归资源池，不足资源经过目标性输出再次配置给行动者。通过构建资源池，实现责任分担行动者间的资源共享，减少因优势资源专属性带来的机会主义，进而提升责任分担效率，促进责任分担的可持续发展。

2. 环境治理 PPP 项目责任分担的资源调度原则确定

资源调度原则是搭建资源统筹调度平台的第二步，也是资源配置计划的前置条件。资源调度原则主要包括统筹调度原则、动态调整原则和战略导向原则。

（1）统筹调度原则。统筹调度是从资源整体角度把控，认为责任分担事件和资源调度顺序均遵循紧急重要的四象限原则，即"紧急且重要＞紧急不重要＞不紧急且重要＞不紧急不重要"，增强资源调度的深度和宽度，保证环境治理 PPP 项目责任分担事件能够被及时处理。

（2）动态调整原则。资源调度要结合责任分担事件特征和资源特性，制定专属的资源配置计划。因此，在具体的责任配置中，要做好资源调度的动态管控，及时纠正偏差，维持资源池中各类资源的动态平衡。

（3）战略导向原则。资源调度和配置基于长远考虑，不能为了短期利益分散配置资源，应节约资源、做好资源储备，确保责任分担可持续发展的资源需求。

3. 环境治理 PPP 项目责任分担的资源配置计划制定

资源配置计划是搭建资源统筹调度平台的核心步骤，同时也是资源统筹调度平台的产出结果，直接决定资源统筹调度平台的工作效率。责任分担事件的资源配置计划主要依据资源调度原则进行编制，在编制过程中需要注意以下资源的处理：

（1）应急资源。应急资源即储备资源，当普通资源不足时，需要调动应急资源给予支持。

（2）关键资源。关键资源决定了责任分担事件能否被有效解决或责任分担带来的溢出效益值。因此，关键资源具有优先配置权，应将其配置给最有能力使用的行动者，保证关键资源的使用效率。

（3）一般资源。资源池中非应急资源和非关键资源的那部分资源属于一般资源，该类资源按照资源调度原则进行配置。

（4）欠缺资源。欠缺资源是指资源池中不具有的资源。面对这类资源需求，首先需要对比不输出资源带来的损失值和输出可替代资源带来的收益值，若前者大于后者，则选择可替代资源定向输出；若前者小于后者，则选择不进行资源输出。其中，损失值是指不输出这类资源所带来的责任分担效率损失值，收益值是指输出可替代资源所导致的资源损耗用于解决其他事件时所能带来的责任分担效率收益值。

（5）竞争性资源。竞争性资源是导致不同责任分担事件所需资源发生冲突或者同一责任分担事件不同行动者所需资源发生冲突的那部分资源，该类资源的配置按照资源调度原则进行配置。

4. 环境治理 PPP 项目责任分担的资源调度效率评价

资源调度效率评价是资源统筹调度平台构建的最后一步，也是资源统筹调度平台优化升级的一种手段。资源调度效率评价是对资源配置计划应用成果的检验，通过对资源投入量和产出量的综合分析，可以清晰发现目标性输出的各类资源的利用效率，进而识别出哪类资源在配置中仍有更优选择，从而在下次同类责任分担事件资源调度中进行资源配置的帕累托改进。如此循环，不断优化资源统筹调度平台，直至实现资源配置的帕累托最优，保证责任分担效率的最大化。

6.3.4 环境治理 PPP 项目责任分担的效率评价

环境治理 PPP 项目责任分担效率评价的目标是考察环境治理 PPP 项目责任分担的可持续发展能力。因此，引入"陀螺"（GYROSCOPE）评价体系，结合环境治理 PPP 项目责任分担中利益诉求、合作意愿、监督管理和风险感知四类障碍因素确定了责任分担效率的陀螺评价体系。该评价体系包括 9 个评价维度，即契约治理能力（Contract Governance，G）、收益可持续能力（Yield Sustainability，Y）、风险管控能力（Risk Control，R）、运营管理能力（Operational Management，O）、服务供给能力（Service Supply，S）、竞争能力（Competiveness，C）、费用管理能力（Outlay Management，O）、公众参与能力（Public Participation，P）、生态修复能力（Ecological Restoration，E），陀螺评价指标维度如图 6 – 11 所示。

环境治理PPP项目责任分担效率评价维度								
利益驱动			合作共识	监督管理			风险感知	
环境修复能力（E）	收益可持续能力（Y）	服务供给能力（S）	契约治理能力（G）	运营管理能力（O）	成本管理能力（O）	公众参与能力（P）	风险管控能力（R）	竞争能力（C）
陀螺（GYROSCOPE）								

图 6 – 11　环境治理 PPP 项目责任分担效率评价

根据责任分担效率陀螺评价体系中的 9 个维度设计具体的分担效率评价指标，邀请专业咨询机构对项目进行效率评价，并将评价结果反馈给责任分担网络，由核心行动者中央政府建立环境治理 PPP 项目责任分担效率评价档案库，对评价结果进行存储，为后续项目的责任分担提供参考依据，规范责任分担行为，促进环境治理 PPP 项目责任分担的可持续发展。

6.4
主体责任视角下的融合价值共创机理

参与环境治理的主体其责任在本质上是一种制度安排，这种制度安排能够在一定程度上影响政府部门整体、企业部门和个人的行为，从而对企业的价值创造过程和结果产生影响。现阶段将主体责任与社会文化、社会经济和社会发展进行融合成为一种创新的研究范式。具有代表性的研究结果有：肖红军和李伟阳（2013）开始关注主体社会责任与价值创造的关系，主体社会责任显示出从工具理性向价值创造转变的趋势。本书以主体融合为视角，构建主体责任驱动的价值共创模型。

6.4.1　责任融合的价值共创模型

随着社会责任理论及其实践的发展，李伟阳和肖红军（2010）认为主体责任和组织责任成为一种新的管理模式。Porter 和 Kramer（2006）认为社会责任与组织战略能够相互融合并日益发展，并指出将组织责任与组织战略相融合能够创造共享价值，并成为组织竞争力的重要影响因素。Visser（2010）认为组织责任在组织中的作用已成为一种核心管理和核心业务。通过以上分析，本书将责任融合视角融入价值创造过程中，构建责任驱动的价值共创模型，此模型表述了当组织和个人受到内部或者外部影响后，认识到责任理念和内涵的重要性，并将这种理念融入组织价值观、发展、战略与运营过程，并采取相应的管理和保障措施，最终与价值创造参与者共同创造经济、社会和生态等综合价值。

首先，组织和个人履行社会责任会受到政治、经济、制度等外部环境的影响，尤其是来自利益相关者的压力和要求。例如，当面临更为严厉的国家法规、集体性的行业自律，组织更有可能采取对组织本身、其他参与者和社会负责的行为。这种负责行为将会"自上而下"或"自下而上"地在组织之间形成影响，组织和个人逐渐树立起科学的社会责任观，能够正确认知组织的社会责任。其次，责任融入视角要求组织或者个人以责任理念为本，改革价值创造的全过程，从而实现企业的经济、社会和生态综合价值创造。在此过程中，利益相关者的参与将起到积极的推动作用。再次，社会责任理念认知、全面融合以及价值创造过程，都需要组织和个人完成全方位、可持续的配套管理、技术的建设。最后，组织和参与者的价值创造过程，能够通过组织之间的伙伴关系、声誉机制等的作用，形成一个持续改进的良性循环。综合价值创造表现优异的组织和个人，对外能够树立负责任的品牌形象，赢得社会各界的认同与支持，从而实现组织和个人声誉的改善和提升，营造良好的外部发展环境；对内能够获得可持续发展能力的提升，从而增强组织的支撑保障体系。

6.4.2　责任融和价值共创实践案例

1. 组织概况

中国环境保护集团有限公司（简称中国环保）是中国节能环保集团有限公司的全资子公司。1985 年由国家生态环境部（原国家环保总局）发起设立，是中国节能旗下专业从事地上生态环境综合治理的平台公司，聚焦城镇废物综合治理、危险废物治理、农业生态修复和污染场地修复四大业务组合，是我国固废领域龙头企业。中国环保提出"两园一链"业务模式，可为各地区环境治理提供保底工程，使城乡固废常态有处理、应急有保证、工程有兜底。截至目前，资产规模近 240 亿元，投资、建设、运营项目 100 余个，综合日处理能力近 10 万吨，产业规模稳居国内同行业领先地位。作为中央企业，中国环保肩负着服务国家重大战略的使命和职责，秉承保护环境、资源再生、改善生态、造福人类的使命，紧跟国家"一带一路"、京津冀协同发展和长江经济带发展战略，积极参与国家生态文明建设，为建设美丽中国而不懈努力。中国环保制定了《中国环保品牌视觉形象规范手册》，向社会各界普及固废处理知识，宣传环保理念，被评为 2019 年度环保社会责任企业。

2. 企业的责任融合价值共创实践

将社会责任理念融入使命和可持续发展战略，提出追求综合价值最大化的价值主张。中国环保公司通过使命、宗旨和可持续发展战略，向社会表达公司履行社会责任、追求综合价值的郑重承诺。首先公司提出了"让天更蓝、山更绿、水更清，让生活更美好"的使命主张。与此同时公司制定并实施追求综合价值最大化的可持续发展战略，确立了公司综合价值创造的核心领域、主要内容、重要行动和绩效目标，为实施全面社会责任管理提供了重要的顶层设计。这些都充分反映了公司支撑经济社会可持续发展和服务人民生活品质提升的综合价值创造理念。公司通过网站、媒体、社会责任报告、白皮书等各种途径，将这种追求综合价值最大化的价值主张向社会广泛传播，从而赢得各利益相关方的理解和认同。而社会对公司的理解和认同，又会促进公司社会责任融合过程的利益相关方参与，提升价值创造能力，形成一种良性循环。

将社会责任理念融入电网建设与运营全过程，实现价值链各个环节的价值融合。中国环保公司认为，履行社会责任并不是在建设和运营环保业务之外开展不同的业务，而是按照更高的标准和更好的方式建设和运营环保项目，核心是将社会责任理念和要求全面融入公司生产运营全过程，即公司内部价值链的各个环节，包括规划设计、工程建设、技术研发、装备制造、投资建设和运营管理等基本活动，以及人力资源管理、财务管理、物资管理、科技创新和信息化管理以及安全、健康与环境管理等辅助活动，全面实现"忠诚、绿色、创新、卓越、严谨"的综合价值创造目标，如表 6-19 所示。

表 6 – 19　　中国环保社会责任融入环境解决方案与运营的重点与方式

融入环节	融入重点	融入方式
规划设计	努力实现电网规划与国家能源规划、地方经济社会发展规划的统一与协调；全面考虑安全、健康、环保、生态和环境因素的影响	加强与国家和地方各级政府的沟通与协调；主动邀请关键利益相关方参与环保方案的规划设计，充分评估和预防项目建设中可能出现的社会风险和环境风险
工程建设	保证公司员工、承建单位人员、社区全面落实基本建设项目的安全与健康，最大限度使环境问题得到综合解决	全面落实基本建设项目的安全与健康管理体系；加强对基建队伍选择、质量监督等关键环节的管控；全面实现环境综合整治方案的落实和对环境问题的综合解决；妥善开展征地、拆迁和补偿等工作切实保证各方合法权益；加强社会和环境风险管理制定部署相关应急预案
运营管理	客户满意、利益相关方共赢、社会赞誉、员工幸福	通过主业的发展壮大，通过科技的不断创新，通过文化的普及渗透，通过长期的不懈努力，创生无限大的生态循环和生态和谐，回馈社会，报效国家，服务百姓

　　社会责任与组织价值创造全过程的融合，有利于促进组织创造更大的经济、社会和生态价值，是能够同时实现企业自身发展和社会福利改善的路径选择；社会责任与组织价值创造相融合的本质是两套制度体系的融合，通过将社会责任理念和要求融入价值创造活动，改变组织原有的行为惯例，建立符合社会期望的组织和个人的行为惯例，最终固化成为组织和个人的价值体系的重要组成部分；基于社会责任融合的组织价值创造过程，表现为"自外而内—自内而外—内外互动"的动态变化；在此过程中，组织与价值创造相关者之间建立有效的沟通机制至关重要，它贯穿价值共同创造的整个过程，并且对价值创造的其他环节均会产生积极或者消极的影响。

6.5

本章小结

　　PPP 模式是当前环境治理基础设施或服务供给的主要手段，随着环境治理

PPP 项目数量的日益增长，多元主体在合作治理中责任推诿、扯皮和分散现象越发严重，降低了环境治理效率。因此，需要系统开展环境治理 PPP 项目责任分担研究，对责任分担障碍给出建设性的解决方案，提升责任分担效率，促进环境治理 PPP 项目责任分担的可持续发展。本章通过梳理国内外关于环境治理 PPP 项目责任分担的相关研究，对环境治理 PPP 项目责任分担概念进行界定，并结合合作治理理论、行动者网络理论和可持续发展理论，确定了环境治理 PPP 项目责任分担研究框架。

首先，以网络化视角进行责任分担逻辑解构。探讨了责任分担逻辑起点并对责任分担特征展开分析，通过引入社会学的行动者网络理论，结合责任分担主体界定并划分责任分担行动者，通过行动者转译完成责任分担网络演绎。其次，基于责任分担网络进行责任分担障碍诊断。对责任分担障碍的初始症状进行分析，依据扎根理论进行责任分担障碍因素的理论构建，以天津市双港垃圾焚烧发电项目为例进行责任分担障碍因素的实证分析，并给出责任分担障碍的诊断结果。最后，依据责任分担障碍诊断结果设计责任分担保障策略。从激励约束、风险管控、资源调度和效率评价四个方面设计兼顾公平与效率的责任分担保障策略，以期促进责任分担可持续发展。本章的具体研究成果如下：

1. 环境治理 PPP 项目责任分担逻辑解构

基于公平性、效率性和可持续性的环境治理 PPP 项目责任分担理念，认为过错责任、能级分布和利益反哺是责任分担的逻辑起点。指出责任分担具有契约不完全性、外部性和行为异质性的特征。依据行动者网络理论，将责任分担行动者划分为由公共部门、私人部门和社会公众组成的人类行动者以及由生态环境、治理技术、法律政策和环境治理基础设施组成的非人类行动者；通过行动者转译完成责任分担网络演绎。责任分担网络的核心行动者（中央政府）通过合同关系、供需关系、咨询关系、管控关系、监督关系和购销关系等链条赋予其他行动者利益，征召其他行动者参与责任分担，其中行动者进入网络的必经之路是以保障环境治理 PPP 项目责任分担效率为行为导向进行责任分担，中央政府对网络中的行动者定向分配责任，行动者通过履行自身责任完成责任分担目标，获取中央政府给付的利益，实现责任分担的互利共赢。

2. 环境治理 PPP 项目责任分担障碍诊断

在责任分担网络视角下从行动者异议追溯行动者责任履行现状，揭露责任分担障碍的初始症状。依据扎根理论构建责任分担障碍因素的理论模型，借助 NVivo10 软件将收集的文本资料及访谈资料进行编码，识别出 25 个副范畴、4 个主范畴和 1 个核心范畴；在此基础上，以天津市双港垃圾焚烧发电项目为例进行责任分担障碍因素的实证分析，通过问卷调查进行数据收集，采用 SPSS 软件分析数据并剔除了建设施工风险指标，借助结构方程模型从 24 个观测变量中识别出责任分担的关键障碍因素是利益诉求中的融资压力和投资回报、风险感知中的政府信用风险、监督管理中的补偿激励监管、合作意愿中的资源配置。结合责任分担障碍因素的模型结果，给出责任分担障碍的诊断意见。

3. 环境治理 PPP 项目责任分担保障策略

基于责任分担的利益诉求，从经济、权利和声誉三个维度设计了正向的行为导向制度和负向的行为约束制度。基于责任分担的风险感知，沿着风险的事前预防、事中控制和事后弥补的层次结构形成了风险的全流程管控模式。基于责任分担的合作意愿，通过构建资源池、确定资源调度原则、制定资源配置计划和开展资源调度效率评价五个环节搭建了跨行动者的资源统筹调度平台。基于责任分担的可持续发展，从契约治理能力、收益可持续能力、风险管控能力、运营管理能力、服务供给能力、竞争能力、费用管理能力、公众参与能力和生态修复能力的九个维度进行效率评价，建立第三方责任分担效率的陀螺评价体系。通过责任分担的激励约束、风险管控、资源调度和效率评价保证责任分担的公平与效率，进而实现环境治理 PPP 项目责任分担的可持续发展。

第7章

价值共创视角下政府绩效管理研究

7.1

环境治理 PPP 项目政府绩效演化阶段与逻辑分析

我国环境治理政府绩效内涵与价值取向经历了四个重要阶段：效率价值崛起—效率价值主导与公共价值萌芽—效率价值与公共价值共生竞争—多元价值冲突与共存。环境治理也从最初的环境卫生整治到绿色产业化改革，到强调源头治理和集成化治理，最终实现全社会责任治理的过程。政府在环境治理过程中扮演着政策制定者、执行监管者和价值输出者的角色，政府绩效内涵也随着政府环境治理行为逻辑作出改变。

7.1.1　环境治理 PPP 项目政府绩效阶段演绎

1. 环境治理效率价值崛起

20 世纪 80 年代，我国环境问题开始暴露，政府环境保护意识开始萌生、环保观念开始普及和传播，但当时我国处于工业化初期阶段，加大经济建设而舍弃环境建设使得城市污染等问题陆续出现，随着全球环保浪潮的兴起，我国"环保思想革命"也随之拉开序幕。但对当时的政府而言，当务之急是认识环境问题，提高对环境保护的意识。环境治理手段也是较为低级的卫生整治，不曾涉及环保设施建设和环保产业链的形成。在此阶段，我国环境治理是中央政府"由上至下"推动开展起来的，政府环境治理绩效仅仅关注环境整治效率，中央政府将环境整治效率确定为此阶段的首要价值取向，中央政府掌握着政府绩效管理中的组织权利、管理权利和评价权利，环境治理的政府绩效管理或评价仅限于政府内部行为。

2. 环境治理效率价值与公共价值萌芽

随着公共价值理论对传统公共行政管理理论的改革，公共价值理论指导着环境治理对于社会价值和公共价值关注度的转变，加之市场经济的改革、改革开放的深化和社会体制的转型，国家提出了环境建设与经济建设、城乡建设同步规划、同步实施、同步发展，实现经济效益、社会效益、环境效益相统一的战略方针，摒弃了"先污染后治理"的老路，体现了走有中国特色环保之路的要求。社会组织和公众参与社会治理领域的期望越来越高，但参与渠道和发声渠道的匮乏使得他们无法与政府建立紧密的合作关系，同时"控制型"政府的角色使得环境治理基础设施建设存在政府"一揽子"买卖的问题。为了完善社会主义经济体制，我国经济增长方式发生根本转变，地方政府沿袭以GDP 增速、行政效率为主的政府绩效考核评价模式的同时，大胆地将公民满意度融入政府绩效考核评价中，打破"唯 GDP 论"的政府绩效模式，公民满意度和政务透明等公共价值被纳入政府绩效价值体系中，引发了政府绩效创新的价值结构构成。这一阶段的政府绩效不再是政府"唱独角戏"，社会公众和社会组织力量也开始"粉墨登场"。

3. 效率价值与公共价值共生竞争

在 20 世纪末和 21 世纪初期，随着我国经济体制的转轨，环境污染出现爆发式增长，流域污染、城市垃圾和空气污染等问题喧嚣尘上，中央政府和地方政府针对工业污染、流域污染和城市环境整治等重点领域开展大规模的污染治理，彼时相对独立的个人与社会力量开始出现，具有环保技术的私营企业和非营利性环保组织最具代表性，社会网络的规模效应开始突显，虽然社会各方对于环境治理事务具有强烈的参与诉求，但与政府的关系仍处于阶层和平行的合作状态。在政府绩效管理发展过程中，将公共价值理论引入社会治理与政府绩效管理，体现对社会价值的充分回应和政府绩效内涵的社会价值建构。为了调和经济发展和环境污染问题之间的关系，中央政府提出了可持续发展观，各级政府依旧将经济增长作为政府绩效首位评价指标，但随着评价主体的多元性，政府绩效内涵的解释更趋于多元化，是多元主体在互动基础上共同建构的结果。

4. 多元价值冲突与共存

2002 年，随着民间资本、外资等社会资本进入环境污染处理领域，我国拉开了以推广特许经营制度为标志的市场化改革序幕。地方政府角色从"控制型"转向"服务型"，"服务型"政府更加强调社会管理和公共服务职能。将营销学领域的价值共创理论与环境治理实际情况相综合，此阶段突出体现了价值共创理论强调的多元价值从冲突到共存的动态平衡过程。随着 PPP 模式在基础设施领域的推广，环境治理领域开始了 PPP 模式的探索和发展，逐渐形成地方政府—社会资本—公众的伙伴关系，PPP 模式在环境治理领域的扩张，打破了社会资本、公众和政府之间的关系壁垒，多元主体之间形成扁平化的社会网络组织，政府绩效在关注经济发展和环保效率的同时，更加关注社会公平、公众满意、可持续绿色发展等价值绩效指标。环境治理朝着多元共治和倡导地方政府进行价值创新的方向发展。

由我国政府绩效发展阶段演绎来看（见表 7-1），我国环境治理领域政府绩效演化本质是价值建构发展的过程，是由经济发展和环境领域所面临的问题所引发的诉求，具有内生和外生指向的特点。同时，每个阶段的政府绩效内容都以各种各样的形式关注社会价值的形成和发展，只是社会价值与效率之间的关系存在不同。

表 7-1　　　　　　　环境治理 PPP 项目政府绩效阶段演绎

时间	绩效阶段	指导理论	绩效主体	绩效内容
20 世纪 80 年代	效率价值崛起	公共价值理论	中央政府主导	仅仅关注环境整治效率
20 世纪末至 21 世纪初期	效率价值主导与公共价值萌芽	以公共价值为基础的政府绩效管理理论	中央政府—地方政府—公众	以 GDP 增速、行政效率为主、公民满意度融入
	效率价值与公共价值共生竞争		政府—企业—公众等多元主体	可持续发展观；政府绩效内涵多元化
至今	多元价值冲突与共存	价值共创理论	政府角色转变	经济发展、环保效率、社会公平、公众满意、可持续绿色发展等价值绩效冲突与平衡

7.1.2 环境治理 PPP 项目政府绩效演化动力

环境治理理念的转变和创新的驱动力来源于传统行政范式缺乏和对日渐严峻的环境问题的回应，以及政府、企业和公众对环境治理、绿色宜居等绩效提升的追求。从我国环境治理政府绩效变迁过程可知，社会价值建构是政府绩效演化的根本动力，源于经济、生态领域的价值诉求构成了社会公共价值的基本形态，通过中央政府和地方政府政治化的价值诊断、价值回应和价值输出形成完整的公共价值体系，因此政府对于社会价值的选择边界决定了政府绩效演化的外生动力。同时政府其自身具有完善的运行规律，"纵向"的科层制命令式框架和"横向"的政府部门之间的竞争决定了政府的自利行为是政府绩效演化的直接内生动力。环境治理外生动力一方面制约着内生动力，规定了政府绩效演进的方向和轨迹，另一方面如何规范政府绩效演进范式则依赖于政府内生动力。对于环境治理 PPP 项目而言，政府绩效演化动力对 PPP 伙伴关系、生态治理和经济发展具有重大意义。

1. 环境治理 PPP 项目政府绩效演化主体界定

对于环境治理 PPP 项目而言，政府—社会资本—公众以关系嵌入的方式形成了一种微观的社会网络，这种微观的社会网络具有扁平化的平台特征，政府、社会资本和公众之间存在异质性的耦合关系，异质耦合关系使得环境治理 PPP 项目在建设与运行过程中存在价值竞争与价值冲突的问题，PV - GPG 理论指出，政府绩效来源于社会价值建构，只有根植于社会价值的政府绩效才产生绩效提升的需求，所以厘清环境治理 PPP 项目中价值主体关系，实现政府—社会资本—公众统一的价值平衡是推进政府绩效演化的关键。

环境治理 PPP 项目主体间的价值冲突和关系引发了对于政府绩效演进动力的讨论。环境治理 PPP 项目所涵盖的多元主体并不是一成不变的，而是在项目范围内和全社会中动态发展的。环境治理多元主体通过冲突、沟通、谈判、行动来寻找价值共同点，就可以激发出协同的价值创造积极性与行动力。可以将价值的协同创造看作是一种多元共赢的社会问题解决方案，或许价值冲突并不能在这种共赢的解决方案中消除，但通过多元相关者间的频繁交互、机制转换和沟通协商，达成可共同接受的解决方案。

2. 环境治理 PPP 项目政府绩效演化内生动力

根据马克思主义唯物辩证原理，事物的发展是内生动力和外生动力共同起作用的结果。其中内生动力是动力发展的本源，决定着事物的发展方向，而外生动力是事物发展必不可少的条件，同时外生动力需要通过内生动力产生作用。参照利益相关者理论，对于环境治理 PPP 项目，其内部利益相关者的绩效实现与提升，对内是满足股东的利益需求、职工和企业可持续发展等绩效目标，对外则要满足环境、公众、社区居民等绩效诉求，内外利益相关者的相互联系决定着政府绩效动力存在着内生与外生关系，且两者密不可分，当积极对内部利益相关者回应价值诉求时，对应的其内部利益相关者才能积极推动政府绩效的实现与提升。

由此可以得出，政府绩效演化内生动力区别于外生动力，主要是前者强调系统组织内部因某种需要而自发产生的动力，而外生动力则是系统组织外部制约其内部必须实现政府绩效和提升的一种动力。对于环境治理 PPP 项目而言，其政府绩效内生动力即为利益相关者的绩效实现与提升的主动性及自发性，外生动力则可以理解为环境治理 PPP 项目政府绩效的被动力，其中内生动力是 PPP 项目政府绩效实现和提升的核心动力。因此可以得出以下结论：所谓环境治理 PPP 项目政府绩效实现和提升的内生动力机制，是指环境治理 PPP 项目主体内部具有的对政府绩效实现和提升能够起正向推动作用的各种因素及其相互关系的总和。

3. 环境治理 PPP 项目政府绩效演化动力内容

从整体上看，环境治理 PPP 项目政府绩效内容是实现经济目标、解决生态问题和公共服务高效供给的总和。环境治理是环境复杂问题背景下多元利益相关者博弈的产物，推动政府绩效演化过程将引发新的价值冲突，对存在的价值、利益及资源进行协调和平衡，使冲突达到相对均衡状态，是环境治理 PPP 项目政府绩效演化的关键。地方政府作为主导环境治理 PPP 项目建设与运营的权利组织，在环境治理 PPP 项目建设及运营过程中占据行政主导地位，地方政府为了实现自身政绩提升与形象维护，从回应公共价值诉求出发，以实现和提升公共服务效率和效能为目标，同时回应公众、环保组织的诉求和解决生态环境问题都是促使地方政府进行绩效实现和提升的动力因素。另外，地方政府与中央政府之间对于经济与环境之间的关系并非完全一致，官僚压力和财政压力均可能导致"负向合谋"发生，从而抑制政府绩效的实现与提升。对于环保企业来说，从环境治理中获取经济利益是其首要价值观点所在，在本质上，其很难抑制参与环境治理项目建设的冲动。环境污染区域附近的居民以及全社会的公众，其价值注意力的重点是环境污染对于自身的影响，随着环境问题的扩大及区域化日益明显，公众参与环境治理 PPP 项目政府绩效管理有着主动及被动两方面特征。

7.1.3 环境治理 PPP 项目政府绩效三维模型

构建以"府际关系下""公共价值领导下"的政府绩效行为为 X 维度、环境治理 PPP 项目政府绩效目标为 Y 维度、环境治理 PPP 项目全生命周期为 Z 维度的政府绩效行为量表。

1. X 维度：政府角色转变

"府际关系下"的政府行为逻辑是指地方政府处于中央政府领导下的纵向府际关系、同级政府之间的横向府际关系中所采取的行为模式，府际关系逻辑下的政府绩效行为涉及权利配置和利益分配。府际关系以利益关系作为先行，政府之间首先存在着利益关系，而后才涉及财政关系、行政关系和权利关系等附属关系。

公共价值领导下的政府绩效倡导运用整合型的网络结构，具有"扁平化"和"网络化"的特点，强调在实现和提升政府绩效过程中，多元主体共同组成公共价值领导集体，模糊了多元主体之间的边界，使多元主体能够充分进行行为交互和资源整合，网络背景下的多元合作需要进行高效的协调，以保证合作的有效进行。公共价值领导除了存在"控制"型的强制性激励措施，更加重视"信任"关系的构建和维系，政府绩效行为关注多元主体之间的情感支撑和激励关怀，注重多元主体之间的关系互动。公共价值管理理论认为公共价值是由公众、政府和社会其他组织共同创造的结果，而公共价值领导除了实现政府绩效目标外，应更多地关注公共价值的创造、多元主体信任关系的建立和维护以及高效回应公众价值诉求。

2. Y 维度：政府绩效目标

政府绩效目标是中央政府根据社会的需要和公共价值集体偏好所赋予的内

涵和对下级政府部门下达的任务，是全社会共同努力的结果。政府绩效目标同时具有政治性和公共性的特点，目标之间有可能存在冲突性。政府绩效目标的设置、实现、评估和反馈呈现的是环形闭合的过程，且每个环节的内涵是动态的。从政府绩效行为与政府绩效目标的线性作用效果看来，一种政府绩效行为会同时作用于多个不同的政府绩效目标，本章从"政府本位""社会本位"与"PPP 项目本位"三方面对政府绩效行为与政府绩效目标之间的关系展开分析。从"政府本位"方面来看，政府绩效目标以提升政府绩效、提高政府地方财政收入和提升政府行政管理能力为核心；从"社会本位"方面看来，政府绩效目标包含对绿色生态问题的解决、宜居环境营造、经济建设发展、社会福利优化和可持续发展等；从"PPP 项目本位"来看，政府绩效目标主要作用于PPP 体制机制建设、政—企—民合作环境优化、PPP 模式深度推广、PPP 项目集成式管理、投融资机制放宽以及 PPP 可持续发展等方面。

3. Z 维度：PPP 项目全生命周期

全生命周期原先指的是生物在其生命演化进程中所经历的从出生、成长、衰老到死亡的整个过程，此概念已经应用于多学科领域，在建设项目研究领域全生命周期一般指的是一个建设项目从规划、设计、建设到运营的整个过程。本章将环境治理 PPP 项目全生命周期作为 Z 维度，划分为项目识别、准备、建设和运营五个阶段，分析环境治理 PPP 项目的建设与运营中政府绩效行为选择和绩效目标情况，并进行阶段特征总结和对 PPP 模式的未来趋势预测。从生命的有限性看来，任何生命个体都不能永恒存在，通过控制外部环境因素或自身因素，可以使项目发展轨迹趋于稳定从而延长项目生命周期。PPP 项目的生命周期具有明显的阶段边界特征，且 PPP 项目的发展容易受到外部因素的影响从而出现起伏，对其规划、设计、建设和运行行为产生积极或消极的影响，导致 PPP 项目的生命周期延长或者缩短。所以本章认为用波浪形的生命周期结构作为 PPP 项目全生命周期模型形态较为合适。

环境治理 PPP 项目建设与运营过程中，不同阶段政府绩效行为重点和政府绩效目标存在差异，同时环境治理 PPP 项目不同建设阶段与运营阶段之间的相互配合和紧密衔接是实现政府绩效目标的关键。这就要求在政府绩效行为的方向和选择上，根据不同阶段不同特征采取合适的行为，如图 7 - 1 所示。

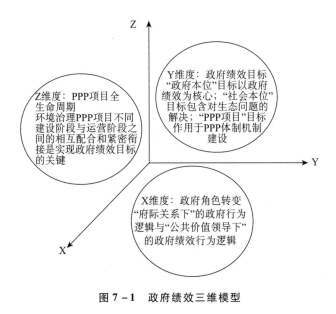

图 7 - 1　政府绩效三维模型

7.1.4　环境治理 PPP 项目政企关系模型构建

随着全社会环境治理意识的提升，政企合作推动环境治理进程，在考虑政府和企业协同进行环境治理的同时，发现政府与企业治理的矛盾面，寻找针对性措施解决政企关系问题。在丰富环境治理相关理论的同时完善构建"伙伴型"的政企关系体系，优化政企协同合作环境氛围，有利于在环境治理领域准确把握政企合作关系的核心内涵，能够在环境治理和政府绩效关系中准确定位政企合作的指向性功能和价值取向。

在环境治理领域中引入 PPP 模式、提升政府服务能力、保护环保市场主体，实际上都是为了进一步厘清政府和企业、政府官员与企业管理人员的关系，需要明确的是政企关系是一种互嵌但并不重合的关系，政府与企业之间的相互构建对于环境治理的稳定发展具有重要意义。

2016 年，习近平总书记提出用"亲"和"清"定义政企关系内涵。2017年，党的十九大报告指出"构建亲清型政企关系"成为政府治理的关键，政策支持、合作治理成为改善政企关系的重要手段。在政府治理现代化中，推动构建"亲""清"新型政企关系的同时，也要注重发展政策环境、法制环境、市场环境和社会环境，一改以往的单纯将政企关系看成是政府与企业管理者之间的关系的想法。

1. 制度约束

政企关系出现转变的契机是制度的限制，制度能够激励政府角色从控制型转向服务型，激励企业积极参与市场竞争提供有效的市场信息。十九届四中全会指出："健全支持民营经济、外商投资企业的法制环境，完善构建亲清政商关系的政策体系，健全支持中小企业发展制度，促进非公有制经济健康发展和非公有制经济人士健康成长，营造各种所有制主体依法平等使用资源要素、公开公平公正参与竞争、同等受到法律保护的市场环境。"由此看来，不仅在环境治理领域，在全社会提升营商环境、法制环境和市场环境都依赖于政府与企业关系的改进，如何处理好政府与企业的关系是优化社会治理能力的重中之重。而又亲又清的政企关系是构建公平的环保产业市场、优化环保营商环境的重要前提。

（1）目标一致：以人为本。从全社会看来，优化政企关系和营商环境的目的是为了加快形成现代化的具有我国特色的经济体系，充分释放经济市场活力，推动市场制度化建设。

在环境治理 PPP 项目价值共创过程中，政企关系的目标价值取向要以人民群众的根本利益为指向，以环境治理 PPP 项目解决人民群众最关心、最直接、最现实的生态环保问题，服务广大人民群众，以实现人的价值为最终价值取向，激励广大人民群众在参与环境治理过程中实现自我价值，并为广大人民群众提供创造价值的平台。在环境治理 PPP 项目建设和价值共创全过程中，都要依靠人民的力量，检验环境治理的结果要以人民群众的利益和意愿为根本标准。环境治理是要以人的发展为前提，价值共创是要正确处理人与人之间的关系，在环境治理 PPP 项目价值共创过程中，强调了人对于生态环境的责任、权利和义务，全面协调政府、社会、生态环境的可持续发展条件。

（2）政府职能：生态职能。政府的生态职能与宏观调控职能、公共服务职能、市场监督职能、社会管理职能是政府的五大职能，而政府的生态职能强调了生态治理在政府活动中的重要性。政府的生态职能包括对于生态问题的正确治理，以实现人与生态的和谐相处和生态可持续发展为目标。

政府的生态职能具有集成性，政府在处理生态环境问题时，要整合运用行政、经济和法律手段。政府的生态职能以可持续发展为理念，从广大人民群众的长远利益出发，而不仅仅以眼前利益、经济利益和私人利益为追求目标。2017 年党的十九大报告指出，我国的社会矛盾发生了深刻变化，强调人与自然和谐共生的现代化建设。2018 年正式将生态文明写入宪法，将生态文明建设上升为国家意志，更加强调了政府生态职能的重要地位，确定了生态价值取向在政府治理中的重要作用。

（3）企业职责：社会责任。不管是直接参与环境治理的企业还是其他企业，他们的行为活动都会对社会产生直接的影响，所以企业在进行各种各样的社会活动时都应该承担相应的社会责任。在参与环境治理 PPP 项目价值共创过程中，企业在创造经济效益的同时，担负着对企业自身员工与环境的职责，这些责任和义务构成了企业的社会责任，企业的社会责任强调企业在生产建设过程中要以社会、人、环境为追求目标，其次才是追求经济利益。

（4）关系本位：协同共治。构建亲清新型的政企关系首先要明确政府应顺应角色改变的定位，政府要以构建"服务型"政府为目标，正确认识到社会治理过程中政府与企业不能出现脱钩现象，"亲企"就是要政府给企业提供稳定的市场环境与宽松的发展条件，做到很好地服务于企业、社会和大众。其次，"清"是要认识到政府与企业之间还是存在一定的边界，特别强调政府官员与企业管理者之间的关系要清白，坚决杜绝腐败现象发生。所以构建良性的政企关系一定要顺应政府、企业的角色转变，构建良好的制度环境、政策环境、法制环境、市场环境和社会环境来维护政企关系稳定发展。

2. 官员行为

在制度约束之外，政府官员的行为和政府官员与企业之间的互动同样影响着政府与企业之间的关系。在官员权力和企业市场的双重覆盖下，政企关系有可能会出现"官商勾结"的现象。

地方政府官员的决策和执行都会直接影响政企关系和企业行为，政府官员的"空降"、换届都会带来政治的不确定和价值偏好异质，这种政治不确定指的是由于官员更替，当地会出现政策执行不力和信息不对称等情况，从而发生政策执行不确定的不理想状态。这种政治不确定和价值异质会在一定程度上影响当地的市场经济状态，即当地官员变更会直接影响到当地政府部门的组织结构以及行为，会通过官员行为以及对企业和其他社会主体的决策行为产生影响，从而在一定程度上影响当地在宏观层面的经济状态。特别是我国中央政府在地方政府官员调任策略上倾向于选择异地调任的方式，这将极大影响当地的政府绩效与企业市场行为方向。如果地方官员变更方式是从本地上任，那么地方政治格局不会发生太大改变，政企关系的状态将会延续，而企业和政府维持政企关系的成本也不会发生太大变化。

3. 政府寻租

近年来，随着我国社会治理进程的不断加快和治理领域的进一步扩大，政府主导的社会治理不管是在采购、建设和运营过程中都会出现由于政府权力干预、涉及利益主体过多而出现的政府寻租行为。针对环境治理 PPP 项目，虽然价值共创主体之间的责权分配趋于扁平化，但由于政府部门是环境治理 PPP 项目最主要的主导者，所以政府寻租行为不可避免，而政府寻租行为也会对环境治理、项目建设、后期运营带来一定的负面影响，因此，如何正确理解政府寻租行为的发生原因、如何辨别政府寻租行为的影响因素具有重要意义。

"寻租"是一种为了在经营方面获得特权，从而获得巨额利益的行为，任何社会组织都有可能在社会活动中进行"寻租"行为，但对于政府职能部门来说，利用权力获取巨额利益甚至垄断，对于政府职能部门自身易滋生腐败现象，对于市场来说容易导致市场失灵，对社会影响巨大，所以本章重点分析政府寻租行为对于环境治理、价值共创、政府绩效的影响。政府权力触手对于市场经济干预过多是导致政府出现寻租行为的重要原因，而对于政府寻租行为的监督机制、审查机制、奖惩机制的缺乏也是导致政利滥用、腐败出现的根源。贺卫和王浣尘（1999）认为，寻租行为的出现不是因为政府失灵或者市场失灵，而是由于政府与市场之间的职能协调失灵造成的。

对于环境治理项目的建设和采购路径来说，政府寻租行为也存在一定的可能，对于建设规模巨大的环境治理项目来说，政府与社会资本之间为了追求自身利益最大化，无视市场竞争原则，通过一系列的权利交换和行贿行为来获得巨大的利润，这无疑将会极大影响受到环境问题困扰的社会公众和环保产业市场，同时也会损害政府的公信力。

4. 行政约谈

环保行政约谈是我国在环境治理实践方面探索出的治理新路径，环保行政约谈指的是政府环保职能部门，针对即将发生或者已经发生的环境问题的责任人，通过约谈、告诫、监督、整改等方式，对环境问题予以解决，实现长效监督柔性管理机制。

面对环境治理的多方面需求和社会治理理念的变化，我国政府的环保服务形式正在发生剧变，政府环保行政约谈是以"以人为本"为中心思想开展的环保治理实践，环保行政约谈综合了市场治理和行政治理的优势，环保行政约谈在社会公众、企业、政府职能部门之间建立起沟通交流平台，重视人民的力量，极大地释放了社会力量对于环境治理的影响力。环保行政约谈同时也是一种柔性的治理机制，单单使用"上下级关系"来对环境问题进行处理，会造成关系的僵化和治理的僵化，所以构建环保行政约谈形式，能够通过沟通的方式弱化行政带来的强制力。

环境治理 PPP 项目扩大了社会公众参与环境治理的途径，环保行政约谈也推动了公众参与环境保护的发展，强调政府环保职能部门与社会公众通过双向的、平等的沟通对话，达成环境问题解决的共同利益目标。政府环保部门与社会公众通过意见表达与沟通协商，充分考虑社会公众的行政参与权利，有效弥补了传统行政执行过程中政府与社会公众沟通断层的缺陷。

5. 关系模型

"起点—过程—结果"模型（见图 7-2）能够解释四个政企关系行为的发展路径及其对环境治理 PPP 项目政府绩效和价值共创的具体作用机理，具体解释为：

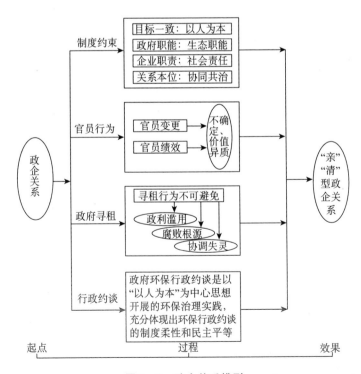

图 7-2　政企关系模型

首先，制度约束是地方政府对于良好的政企关系构建的前提和起点，它的效能和效果直接关系到政府和企业关系稳定长久发展。政企关系受到制度因素、官员个人因素、相关经验因素和配套法律因素的共同作用。这符合公共管理理论当中政府是"经济人"的假设，即政企关系的良好构建是地方政府和相关企业综合分析各种因素，在理性选择和共同交互下的结果。

其次，政企关系的良好发展和构建有四条发展路径：一是中央政府和地方政府的政策路径向政府内部和社会各方面落实过程发展，这一发展路径受到政企发展目标、"以人为本"理念、政府职能、企业社会责任的配合情况的影响；二是政府官员的行为和政府官员与企业之间的互动同样影响着政府与企业之间的关系；三是不可避免的寻租行为也会对环境治理、项目建设、后期运营带来一定的负面影响；四是环保行政约谈这一我国在环境治理实践方面探索出的治理新路径，环保行政约谈是通过约谈、告诫、监督、整改等方式，对环境问题予以解决，实现长效监督柔性管理机制。这四条发展路径既是地方政府将"亲""清"型的政企关系理念意愿贯彻落实的过程，也是地方政府"亲""清"型的政企关系理念落实效果的中介变量。

最后，地方政府行为效果与地方政府实现良好稳定的政企关系之间是因变量与自变量的关系，受到地方政府和地方企业构建良好政企关系意愿与构建过程的综合作用影响，呈现出"起点—过程—结果"的动态化特征。

针对模型的构建和解释可知地方政府和企业构建良好的政企关系是受到地方政府的行为综合作用的结果。因此，为使地方政府和地方企业真正将稳定良好的政企关系发展贯彻落实到实处，避免其成为空泛的社会口号而浮在表面的现象出现，需要从两方面努力。一是采取多重措施，如对地方政府官员进行相关培训和增加对地方政府官员政绩考核，以增强地方政府对于与地方企业构建良好的政企关系的意愿。二是采取多种手段，如对地方企业进行宣传教育提高其对良好稳定的政企关系的相关认识，以畅通政府路径、社会路径与企业路径，积极打造政府、企业和社会协同落实"亲""清"政企关系的格局。

7.2

环境治理 PPP 项目政府绩效价值共创达成机制

从环境治理政府绩效逻辑推演变迁来看，现阶段政府针对公共行政与公共服务的回应与解决由"碎片化""唯效率化"的行政管理到"强调公共价值""提高政府公共服务能力"的新公共治理理念转变，随着政府行政管理范式的转变，环境治理也向着追求公共价值的方向变革与改进。包国宪和王学军（2012）结合 Grint K 和 Brookes S（2010）的研究将地方政府面临的问题从复杂性与价值冲突两个维度划分为四类，并提出以公共价值为基础的政府绩效治理理论用以解决高复杂性与高价值冲突的公共问题挑战。本章以 PV - GPG 理论为逻辑起点，从环境治理 PPP 项目复杂性出发，解构政府绩效价值域，探究政府绩效价值共创过程，构建政府绩效—公共价值关系模型，从而构建环境治理 PPP 项目政府绩效价值共创达成机制。

7.2.1　环境治理 PPP 项目政府绩效价值域解构

从社会网络分析法来看，地方政府作为具有其自身特殊性的行政组织，决定了地方政府行为在体现"经济人"角色下，更强调行为的"公共性"。同时PV - GPG 理论沿袭了新公共理论的核心观点："公共效率"无法取代"经济效率"，"经济效率"的核心地位无法被动摇。据此 PV - GPG 理论提出政府组织、行为和绩效要充分适应公共目标、公共责任、公共环境的基本特点。史蒂芬在《新公共领导挑战》一书中明确指出，政府绩效的实现和提升不仅取决于横向、纵向府际关系上的组织、控制和科学管理，在社会网络中，政府绩效实际上更取决于与其他利益相关者，如公民、私营企业和非营利组织的合作。由地方政府—经济市场—社会组织形成社会网络，共同进行社会事务的治理，在解决各方利益冲突中，谋求公共利益的最大化。据此，政府绩效只有通过社会网络中的各单元共同合作才得以实现和提升。

环境治理 PPP 项目是具有复杂特点的环境治理项目，从环境污染来看，其外部性、区域性特点突出，与全社会生态环境、经济环境和可持续发展息息相关。将 PPP 模式推广至环境治理领域中，能够让多元主体以契约或非契约的合作关系积极参与到环境治理中来，利用具有制度化的社会网络，实现政府—企业—公众之间的合作，达到环境治理公益性、包容性和可持续性的治理效果。在此过程中，伙伴关系价值是 PPP 合作关系的价值核心。

综上所述，本章将环境治理 PPP 项目政府绩效价值域解构为"经济价值""公共价值"和"伙伴关系价值"三大部分，其中公共价值体现在政府对环境治理诉求回应的总效果，包含环境治理项目产出的效率、治理效果和公众满意度，也体现在环境质量的提升和绿色宜居愿景的实现。经济价值主要强调政府或企业在环境治理 PPP 项目中取得的显性经济价值与隐性经济价值。从政府角度来看，显性经济价值以财政收入的提高为主，隐性经济价值是政府形象的提升。从企业角度来看，显性经济价值是经济利益的获得，隐性经济价值包含声誉与品牌效应的提高。伙伴关系价值主要围绕环境治理 PPP 项目中政府——企业——公众以契约或者非契约的形式而建立的伙伴关系，关注在环境治理 PPP 项目全生命周期中伙伴关系的持续与稳定。

7.2.2　环境治理 PPP 项目政府绩效价值共创要素

1. 价值共创的参与者要素

价值共创的参与者是价值共创过程中最核心的因素，参与者意味着价值共创行为的交互、资源的投入和信息的交换。价值偏好、思维指向、技术知识等方面异质的参与者在环境治理 PPP 项目建设和政府绩效实现过程中，从多方面、多维度展开价值共创活动。在传统的环境治理过程中，价值共创参与主体往往局限于政府相关职能部门之间，但随着社会环境价值的阶段变化，环境治理参与主体不断增加，企业、高校、公众等都共同参与到社会环境资源共享或价值共创活动中，同时参与者之间的边界也变得模糊和弱化，随着环保产业规模的扩大，环保资源需求和价值导向愈发多元。在环境治理 PPP 项目价值共创过程中，价值共创参与者主要以政府、企业、公众为核心。本书以环境治理 PPP 项目为研究背景，政府、企业和公众在此 PPP 模式提供的交互平台下完成项目构建的同时进行着价值共创活动。

（1）社会公众。在环境治理 PPP 项目价值共创过程中，社会公众通过政务渠道或者互联网表达自己的环保诉求，在环境治理 PPP 项目建设过程中投入知识或者技术资源参与价值共创，通过环境治理 PPP 项目购买环保产品或者服务，获得相应的环保产品或者服务体验，最后对环保产品或者服务进行评价和反馈。社会公众对于公共产品不再仅仅是消费者、接受者，更是共同生产者和价值共创者。

（2）政府相关职能部门。政府相关职能部门是环境治理 PPP 项目价值共创的最初牵头者和提倡者，政府方是多元资源的整合者和创造者。地方政府角色从"控制型"转向"服务型"，在环境治理 PPP 项目中不仅扮演着监管者的角色，更融入了主导者和参与者角色特征，政府部门是环境治理 PPP 项目产出效率的直接责任人。

（3）社会资本。对于社会资本方而言，参与环境治理 PPP 项目如何平衡自身利润获取和公益性生态建设之间的价值冲突，是破除社会资本进入环境治理 PPP 项目"隐形壁垒"的关键。社会资本方通过将政府方和公众方与自己的资源进行汇集，以产品或服务的形式进行产出，与社会公众与政府方的需求进行匹配。

2. 价值共创的客体要素

考虑环境治理 PPP 项目价值共创过程是资源与信息交互与匹配的过程，所以资源和信息是价值共创的核心客体要素，是参与者要素之间发生价值共创活动的桥梁，资源和信息的投入、质量和多元性都直接影响着价值共创过程的进行和发展。

（1）资源。可以将环境治理 PPP 项目看成是多元资源投入池，环境治理 PPP 项目的多元资源包括实体类资源和非实体类资源，例如建筑环保材料、技术、知识等。在进行环境治理 PPP 项目价值共创过程中，参与者既是资源投入者也是资源共享者。资源的投入和提供是一切价值共创活动开始的基础，同时资源的质量也影响着价值共创过程的发展和稳定。

（2）信息。透明有效的信息对环境治理 PPP 项目价值共创过程的资源配置效率具有重要作用，异质主体之间发生价值共创行为冲突的主要原因是信息不对称或不匹配，从而造成交互成本和风险的增加。所以信息的产生、获取和传递都直接影响到价值共创过程的效率。降低信息不对称性，减少信息传递时间，能够为价值共创过程提供保障。

3. 价值共创的技术要素

互联网平台是环境治理 PPP 项目价值共创发展的重要支撑，互联网线上交流为价值共创参与者提供透明快速的交流渠道，同时为资源共享和价值共创提供便利的条件和技术支持。首先，互联网平台能够提供即时通信工具，实现多元参与主体的同步交流和异步交流，为信息交互提供透明的流通渠道；其次，价值共创资源可以通过互联网平台实现快速匹配和筛选；最后互联网技术使得线上交易变得更加快速和安全。

4. 价值共创的环境要素

环境治理 PPP 项目价值共创活动是在内外部环境下进行的，价值共创活动与环境是相互作用、相互影响的关系。首先，环境治理 PPP 项目价值共创活动受到社会环境的深刻影响，比如社会经济、政策法律、环境行业制度等社会环境因素制约。2017 年颁布的《生态环境损害赔偿制度改革方案》明确了环保执行目标："到 2020 年，力争在全国范围内初步构建责任明确、途径畅通、技术规范、保障有力、赔偿到位、修复有效的生态环境损害赔偿制度"，这也意味着生态环境损害赔偿制度将成为我国未来的常态化机制。其次，文化环境也在社会生活中影响着社会公众参与环境治理的程度。

7.2.3　环境治理 PPP 项目政府绩效价值共创导向

环境治理 PPP 项目的政府绩效具有丰富的内容和效果，是项目、服务和结果集成的一种产品服务系统。Tukker A（2004）认为项目服务系统涉及项目到服务的全范围，从项目导向来看，包含项目管理、运营服务等，使用导向包括项目租赁和项目共享等，结果导向涉及付费范围和功能结果等；Aaron K 和 M. W Toffel（2009）认为具有服务功能的产品或者项目具有四个特点：首先，产品或者项目的制造商或建设商向公众出售产品或项目的功能而非产品本身；其次，项目建设商或制造商拥有项目的所有权；再次，公众根据与项目建设商约定的价格进行付费；最后，建设商有义务对项目进行运营与维护。陈信宏等（2011）整合国内外学者的研究提出了产品服务系统的三大导向：产品导向、服务导向和结果导向。从环境治理 PPP 项目价值结构上看，环境治理 PPP 项目具有经济价值、公共价值和伙伴关系价值，而环境治理 PPP 项目的政府绩效管理不仅仅是政府与公众或者政府与市场的二元结构，还应该是包含多个参与者的网络结构，将产品系统与价值共创相结合，能够充分分析"政府—企业—公众"之间的关系，更加符合环境治理 PPP 项目是社会网络环境的需要。

1. 项目导向

环境治理 PPP 项目价值共创导向的初级阶段是项目导向模式，政府与企业共同组建项目公司进行环境治理项目的建设，基于项目本身解决环境问题的基础上进行附加服务的延伸，比如：环保产品的销售、环保技术的支持、生态旅游的开放等等，公众拥有项目及其附加服务。在环境治理 PPP 项目导向模式中，政府、企业与公众是"提供—接受"的模式，附加服务的类型和提供途径由政府与企业共同制定，政府与企业选择自己最擅长的服务进行提供。比如在政府与企业组建项目公司进行环境治理 PPP 项目建设的同时，企业能够提升自身品牌影响力和技术实力，通过项目附加服务，从项目建设价值链上游向价值链下游发展，实现经济价值的增值和服务的延伸。

2. 结果导向

环境治理 PPP 项目价值共创导向的高级阶段是结果导向模式，政府根据公众的需求，与企业共同提供包含项目、服务和系统的综合项目方案，从项目的设计、建设、服务提供、品牌建设、后期运营等全方面的集成服务方式。社会公众获得"项目＋服务"的综合环境解决方案。例如政府与企业共同进行环境治理项目建设的同时，传递的是综合的环境治理理念，包括技术服务与咨询服务等。

7.2.4　环境治理 PPP 项目政府绩效价值共创过程

环境治理 PPP 项目价值共创的行为机理在理论上可以描述为：在实现和提高政府绩效战略上，以社会公共诉求为导向，实现环境治理的价值共创目标。本书分析环境治理 PPP 项目多元主体公共行为、经济行为和伙伴行为在环境治理 PPP 项目政府绩效价值共创过程中的作用；形成资源整合、价值共创、价值评价和价值实现四个阶段。在一个环境治理 PPP 项目中，价值共创过程不是单向发展的，而呈现的是螺旋上升、循环往复的过程，在一个环境治理 PPP 项目价值共创过程中，根据环境治理的需求和社会发展的需要，政府—企业—公众以伙伴关系共同发起以环境治理 PPP 项目为物质承载形式的价值共创活动；政府、企业、银行和其他相关社会组织为环境治理 PPP 项目的产出提供资金支持、政策保障和技术保障等服务；政府、企业和公众对环境治理 PPP 项目全生命周期内的建设成果和运营效果进行价值评估，得到环境治理的未来发展方向，同时发现在建设和运营等过程中的问题及解决思路；通过环境治理 PPP 项目最终产出和服务的优化、创新，提高伙伴关系中的交互体验，增加伙伴之间的信任度。

本章选择由环境冲突而引发的多元价值冲突与平衡来阐述环境治理 PPP

项目的价值共创过程。环境问题呈现出较为复杂的外部性特点，由此引发的邻避冲突体现了多元主体间公共价值、经济价值、生态价值的价值冲突与平衡。由政府作为主导，选择与企业进行合作（PPP 模式），共同解决环境问题，政府方和社会资本因为行政权力、经济资源、技术资源的绝对占有，向环境治理PPP 项目资源池内注入价值创造所需的资源。就环境治理 PPP 项目建设和运营而言，地方政府偏向关注政府绩效的实现和提升、财政收入的提高、社会福利优化等绩效指标，甚至容易陷入横向府际关系中的"政绩锦标赛"中，社会资本的逐利性决定了以追求经济利润为最大目标，社会公众聚焦自身居住环境和区域整体环境的负外部效应。这种由于多元价值矛盾而产生的反向作用力，会促使多元主体向形成价值聚集、价值矛盾、价值冲突和价值平衡的积极方向发展。如图 7 - 3 所示。

命题 1：对多元价值冲突进行平衡是价值共创资源整合阶段的基础。

在价值实施阶段，需要明确的价值是以环境治理 PPP 项目的建设和公共服务的提供为物质承载形式的，环境治理 PPP 项目是对多元价值冲突的回应，政府绩效则是以多元价值平衡为来源，项目的最终产出即政府绩效的实现和提升。环境治理 PPP 项目是多元主体共同将多元价值由抽象的概念具体化为可操作、可运营、可持续的政府绩效管理过程。政府作为价值共创活动的发起者，为参与 PPP 模式的社会资本、银行等利益相关者提供政策支持、全过程监督等服务。社会资本和公众作为 PPP 项目的主要参与者，其价值共创行为存在于环境治理 PPP 项目全生命周期内，负责环境治理项目的资金、技术、安全、监督、使用、评价等。以伙伴关系为连接的多元主体形成了针对组织的协同管理系统，目的是通过对多元资源的投入、对项目的全生命周期管理和对绩效的科学管理使政府绩效最大化，这个协同管理系统需要在多元主体价值创造行为中不断进行协调和沟通。

命题 2：协同领导系统在价值共创阶段中起到中介作用。

多元主体共同对价值共创成果进行价值评估，从以公共价值为基础的政府绩效治理理论来看，政府绩效评估反映了多元主体对公共价值的回应程度，体现了以公共价值为评价标准的政府绩效评价体系，确定了价值共创成果在绩效实现、绩效提升、治理效率和经济效益等方面的价值。当以环境治理 PPP 项目为背景进行价值共同创造时，由于价值偏好和行为冲突等因素，使得所处的价值共创环境存在一定风险，例如公众强烈的需求、社会资本的能力技术和政策变化等，都有可能导致风险的存在和提高，所以价值共创过程必须是一个持续优化的评估过程，价值共同创造不仅要能够使得价值结构不断优化，还要能够根据价值结构的优化检验价值共创过程的可持续性。

命题 3：动态的价值评估能够提升价值共同创造过程的可持续性。

政府、企业和公众将知识资源、市场资源和技术资源投入到环境治理 PPP 项目建设和运营过程中，实现价值传递。通过项目产出实现政府绩效提升、绿色生态优化和社会需求满足，实现政府、企业和公众经济利益和无形利益获取，实现政府、企业和公众共生关系稳定和可持续发展。在价值转化下，政府、企业和公众会形成频繁互动和长期伙伴的"强关系"，从而实现强信任和互惠规范。参与者在价值共同创造过程中的交互行为有助于培养参与者之间的黏性，比如通过参与环境治理 PPP 项目的建设，企业在此过程中投入资金与技术进行建设，政府给予合理的奖励，这种"你来我往"的过程能够增加彼此之间的信任感与连接度。这种伙伴关系是通过公众、企业与政府合作设计、投入资源、高效生产而来，依据依恋理论，当参与者将组织看作是自我的一部分时，将会积极地投入到生产活动中去，在实现个人价值偏好的同时实现集体的价值创造目标，对组织付诸情感上的交流，最终会促进参与者之间的伙伴黏性的形成，然而当参与者之间形成一种较强的伙伴关系时，企业与政府的形象、品牌和绩效都会得到提升。

命题 4：参与者之间的伙伴关系与政府绩效具有正向相关性。

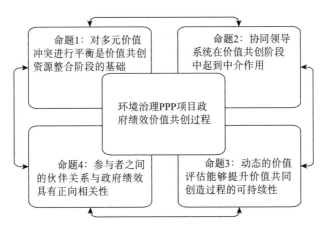

图 7 - 3　价值共创过程

7.3
环境治理 PPP 项目政府绩效多元博弈模型

PV‐GPG 理论指出，价值共创活动参与者是追求自身利益最大化的理性"经济人"，使得多元利益相关者的价值取向冲突造成"各自为政"的局面。环境作为一种具有极强外部性的公共物品，在环境治理 PPP 项目建设和运营过程中，环境治理的成本和风险由 PPP 伙伴共同承担，其治理成果也由 PPP 伙伴共同享有，所以在环境治理 PPP 项目中存在着利益相关者之间的价值博弈关系。从价值共创过程来看，利益相关者之间的价值共创行为选择决定了价值共创效果，所以环境治理 PPP 项目的最终产出和治理效果遵循"木桶法则"——价值共创行为选择的薄弱环节。

7.3.1   环境治理 PPP 项目价值共创行为博弈分析

假设环境治理 PPP 项目伙伴关系博弈是完全理性的静态博弈，所有的价值共创参与者要么都采取促进价值共创活动的行为，要么都采取背离价值共创的行为，所以在环境治理 PPP 项目的价值共创过程中有可能出现"共谋行为"。"共谋行为"是一种平行组织间的关系，在以往的学术研究中通常用于描述政府组织间横向或者纵向的互动关系。环境治理 PPP 项目价值共创参与者之间也是一种组织关系，也会存在横向或者纵向的互动关系，所以本书将"共谋行为"用于描述环境治理 PPP 项目价值共创参与者之间的互动关系是可行的。"共谋行为"是中性的概念，存在正向的共谋行为和负向的共谋行为两方面，在环境治理 PPP 项目价值共创过程中，参与者之间若采取负向的共谋行为，即参与者之间共同采取行动破坏价值共创环境，将会影响价值共创结果。

在静态博弈过程中考虑地方政府和社会资本只聚焦环境治理价值共创的成果和参与成本，在环境治理 PPP 项目产出既定的目标下，地方政府可以选择对社会资本价值共创行为进行管控或不管控，地方政府的行为集合是 $Sc =$ |管控，不管控|；社会资本可以选择进行价值共创行为或者不进行价值共创

行为，其行为集合是 S1 = ｛进行，不进行｝。假设社会资本进行环境治理价值共创行为的投入为 c1（c1 > 0），社会资本进行环境治理价值共创行为的收益为 r1，不进行环境治理价值共创行为的收益为 r2，虽然社会资本严格进行环境治理价值共创行为能够提高环境治理的效果，但同时会造成成本升高、利润下降，导致经济利益减少，因此 r1 < r2。假设地方政府的正常收益为 r3，管控社会资本的成本为 c2，且 c2 > 0。同时如果地方政府不对社会资本的环境治理价值共创行为进行管控，将造成环境治理的失败，损害社会公共利益，本书用中央政府来代表社会公共利益，用 i 来表示。

但在考虑动态的博弈演化过程中，地方政府和社会资本并非只考虑价值共创投入和成本，更会考虑在参与价值共创活动后带来的附加价值，例如品牌价值、声誉价值和伙伴关系价值等。所以对静态博弈模型进行调整，地方政府和社会资本作为参与人的价值共创行为选择不变，假设社会资本进行环境治理价值共创行为的投入为 C1，地方政府对其奖励为 F1，假设企业不进行环境治理价值共创行为时地方政府对其惩罚为 F2，其声誉受损为 H2；社会资本进行环境治理价值共创行为时的收益为 R1，不进行环境治理价值共创行为的收益为 R2；假设地方政府的正常收益为 R3，管控社会资本的成本为 C2，不管控社会资本的负面影响为 H1（如社会舆论压力影响、自身政治能力受损和自身形象受损等）。最重要的是如果地方政府不对社会资本的价值共创行为进行管控，将造成环境问题的恶化，用 I 表示。P 为社会资本进行环境治理价值共创行为的概率，1 - P 为不进行的概率；地方政府对企业进行管控概率为 Q，不进行管控概率为 1 - Q。

7.3.2　环境治理 PPP 项目价值共创三方博弈

政府—企业—公众的三方博弈是环境治理 PPP 项目最核心的特征之一，而政府、企业和公众的价值共创行为主体是三方博弈最重要的基础，而博弈也是三方主体选择价值共创行为的主要根据。本节从政府—企业—公众的三个价值共创行为主体博弈过程出发，探究三方价值共创行为逻辑、影响因素和均衡结果，为加强三方的价值共同创造提供具体建议。

本节考虑环境治理 PPP 项目价值共同创造过程中的三个博弈方为：地方政府、社会资本和参与公众。地方政府是环境治理 PPP 项目的核心发起人，首先地方政府站在政治角度可以选择贯彻环境治理相关精神和政策，其次地方政府站在社会治理角度可以选择解决生态环境问题以提供优质的公共服务，最后地方政府站在财政角度可以选择大力支持以 PPP 融资模式进驻环境治理领域，也可以选择对环境问题坐视不管、不支持 PPP 融资模式。对于社会资本来说，可以选择参与环境治理 PPP 项目的价值共创活动，也可以出于对政府的不信任从而拒绝承担相应的责任。对于参与公众来说，选择是否在环境治理 PPP 项目建设全过程发起诉求、提供建议和投入知识等行为。由此看来在环境治理 PPP 项目价值共同创造过程中，认为政府—企业—公众三方同时进行行为活动是合理可行的。

根据以上考量，进行以下三方博弈假设：

（1）地方政府。作为环境治理 PPP 项目价值共创的主导者和发起者，地方政府主要起到监管和指导的作用，在维护价值共创活动稳定运行的过程中要能够收回项目建设成本，所以认为地方政府选择支持价值共创时的策略选择为 G：进行监管；$\bar{G}$：不进行监管。政府进行监管的概率记为 X。将监管成本记为 C_g；财政收入记为 R_g；将地方政府不作为、不进行监管所受到的损失（信誉下降、财政处罚等）记为 K_g。

（2）社会资本。社会资本是完成环境治理 PPP 项目的重要力量，社会资本可以选择参与价值共同创造获得利润，也可以选择不参与价值共同创造活动，以不遵守合约的方式获得其利润，记为 S 和 $\bar{S}$，概率为 Y。其中社会资本通过提供技术、经验和信息等参与环境治理价值共同创造而付出的成本为 C_s，总收益为 R_s，有可能的损失（地方政府对其处罚、企业品牌形象受损等）为 K_s。

（3）公众。公众作为环境治理结果的受益者，以主动或者被动的方式参与到 PPP 项目价值创造中去，将 F 记为公众的参与行为，Z 记为公众的参与概率。公众所获得的居住环境改善和绿色宜居环境带来的总收益为 R_f，选择参与环境治理 PPP 项目价值共创所花费成本（信息付费、配合建设用地）为 C_f，所获得其他奖励（来自地方政府，如集体和个人的奖励）为 V_{Rf}，但因为环境持续恶化造成损失为 B_f。

根据以上假设得出政府—企业—公众的三方博弈收益矩阵，如表 7 - 2 所示。例如当地方政府采取监管策略，建筑企业采取执行合约策略，社会公众采取参与环境治理 PPP 项目价值共创活动时，地方政府的收益为 $R_g - C_g - V_{Rf}$，表示地方争取采取监管措施的收益为财政收入 R_g 减去监管成本 C_g，减去给予公众的参与奖励 V_{Rf}。社会资本的收益为总收益 R_s 减去参与环境治理价值共同创造而付出的成本为 C_s。公众的收益为总收益 R_f 减去参与环境治理 PPP 项目价值共创所花费成本 C_f，加上因为参与环境治理 PPP 项目价值共创活动所获得其他奖励为 V_{Rf}。

表 7 – 2　　　　　　　政府—企业—公众三方博弈收益矩阵

		地方政府			
		监管 X		不监管 $1-X$	
		社会资本			
		执行 Y	不执行 $1-Y$	执行 Y	不执行 $1-Y$
公众	参与 Z	$(R_g - C_g - V_{Rf})$； $(R_s - C_s)$； $(R_f - C_f + V_{Rf})$	$(R_g - C_g + K_s - V_{Rf})$； $(R_s - K_s)$； $(R_f - C_f + V_{Rf} - B_f)$	$(R_g - K_g)$； $(R_s - C_s)$； $(R_f - C_f)$	$(R_g - K_g)$； (R_s)； $(R_f - C_f - B_f)$
	不参与 $1-Z$	$(R_g - C_g)$； $(R_s - C_s)$； (R_f)	$(R_g - C_g + K_s)$； $(R_s - K_s)$； $(R_f - B_f)$	$(R_g - K_g)$； $(R_s - K_s)$； (R_f)	$(R_g - K_g)$； (R_s)； $(R_f - B_f)$

总之，环境治理 PPP 项目价值共创过程的开始是建立在地方政府、社会资本和公众的价值诉求一致性上，环境治理 PPP 项目价值共创在发展推进过程中，具有法律法规支撑的环境监管、行政约谈及奖惩机制已经逐步建立，但"共谋"和"寻租"行为出现在此过程中是不可避免的，而且针对社会资本退出、违约、违反契约的行为虽然在合同中有所体现，但地方政府和相关组织对于这种现象的甄别能力和惩戒能力都存在一定的"力不从心"，所以增加了社会资本"钻空子"的行为概率，社会资本在对比"钻空子"成本和遵守成本时，往往会选择对自身有利的且成本较低的"钻空子"行为，此时社会资本有可能会带有机会主义心理进行社会活动，由此看来，这种负面现象将会使社会公众被排斥在价值共创活动之外，并且诱发社会资本与地方政府讨价还价、矛盾频发和不配合现象。

在环境治理要求和价值共创目的双重压力下，如何促使环境治理 PPP 项目多元主体进行价值共同创造，这一论题与提高政府的社会治理水平和公共价值理论与实践问题有关。提高政府监管治理能力、鼓励社会资本参与社会活动和为社会公众提供绿色宜居的生存生活环境是环境治理 PPP 项目价值共同创造的基本目的。设置"刚柔并济"的契约能够在一定程度上减少地方政府和社会资本的违约行为，这种奖惩兼备、有的放矢的契约能够稳定地方政府、社会资本、社会公众的伙伴关系并实现价值共同创造。环境治理 PPP 项目价值共创活动一方面对政府治理能力提出了更高要求，另一方面也能够促进政府治理能力的提升。将 PPP 模式应用于环境治理领域，强调了地方政府、社会资本和社会公众共同承担相应的社会责任，这种伙伴关系能够在一定程度上倒逼政府不断完善及提高自身的治理能力。在价值共创过程中，社会公众的力量不可小觑，降低公众参与 PPP 项目和价值共创过程的成本，并设立额外的奖赏，提高其参与的净收益成为关键。

7.4

环境治理 PPP 项目政府绩效影响机理及量表开发

价值共创行为贯穿于环境治理 PPP 项目进行价值共创过程的全过程，从资源聚集到价值的创造和实现，再到对价值共创效果的评价和检验，最后实现政府绩效的提升，价值共创行为都具有良好的导向性作用。以 PV - GPG 理论为逻辑起点，政府绩效来源于社会价值构建，环境治理 PPP 项目作为具有公益性质的服务产品，其在进行项目建设和运营时都离不开价值共创行为的参与，本节将对环境治理 PPP 项目政府绩效影响因素及其影响机理进行重点分析，并参考已有量表对政府绩效影响因素量表进行开发。

7.4.1　研究假设和模型构建

1. 价值共创行为与政府绩效

考虑环境治理 PPP 项目中各参与主体的价值共创行为具有三个维度：意识维度（Cognitive）、情感维度（Emotional）、行为维度（Behavioral）。意识维度指的是从参与个体出发，体现在对价值共创过程与绩效结果的关注程度。情感维度体现在参与主体对服务产出实体的喜好上。行为维度是指各参与主体在对价值创造与政府绩效实现和提升上做出的努力和采取的行动。各参与者的价值共创行为作为价值共创过程中的重要组成因素，是创造公共价值的内在驱动力，同时也对提高政府绩效具有深远影响。

在学术和实证研究中，大多数学者的研究结果表明，价值共创行为对政府绩效都存在显著影响。Dong B 等（2008）在研究中发现将用户或顾客整合为"公司员工"的角色，对于塑造价值共创意识具有一定作用，并且实证证明价值共创行为对提升企业绩效起正向作用；卢俊义等（2011）在商业模式探究中认为价值共同创造行为从直接和间接两个方面起到了正向作用，直接作用是提高公共服务质量、提高用户满意度、降低成本，间接作用是增强各方品牌价值，提升核心竞争力。基于以上分析，提出假设 H1。

H1：价值共创行为对政府绩效具有正向影响。

2. 伙伴关系与政府绩效

分析伙伴关系与环境治理 PPP 项目政府绩效之间的关系，考虑伙伴关系是环境治理 PPP 项目中政府绩效实现和提升的基础，是多元主体积极参与环境治理 PPP 项目价值创造的基石。利益相关者的行为对伙伴关系的形成、持续和稳定发展具有积极或消极的影响。伙伴关系的强弱决定了柔性契约在环境治理 PPP 项目中的作用，较强的伙伴关系之间以共同学习、相互分享和相互信任形成连接，弱化了仅仅以"契约捆绑"而形成的单向联系。价值共同创造行为所产生的公共价值、经济价值和伙伴价值，能够提升环境治理 PPP 项目的产出、服务优化和经营效益。而多元主体从价值共创活动中获取的效益、技术、经验、声誉和形象等有利于提升伙伴之间的满意度、忠诚度和契合度。认为具有较强关系连接的企业对于企业绩效具有正向影响。基于以上分析，提出假设 H2。

H2：伙伴关系对于政府绩效具有正向影响。

3. 伙伴关系与价值共创行为

从价值共创过程来看，朱秀梅等（2010）认为伙伴关系的构建包括伙伴识别、关系发起和关系调整三环节，由于伙伴关系的建立对价值共创过程而言是一个资源获取的途径，因此可以认为价值共创行为的伙伴关系构建也经历识别、发起和调整的环节；Westley F 等（1997）认为在进行价值共创伙伴关系构建之前，必须首先成功识别各参与者，找到共同的价值定义、共同承担风险、确定初始资源。私营企业在伙伴关系中扮演着搭建者和驱动者的角色，私营企业不仅停留在对经济价值的追求，而且承载着经济价值和社会价值的双重目标。公众作为价值共创的倡导者和监督者是不可忽视的力量，认为公众可以利用其所具备的知识和对需求的理解，能够解决各种所面临的社会问题。Warsen R 等（2018）

认为伙伴关系作为 PPP 模式合作治理的重要形式，将"交互合作"逻辑作为多元主体形成伙伴关系和进行合作过程的起点，能够稳定维持主体之间的交互行为的同时增强其在伙伴关系中的适应性。基于以上分析，提出假设 H3。

H3：伙伴关系对价值共创行为具有正向影响。

4. 伙伴关系的中介作用

伙伴关系是组织关系的衍生概念，伙伴关系强调一种具有资源依赖性、目标一致性的稳定关系，作为一种组织间的要素，伙伴关系对价值共同创造和绩效实现和提升具有积极影响。韩炜和杨婉毓（2015）以社会网络治理机制为研究视角，探究稳定的伙伴关系能够正向调节伙伴之间的学习机制与绩效之间的关系；Holmlund，M（2001）与 Liu Y 等（2010）认为集群企业之间的伙伴关系指的是企业之间为了追求共同的价值目标、互相学习、彼此沟通，长期合作的稳定状态；Chesbrough H（2003）通过对组织内外部驱动力的探究得到组织外部激励行为比组织内部自主行为更能激发组织的创造力。Song M 等（2006）认为组织之间的关系越稳定、越有利益资源的集聚，处于组织内的个体也越容易从外部获取资源，有效提升组织绩效；Wagar T H（1997）将组织生产力、产品及服务质量作为变量，通过实证研究发现，稳定的劳动关系能够显著地促进绩效的提升；Deery S J 和 Iverson R D（2005）也认为和谐并且稳定的组织关系有利于提高组织生产效率和用户满意度。基于以上分析，提出假设 H4，并构建环境治理 PPP 项目政府绩效影响模型如图 7 - 4 所示。

H4：伙伴关系在价值共创行为与政府绩效之间具有显著的中介效应。

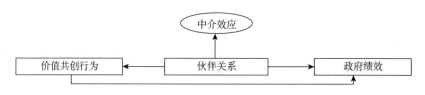

图 7 - 4　价值共创政府绩效影响模型

7.4.2　研究设计与方法

1. 变量测量

基于研究假设及已构建的模型，本节将对上述假设进行量化处理，将对价值冲突、价值共创行为和政府绩效三大变量进行测量，检验伙伴关系在此模型中的中介效应。在量表选择与开发中，本节参考相关文献的成熟量表进行测量量表编制，以此保证相关量表的信度与效度。本节通过引用已有的成熟量表，结合环境治理特性及 PPP 项目特点，考虑新时代社会治理视角，加以改动设计出初始问卷，邀请相关领域专家、建筑企业管理人士对初始问卷的维度和细节加以修正，将得到的问卷进行测试，筛选量表题项，探讨以实际环境治理背景下的题项是否具有代表性和前瞻性。

本节探讨以价值冲突和价值共创行为为自变量，政府绩效为因变量，伙伴关系为中介变量的影响模型，采用李克特五点量表法进行积分，1 分表示非常不符合，2 分表示不符合，3 分表示不一定，4 分表示符合，5 分表示非常符合。

（1）伙伴关系的测量量表。本节采用谢洪明等（2009）对多元主体战略网络连接关系分析量表的相关设计，认为在环境治理 PPP 项目价值共创过程中，伙伴关系主要体现在以下方面：互惠型伙伴关系、互赖型伙伴关系、柔性型伙伴关系和角逐型伙伴关系，本节根据量表需求，以谢洪明的测量问卷为基础，加以修改以适应本书需要，设计成以下分析量表（见表 7-3），包括四个维度。

表 7-3　　　　　　　　　　伙伴关系的测量量表

变量维度	编号	题项	参考来源
互惠型伙伴关系	O1	参与方之间对于集体价值偏好一致认可	谢洪明等（2009）
	O2	参与方是通过交互获取利益	
	O3	相互之间有义务提供资源和帮助	
互赖型伙伴关系	P1	参与方之间在资源方面相互依赖	
	P2	参与方之间在政策方面相互依赖	
	P3	参与方之间在技术方面相互依赖	
	P4	参与方具备个体的独立性	
柔性型伙伴关系	Q1	参与方之间通过合约（包括正式合约和非正式合约）的形式合作	
	Q2	参与方之间的合约设计合理	
角逐型伙伴关系	R1	参与方之间存在冲突	
	R2	参与方之间存在协同合作的关系	

第一个维度：互惠型伙伴关系，其中包括参与方之间对于集体价值偏好一

致认可、参与方是通过交互获取利益的、相互之间有义务提供资源和帮助等；第二个维度：互赖型伙伴关系，其中包括参与方之间在资源方面相互依赖、参与方之间在政策方面相互依赖、参与方之间在技术方面相互依赖、参与方具备个体的独立性等；第三个维度：柔性型伙伴关系，其中包括参与方之间通过合约（包括正式合约和非正式合约）的形式合作、参与方之间的合约设计合理等；第四个维度：角逐型伙伴关系，其中包括参与方之间存在冲突、参与方之间存在协同合作的关系等。

（2）价值共创行为的测量量表。多元主体的价值共创行为对于价值共创结果来说至关重要，通过对相关企业营销行为和组织学习行为等文献研究，根据学者们在顾客参与视角与本书研究背景及目的下，改进 Yi Y 等（2011）、Ennew C T 等（1999）和彭艳君（2010）的行为量表，编制初步价值共创行为量表，价值共创行为主要可分为：共享资源行为、沟通行为和反馈行为三个维度（见表 7 - 4）。

表 7 - 4　　　　　　　　　　　价值共创行为测量量表

变量维度	编号	题项	参考来源
共享资源行为	S1	政府方乐意为参与的私营企业提供现有的政策服务	
	S2	政府方乐意积极改进相关政策	
	S3	私营企业愿意投入现有资金及技术参与项目建设	
	S4	私营企业方愿意积极改进技术或进行融资	
	S5	社会公众方乐意表达诉求	
	S6	社会公众方愿意提供方法与建议	
信息沟通行为	T1	政府方的政务渠道便捷且透明	Ennew C T 等（1999）、Yi Y（2011）、彭艳君（2010）
	T2	政府方积极与其他参与方进行信息沟通	
	T3	私营企业方积极与其他参与方进行信息沟通	
	T4	私营企业方积极通过互联网等技术进行信息沟通	
	T5	社会公众方积极通过政务渠道表达诉求	
	T6	社会公众方积极通过互联网表达诉求	
反馈行为	U1	政府方在价值共创进行良好时会对参与者进行奖励	
	U2	政府方在价值共创过程中遇到问题时会对参与者进行及时通知	
	U4	私营企业全过程协助提供更好的公共服务	
	U5	社会公众获得体验时能够及时进行反馈	

　　首先是共享资源行为。其中包括政府方乐意为参与的私营企业提供现有的政策服务、政府方乐意积极改进相关政策、私营企业愿意投入现有资金及技术参与项目建设、私营企业方愿意积极改进技术或进行融资、社会公众方乐意表达诉求、社会公众方愿意提供方法与建议。其次是信息沟通行为。其中包括政府方的政务渠道便捷且透明、政府方积极与其他参与方进行信息沟通、私营企业方积极与其他参与方进行信息沟通、私营企业方积极通过互联网等技术进行信息沟通、社会公众方积极通过政务渠道表达诉求、社会公众方积极通过互联网表达诉求。最后是反馈行为。政府方在价值共创进行良好时会对参与者进行奖励，政府方在价值共创过程中遇到问题时会对参与者进行及时通知，私营企业全过程协助提供更好的公共服务，社会公众获得体验时能够及时进行反馈。

　　（3）政府绩效的测量量表（见表 7 - 5）。本书以公共价值管理理论为背景，采用 Holzer Y M（2006）的政府绩效提升路径选择和 Wunderlich J（1994）的政府绩效经济、效率、效益和公平的 4E 指标，以 PV - GPG 理论为指导，认为政府绩效内涵应包括经济绩效、生态绩效和伙伴关系绩效三类：经济绩效，其中包括提高财政收入、降低项目建设和运营成本、带动社会经济效应、提升企业在环境市场的占有率等；生态绩效，其中包括改善社会环境现状、解决突出的环境问题、提供绿色宜居的居住环境等；伙伴关系绩效，其中包括吸引更多的社会组织参与、维系与现有组织的关系、提高各方满意度，带来更多社会反馈等。

表 7 - 5　　　　　　　　　　　　　政府绩效测量量表

变量维度	编号	题项	参考来源
经济绩效	W1	提高财政收入	Wunderlich J（1994）、Holzer Y M（2006）
	W2	降低项目建设和运营成本	
	W3	带动社会经济效应	
	W4	提升企业在环境市场的占有率	
生态绩效	X1	改善社会环境现状	
	X2	解决突出的环境问题	
	X3	提供绿色宜居的居住环境	
伙伴关系绩效	Y1	吸引更多的社会组织参与	
	Y2	维系与现有组织的关系	
	Y3	提高各方满意度	
	Y4	带来更多社会反馈	

2. 问卷设计

本书采用问卷调查的方法对数据进行收集，运用 SPSS 数据分析软件对所得数据进行分析以验证所提假设。

本书问卷包括 A、B、C 三个部分：A 部分要说明本次调查结果将作为学术研究成果展现，说明问卷采用匿名方式，不涉及个人隐私，简要介绍调查者身份，诚挚表达调查者的感谢之情；B 部分为问卷调查主要部分，是各变量的量表设计及相关变量题项，具体包括价值冲突、政府绩效和伙伴关系；C 部分为被调查者基本情况，包括被调查者职业、年龄、所属行业等，为的是体现被调查者的可代表性。采用李克特五点量表法进行计分，1 分表示非常不符合，2 分表示不符合，3 分表示不一定，4 分表示符合，5 分表示非常符合。分数越高，说明被调查者对题项认同度越高。

3. 数据收集

本次调查对象主要为具有相关资质的环保类建筑企业和地方政府有关部门以及社会公众。本书主要采用电子问卷和纸质问卷结合的方式进行调查，首先借用问卷星设置相关题项并生成问卷连接，通过以下途径发送给被调查者：一是借助本人导师的课题研究网络，向建筑企业和地方政府相关工作人员发送链接，并利用工作人员的社会网络向更多的被调查者发送；二是通过社交平台向朋友、同学、家人发送链接，并请其向更大的范围发送。在纸质问卷方面，借助校园调查和街头调查的方式，在人流密集的校园和街头向公众发放问卷，并在 20 分钟内统一回收。

本次问卷调查的持续时间为 4 个月，2019 年 7 月 20 日到 2019 年 11 月 30 日，通过电子问卷和纸质问卷的调查方式总共回收问卷 278 份，其中电子问卷 198 份，无效问卷 8 份，纸质问卷 80 份，无效问卷 5 份。为了进一步确保问卷的有效性，在第一次回收问卷的 30 天后对其中 12% 的调查者进行第二次发放，将两次发放问卷结果进行比对，发现结果趋近相同。本次调查问卷有效数量为 265 份，有效率为 95.32%。在 265 份有效问卷中，政府部门负责 PPP 项目人员占比 35%；施工企业、金融机构人员占比 43%；普通市民占比 12%；高校教师和科研人员占比 10%。

7.4.3 信度效度检验

为了判断问卷调查的结果是否存在误差，首先对调查数据进行信度和效度检验。

信度分析又可称为可靠性检测，用来检验问卷调查收集到的数据结果的一致性和稳定性。本书采取的检测方法是由李·克隆巴赫提出的克隆巴赫一致性系数（Cronbach's Alpha 系数）。它是目前较为常用的检测信度是否达到标准的方法。整体量表克隆巴赫系数大于 0.7 说明整体量表结果数据可信，各分析变量的克隆巴赫系数大于 0.7 说明个变量具有较高可信度，组合变量的克隆巴赫系数大于 0.6 则说明自变量与因变量之间存在一致性，一般情况下克隆巴赫系数达到 0.6 以上，表示该问卷的数据结果具有较好的一致性。本书使用软件 SPSS 对问卷量表数据进行可靠性检验。

1. 整体信度分析

首先，本书采用克隆巴赫系数（Cronbach's α）检验上述量表的整体信度，结果如表 7 - 6 所示。价值共创行为量表、政府绩效量表、伙伴关系量表信度分别为 0.962、0.950 和 0.943，说明研究具有较高的信度。

表 7 - 6　　　　　　　　　整体量表信度分析

变量	克隆巴赫系数	项数
价值共创行为	0.962	16
政府绩效	0.950	11
伙伴关系	0.943	11

2. 各个变量信度分析

对价值共创行为量表、政府绩效量表、伙伴关系量表中的题项分别进行信度分析，信度分析结果如表 7 - 7、表 7 - 8、表 7 - 9 所示。

从表 7 - 7 结果数据中可以看出，价值共创行为量表中的共享资源行为、信息沟通行为、反馈行为的总体克隆巴赫系数值分别为 0.903、0.909、0.879，均大于 0.7，说明调查问卷结果数据整体信度较好，通过检验。

表 7 - 7　　　　　价值共创各变量 CITI 及其克隆巴赫系数检验结果

维度	题项	项已删除的刻度均值	项已删除的刻度方差	校正的项总计相关性	项已删除的克隆巴赫值	克隆巴赫系数
共享资源行为	共享资源行为 S1	18.76	20.451	0.747	0.885	0.903
	共享资源行为 S2	18.87	20.613	0.713	0.889	
	共享资源行为 S3	18.91	20.010	0.725	0.888	
	共享资源行为 S4	18.84	19.725	0.760	0.882	
	共享资源行为 S5	18.70	20.161	0.715	0.889	
	共享资源行为 S6	18.75	20.042	0.751	0.884	
信息沟通行为	信息沟通行为 T1	19.04	21.841	0.738	0.894	0.909
	信息沟通行为 T2	18.84	21.773	0.742	0.893	
	信息沟通行为 T3	18.85	21.074	0.780	0.888	
	信息沟通行为 T4	18.89	22.279	0.751	0.892	
	信息沟通行为 T5	18.83	21.491	0.758	0.891	
	信息沟通行为 T6	18.81	22.359	0.715	0.897	
反馈行为	反馈行为 U1	11.30	8.988	0.698	0.861	0.879
	反馈行为 U2	11.30	8.236	0.780	0.829	
	反馈行为 U3	11.44	8.757	0.692	0.863	
	反馈行为 U4	11.27	8.026	0.788	0.825	

表 7 - 8　　　　　政府绩效各变量 CITI 及其克隆巴赫系数检验结果

维度	题项	项已删除的刻度均值	项已删除的刻度方差	校正的项总计相关性	项已删除的克隆巴赫值	克隆巴赫系数
经济绩效	经济绩效 W1	11.54	7.693	0.673	0.840	0.863
	经济绩效 W2	11.49	7.355	0.748	0.810	
	经济绩效 W3	11.42	7.603	0.680	0.837	
	经济绩效 W4	11.42	7.069	0.742	0.812	
生态绩效	生态绩效 X1	7.66	4.384	0.719	0.809	0.856
	生态绩效 X2	7.70	4.161	0.743	0.786	
	生态绩效 X3	7.76	4.160	0.726	0.802	
伙伴关系绩效	伙伴关系绩效 Y1	11.54	8.165	0.741	0.839	0.877
	伙伴关系绩效 Y2	11.33	8.174	0.757	0.833	
	伙伴关系绩效 Y3	11.52	8.348	0.736	0.841	
	伙伴关系绩效 Y4	11.39	8.675	0.703	0.854	

从表7-8中数据可以看出，政府绩效量表中的经济绩效、生态绩效、伙伴关系绩效的总体克隆巴赫系数值分别为0.863、0.856、0.877，均大于0.7，说明问卷数据整体信度较好，通过检验。

表7-9　　　　伙伴关系各变量 CITI 及其克隆巴赫系数检验结果

维度	题项	项已删除的刻度均值	项已删除的刻度方差	校正的项总计相关性	项已删除的克隆巴赫值	克隆巴赫系数
互惠型伙伴关系	互惠型伙伴关系 O1	7.63	3.690	0.602	0.764	0.797
	互惠型伙伴关系 O2	7.45	3.485	0.673	0.690	
	互惠型伙伴关系 O3	7.41	3.419	0.649	0.715	
互赖型伙伴关系	互赖型伙伴关系 P1	11.63	7.058	0.701	0.814	0.854
	互赖型伙伴关系 P2	11.62	7.570	0.701	0.813	
	互赖型伙伴关系 P3	11.58	7.676	0.702	0.813	
	互赖型伙伴关系 P4	11.69	7.429	0.686	0.819	
柔性型伙伴关系	柔性型伙伴关系 Q1	3.65	1.198	0.610	—	0.758
	柔性型伙伴关系 Q2	3.83	1.163	0.610	—	
角逐型伙伴关系	角逐型伙伴关系 R1	3.92	1.151	0.634	—	0.776
	角逐型伙伴关系 R2	3.77	1.220	0.634	—	

从表7-9中数据可以看出，伙伴关系行为量表中的互惠型伙伴关系、互赖型伙伴关系、柔性型伙伴关系、角逐型伙伴关系的总体克隆巴赫系数值分别为0.797、0.854、0.758、0.776，均大于0.7，说明问卷数据整体信度较好，通过检验。

3. 效度分析

效度分析是衡量量表效度和测量因素的有效性的方法，效度分析结果的高低可以反映问卷测量数据结果是否与实际情况相吻合。本书采用因子分析法，利用KMO值和巴特利特球形检验的方法测量结构效度分析。Kaiser 在其标准中明确有如下规定：KMO > 0.9 效度非常好，KMO > 0.8 效度很好，KMO > 0.7 效度中等，KMO > 0.6 效度普通，KMO > 0.5 效度勉强满足要求，KMO < 0.5 效度不符合标准。在进行巴特利特球形检验的时候，其结果中的显著性概率

必须小于或者等于0.05才能代表原始变量有一定的相关性。结果如表7-10、表7-11、表7-12所示。

表7-10　　　　　　　　　　价值共创行为量表效度分析结果

题项	因子载荷			共同度
	1	2	3	
共享资源行为 S1	0.597			0.700
共享资源行为 S2	0.702			0.704
共享资源行为 S3	0.595			0.694
共享资源行为 S4	0.607			0.677
共享资源行为 S5	0.745			0.739
共享资源行为 S6	0.596			0.683
信息沟通行为 T1		0.629		0.705
信息沟通行为 T2		0.656		0.736
信息沟通行为 T3		0.731		0.774
信息沟通行为 T4		0.544		0.678
信息沟通行为 T5		0.663		0.725
信息沟通行为 T6		0.782		0.763
反馈行为 U1			0.593	0.701
反馈行为 U2			0.683	0.779
反馈行为 U3			0.637	0.683
反馈行为 U4			0.633	0.755
特征值	3.989	3.763	3.743	
累积解释方差（%）	71.849%			
KMO	0.971			
Bartlett 球形度检验	2048.993			
自由度	120			

由表 7 - 10 可知，旋转后的累积方差解释率为 71.849%，大于 50%，另外价值共创行为量表各个题项在维度上的载荷值均大于 0.5，KMO 值为 0.971，大于 0.6，表示数据有效。

表 7 - 11　　　　　　　　　政府绩效量表效度分析结果

题项	因子载荷			共同度
	1	2	3	
经济绩效 W1	0.843			0.867
经济绩效 W2	0.657			0.739
经济绩效 W3	0.752			0.768
经济绩效 W4	0.635			0.748
生态绩效 X1		0.649		0.717
生态绩效 X2		0.535		0.734
生态绩效 X3		0.768		0.820
伙伴关系绩效 Y1			0.581	0.711
伙伴关系绩效 Y2			0.673	0.806
伙伴关系绩效 Y3			0.581	0.706
伙伴关系绩效 Y4			0.792	0.810
特征值	3.018	2.980	2.427	
累积解释方差（%）	76.591%			
KMO	0.952			
Bartlett 的球形度检验	1374.786			
自由度	55			

由表 7 - 11 可知，旋转后的累积方差解释率为 76.591%，大于 50%，另外政府绩效量表各个题项在维度上的载荷值均大于 0.5，KMO 值为 0.952，大于 0.6，表示数据有效。

表 7 - 12　　　　　　　　　伙伴关系量表效度分析结果

题项	因子载荷				共同度
	1	2	3	4	
互惠型伙伴关系 O1	0.830				0.851
互惠型伙伴关系 O2	0.730				0.797
互惠型伙伴关系 O3	0.663				0.759
互赖型伙伴关系 P1		0.721			0.788
互赖型伙伴关系 P2		0.673			0.771
互赖型伙伴关系 P3		0.526			0.755
互赖型伙伴关系 P4		0.726			0.813
柔性型伙伴关系 Q1			0.540		0.738
柔性型伙伴关系 Q2			0.690		0.754
角逐型伙伴关系 R1				0.812	0.878
角逐型伙伴关系 R2				0.723	0.729
特征值	2.439	2.214	2.110	1.868	
累积解释方差（%）	78.466				
KMO	0.958				
Bartlett 的球形度检验	1220.418				
自由度	55				

由表 7 - 12 可知，旋转后的累积方差解释率为 78.466%，大于 50%，另外伙伴关系量表各个题项在维度上的载荷值均大于 0.5，KMO 值为 0.958，大于 0.6，表示数据有效。

7.4.4　相关分析

本书采用皮尔逊相关性检验，对上述价值共创行为、政府绩效、伙伴关系之间的假设模型进行相关性检验。如表 7 - 13 所示。

表 7 – 13　　　　　　　　　相关性检验

		价值共创行为	政府绩效	伙伴关系
价值共创行为	Pearson 相关性	1		
	显著性（双侧）			
政府绩效	Pearson 相关性	0.940**	1	
	显著性（双侧）	0.000		
伙伴关系	Pearson 相关性	0.940**	0.936**	1
	显著性（双侧）	0.000	0.000	

注：** 表示在 0.01 水平（双侧）上显著相关。

价值共创行为与政府绩效的皮尔逊相关系数为 0.940。系数均已通过了显著水平为 5% 的显著性检验，由此可知价值共创行为与政府绩效具有显著的正相关性。伙伴关系与政府绩效的皮尔逊相关系数为 0.936。系数均已通过了显著水平为 5% 的显著性检验，由此可知伙伴关系与政府绩效具有显著的正相关性。伙伴关系与价值共创行为的皮尔逊相关系数为 0.940。系数均已通过了显著水平为 5% 的显著性检验，由此可知伙伴关系与价值共创行为具有显著的正相关性。

7.4.5　回归分析

1. 价值共创行为与政府绩效的回归分析

经过前面的相关分析已经得知价值共创行为与政府绩效之间呈现显著的相关关系，记为 X1，价值共创行为为自变量，政府绩效为因变量，记为 Y，进行回归分析。结果如表 7 – 14 所示。

表 7 – 14　　　　　　　　　回归系数

模型		非标准化系数		标准系数	t	Sig.
		B	标准误差	试用版		
1	（常量）	0.241	0.104		2.318	0.022
	价值共创行为	0.951	0.027	0.940	35.396	0.000
$R^2 = 0.884$，$F = 1252.912$（$P < 0.05$）						

由表 7 – 14 可以发现价值共创行为的回归系数通过显著性检验且显著异于

零（Sig < 0.05），"价值共创行为"的回归系数为 0.951，这就表明价值共创行为对政府绩效有显著的正向影响，且对其影响系数大小为 0.951。

因此，价值共创行为与政府绩效之间的一元回归方程可以归结为：

$$Y = 0.241 + 0.951 \times X1$$

回归方程表明，在其他条件不变的情况下，价值共创行为每提高一个单位，政府绩效提高 0.951 个单位。

2. 伙伴关系与政府绩效的回归分析

经过前面的相关分析已经得知伙伴关系与政府绩效之间呈现显著的相关关系，记为 X1，伙伴关系为自变量，政府绩效为因变量，记为 Y，进行回归分析。结果如表 7 – 15 所示。

表 7 – 15　　　　　　　　　　　回归系数

模型		非标准化系数		标准系数	t	Sig.
		B	标准误差	试用版		
1	（常量）	0.101	0.112		0.906	0.366
	伙伴关系	0.978	0.029	0.936	34.165	0.000

$R^2 = 0.877$，$F = 1167.232$（$P < 0.05$）

由表 7 – 15 可以发现伙伴关系的回归系数通过显著性检验且显著异于零（Sig < 0.05），"伙伴关系"的回归系数为 0.978，这就表明伙伴关系对政府绩效有显著的正向影响，且对其影响系数为 0.978。

因此，伙伴关系与政府绩效之间的一元回归方程可以归结为：

$$Y = 0.101 + 0.978 \times X1$$

回归方程表明，在其他条件不变的情况下，伙伴关系每提高一个单位，政府绩效提高 0.978 个单位。

3. 伙伴关系与价值共创行为的回归分析

经过前面的相关分析已经得知伙伴关系与价值共创行为之间呈现显著的相关关系，记为 X1，伙伴关系为自变量，价值共创行为为因变量，记为 Y，进行回归分析。结果如表 7 – 16 所示。

表 7 - 16   回归系数

模型		非标准化系数		标准系数	t	Sig.
		B	标准误差	试用版		
1	（常量）	0.073	0.108		0.682	0.496
	伙伴关系	0.970	0.028	0.940	35.197	0.000
		$R^2 = 0.883$，$F = 1238.802$（$P < 0.05$）				

由表 7 - 16 可以发现伙伴关系的回归系数通过显著性检验且显著异于零（Sig < 0.05），"伙伴关系"的回归系数为 0.970，这就表明伙伴关系对价值共创行为有显著的正向影响，且对其影响系数为 0.970。

因此，伙伴关系与价值共创行为之间的一元回归方程可以归结为：

$$Y = 0.073 + 0.970 \times X1$$

回归方程表明，在其他条件不变的情况下，伙伴关系每提高一个单位，价值共创行为提高 0.970 个单位。

7.4.6 中介分析

将价值共创行为定义为自变量，政府绩效为因变量，记为回归 1；以价值共创行为定义为自变量，伙伴关系为因变量，记为回归 2；以价值共创行为和伙伴关系为自变量，政府绩效为因变量，记为回归 3，进行回归分析，结果见表 7 - 17 所示。

表 7 - 17   伙伴关系中介验证

自变量	因变量		
	政府绩效	伙伴关系	政府绩效
价值共创行为	0.951***	0.910***	0.523***
伙伴关系			0.471***
F	1252.912***	1238.802***	804.532***
P	0.000	0.000	0.000
R^2	0.884	0.883	0.908

注：* $P < 0.05$，** $P < 0.01$，*** $P < 0.001$。

由表 7 - 17 可知，回归 1 以价值共创行为为自变量，以政府绩效为因变量，价值共创行为对政府绩效有显著的正向影响（$\beta = 0.951$，$P < 0.001$）；回

归 2 以价值共创行为为自变量，伙伴关系为因变量，价值共创行为对伙伴关系有显著的正向影响（$\beta = 0.910$，$P < 0.001$）；回归 3 以价值共创行为和伙伴关系为自变量，政府绩效为因变量，价值共创行为对政府绩效有显著的正向影响（$\beta = 0.523$，$P < 0.001$），且小于回归 1 中的系数，说明加入中介变量后，价值共创行为对政府绩效的回归系数下降，说明价值共创行为对政府绩效的影响有一部分是通过中介变量伙伴关系实现的。说明伙伴关系在 EAP 在价值共创行为对政府绩效的影响中起着部分中介效应。

7.5
本章小结

由于环境治理 PPP 模式过程中的多元目标差异性、行为异质性、信息的不对称等内生特性而引起的环境治理公共价值定义缺失、多元行为冲突不断、全过程绩效评估体系匮乏等问题，导致环境治理 PPP 项目发展存在诸多问题。我国环境治理 PPP 项目发展历经多个阶段，现如今 PPP 模式发展进入 3.0 阶段，要求以创新视角对环境问题和政府绩效管理进行审视。

本章在多元价值共同创造视角下，基于对国内外环境治理 PPP 项目以及政府绩效管理研究进行综述与借鉴，首先探索环境治理 PPP 项目中地方政府在"纵向"和"横向"府际关系中的角色，分析政府绩效从"效率"价值取向到"公平"价值取向的历史变革，再造政府环境治理行为范式，厘清政府角色转变下政府绩效演进动力，探究政府绩效演化主体、内生动力及其内容特征；分析环境治理 PPP 项目价值创造内生逻辑和外生逻辑，塑造包含公共价值—利益价值—伙伴关系价值三层次的环境治理 PPP 项目价值板块，在实现和提高政府绩效战略上，以社会公共诉求为导向，分析环境治理 PPP 项目多元主体公共行为、经济行为和伙伴行为在环境治理 PPP 项目政府绩效价值共创过程中的作用；构建地方政府与社会资本的动态与静态的价值创造博弈模型，讨论博弈各方的价值偏好，描述地方政府和社会资本的价值创造行动逻辑，解释"合谋"和"协同"语境下的价值共创悖论；构建政府绩效影响理论模型提出相关假设，通过对具体环境治理 PPP 项目进行调研，运用多层回归方法进行实证分析，分析价值冲突和价值共创行为对政府绩效是否具有正向或者负向的驱动作用，探究 PPP 多元主体伙伴关系在影响过程中的中介作用及其作用机理；最后选取具有代表性的我国环境治理 PPP 项目为分析案例，构建政策工具选择及其组合构建路径，分析政策工具及其组合使用对政府绩效目标和政府绩效最终实施效果之间的作用机理，构建环境治理 PPP 项目政府绩效政策工具选择模式。

第 8 章

环境治理 PPP 项目民营企业参与价值共创机制

8.1
环境治理 PPP 项目价值共创界定及价值关系冲突

环境治理 PPP 项目的组织结构包含着复杂的关系网络，涉及多个独立的利益相关者，形成一个特定的为公共产品提供服务的团体。环境治理 PPP 项目依赖于项目各利益相关者的鼎力协作，利益相关者共同参与环境治理 PPP 项目全生命周期，清晰把握环境治理 PPP 项目融资利益相关者的利益诉求，在环境治理 PPP 项目利益相关者之间形成共同参与理念，以一种"主人翁"意识形成各方之间相互制衡、有机整合的结构，是实现环境治理 PPP 项目价值共创的重要基础。

8.1.1　环境治理 PPP 项目价值共创内涵

环境治理 PPP 项目价值共创能够发挥 PPP 制度的优势，各主体实现自身目标：提升政府职能效率、降低政策变更带来的风险、避免审批延误、增加决策正确性、避免出现信用问题、一定程度防止腐败；带动民营企业参与环境治理 PPP 项目的积极性，促使公共利益不断扩大。通过有效地限制政府的公共权力和私人部门提供的优化资源配置，建立一个合理的价值共同创造机制，以确保公共产品和公共服务，消除参与者之间的矛盾，实现环境治理 PPP 项目的可持续发展。

1. 环境治理 PPP 项目价值共创概念

价值创造有两个基本要素，一个是具有价值需求的人，另一个是能够对人产生效用的有形的物品或无形的服务，并且只有这两个要素相重叠的时候才能创造价值，即外在物品或服务的供给和内在需求相重叠时，也就产生了价值。环境治理 PPP 项目的价值共创是指政府与民营企业通过资源共享，从优势资源中获得额外收益，项目实现资源高效利用，降低价值创造成本，创造附加价值，通过按需分配实现价值共创。在整个过程中所创造的价值不但包括货币形式的价值，亦包括非货币形式的，如体验价值、社会价值等。本章认为环境治理 PPP 项目价值共创是指政府与民营企业之间进行资源整合和匹配，在资源整合和互换服务的动态过程中，为不同主体创造丰富价值的过程。

2. 环境治理 PPP 项目价值构成

价值共创过程中创造的价值是生产者通过提供产品服务和消费者通过消费产品服务共同创造的价值的总和。王玖河等（2017）在顾客参与价值共创机理研究中将感知价值划分为经济价值、功能价值、情感价值、社会价值和绿色价值，并认为价值共创活动对顾客忠诚度产生正向影响；Zhang 等（2018）认为在共享经济背景下，共同创造价值可以分为功能价值、社会价值和情感价值。叶晓甦等（2017）进一步指出 PPP 项目价值应包括公共价值、企业价值及伙伴关系价值。

对目前价值共创研究结果整理可发现，价值共创活动可创造的价值包括功能价值、享乐价值、社会价值、经济价值、创新价值等涉及企业与顾客的各方面价值。借鉴上述学者的研究，将环境治理 PPP 项目价值产出分解为公共价值、企业价值和关系价值三个方面。

（1）关系价值。关系是有价值的资产，也是主体参与社会的一条路径，但关系需要主体投入资金、资源和时间等专用性资产进行有效维系。然而，关系主体的专用性资产投入不能获得即时回报，这种延迟回报性奠定了信任与承诺对合作关系发展、维持与增进的重要性地位。PPP 伙伴关系属于组织间合作关系的范畴，具备组织间合作关系的性质，信任、承诺和依赖等也是 PPP 伙伴关系成功的影响因素。持续有效的伙伴主体间合作行为是合同与关系规范相互作用的结果，具有法律效力的合同条款为 PPP 伙伴关系主体提供合作参照点，也是对合作行为的一种承诺；而关系规范通过社会关系与共享规范实现对PPP伙伴关系的治理，这也进一步强化了"伙伴关系是契约治理与关系治理相互作用的结果"。

（2）公共价值。公共价值是一个多元参与形成的过程。政府以公共价值为主要使命和目标进行实现，通过公共价值的实现进行公共资源和公共权力配置，制定公共政策，提供公共服务，获得公民的信任和合法性。公共价值实现的过程也是一个双向沟通的过程。以政府为主体的公共组织可以作为确定公共价值的主观发起者，积极引导公民的价值。如果我们以世界各国政府使用的指标为参考，我们基本上可以得到以下五个具体的标准来提炼公共价值观：民主、开放、响应、问责和高质量。在 PPP 的实际设计和扩大中，应该从这五个标准出发，考虑政策决定方案和实施模式，着眼于公共价值兼顾"效率和效益"。事实上，基于 PPP 的五个具体标准，实现公共价值面临着一系列的挑战，如果没有给予足够的重视，PPP 可能会偏离公共价值的最终方向。

（3）企业价值。现代企业制度的发展意味着企业可以作为商品与其他商品进行交易和交换。随着时代的发展，企业价值研究应运而生，认为企业价值是衡量企业发展的重要指标，从而形成了对企业价值的深入探讨；对企业市场价值的讨论离不开对企业账面价值的讨论。分析企业的市场价值，企业的市场价值通常被认为是企业的使用价值和交换价值，特别是在企业评估、合资、合并等市场行为中，尤其需要对企业的市场价值进行分析。企业的市场价值具有以下特点：一是客观，企业的市场价值是客观存在的产物，不以人的主观意志所转移；二是诚信，企业各种素质和能力的反映是企业市场价值的整体表现；三是效用，即企业的市场价值能够满足一定的社会需求；四是全面，即衡量企业功能和能力最全面的指标是企业的市场价值。

8.1.2　环境治理 PPP 项目价值共创动力分析

1. 价值共创动力生成的基本思想

环境治理不仅提倡"人权"，更关心环境的社会价值。动力机制是指推动社会稳定、发展所需力量的产生机理，以及维持和改善这种机制的作用机理和方式。民营企业方的主要动力是参与主体所产生的价值诉求。刘洪波和刘洁（2016）从民营企业角度提出了外部环境、相关政策、契约关系、资本增值等动力因素。彭珊（2016）从政策传导机制角度提出了政府压力、经济推动、公众需求等动力因素。本章认为 PPP 模式的价值共创动力是指在 PPP 项目中内生动力与外生动力相互作用并产生效益的机理。

根据马克思主义唯物辩证原理，事物的发展是内生和外生相互影响的结果。内生动力是指 PPP 模式在形成时政企双方不断相互影响从而产生了力量，在 PPP 过程中起到关键作用，包括利益和协同两大推进力；外生动力是 PPP 模式在形成时部分外在方面用各种外在方式对政企双方产生力量，包括保障力、监管力和市场促进力。因此我们可以看出，内生动力和外生动力有很大区别，前者更加重视 PPP 模式内部自主形成的动力，外生动力是 PPP 模式外部影响内部行为的一种动力。

2. 外生动力内容

公众是 PPP 项目的服务对象，因此创造公共价值是实现 PPP 项目价值的基础，企业参与环境治理 PPP 项目的首要要求是认可项目的公共价值。

（1）激励驱动力。有效激励是促进社会发展的首要动力，有助于缓解效率低、市场杂乱等问题。其成功主要在于维系公私利益，减少双方矛盾。激励可以有效指导和管理民营企业方的相关行为，缓解各种问题。PPP 项目的全生命周期影响的各方主体较多，存在成本浪费严重、项目透明度低、合同灵活性差、风险收益分配不均衡等问题，因此要针对不同的 PPP 内容制定相对应的激励措施来保证项目的价值共创。明确政府和民营企业的相互关系，管理项目参与者的各种行为，提高项目的风险和收益预测性，提高政企的相互信赖和安全性，提高项目价值的共同创造运营。

（2）监管约束力。环境治理 PPP 模式一般具有自然公益性、公共性、外部性等技术经济特征，其所提供的公共服务涉及社会公共利益，存在信息不对称、外部性等市场失灵问题。要实现上述目的，就应兼顾效率和公平，使得各利益相关者能够达到"价值共赢"。政府监管作为 PPP 模式发展过程中的一种制度性安排，是保障 PPP 项目有效运行并维护社会福利最大化的关键。有效的政府监管有助于市场价值和公共价值的平衡，一般来说，PPP 项目往往是由当地政府授权一家或极少数民营企业垄断经营，如果不进行任何外部约束，民营企业就会成为当地该项公共服务的价格制定者，单纯追求利润最大化。

（3）营商环境促进力。营商环境是指市场主体在准入、生产经营、退出等过程中，涉及的政务环境、市场环境、法治环境、人文环境等有关外部因素和条件的总和。PPP 项目的利益相关者较多，除了政府与民营企业这两个核心利益者，还包括相关的行业竞争者、金融机构、咨询服务机构等主体，这些主体构成了 PPP 模式发展的营商环境。PPP 模式的目标是创造竞争性市场，通过竞争等方式选择合适的民营企业，进行平等谈判与合作，这将有助于降低建设项目的成本、发展其他环节，提高公共资金分配的效益。

政府是营商环境的塑造者，民营企业和市场是相对应的服务对象。近年来政府致力于优化营商环境，习近平总书记在中央财经领导小组第十六次会议上强调，"要营造稳定、公平、透明、可预期的营商环境"。优化经营环境可以加强和不断改善外部经济，降低企业交易的所有成本。在市场具有一定需求的时候，企业方的积极性不断增加。信息技术的发展提高了政企双方协调和利用外部资源的能力。一般来说 PPP 能够提供公共产品，并结合公私伙伴关系产生的主要生产因素，通过与其他私营部门企业签订合同和分包合同，使越来越多的企业生产相应公共产品。公共部门可以完全利用私人资源、技术和信息来完成公共产品的建设和使用，利于降低交易成本，同时利用技术革命和市场机会创造更多交易。

3. 内生动力内容

内生动力主要是刺激民营企业应对相关行为，其内容是衡量和评价风险和利益，其中最重要的因素是经济因素。通过交换和沟通自己的资源，民营企业可以从信任等方面获得一定的经济利益，从而在增值过程中获得经济利益和信任。资源和信息的差异对行为有不同的影响，进而影响企业参与共同创造价值的意愿。对政府和企业来说，优化资源配置和实施可持续项目有助于刺激其内生动力。

（1）利益驱动力。任何社会角色采取特定社会行为，都必然受到某种利益的驱使。政企双方探寻相互利益是发展公私伙伴关系的最根本的内在动力。PPP 有助于增加企业投资的积极性，拓宽公共资金渠道，提高市场参与者的盈利能力，振兴社会资金，增强经济增长的内在动力。民营企业的利益主要体现在通过技术和管理创新提高市场竞争力、降低成本和预期资本投资上。民营企业特别是民营资本符合经济人假设这一前提，追求利润最大化是其原动力。

（2）协同推进力。协同过程实际上是一个动态过程，反映了大系统与子系统元素之间和子系统之间的交互合作，从而产生整体协同效应。PPP 项目作为一个复杂的系统，同时也是一个整体，具有一定的结构和某些功能，由几个相互关联和相互限制的元素组成。作为整个系统，政府和民营企业两个子系统共同推动以资源整合和额外奖励为基础的 PPP 项目的顺利实施，从而实现"1 + 1 > 2"的协同效应。

（3）社会责任驱动力。社会责任必须立足于社会的整体利益，而不是政府或企业的利益。根据利益相关者理论，企业应履行对利益相关者的社会义务，积极参与环境治理创造价值。作为环境治理 PPP 项目中的直接主体，利益相关者在项目中进行各类资源共享行为，也就是说，利益相关者已投资于其资源优势，并取得有关方各自的权利。对应的各种行为之间相互演化进步，为了各自利益达成资源共享等合作关系，共同推动项目价值共创。

8.1.3　环境治理 PPP 项目利益相关者界定及价值取向

1. 利益相关者界定

利益相关者是 PPP 项目的主要参与者，具有主观能动性，在能力水平、价值目标、思维方式等方面存在差异，不同的利益相关者多方位参与 PPP 项目的活动。环境治理 PPP 项目利益相关者多元化，再加上环境治理的复杂性，使得项目会面对各种问题，因此界定环境治理 PPP 项目利益相关者对 PPP 项目管理来说必不可少。通过研究相关文献，本书将环境治理 PPP 项目利益相关者定义为：环境治理 PPP 项目全生命周期内参与项目各项活动且存在影响的组织或个人，包括政府公共部门、民营企业、项目公司、金融机构、用户（PPP 项目产品或服务购买者）、工程建设商、材料供应商、项目运营商、项目监理商、项目咨询机构、新闻媒体和社会公众等。环境治理 PPP 项目存在其客观规律，需要对其项目活动进行分析探讨。分析学者们对环境治理 PPP 项目利益相关者的研究，在此基础上将其进行深化归类，根据环境治理 PPP 项目全生命周期内参与主体的扮演角色、参与程度和发挥作用的不同，将利益相关者分为核心利益相关者、一般利益相关者和间接利益相关者，如表 8 - 1 所示。

间接利益相关者处在 PPP 项目的外围，对 PPP 项目一般不产生影响，但在特殊情况下会对项目活动间接产生影响；一般利益相关者处在 PPP 项目靠近核心的部位，和 PPP 项目关联性较大，存在资源互动，对项目活动发挥着直接作用；核心利益相关者处在 PPP 项目核心位置，是 PPP 项目建设运营不可缺少的主体，对项目影响程度比较大，通过伙伴关系相互合作，对 PPP 项目价值发挥最重要的作用。通过上述分析，本书主要对核心利益相关者进行分析，探讨其参与价值创造的内涵。

表 8 – 1 利益相关者划分表

类别	包含利益相关者	作用及影响
核心利益相关者	政府部门（PPP 项目主管部门）、民营企业（与政府方签约机构）	在 PPP 项目全生命周期内对项目价值发挥最重要的作用，影响程度最大
一般利益相关者	社会公众（PPP 项目产品或服务购买者）、工程建设商、材料供应商、项目运营商、金融机构、保险机构、咨询机构等	和 PPP 项目活动关联性较大，存在资源互动，对 PPP 项目产生直接影响
间接利益相关者	政府部门上层领导机构、社会公众（不购买 PPP 项目产品或服务，但与 PPP 项目有潜在的联系）、新闻媒体等	和 PPP 项目联系较少，能够对项目发挥间接作用，影响程度较小

环境治理 PPP 项目利益相关者多元，存在价值关系。价值主要是社会产品或服务和主体需求之间的关系，产品或服务具有其内在属性，是利益相关者之间关系的基础，能够发挥商品的使用价值，促进主体需求，进而产生价值关系。

民营企业参与环境治理 PPP 项目最主要的目的是获得收益，PPP 项目的收益主要有使用者付费、政府补贴和政府购买三种，因环境治理的特殊性，往往需要多种付费方式结合的形式，使得利益相关者价值诉求存在差异，因此形成了利益相关者之间的价值关系。根据利益相关者价值关系的紧密程度，可以分为核心价值关系、一般价值关系和间接价值关系三种。核心价值关系由民营企业（企业股东）、政府签约机构构成，双方利益共享，风险共担，价值关系最为紧密，对 PPP 项目价值发挥着核心作用；一般价值关系由项目公司、金融机构、项目施工商、项目供应商、项目运营商、咨询机构和保险公司等利益相关者构成，通过签订合同，形成直接价值关系；间接价值关系由项目公司、用户、新闻媒体、环保组织等利益相关者构成，从公共价值出发对 PPP 项目产生作用，形成间接价值关系。

2. 利益相关者价值取向

环境治理 PPP 项目利益相关者由于在能力水平、知识素养、自身立场等方面的不同，决定了各利益相关者存在不同的价值诉求。政府和民营企业通过理性考虑，在合作过程中都会追求自身的利益最大化，但在实际的项目活动中同时使利益相关者利益最大化是不现实的，这就导致 PPP 项目价值分配不均，产生价值冲突。因此需要对政府和民营企业的价值取向进行分析，即在界定政府和民营企业价值诉求的基础上，通过协调双方价值，使得价值向双方都有利的方向演化。对环境治理 PPP 项目政府和民营企业价值取向内涵进行探讨，有助于了解 PPP 项目利益相关者间的价值关系。

在环境治理 PPP 项目中利益相关者众多，价值关系复杂，因此首先应该明确核心利益相关者的价值取向。政府和民营企业在环境治理 PPP 项目中扮演角色的不同，导致对项目价值的追求存在明显差别。政府主要以公共价值的实现作为价值目标，民营企业以自身最大的收益为价值目标，详情如表 8－2 所示。

表 8－2　　　　　　　　　　　　核心利益相关者价值取向

核心利益相关者	项目角色	价值取向
公共部门	合作者、促进者参与者、监管者	公共产品或服务的长期性供给；产品或服务的价格；对用户和其他使用者的尊重和公平；环境治理 PPP 项目的建设运营以及最终产品或服务满足各项规定和标准；项目符合社会经济发展的需求；项目面对风险的安全性
民营企业	项目股东	政策支持和法律保护；良好的政治经济环境；政府相关部门的审批效率；合理可行的合同；公平的激励监督机制；透明的信息和程序

（1）公共部门的价值取向。政府公共部门可以决定 PPP 项目中民营企业特许经营的权利，具有很大的社会资源，对 PPP 项目各方面都具有很大作用和影响，因此公共部门的价值取向对 PPP 项目价值非常重要。政府的基本职能就是为人民提供产品或服务，这是由其内在属性决定的，具有亲社会偏好。政府充分利用社会公共资源，以共同价值最大化为价值取向。政府的各项决策受到多方面因素影响，需要确保政治风险、社会经济和 PPP 项目伙伴关系的稳定，因此政府会对 PPP 项目价值进行取舍，表现出一定的价值偏好。但是

政府做出的价值偏好无法体现所有社会公众的价值取向，导致政府会和其他利益相关者产生博弈，进而影响政府责任的履行。

（2）民营企业的价值取向。民营企业是 PPP 项目的投资者，掌握资源的是其主要股东，因此分析民营企业的价值取向具有重要意义。民营企业追求的是和风险成正比的项目收益，这是其主要目标。民营企业会优先确保自身价值最大化，在政策支持和法律保护下，会对项目环境和政策法规等方面产生价值取向。民营企业出于维护自身抗风险能力的需要，会有巨大投资意向参与 PPP 项目的融资、建设和运营，进而扩大自身市场占有率，增加自身社会影响，从而获得稳定的收益。另外，由于政府提供支持，民营企业对于风险、成本等方面具有一定抵抗力。由于民营企业的私益性，导致其更关注项目投资回报率，确保自身的利益最大化。环境治理 PPP 项目具有公益性特点，政府和民营企业价值取向具有异质性，导致民营企业在增加公共价值而使自身利益受损时，会采取措施来保护自身利益，如政府补贴、政企合谋、机会主义行为等。在环境治理 PPP 项目的后期阶段，民营企业会对收益回报进行要求，以确保项目投资和收益的匹配，实现主要股东的投资回报期望。但环境治理 PPP 项目的特殊性决定了公共价值是项目的主要目标，民营企业的价值取向会受到一定影响。

8.1.4　环境治理 PPP 项目价值关系的冲突及根源

何文盛（2015）通过研究认为利益相关者之间的利益诉求差异导致公共价值冲突，从深层次来说是利益相关者之间价值取向的冲突。PPP 项目主体间利益共享，风险共担，但这并不代表双方的风险和利益是共同的。环境治理 PPP 项目具有很强的外部性和公共物品属性，并且政府和民营企业有着不同的管理模式，使得双方对于价值取向存在价值偏好，这种偏好导致在合作过程中价值关系发生变化。

政府和民营企业的价值取向差异长期存在，然而因其角色的不同，双方采取不同的行为活动。政府在社会经济发展中处在强势地位，对于环境治理 PPP 项目通常采用行政方式来解决。民营企业在面对此类问题时，导致采取利己措施来保护自身利益不受侵害，通过市场机制获取丰厚的收益。政府追求的是公共价值，民营企业追求的是收益，公私双方的价值目标差异，导致信息沟通不畅，引发双方不信任。最终公私双方形成矛盾，影响伙伴关系的发展，项目出现问题。环境治理 PPP 项目最终产出要满足社会公众对公共价值的要求，其中公众满意度、环境治理规范等都是治理效果的体现，通过利益相关者多元互动，共同对项目进行决策。利益相关者存在各自的价值偏好，如果不能有效协调价值偏好，就会导致项目决策忽视组织或个人的意愿，引发公共价值供给和需求的冲突。

环境治理 PPP 项目利益相关者价值关系具有明显的异质性，公益和私益、契约和非契约、互惠和非互惠等特性交叉。因此 PPP 项目价值关系包括竞合关系、互补关系和共生关系（见表 8 - 3），如果价值关系发生对立，就会导致价值关系出现冲突。这种对立状态会严重影响利益相关者的合作，使环境治理 PPP 项目不能可持续运行，这正是构建 PPP 项目价值共创机制的关键所在。

表 8 - 3　　　　　　　　　　价值关系解析表

价值关系	价值视角	价值分类
竞争合作关系	资本属性视角	公私利益
互补互济关系	契约关系视角	契约合同
		剩余控制权

1. 竞合关系的冲突

从资本属性视角来看，政府和民营企业所追求的公共价值和私人利益共同存在，且公益和私益相互交叉。一般情况下政府会以公共价值为目标，但政府也会发生追求私人利益的情况，这主要体现在政府部门之间、上级政府和下级政府之间等。尽管政府代表的是社会公共利益，但其私益性也不可避免。这种发生转变的价值关系在 PPP 项目利益相关者间具有复杂性，需要对其进行界定。按照利益相关者价值取向的一致性，可以分为竞争关系和合作关系，即竞合关系。竞合关系不是绝对的竞合关系，竞争和合作在不同的情况下发挥不同的作用，竞争也会产生促进作用，合作也会产生不利影响。从本质上来看，环境治理 PPP 项目竞合关系具有自组织性，需要适当的外部规范进行管控。因此，环境治理 PPP 项目的竞合关系要在确保公共价值的前提下，发挥竞争和合作的优势，实现良性的价值互动。

利益相关者之间的竞合关系需要进行协调，促进其向良性状态演化。竞合关系的对立状态会引发价值关系冲突，产生项目再谈判或失败的风险，因此外部的规制尤为重要。价值关系的冲突发生在以下情况：

（1）政府内部公益和私益产生的价值关系冲突。政府在环境治理 PPP 项目中拥有巨大的公共资源，既是项目的监管者，也是项目的合作者。地方政府一方面会积极参与 PPP 项目，维护公共价值，另一方面政府会出现合谋甚至贪污等现象，给社会经济发展造成阻碍。

（2）政府的公益和民营企业的私益产生的价值关系冲突。一方面，政府如果出现恶意的竞争与合作，不积极参与项目运作，利益分配不公平，甚至对民营企业滥用职权故意刁难，直接干涉项目运行，向民营企业索要贿赂等，使得利益相关者价值关系产生对立，将阻碍项目正常运营。另一方面，如果企业在环境治理 PPP 项目中发生贿赂官员、政企同谋、机会主义行为等情况，将会使项目受损，伙伴关系出现裂痕，导致民营企业丧失特许经营权。

（3）民营企业私益和公众公益产生的价值冲突。公众是环境治理 PPP 项目最终产品或服务的购买者和使用者，如果项目不能满足大多数公众对于最终产品或服务的需求，民营企业和政府继续对项目进行运营，将会使价值关系破裂，引发社会公共危机。

2. 互补关系的冲突

从契约关系来看，契约关系和非契约关系存在于环境治理 PPP 项目全生命周期内，由于环境治理 PPP 项目具备契约不完全特征，导致契约关系存在漏洞，非契约关系能够补全漏洞，并进行管控，这种情况下会出现非契约资源的控制权，又称剩余控制权。非契约关系尽管能够发挥重要作用，但其非正式制度性决定了存在缺陷，契约关系对缺陷能够起到查漏补缺的作用。因此，两种关系能够存在互补性，相互配合能够使项目合理运营。契约和非契约的互补关系有利于政府和民营企业合作，双方共同参与项目决策，使项目可持续运营。环境治理 PPP 项目中契约的形成和修改需要充分考虑非契约资本，从而使其变为和公共利益相匹配的资源。

环境治理 PPP 项目中公益和私益的平衡需要契约和非契约的互补才能实现。一方面对价值诉求边界进行约束，另一方面优化剩余控制权的价值。如果环境治理 PPP 项目的参与者通过契约对剩余控制权价值进行操控，会引发非契约配置出现混乱，导致两种关系转化为对立状态。例如在合同制定期间，契约没有对项目的契约资源进行规定，非契约不能形成对资源的配置，由此政府和民营企业就会出现利益分配的不公平，引发信任风险。同时双方会对价值取向进行博弈，在缺少沟通交流的情况下，很可能会使谈判破裂，出现机会主义行为、逆向选择行为等现象，导致项目受损。

3. 价值关系冲突的根源

第一，政府和民营企业竞合关系冲突源于双方价值取向不同引发的摩擦，这种摩擦是由公益和私益属性的不匹配产生的。环境治理 PPP 项目中政府和民营企业通过签订合同建立伙伴关系，一方面有利于缓解政府财政压力，提升公共产品供给数量和效率，改变传统环境治理模式，另一方面拓宽了民营企业投资渠道，使得民营企业可以参与公共产品的供给，利用自身优势资源提高项目市场运用效率。但环境治理 PPP 项目公共价值和私人利益会相互转移，如果不能确保转移的公平性，就需要外界因素对其进行约束。政府既是项目监督者，又是项目参与者，如果政府出现私利性行为，则会出现竞合关系冲突。环境治理 PPP 项目的私益和公益很难做到绝对公平，一定程度上公益性比私益性更重要一些。因此，政府权力的使用必须做到合理配置，发挥其监管职能，维持项目公益和私益的平衡，实现环境治理 PPP 项目的初衷。

第二，契约和非契约互补关系冲突是由契约不完全导致的。项目契约的制定很难做到对环境治理 PPP 项目的完整约束，非契约资源在配置过程中会和契约内容出现冲突，导致互补关系冲突。不完全契约理论认为契约不完全是社会活动中普遍存在的，契约的制定有赖于签订主体的意愿，但项目约定的事项会在实践过程中发生变化，导致约定的事项出现异化，引发冲突，这就是不完全契约的内涵。从政府角度来说，政府会使用对公共资源进行配置的权力，对契约内容按照公共需要进行修改，提出新的条款，然而契约后期的修改也会加重资源投入，增加项目成本。

第三，主体共生关系冲突是由利益相关者价值偏好产生的。民营企业投资环境治理 PPP 项目，获得项目特许经营权，进而获得收益。一方面，政府利用民营企业掌握的资金、技术等资源供给公共产品，实现项目的公共价值。项目公共价值和项目私人利益之间的矛盾会产生风险，影响项目的运营。政府为应对经济环境的变化会运用手中的权力对项目进行行政调控，这种调控严重影响了民营企业的利益，使项目合作关系受损。另一方面，民营企业为了增加自己的盈利，轻视共同价值的实现，注重最大化的经济收益，也会和政府公共性产生冲突。共生关系冲突的实质还是利益相关者之间价值分配的不均衡。环境治理 PPP 项目中各利益相关者为项目提供各种优势资源，维护项目的可持续运行，在追求私人利益的同时对公共价值的实现产生促进作用，如果不能平衡相互的价值，则会产生共生关系冲突。

8.2

民营企业参与环境治理 PPP 项目价值共创影响因素

在前文对 PPP 项目价值共创内涵和动力分析的基础上，通过文献分析探讨不同视角下民营企业参与环境治理 PPP 项目价值共创行为，进而界定价值共创行为的关键影响因素，为分析价值共创的形成机理奠定基础。

8.2.1　价值共创因素提取

1. 文献分析

在总结出 PPP 项目的潜在因素后，立足于这个基础，利用文献分析的方法对 PPP 项目价值共创的影响因素进行相关的研究。国内外关于价值共创行为影响因素等方面的研究较多，主要有以下方面。

（1）动机角度。Hoyer 等（2010）在研究顾客的价值共创行为过程中，认为顾客价值共创行为的直接动机主要包括社会因素、经济因素、技术因素以及心理因素四个方面。李朝辉（2013）在进行了大量的实证分析后发现，顾客价值共创行为主要受到四个方面的影响，分别是认知需求、享乐需求、个人整合需求以及社会整合需求；而顾客价值共创行为的主要动机则主要包括经济利益需求、个人整合需求以及社会整合需求三个方面。

（2）用户体验角度。Shamim 等（2014）立足于社会影响理论以及体验价值理论，重点研究了顾客价值共创行为的影响因素，研究发现社会影响能够对顾客价值共创行为产生一定的影响，例如审美价值、优质服务质量、投入回报以及趣味性等。Chuang 等（2015）通过大量的实证对顾客的价值共创行为进行了研究，研究发现，个体感知利益能够对顾客的价值共创行为产生一定的影响，不仅如此，所产生的影响是带有积极意义的。杨学成等（2016）运用扎根理论发现影响顾客价值共创行为的因素还包括积极参与、有效沟通、情感承诺以及持续互动四个方面。张明立等（2014）在研究顾客价值共创行为的过程中采用了结构方程模型的方法，研究发现共创用户体验也会对顾客价值共创行为产生一定的积极影响。

（3）用户自身能力水平角度。Hsu（2007）发现顾客知识共享的行为主要受到自我效能感知的影响。赵越岷（2010）在进行大量的实证研究后发现自我效能感知还会直接影响到顾客的信息共享意愿，并且这种影响是积极的，除此之外，自我效能感知还能间接影响到顾客的实际信息共享行为。李枫林等（2011）在研究顾客的价值共创行为过程中，发现顾客的价值共创行为也会直接受到自我效能感知的影响。但是自我效能感知对顾客的结果期望所产生的影响则是间接性的。Shamim（2015）立足于自我建构理论体系，通过大量的实证研究发现个体价值共创参与行为在不同的建构类型中也是各不相同的。

（4）环境特性角度。张新圣等（2017）在研究社区特征与社区成员价值取向二者关系的过程中主要通过建造三维模型的方法，以满意和信任为媒介从而建立一个价值共创意愿的影响因素模型，研究结果表明社区的信息质量会影响顾客参与社区价值共创的意愿。Zhang 等（2015）则开发一个概念模型从而对用户价值共创意愿进行系统的分析，结果表明网站特性能够适当提高顾客的共创体验，从而相对应地提升用户未来参与共创的意愿。

2. 价值共创影响因素的确定

首先，民营企业参与环境治理 PPP 项目价值共创受政府方影响比较大，政府对民营企业的歧视由来已久，主要原因是民营企业在历史发展过程中并不是十分稳定的，所以政府部门对民营企业认知存在一定的偏差，这也制约了民营企业的发展。其次，民营企业发展时间较短，本身存在诸多问题，拥有单方面的先进经验和技术，但是缺乏多方面的经验。民营企业相对来说资本不够集中，正因如此，民企投资的 PPP 项目将重心放在了生态环保以及文化等投资少回报高的领域中。

我国实际的 PPP 项目在实施过程中受到很多因素的影响，但是并不是所有的因素都会产生一定的作用。正因如此，本书根据文献分析采用了 PPP 项目主体以及环境角度来确定价值共创的影响因素。政府方和民营企业方作为 PPP 项目价值共创的主要相关者，立足于相关的因素，结合实例，并且从中国的实际国情出发，得到价值共创的影响因素主要来自政府方面、外部环境方面、民企方面以及项目方面四大类，其又可细分为 21 小类，如表 8 - 4 所示。

表 8－4　　　　　　民营企业参与 PPP 项目价值共创影响因素

层级	因素
政府方面	财政能力
	政府注意力
	信息公开
	政府管制能力
	政治关联
外部环境方面	公众参与
	法律框架
	政策支持
	营商环境
民企方面	技术能力
	融资能力
	经验水平
	经济实力
	管理能力
项目方面	透明的采购程序
	效益评估
	市场需求
	激励机制
	项目综合的社会贡献
	风险分担机制
	激励机制

（1）政府层面的影响。PPP 项目是政府购买私营部门服务的有效工具，由于法律在这方面还不是特别完善，所以 PPP 项目将面临更大的财政风险。针对这个问题，政府部门应该对自身的财政情况进行公开。政府是否具有有效性的主要评价指标之一就是政府是否具有相对的管制能力，而且公开信息还可以获得更多的资金支持。

（2）外部环境的影响。从环境治理 PPP 项目的外部环境来说，公众参与、法律框架、政策支持和营商环境是主要因素。合理的 PPP 项目公众参与对于完善 PPP 项目监督机制、保障 PPP 项目中的公众利益、促进 PPP 项目的可持续发展都至关重要。民营企业对资源环境的依赖性强，发展主要依靠要素投入，良好的法律框架、政策支持和营商环境为其提供保障。

（3）民企层面的影响。民营企业相对来说规模较小，而且由于主力军为中小企业，所以整体的经济水平较低，除此之外，大部分的中小企业都是家族企业，企业的信誉度有待考察。影响民企参与 PPP 项目的主要因素有很多，其中包括技术能力、融资能力、经验水平、管理能力以及经济实力等。民营企业长期以来所面临的一大难题就是融资困难，这会大大降低民营企业的收益，因此就影响其参与 PPP 的可能性。

（4）项目层面的影响。就项目本身来说，效益评估和激励机制是保障民营企业合理收益、产生投资信心的重要手段。PPP 中所涉及的大部分项目都是高投资低回报的，并且回报的周期较长，这与民营企业的期望值是大相径庭的。政府的价值取向主要包括优质公共物品的供给，而民营企业的主要经营目的就是获取利润，投资越多，回报也就相对应的越高。PPP 项目在市场的监管体系上并不完善，缺少专业化的指导以适应市场的需求，这也正是 PPP 项目存在长期收益不稳定性的主要原因之一。不仅如此，透明的采购程序、市场需求、项目综合的社会贡献、风险分担机制也是重要因素。

8.2.2　环境治理 PPP 项目价值共创因素探究

1. 价值共创因素

所谓价值共创因素，指的就是在项目价值共创过程中起到至关重要的决定性因素。关键性因素的排列是没有顺序可寻的，在大多数的项目中，一旦某一个或者一类因素满足成为关键因素的必要条件，那么这些因素将会对总目标产生很大的影响。

对于 PPP 项目以及一些相关的组织来说，在它们不断发展的过程中，价值共创关键因素能够将它们的经验进行累计和传递，不仅如此，价值共创关键因素还具有很强的普适性。"二八法则"是价值共创关键因素的源头，具体表现为：20% 的 PPP 项目风险因素能够决定 80% PPP 项目的成败。对于管理者来说，关键因素的识别能够帮助他们找出制约项目成功的关键因素，从而对项目进行重点管控。S. Thomas Ng 在进行了专家访谈后，结合问卷进行了市场调查。重点对 PPP 项目的三个利益相关方在项目初期的关键因素进行了相关的研究，以此来促进项目的成功。

2. 价值共创关键因素调查问卷设计

在对 PPP 项目价值共创关键因素进行分析的过程中，本书主要采用了调查问卷的形式，与此同时，立足于本书主要的研究思路，参考了大量文献，从而对 PPP 项目价值共创因素进行了汇总，之后再对其中相关的一些因素进行合并和删除，便于后续的分类处理，这样能够更加便利地找到影响 PPP 项目价值共创的关键因素。最后设计调查问卷的主要形式以及内容，开展调查。

　　本书在研究关于 PPP 项目价值共创的关键因素过程中，立足于 PPP 项目的特定性，采用多种不同的方法对其进行了分析。在对每一个 PPP 项目参与主体进行研究的过程中，为了保证每一个参与的对象被抽到的概率是相同的，对随机分布的抽取标准和原则分别进行了分析处理。在调查问卷中，参与调查问卷者也应该被列入考虑的范围内。在本次研究中，问卷的发放数量共计 240 份，筛选过后发现只有 211 份问卷符合填写的标准。

　　在这些问卷中，对影响 PPP 项目价值共创的程度给予了 1—5 分的不同评价，1 分为不影响、2 分为影响较弱、3 分为没有影响、4 分为影响较大、5 分为影响强。

　　由于 PPP 项目存在范围大的属性，所以在问卷调查的过程中也要考虑到这个问题，扩大分发问卷的范围。在本次问卷调查中，将问卷分别向建设单位、咨询公司、项目规划设计院以及高校等多个领域进行发放。在此过程中，已经毕业并且在相关单位工作的同学发挥了巨大的作用，他们通过自己大学期间的人脉关系，使得问卷发送工作得以圆满顺利的完成。

　　收回问卷后，首先对其进行分类整理，根据问卷调查的结果，我们发现，高校、科研院所、国有企业的比例相对较高，占 30%；民营企业占比最高，为 49%，外资企业和混合所有制企业分别占 8% 和 13%，如表 8 - 5 所示。

表 8 - 5　　　　　　　　　　问卷调查企业分布

		单位			
		频率	百分比	有效百分比	累计百分比
有效	国有	63	29.9%	29.9%	29.9%
	民营	104	49.3%	49.3%	79.1%
	外资	16	7.6%	7.6%	86.7%
	混合所有制	28	13.3%	13.3%	100.0%
	总计	211	100.0%	100.0%	

　　填写问卷的多数为参与过其他环境治理 PPP 项目的，其次为环保综合治

理和低碳能源的，参与过污水处理和垃圾处理的人较少，如表 8 - 6 所示。

表 8 - 6   问卷调查项目分布

	项目				
		频率	百分比	有效百分比	累计百分比
有效	污水处理	16	7.6%	7.6%	7.6%
	垃圾处理	14	6.6%	6.6%	14.2%
	低碳能源	45	21.3%	21.3%	35.5%
	环保综合治理	46	21.8%	21.8%	57.3%
	其他	90	42.7%	42.7%	100.0%
	总计	211	100.0%	100.0%	

在上述被调查人员中，大部分都是参与过 PPP 项目的，而且他们从事 PPP 项目相关工作的经验几乎都在 5 年以上，工作经验较为丰富。不仅如此，这些人还参与了 PPP 项目的全过程管理工作，在 PPP 项目的多个领域中都有很强的实践操作能力，例如 PPP 项目融资、建设管理和国家相关法律以及政策的研究方面，这对于问卷调查来说，是十分有利的。对于这些参与过 PPP 项目的被调查人员们来说，无论是对于 PPP 项目基础设施的理解，还是对于管理工作的日常经验，他们都是知根知底的，因此，本次调查问卷的数据具有较强的可信度。

3. 价值共创的结构方程模型构建

结构方程模型（SEM）作为一种常见的多元分析工具，还存在着多种别称，如共变结构模型等，其中包含了多种因素，如随机或非随机变量。因为该模型能够应用于多元统计分析之中，所以其在大数据分析中被广泛应用，与传统多元统计模型相比，SEM 的优势是众多传统分析方法无法比拟的。

测量模型中的变量包含两种，一种为观察变量，另一种为潜在变量，前者又被称为指标变量，即可以直接进行量化的变量，采用矩形来进行指代，而后者则采用圆形进行指代。SEM 中存在两种基本模型，分别为结构模型和测量模型，前者对潜在外生与潜在内生之间的相关性进行明确，后者则是针对潜在变量与观察变量相关性的明确。若潜在变量与观察变量为因果关系，且为一对多，则观察变量又可以称之为反映性指标；若观察变量代表因，并且多个观察变量对应一个潜在变量，则观察变量又被称之为构成性指标。构成性指标的分析相对较为困难，自身分析软件无法进行，因此 SEM 模型在对观察变量进行分析时，会采用反映性指标。对于验证性因素，可以基于测量模型来实现分析，而之所以进行验证性因素的分析是为了同时探索多个观察变量与潜在变量的载荷以及相关性。在进行效度分析时，最佳结果是对载荷值进行分析后发现观察变量与其具有联系的潜在变量之间具有显著相关性，而对于无关联的潜在变量，则是无显著相关性。通过进行效度分析，能够明确理论或预期情况与实际情况之间的差异，即探究二者之间的一致性。

PPP 项目价值共创由政府、外部因素、民企、项目这些方面共同参与。并且这四个方面所用来指代的因素也存在差异，因此，可以基于构建 SEM 来分析。

首先，对所有的潜在变量以及观测变量进行明确：将 PPP 项目价值共创作为内生潜在变量，此外基于与 PPP 项目价值共创的相关性，将政府、项目、外部因素以及民企四项作为外生潜在变量；由四项外生潜在变量进一步衍生出相对应的外生观测变量。政府对应的外生观测变量为：政治关联、财政能力、信息公开、政府注意力以及政府管制能力；外部环境对应的外生观测变量为：公众参与、营商环境、政策支持、法律框架；民企对应的外生观测变量为：技术能力、经验水平、融资能力、管理能力以及经济实力；项目对应的外生观测变量为：透明采购程序、效益评估、市场需求、物有所值评价、项目综合的社会贡献、风险分担机制和激励机制。

其次，分别作出以下假设：

假设 1：政府与 PPP 项目价值共创之间具有显著相关性。

假设 2：外部因素与 PPP 项目价值共创之间具有显著相关性。

假设 3：民企与 PPP 项目价值共创之间具有显著相关性。

假设 4：项目与 PPP 项目价值共创之间具有显著相关性。

8.2.3　基于结构方程的价值共创关键因素识别

1. 问卷的信度检验

对样本数据进行整理之后，再通过 SPSS19.0 软件完成信度检验。结合克隆巴赫（信度）系数（Cronbach's alpha），对问卷中的条目进行合理删减，具体原则为：首先是复相关系数（SMC）低于 0.5；其次是在条目删减之后，Cronbach's alpha 系数明显提升。对软件进行数据分析之后，得到 Cronbach's alpha 系数。在进行信度检验时，除了参考 Cronbach's alpha 以及多相关性的平方系数（SMC）之外，还需要借助构建信度（CR）以及平均方差抽取量（AVE）这两项指标。在对效度进行检验时，则可通过构建 SEM 来实现，通过模型得到理论结构，将其与问卷实际结构进行比较，进而明确拟合度。可以借助改变模型结构来使问卷效度达到理想值。

　　借助 Cronbach's alpha、SMC、CR 以及 AVE 来对模型变量的信度进行检验。通过 Cronbach's alpha 系数，可以明确数据的内部一致性，该系数值与内部一致性之间存在正相关关系。Cronbach's alpha 系数需要保证不低于 0.7，否则需要对问卷中的条目进行更改，直到系数值满足要求。在对某变量的测量误差进行计算时，多基于 SMC 进行，并且保证所得数值达到 0.5 以上。在对潜在指标的内在一致性进行分析时，多通过 CR 来反映，并且需要保证该数值不低于 0.6。在对变量与潜在变量的解释度进行分析时，多通过 AVE 来反映，并保证数值不低于 0.5。

　　对所得数据结果进行整合，以此得到可靠性统计量，如表 8-7 所示。

表 8-7　　　　　　　　　　可靠性统计量

	Cronbach's alpha	基于标准化项的 Cronbachs alpha	项数
政府	0.921	0.922	5
外部环境	0.876	0.876	4
民企	0.886	0.886	5
项目	0.955	0.955	7

　　问卷信度的指标有内部一致性信度、复本信度、重测信度等，在探索性分析中通常使用 Cronbach's alpha 信度系数对问卷的信度做一个度量，由表 8-8 可知，政府方面、外部环境方面、民企方面和项目方面的标准化 Cronbach's alpha 信度系数分别为 0.922、0.876、0.886、0.995，均大于 0.7，可见信度较佳。

表 8 - 8　　　　　　　　　　　　项总计统计量

	项已删除的刻度均值	项已删除的刻度方差	校正的项总计相关性	多相关性的平方	项已删除的Cronbach's alpha 值
财政能力	18.79	47.759	0.792	0.644	0.904
政府注意力	18.94	48.077	0.806	0.653	0.902
信息公开	18.84	48.856	0.797	0.644	0.904
政府管制能力	18.74	47.287	0.8	0.651	0.903
政治关联	18.81	47.345	0.786	0.625	0.906
公众参与	14.57	25.56	0.738	0.58	0.839
法律框架	14.65	25.761	0.727	0.534	0.843
政策支持	14.65	24.951	0.774	0.613	0.825
营商环境	14.8	26.068	0.692	0.5	0.857
技术能力	18.6445	42.811	0.747	0.673	0.856
融资能力	18.7393	43.651	0.734	0.567	0.859
经验水平	18.7109	42.064	0.753	0.659	0.854
经济实力	18.9147	44.536	0.683	0.596	0.87
管理能力	18.8294	43.39	0.703	0.628	0.866
透明采购程序	30.33	107.44	0.859	0.752	0.947
效益评估	30.2	106.503	0.852	0.737	0.947
市场需求	30.28	106.385	0.827	0.693	0.949
物有所值评价	30.21	107.452	0.84	0.724	0.948
项目综合的社会贡献	30.27	118.493	0.841	0.716	0.948
风险承担机制	30.37	109.606	0.838	0.718	0.949
激励机制	30.3	104.793	0.86	0.755	0.947

从政府测量量表来看，对其中所有问项的 SMC 进行计算之后，得到的数据结果都高于 0.6，计算整体 Cronbach's alpha 系数后，发现得到的数据结果大于 0.9，以此能够表明政府测量量表的信度较佳。

在外部环境方面的测量量表中，SMC 均大于 0.5，Cronbach's alpha 系数均高于 0.8，表明该量表具有较高的信度水平。"政治、经济环境"一题的 SMC

为 0.5，但删除该项后信度系数没有显著提高，故保留该题项。

从民企测量量表来看，对其中所有问项的 SMC 进行计算之后，得到的数据结果都高于 0.5，计算整体 Cronbach's alpha 系数后，发现得到的数据结果大于 0.8，以此能够表明民企测量量表的信度较佳。

从项目测量量表来看，对其中所有问项的 SMC 进行计算之后，得到的数据结果都高于 0.6，计算整体 Cronbach's alpha 系数后，所得数据结果大于 0.9，以此能够表明项目测量量表的信度较佳。

2. 探索性因子分析

在进行实证分析时，可以采用多指标分析法，从而保证全面、准确地认识研究对象，而采用多指标的情况下，误差来源也会增多，如出现共线性等。探索性因子分析是常见的一种代表性因子提取法，通过探索性因子分析，能够对研究中观测变量依照重要性和相关性进行提取，并对所得数据进行浓缩，以此来最大限度地防止信息丢失。所以，在进行多指标分析时，可以结合探索性因子分析法，以此来使得 SEM 的分析更加简便。

判断是否适合进行探索性因子分析时，需要在 Bartlett 球形检验的基础之上进行，检验的结果也就是概率值，将其与显著性水平进行比较，若前者更高，则拒绝原假设，各项指标可以进行因子分析，反之，则不具备因子分析的条件。多数情况下，KMO 的度量标准为：若数值高于 0.9，则表示非常合适，若数值为 0.8，则表示合适，若数值为 0.7，则表示一般，若数值为 0.6，则表示不太合适，若数值低于 0.5，则为极不合适。进行因子分析的根本目的就是提取出公因子，以此来实现降维。探索性因子分析则能够对与观测变量相关的因子数量进行明确，并分析这些因子与所对应变量的相关性，以此来探索出多指标模型之中的内在结构。在进行研究时，首先假设每个变量都有与自身相对应的因子，并仅能依靠因子载荷来进一步分析得到因子结构。验证性因子分析与之有着本质区别，即这种因子分析的根本目的在于对拟合度的明确。在先验理论的基础之上，能够提取出指标变量，通过因子分析，能够将实际因子与预期进行对比，分析两者是否一致。在先验假设之中，所有因子都要有与其相对的变量子集，应假设因子数目。

探索性因子分析是基于 KMO 以及 Bartlett 球形检验之上进行的，对于 Bartlett 球形检验来说，其结果也就是概率值，将该值与显著性水平进行比较，若前者更高，则拒绝原假设，各项指标可以进行因子分析，反之，则不具备因子分析的条件。多数情况下，KMO 的度量标准为：若数值高于 0.9，则表示非常合适，若数值为 0.8，则表示合适，若数值为 0.7，则表示一般，若数值为 0.6，则表示不太合适，若数值低于 0.5，则为极不合适。该份问卷的 KMO 值为 0.927，p 值为 0.000 < 0.05，故很适合做因子分析，如表 8 - 9 所示。

表 8 - 9　　　　　　　　　　　　**KMO 和 Bartlett 的检验**

KMO 和巴特利特检验		
KMO 取样适切性量数		0.927
巴特利特球形度检验	近似卡方	3558.288
	自由度	210
	显著性	0.000

资料来源：计算机输出。

从解释的总方差数值来看，在提取载荷平方和方面的数值为 75.496%，与要求的 70% 相比，前者更高，所以整体分析来看，信息无明显丢失，该分析结果较佳。如表 8 - 10 所示。

表 8 - 10　　　　　　　　　　　　**解释的总方差**

成分	初始特征值			提取载荷平方和			旋转载荷平方和		
	总计	方差百分比	累积 %	总计	方差百分比	累积 %	总计	方差百分比	累积 %
1	9.891	47.101	47.101	9.891	47.101	47.101	5.527	26.317	26.317
2	2.689	12.806	59.906	2.689	12.806	59.906	3.977	18.938	45.255
3	2.012	9.579	69.485	2.012	9.579	69.485	3.406	16.218	61.473
4	1.262	6.010	75.496	1.262	6.010	75.496	2.945	14.022	75.496

提取方法：主成分分析法

在主成分分析法的基础之上，旋转后的因子均能负荷到对应的维度上，共提取四个因子，符合预想的维度设计，所有题项的因子载荷均大于 0.7，且不存在跨因子分布，故可以认为该份问卷的结构效度较好。如表 8 – 11 所示。

表 8 – 11　　　　　　　　　　　　旋转成分矩阵

旋转后的成分矩阵

	成分			
	1	2	3	4
财政能力		0.823		
政府注意力		0.848		
信息公开		0.836		
政府管制能力		0.848		
政治关联		0.824		
公众参与				0.742
法律框架				0.795
政策支持				0.724
营商环境				0.664
技术能力			0.692	
融资能力			0.725	
经验水平			0.714	
经济实力			0.828	
管理能力			0.837	
透明采购程序	0.831			
效益评估	0.849			
市场需求	0.834			
物有所值评价	0.817			
项目综合的社会贡献	0.810			
风险承担机制	0.830			
激励机制	0.837			

3. 验证性因子分析

（1）验证性路径分析图汇总。从政府这一层面来看，分析得到 Cronbach's

alpha 系数结果为 0.922，且 0.922 > 0.7，因此该系数结果在要求范围内，以此也能够说明政府测量量表的信度较佳。从因子载荷的角度来看，最小为 0.80，最高为 0.90，所以均在 0.6 之上，以此能够说明适配度较佳。从 SMC 的结果来看，财政能力、政府注意力、信息公开、政府管制能力、政治关联均大于 0.6，由此可以证明信度较佳。从建构信度来看，得到的结果为 0.922，高于 0.6，所以符合要求，建构信度也较好。从 AVE 计算结果来看，为 0.702，高于 0.5，因此表示符合要求，指标变量能够解释潜在变量，具有较高收敛度，如图 8 - 1 所示。

在外部环境这一层面中，分析得到 Cronbach's alpha 系数结果为 0.876，且 0.876 > 0.7，因此该系数结果在要求范围内，以此也能够说明外部环境测量量表的信度较佳。从因子载荷的角度来看，最小为 0.70，最高为 0.90，所以均在 0.7 之上，以此能够说明适配度较佳。从 SMC 的结果来看，都高于 0.5，由此可以证明信度较佳。从建构信度来看，得到的结果为 0.876，高于 0.6，所以符合要求，说明建构信度也较好。从 AVE 计算结果来看，为 0.640，高于 0.5，因此表示符合要求，指标变量能够解释潜在变量，具有较高收敛度，如图 8 - 2 所示。

从民企这一层面来看，分析得到 Cronbach's alpha 系数结果为 0.886，且 0.886 > 0.7，该系数结果在要求范围内，以此也能够说明民企测量量表的信度较佳。标准化因子荷载除经济实力该题以外，均在 0.70 到 0.90 之间，且经济实力该题的因子载荷接近 0.7，属于可接受范围，故适配度尚可。SMC 中，SMC 值大部分超过或接近 0.5，由此可以证明信度较佳。从建构信度来看，得到的结果为 0.885，高于 0.60，所以符合要求，说明建构信度也较好。在 AVE 方面，得到的结果高于 0.5，因此表示符合要求，指标变量能够解释潜在变量，具有较高收敛度，如图 8 - 3 所示。

在项目这一层面中，分析得到 Cronbach's alpha 系数结果为 0.955，且 0.955 > 0.7，说明项目测量量表的信度较佳。从因子载荷的角度来看，最小为 0.80，最高为 0.90，所以均在 0.7 之上，以此能够说明适配度较佳。从 SMC 的结果来看，都高于 0.7，由此可以证明信度较佳。从建构信度来看，得到的结果为 0.955，高于 0.60，所以符合要求，说明建构信度也较好。AVE 计算结果高于 0.5，因此符合要求，即指标变量能够解释潜在变量，具有较高收敛度，如图 8 - 4 所示。

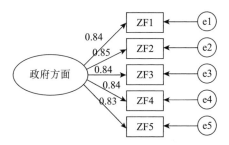

图 8－1　政府方面验证性因子分析

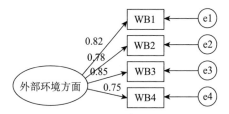

图 8－2　外部环境方面验证性因子分析

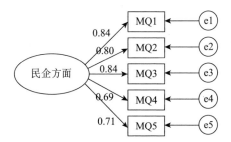

图 8－3　民企方面验证性因子分析

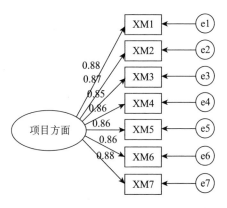

图 8－4　项目方面验证性因子分析

（2）PPP 项目价值共创因素测量模型检验数据结果统计。如表 8 - 12、表 8 - 13、表 8 - 14 所示。

表 8 - 12　　　　PPP 项目价值共创因素测量模型检验数据结果

维度	条目	标准化因子载荷	多相关系数平方	建构信度	平均方差抽取量	Cronbach's alpha
政府层面	财政能力	0.835	0.697	0.922	0.702	0.922
	政府注意力	0.848	0.719			
	信息公开	0.838	0.702			
	政府管制能力	0.841	0.707			
	政治关联	0.826	0.682			
外部环境层面	公众参与	0.817	0.668	0.876	0.640	0.876
	法律框架	0.779	0.607			
	政策支持	0.853	0.728			
	政治、经济环境	0.747	0.558			
民企层面	技术能力	0.842	0.709	0.885	0.607	0.886
	融资能力	0.802	0.643			
	经验水平	0.843	0.711			
	经济实力	0.688	0.473			
	管理能力	0.707	0.500			
项目层面	物有所值评价	0.864	0.747			
	项目综合的社会贡献	0.863	0.745			
	风险分担机制	0.860	0.740			
	激励机制	0.883	0.780			
	透明的采购程序	0.881	0.776	0.955	0.753	0.955
	效益评估	0.874	0.764			
	市场需求	0.850	0.723			

资料来源：计算机输出。

政府方面，0.922 是潜在变量 Cronbach's alpha 的系数，比信度系数接受标准还要高，这说明测量模型内部有着较高的信度。0.8 至 0.9 是标准化因子的荷载范围，有着比较好的适配度。在 SMC 中，财政能力、政府注意力、信息公开、政府管制能力、政治关联均大于 0.6，有着较高的可信度。0.922 是建构信度，比接受标准 0.6 要高，因此有着比较高的建构信度。0.702 是 AVE 的值，比判断标准 0.5 高，这说明测量指标变量有着较高的收敛度，能够将与其有着共同概念的潜在特质反映出来。

表 8 – 13 　　　　　　　　　　　　　　　拟合度指标

指标类型	指标名称	评价标准
绝对拟合指标	卡方与自由度之比（χ^2/df）	$1 < \chi^2/df < 3$，模型拟合良好
		$3 < \chi^2/df < 5$，模型拟合尚可接受
	近似误差均方根（RMSEA）	RMSEA 小于 0.005，表示拟合良好
		RESEA 在 0.05 与 0.08 之间，表示拟合不错
		RESEA 在 0.08 与 0.10 之间，表示中度拟合
		RESEA 大于 0.10 并表示拟合不良
	拟合优度指数（GFI）	一般要求 RESEA 小于 0.08 表示模型拟合可以接受
		一般在 0—1 范围内，越接近 1 表示拟合度越好
		GFI 大于 0.9 表示模型得到较好的拟合
相对拟合指标	比较拟合指数（CFI）	一般在 0—1 范围内，越接近 1 表示拟合度越好
		CFI 大于 0.9 表示模型得到较好的拟合
	标准拟合指数（NFI）	一般在 0—1 范围内，越接近 1 表示拟合度越好
		NFI 大于 0.9 表示模型得到较好的拟合
	增值拟合指数（IFI）	一般在 0—1 范围内，越接近 1 表示拟合度越好
		IFI 大于 0.9 表示模型得到较好的拟合
	非范拟合指数（TLI）	一般在 0—1 范围内，越接近 1 表示拟合度越好
		TLI 大于 0.9 表示模型得到较好的拟合

表 8 – 14 　　　　　　　　　　　　　　　拟合度指标检验

维度	卡方/自由度	RMSEA	NFI	IFI	CFI	PNFI	PGFI
政府方面	2.167	0.075	0.985	0.992	0.984	0.593	0.596
外部环境方面	2.263	0.014	0.976	0.980	0.980	0.527	0.596
民企方面	2.189	0.029	0.951	0.958	0.957	0.624	0.648
项目方面	2.152	0.074	0.979	0.989	0.989	0.653	0.659

资料来源：计算机输出。

在外部环境方面，0.876 是潜在变量 Cronbach's alpha 的系数，比信度系数接受标准还要高，这说明测量模型内部有着较高的信度。0.7 至 0.9 是标准化因子的荷载范围，有着比较好的适配度。SMC 都比 0.5 大，信度水平也比较高。0.876 是建构信度，比接受标准 0.6 大，有着比较高的建构信度。0.64 是

AVE 的数值，比 0.5 大，这说明测量指标变量有着较高的收敛度，能够将与其有着共同概念的潜在特质反映出来。

在民企方面，0.886 是潜在变量 Cronbach's alpha 的系数，比信度系数接受标准 0.7 的值要高，这说明测量模型内部一致性有着比较高的信度。标准化因子荷载除经济实力该题以外，均在 0.70 到 0.90 之间，且经济实力该题的因子载荷接近 0.7，属于可接受范围，故适配度尚可。SMC 中，SMC 值大部分超过或接近 0.5，有着较高的信度水平。0.885 是建构信度的值，比接受标准 0.6 的值大，有着比较高的建构信度。AVE 的值比 0.5 大，这说明测量指标变量有着较高的收敛度，能够将与其有着共同概念的潜在特质反映出来。

在项目方面，0.955 是潜在变量 Cronbach's alpha 的系数，比信度系数接受标准 0.7 的值高，这说明测量模型内部有着较高的信度。0.8 至 0.9 是标准化因子的荷载范围，有着比较好的适配度。SMC 的值都比 0.7 要大，有着较高的信度水平。0.955 是建构信度的数值，比接受标准 0.6 的值大，因此有着比较高的建构信度。AVE 的值比 0.5 大，这说明测量指标变量有着较高的收敛度，能够将与其有着共同概念的潜在特质反映出来。

政府方面 χ^2/df 为 2.167，在［1，3］范围内，RMSEA 为 0.075，小于 0.1，NFI、IFI、CFI 均大于 0.9，PNFI、PGFI 均大于 0.5，故政府方面拟合优度指标达到较高。

外部环境方面 χ^2/df 为 2.263，在［1，3］范围内，RMSEA 为 0.01，小于 0.1，NFI、IFI、CFI 均大于 0.9，PNFI、PGFI 均大于 0.5，故外部环境方面拟合优度指标达到较高。

民企方面 χ^2/df 为 2.189，在［1，3］范围内，RMSEA 为 0.029，小于 0.1，NFI、IFI、CFI 均大于 0.9，PNFI、PGFI 均大于 0.5，故政府方面拟合优度指标达到较高。

项目方面 χ^2/df 为 2.152，在［1，3］范围内，RMSEA 为 0.074，小于 0.1，NFI、IFI、CFI 均大于 0.9，PNFI、PGFI 均大于 0.5，故项目方面拟合优度指标达到较高。

4. 测量模型检验与分析

SEM 是一种基于变量的协方差矩阵的统计方法，主要对变量间的关系进行分析，事实上是拓展了一般线性模型，主要有结构模型和因子模型，有效结合了传统路径分析和因子分析。大多数情况下，SEM 会选择最大似然法估计模型（Maxi-Likeliheod，ML）对结构方程的路径系数等估计值进行分析，研究者通过 ML 法再以数据分析的结果为基础来修正模型。建构结构方程模型的步骤主要有：构建模型，对研究模型进行构建，主要包含：潜变量和观测变量间的关系以及各个潜变量间的相互关系等；模型拟合，解出模型，模型参数的估计是最重要的，解出参数，尽量缩小模型隐含的样本协方差矩阵和协方差矩阵之间的"差距"；模型评价，检查路径系数/载荷系数的显著性以及各参数和预设模型间关系的合理性、各拟合指数是否达标；进行模型修正，扩展模型；解释模型指标，目前常用的拟合度指数包括相对拟合度指标和绝对拟合度指标，相对拟合指标主要包含非范拟合指数（TLl）以及增值拟合指数（lFl）、标准拟合指数（NFl）、比较拟合指数（CFl）等，绝对拟合度指标主要包含拟合优度指数（GFl）、卡方值和自由度比、近似误差均方根（RMSEA）等。

（1）一阶验证性因子分析，如图 8-5 所示。

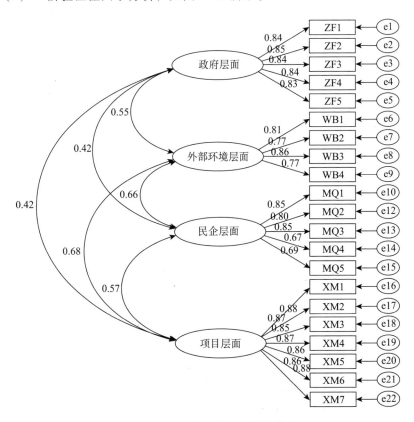

图 8-5　一阶验证性因子估计模型

（2）二阶验证性因子分析。组变量之间的相关系数可以说明有另外一个更高阶的共同因子能够对这四个初阶因子进行解释，以下分析二阶验证性因子。

如图 8 - 6 所示，在二阶因子模型中，内因潜在变量共有四个，都是一阶因子。从四个初阶内因潜在变量对高阶外因潜在变量因素的负荷量能够看到，适配度较好的是二阶因子模型。与此同时，如表 8 - 15 所示，四个初阶因子的 SMC 值都比推荐标准 0.5 要高，从中能够看出高阶因子对这四初阶因子的解释力都比较高。0.8754 是建构信度，这说明二阶因子模型的内在质量良好。0.6388 是平均方差抽取量，说明二阶因子模型的收敛效度是比较好的。

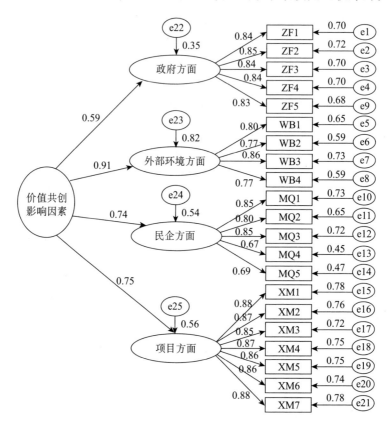

图 8 - 6   二阶验证性因子估计模型

表 8 - 15   二阶因子测量模型检验相关数据结果

	路径		标准化路径系数	多相关系数平方	建构信度	平均方差抽取
政府方面	<--	价值共创影响因素	0.792	0.6273	0.8754	0.6388
外部环境方面	<--	价值共创影响因素	0.906	0.8208		
民企方面	<--	价值共创影响因素	0.737	0.5432		
项目方面	<--	价值共创影响因素	0.751	0.564		

如表 8 - 16 所示，数据拟合度比较好，这就说明二阶验证性因子模型的内外和外在质量比较高。

表 8 - 16　PPP 项目价值共创因素二阶验证性因子模型拟合度检验

计检验指标	名称	验结果	判标准
对拟合指标	卡方与自由度的比值（χ^2/df）	0.724	0.0—5.0
	近似误差均方根（RMSEA）	0.059	0.10
	赋范拟合指数（NFI）	0.914	0.90
	非规范拟合指数（IFI）	0.962	0.90
	比较拟合指数（CFI）	0.962	0.90
约拟合指标	简约规范拟合指数（PNFI）	0.805	0.50
	简约优度拟合指数（PGFI）	0.707	0.50

8.2.4　环境治理 PPP 项目价值共创关键影响因素分析

针对环境治理 PPP 项目价值共创的影响因素加以分析，其结果显示，政府、外部环境、民企与项目各个方面的路径系数分别为 0.792、0.906、0.737、0.751。

结果表明四个外生潜变量与 PPP 价值共创影响呈正相关关系，即本次试验所提出的假设全部成立。

假设 1：PPP 项目价值共创受到政府方面的影响成立，且为正向显著影响。

假设 2：PPP 项目价值共创受到外部环境方面的影响成立，且为正向显著影响。

假设 3：PPP 项目价值共创受到民企方面的影响成立，且为正向显著影响。

假设 4：PPP 项目价值共创受到项目方面的影响成立，且为正向显著影响。

根据分析结果可知，上述四项假设均成立，对于 PPP 项目价值共创均具有明显的正向影响，但其显著程度却存在一定差异。从整体上看，与 PPP 项目价值共创具有最为显著相关性的是外部环境方面，作为至关重要的一项因素存在。根据其显著关系大小进行排序，自大到小依次为外部环境方面、政府方面、项目方面、民企方面。

在政府方面，财政能力、政府注意力、信息公开、政府管制能力、政治关联五个因素中，因子荷载分别是 0.835、0.848、0.838、0.841、0.826，四个因素对于政府方面的相关性相差不大，依次为政府注意力、政府管制能力、信息公开、政治关联、财政能力。其中，具有最明显的相关性的为政府注意力与政府方面，并作为该类别中至关重要的因素存在。

在外部环境方面，公众参与、法律框架、政策支持、营商环境四个因素中，因子荷载分别0.817、0.779、0.853、0.747。它们相关性排序依次为政策支持、营商环境、法律框架、公众参与。其中，具有最明显的相关性的为政策支持与外部环境方面，并作为该类别中至关重要的因素存在。

在民企方面，技术能力、融资能力、经验水平、经济实力、管理能力五个因素中，因子荷载分别为0.842、0.802、0.843、0.688、0.707。这几个因素与民企方面的相关性相差较小，它们相关性的排序依次为经验水平、技术能力、融资能力、管理能力、经济实力。其中，具有最明显的相关性的为经验水平和民企方面，并作为该类别中至关重要的因素存在。

在项目方面，透明采购程序、效益评估、市场需求、物有所值评价、项目综合的社会贡献、风险分担机制和激励机制七个因素中，因子荷载分别为0.881、0.874、0.850、0.864、0.863、0.860、0.883。上述因素与法律及合约方面存在较小的相关性差异，可按照相关性进行排序，从大到小依次为激励机制、透明的采购程序、效益评估、物有所值评价、项目综合的社会贡献、风险分担机制、市场需求。其中，具有最明显的相关性的为激励机制与项目方面，并作为该类别中至关重要的因素存在。

8.3

民营企业参与环境治理 PPP 项目价值共创形成机理

民营企业参与环境治理 PPP 项目价值共创具有一定动力，在前文对环境治理 PPP 项目价值共创主体关系和行为进行分析的基础上，深入挖掘主体关系和行为在价值共创系统中的变化，对研究环境治理 PPP 项目价值共创形成机理具有重要意义。

8.3.1　前提条件

环境治理 PPP 项目主体复杂，包括政府、民营企业、工程建设方、金融机构用户等众多主体，主体间相互合作，共同为项目提供优势资源，这些主体共同构成了开放的自组织性系统。本书主要研究核心利益相关者，及政府和民营企业以及外部环境构成的价值共创系统。

民营企业参与环境治理 PPP 项目价值共创需要进行一定的筛选，并不是每个企业都符合条件。在环境治理 PPP 项目中，要求参与方必须在价值取向上具有一致性，并且具备匹配的资源条件。这些主体和价值共创的内涵对接，民营企业参与环境治理 PPP 项目具备一定的动力。

环境治理 PPP 项目价值共创的条件是对参与匹配性进行界定。这种匹配性使得环境治理 PPP 项目价值共创具备一定的初始条件。政府和民营企业的行为约束和主体关系是主要条件。环境治理 PPP 项目行为约束是对话、获取、透明和风险四种行为。主体关系则是政府和民营企业之间的价值关系，包括价值共识、价值共生和价值共赢。

1. PPP 项目行为约束

在社会经济发展中，各种企业之间的竞争核心正在逐渐发生转变，人们更加关注体验价值，由此提出 DART 模型，即对话（Dialogue）、获取（Access）、风险评估（Risk assessment）以及透明性（Transparency），这个模型为环境治理 PPP 项目价值共创提供了思路。

环境治理 PPP 项目价值共创的实现主要是政府和民营企业之间的互动，双方对各自的优势资源进行整合再输出，是一个价值不断变化的过程。双方在价值取向上取得一致性时，导致互动行为的产生通过对话、获取、风险和透明四种行为约束，进行深层次的互动体验。

（1）对话。对话是环境治理 PPP 项目的基础。政府和民营企业首先通过信息沟通进行初步的接触，双方在交流过程中逐渐提出自己的价值需求，进而为双方定位对方的价值取向奠定基础。在价值取向达到一致后，双方就各自的优势资源进行互动，为项目的决策管理提供参考，最终达成合作意愿，即达到价值共识。环境治理 PPP 项目中政府和民营企业承担着各自的责任，通过责任的履行可以使对话过程更加多样化，使更多的利益相关者参与对话过程，共同进行交流互动，创造价值。多元主体的交流互动促进了信息的对称性，使得政府和民营企业可以有更多的渠道进行互动。

（2）获取。获取是环境治理 PPP 项目资源互动的途径，政府和民营企业通过深层互动体验价值创造。新形势下获取的方式发生了新的变化，在环境治理 PPP 项目价值共创中，获取得到了新的定义。一是获取形式的多样化，政府和民营企业可以通过多渠道来进行获取行为，获取形式的多样化导致了政企双方资源互动的多样化。二是获取核心发生变化，政府和民营企业能够获得多种价值，这些价值既有经济方面的价值，也包含体验等非经济价值。在价值共创的过程中，获取会扩大互动范围，使得更多的参与者进行互动，环境治理 PPP 项目价值共创得到更多的价值创造机会。

（3）风险。风险是环境治理 PPP 项目价值共创的重点，严重危害着价值共创行为的产生。政府和民营企业在进行价值共创时，项目风险会威胁双方之间的关系，使得共创过程破裂。因此，环境治理 PPP 项目风险评估显得尤为重要。在环境治理 PPP 项目中，风险共担是政府和民营企业合作的基本要求。在价值共创过程中，需要对风险进行实时评估，确定风险的危害性，通过对更多风险的评估，积极承担应履行的责任，确保价值共创的稳定性。但在实践过程中风险具有突发性，因此需要一定的应对机制来进行实时反馈。

（4）透明。透明是环境治理 PPP 项目价值共创过程的关键。透明行为是环境治理 PPP 项目中政府和民营企业进行互动的前提，信息的透明使得双方能够增加资源输出，加快环境治理 PPP 项目价值共创进程。透明行为有效解决了信息不对称的发生，为双方互相信任奠定基础。在现代社会中，人们对价值的需求变得更加多样化，为透明行为提供了可能。一方面利益相关者共享信息，提高项目供给产品的效率，另一方面互动行为的透明使得参与形式更加完整，对价值共创过程产生促进作用。

上诉四种行为是价值共创互动的基础，相互间存在多种关联关系，通过有效的相互结合，可以实现价值共创互动向更深层次演化，例如对话主要是双方信息的交流，对话过程的深入使得信息透明大大增加，双方结合会使项目主体的互动更加深入。四种行为通过组合形式促进项目主体更加亲密，实现多种形式的价值。

2. 主体关系

（1）价值共识。价值共识是政府和民营企业价值取向一致性的体现，是价值共创活动的基础。价值共识主要是参与者在参与意愿上达成共识状态，由分析、整合和共识组成。政府和民营企业对自身所处的环境进行分析，结合自身拥有的优势资源，各自提出自己的价值诉求，通过对价值诉求的考量，评估对方的价值取向。政府和民营企业对自身的优势资源进行整合，通过交流进行价值承诺，进而双方互动达成价值诉求的契合。

（2）价值共生。价值共生在环境治理 PPP 项目价值共创过程中非常重要，是价值共创的关键所在。价值共生是政府和民营企业通过签订合同，约定相应的事项，构建合作伙伴关系，之后积极履行自身的责任和义务，建立相应的合作机制，并对价值共创系统的组织模式、规章制度等进行管理，是政府和民营企业能够发挥出价值共同创造的作用。在这个过程中需要系统各成员根据自身能力参与共创，一方面各成员通过对资源互动创造价值，另一方面各参与者相互匹配，增加环境治理 PPP 项目价值共创系统的运作渠道。最后，需要协调参与方的利益，使得在价值共创过程实现利益相关者的共生。

（3）价值共赢。价值共赢是环境治理 PPP 项目价值共创过程的成熟状态。在价值共生时，政府和民营企业共同创造价值，在这之后对价值进行分配，使得双方能够根据自己的价值取向获得相应的价值。一方面需要对价值进行整合，使其能够合理配置，进而各参与者共同获得价值。另一方面，通过价值的整合，可以提高环境治理 PPP 项目产品或服务的供给效率，进而资源的流动大大增加，各参与者持续发挥作用，使得环境治理 PPP 项目价值共创能够发生演化，更多的参与者进行价值共创活动，创造更多的可分配的价值，达到价值共赢。价值共创过程是一个不断变化的过程，各参与者根据自身的价值诉求，感知价值共创活动的内外环境变化，调整自身的资源，创造新的价值。之后增加资源整合能力，促进价值共创过程的不断演化。在每一次的演化过程中，各参与者不断创新资源进行互动，推动价值共创过程的不断发展。

8.3.2　环境治理 PPP 项目价值共创系统

1. 环境治理 PPP 项目价值共创系统内涵

Grönroos 将价值共创分为三个阶段：价值促进阶段、价值共创阶段、价值单独创造阶段。企业根据自身价值诉求，利用资金、技术等资源参与价值共创，在这个过程中消费者也可以参与进来。在价值取向的引导下，消费者根据自身能力水平决定是否和企业进行合作。双方的价值取向达成一致后进行合作，共同创造价值，在这个过程中消费者和企业具有相同地位，共同享有价值。在双方互动减少时，消费者单独创造价值，并通过相关途径进行互动。

结合价值共创三阶段理论模型，环境治理 PPP 项目价值共创过程分为价值先导阶段、价值发生阶段和价值发展阶段，基于环境治理价值共创进行探讨。在价值共创过程中，政府和民营企业间的关系不是一成不变的。传统的政府和民营企业是自上而下的管理方式，在价值共创中政府和民营企业地位平等，通过资源互动创造价值。环境治理 PPP 项目价值共创系统是开放性系统，各参与者利益共享，通过价值协调、监督反馈等方式进行资源互动。政府和民营企业在这个过程中深层互动，使价值关系向价值共识、价值共生和价值共赢转化。

以上三个环节贯穿于环境治理 PPP 项目价值共创的全过程。先导阶段政府和民营企业提出自身的价值诉求，并进行信息沟通和交流，在价值诉求契合时实现价值共生。发生阶段是环境治理 PPP 项目价值创造的关键环节，在与其他参与主体达成价值共识之后，进一步整合资源，在这个过程中，各参与主体充分发挥了各自的功能，实现多方的协同互动，共同创造价值。在发生阶段政府和民营企业基于价值共识进行项目价值的划分，各参与主体协同并将资源进行有效整合，在这个过程中，环境治理 PPP 项目价值共创各参与主体充分发挥了各自的功能，实现多方的协同互动，共同创造价值。发展阶段是环境治理 PPP 项目的成熟阶段，环境治理 PPP 项目价值共创范围不断扩大，吸引更多参与者创造价值，各参与者相互协同，形成环境治理 PPP 项目价值共创系统，如图 8 - 7 所示。

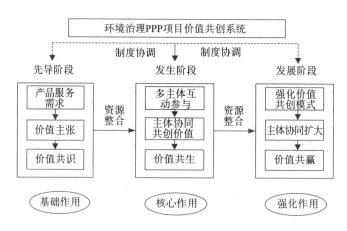

图 8 - 7　环境治理 PPP 项目价值共创系统图

因此，环境治理 PPP 项目价值共创本质上属于行为互动的自组织性系统，组织间存在关联性，各组织要素协同发展。环境治理 PPP 项目中存在民营企业私益和政府公益之间的矛盾，双方在环境治理补偿、服务等方面差别较大，这会使系统内各要素进行互动，共同决策，实现环境治理 PPP 项目价值共创。因此，环境治理 PPP 项目价值共创系统是项目各参与者基于自身的价值取向，整合内外部资源、信息，通过互动从而构建起组织关系与行为之间的开放性系统，实现环境治理 PPP 项目价值共创。

2. 环境治理 PPP 项目价值共创系统构成

PPP 项目价值共创过程中，价值处于价值共创系统的核心位置，各参与者通过资源互动创造价值。价值共创活动具有多变性，既可能成功也可能失败，这与整个价值共创系统的互动行为密切相关。成功的价值共创实践需要有效的互动，以达到主体间行为的一致性，失败的价值共创实践则往往伴随着某种不匹配，例如价值共创过程缺乏公平性、主体间缺乏共识等。通过分析 DART 模型，即对话、获取、风险以及透明四种行为分析价值共创过程，如图 8 - 8 所示。

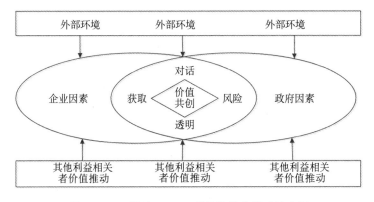

图 8 - 8　环境治理 PPP 项目价值共创系统内涵

首先，对话行为的核心是通过特殊的体验价值作用于主体间互动，将价值主张融入价值创造过程中，形成彼此间的协作和优势能力的互相转化。其次，获取行为通过认知、实践和目标的整合，进行循序渐进的互动过程，其实质是提升企业与政府的匹配度，促使各主体间的互动，在开放的生态环境中，主体间的认知、实践与目标逐渐趋向统一。风险行为即就产品或服务可能造成的危害作出科学评估，其目的是使主体双方一起成为价值创造者，获得环境治理 PPP 项目更多信息，共同创造价值。最后，透明行为即解决主体双方的信息不对称问题，是在政企之间形成信任的必要因素。价值共创系统必须满足两个条件：一是主体在价值共创中发挥积极作用；二是从参与过程中获得价值。满足这两个条件，必须保持系统结构合理和均衡，同时增强政企契合程度，减少信息不对称，加强系统的关注程度和参与强度。

PPP 项目价值共创系统通过双向连接驱动价值共创的作用方式主要表现在关系连接和行为连接。关系连接是指企业、政府等主体基于共同目标达成战略共识，针对价值冲突提出价值主张并引导用户接受，或根据反馈改进价值主张，创新产品和服务，提升关系价值。行为连接即针对市场需求，利用自身技术优势和资源能力，并通过主体间的互动，推出具有差异化的产品，吸引更多用户，达到价值共赢的目的。在价值共创系统中，通过双向连接驱动价值共创行为，可以衍生出其他行为：（1）获取与透明结合。能够改变项目信息不对称缺点，是参与者行为互动时采取合适措施。（2）对话与风险结合。能够使参与者增加沟通交流水平，共同创造价值。（3）获取与对话结合。能够强化参与者资源互动能力，加快环境治理 PPP 项目价值共创进程。（4）透明性与风险结合。增加参与者合作关系，促进 PPP 项目有效运营。

PPP 项目价值共创系统作为一种创新范式，打破了企业边界，使得资源流动更加快捷，互动更加频繁，促使价值创造方式的改变。在价值共创过程中，主要目标就是激发民营企业的参与意愿，吸引其参与价值共创。在此过程中民营企业的参与受到企业自身和政府多重因素的影响。

3. 环境治理 PPP 项目价值共创系统特征

（1）多元性。环境治理 PPP 项目的价值共创多元性主要体现在以下方面：第一，环境治理 PPP 项目主体多元，有政府、民营企业、金融机构、项目施工方、材料供应商、用户等利益相关者。第二，环境治理 PPP 项目各参与者功能多样，各参与者拥有自身优势资源，承担着不同的功能。各参与者发挥的作用并不是一成不变的，同时各参与者共同发挥着多种作用，这种特性使得环境治理 PPP 项目功能多样化，环境治理 PPP 项目价值共创系统抗风险能力大大增强。各参与者在信息、行为等方面进行沟通协调，提出价值共创意愿，通过价值取向的契合，实现价值需求。

（2）开放性、自组织性。环境治理 PPP 项目主体为政府与民营企业，主体之间的合作就构成自组织系统，系统包含各种要素，要素间关联关系紧密，共同发挥作用，使系统走向成熟稳定状态。环境治理 PPP 项目的开放性体现在参与主体的多样性，各参与者通过自身资源配置参与项目价值创造。系统内外部之间资源的互动和反馈，使得系统发生变化，当达到某个顶点时系统发生质变，达到成熟稳定状态。这种状态既具有开放性，又具有自组织性，能够对风险具有很强的抵抗力。系统内各要素会随着系统进行转变，相互协同作用，发挥各自的功能。同时，成熟稳定的状态能够反馈外界刺激，通过各要素相互作用，保持系统的稳定。

（3）协同性。环境治理 PPP 项目价值共创中因信息的非对称性，使得各参与者的情况不能被其他参与者完全了解。政府拥有权力对环境治理 PPP 项目的环境进行行政调节，民营企业也具有自身的优势资源来维持环境治理 PPP 项目价值共创的实现。同时，环境治理 PPP 项目价值共创的产出具有协同性，体现在政府和民营企业对项目公益和私益的追求，双方达成共识，对价值进行协调。一方面满足民营企业对于私人利益的追求，另一方面实现项目公共价值。基于此，环境治理 PPP 项目各参与者协同发展是不可或缺的。

8.3.3　环境治理 PPP 项目价值共创演化过程

环境治理 PPP 项目价值共创依赖于多主体共同合作，能够实现项目价值的合理分配。各参与者都是项目资源互动的推动者，通过合作发挥整体的力量，确保价值共创的实现。民营企业参与环境治理 PPP 项目价值共创，主要是期望获得可观的价值。民营企业对项目的投入成本和期望价值进行分析，当期望价值满足民营企业的价值诉求后，民营企业会形成参与环境治理 PPP 项目价值共创的意愿，由此会转化为行为互动，进而创造价值。创造出的价值进行分配，当获取的价值满足对项目诉求的期望后，会继续创造价值并形成新的期望，这个过程不断循环，形成价值共创的发展动力。在环境治理 PPP 项目价值共创中，资源互动具有层次性，是项目价值共创的基础。浅层的互动是价值共创吸引参与者的重要手段，当浅层互动不断叠加实现质变时，民营企业就会对自身资源进行分享，并积极合作，和其他参与者共同创造价值。这使得民营企业就进入了深层的资源互动，参与者之间相互信任，共同促进环境治理 PPP 项目价值共创的发展。

通过以上分析，本章将环境治理 PPP 项目价值共创演化过程分为三个阶段。首先是先导阶段，双方进行浅层互动，并由此产生价值共创意愿，达到价值共识；在价值共识基础上，双方进入发生阶段，该阶段各参与者通过资源整合进行合作，共同创造价值，这是深层互动的过程，最终达到价值共生；价值共创发展阶段是从深层次剖析价值共创所产生的价值结果以及影响，在 PPP

项目价值共创的过程中实现了多方价值共赢，如图 8 - 9 所示。

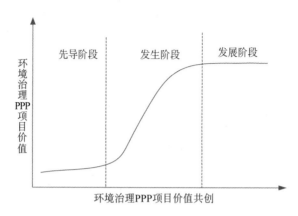

图 8 - 9　环境治理 PPP 项目价值共创演化图

在价值共创的先导阶段，各参与者进行浅层互动，由于契约不完全、信息不对称等情况，各参与者会对自身价值诉求进行表达，并整合自身资源，以应对外界变化，这时参与者间的资源互动程度不断变化。随着参与者进行环境治理 PPP 项目价值共创活动的深入，会投入更多的资源进行深层互动，这时各参与者合作的积极性不断增加，共同创造价值，价值共创也就进入发生阶段。各参与者在价值分配、激励监管等条件下共同创造和获取价值，相互间持续信任，随着获取价值的不断增多，逐渐达到持续成熟稳定状态。环境治理 PPP 项目价值共创过程主要是通过维护政府和民营企业之间持续的价值关系，促进双方之间信息交流和行为互动，最终达到价值共创的成熟稳定状态，这也是政企关系和行为循环且不断发展的过程。

1. 先导阶段

环境治理 PPP 项目价值共创的先导阶段是政府和民营企业基于价值取向一致性，双方就价值共创的参与意愿达成共识，它所主张的不仅仅是对资源的利用，同样还能体现"以人为本"的模式。环境治理 PPP 项目各参与者根据自身需要提出价值诉求，随后通过信息沟通和交流，达成价值诉求的契合。各参与者整合自身资源，进行资源的浅层互动，最终达到价值共识。在各个过程中民营企业追求自身利益的最大化，通过投入和产出的匹配，实现自身价值。政府追求公共价值的实现，进而改善环境治理现状。用户追求的是体验或使用价值，基于公共产品或服务的标准，选择合适的产品或服务。价值诉求的契合使得各参与者能够建立合作关系，达成价值共识。各参与者价值共创意愿逐渐强烈，并不断互动，为价值共同创造奠定了基础。环境治理 PPP 项目其经营活动所造成的社会影响和社会反应是价值诉求的另一重要部分。

2. 发生阶段

在环境治理 PPP 项目价值共创的发生阶段，主要是环境治理 PPP 项目各参与者通过沟通交流相互合作，之后积极履行自身的责任和义务，对价值共创的组织模式、规章制度等进行管理，进行深层次资源互动。各参与者共同创造价值，其本质上是价值创造、价值流动的过程。从政企关系层面来说，良好的政商关系是互动的基础，加强了价值传递和情感连接，环境治理 PPP 项目各主体资源优势互补，进行价值创造，各主体相互信任，形成良好的营商环境。民营企业是价值共创的主要推动者，其人力资源、社会资金链、知识财务资源、信息技术资源等都是价值共创的重要基础。

3. 发展阶段

价值共创发展阶段主要是各参与者在价值分配、激励监管等条件下共同创造和获取价值，最终达到多方价值共赢。在整个价值共创过程中，民营企业作为价值共创的推动者，一方面提升了经营绩效，增加企业声誉，另一方面深层次了解到各参与者价值共创偏好，能够使民营企业掌握用户需求，为民营企业整合自身资源提供帮助。对于其他参与者来说，在节约了成本的基础上，通过相互间的交流互动进行资源的优势互补，促使环境治理 PPP 项目关系价值和公共价值的实现，满足了各主体的价值需求。从社会层面看，环境治理 PPP 项目价值共创能对社会资源进行整合优化，提高资源配置效率，减少不必要的社会资源消耗，促进社会的和谐稳定。

8.4
环境治理 PPP 项目价值共创实证分析

政府与民营企业行为互动弥补了传统合作模式的不足，促进 PPP 项目的良性发展。为了友好平等合作关系的建立，政府改变具有公权力的主宰部门角色，利用种种交流、谈判，追求项目的最佳状态。在 PPP 项目的实际操作过程中，至关重要的两个参与主体为民营企业与政府部门。在项目合作的进程中，政府部门不仅仅是作为政策的制定者，还是监管者与合作方；而民营企业则决定着项目能否得到有效落实并开展，扮演投资建设运营的角色，推动项目的发展进程。本章利用前文 PPP 项目价值共创行为关键因素中的政策支持和激励机制等关键因素作为博弈模型分析的假设条件，进行价值共创行为的博弈模型的创建，并针对价值共创的偏好展开深入的探讨与分析，为 PPP 项目价值共创机制的构建给予适当参考方向。

8.4.1　模型假设和基本要素

1. 模型基本假设

假设一：PPP 项目价值共创的各个主体均处于独立状态，在价值共创的探讨过程中，无须考虑相互阐述的影响。

假设二：参与项目的每一方主体都具有十分强烈的参与意愿，包括政府、民营企业和公众，且将实现价值共创博弈均衡作为共同的目标。

假设三：各个参与方在进行项目价值共创的过程中，其获取的利益 R 和付出的成本 C 均与特定价值共创呈线性相关性：$R=f(r)$，$C=f(R)$。

假设四：对于项目价值共创的偏好，各个参与方均具有独立决策权。

假设五：假设政府补偿环境治理 PPP 的额度为 S，则有 $S>0$，政府补偿环境治理 PPP 项目所获得的收益 V（$V>0$），且政府补偿 PPP 项目所获取的收益大于其补偿的额度（$V>S$）。民营企业在政府补偿下参与环境治理 PPP 项目所获得的总收益为 ΔV，所付出的总成本为 ΔC。假设民营企业参与环境治理项目概率为 p，不参与概率为 $1-p$；同理，政府通过补偿参与 PPP 项目的概率为 q，则政府通过不补偿参与 PPP 项目的概率为 $1-q$，其中，$0 \leqslant p \leqslant 1$，$0 \leqslant q \leqslant 1$。

2. 模型基本要素分析

（1）参与方：充分参考当前 PPP 项目的实际状态，在本次创建的博弈模型中，明确政府、民营企业与公众这三个决策主体。

（2）信息：基于完全信息博弈模型的前提下，针对研究问题进行深入的探讨与分析，在 PPP 项目中，各个参与方信息不对称的现象是完全不存在的，与项目、参与方相关的一切信息均处于公开透明的状态。

（3）战略：PPP 项目中，各个参与方可自主选择行动，进行或不进行价值共创，即 $\alpha_1, \alpha_2 \in A_i =$（进行，不进行）。

（4）支付：明确落实到具体的 PPP 项目中，在博弈过程中，各参与方获取的净收益为 α。鉴于各个参与项目的主体地位处于不对等的状态，对于特定的价值共创，其所获收益与付出的成本均存在一定的不同。因此，价值共创的类型用 j 表示。$i(1,2,3)$ 代表政府部门、民营企业和公众。R_i^j、C_i^j 表示第 i 参与方在进行第 j 种价值共创获得价值共创收益和支付的成本，所以进行价值共创获得的净收益可以表示为：

$$\alpha_i^j = R_i^j - C_i^j \tag{8-1}$$

价值共创的收益权重用 y_i^j 代表，某种价值共创的成本权重用 η_i^j 代表，针对某一特定价值共创参与方的态度可用 $(y_i^j - \eta_i^j)$ 代表，即收益权重与成本权重二者的差值。第 i 个方面对 j 种价值共创的偏好系数可利用 β_i^j 表示。

8.4.2　静态价值共创的博弈模型

以某一特定的价值共创 j 进行参与方的博弈，经济效益与社会效益的平衡点作为其探寻的目标。以上述提出的假设和模型要素为基本内容，展开深入的分析与探讨，可利用下式表示价值共创的收益、成本与净收益：

$$R_i^j = y_i^1 \cdot r_i^1 + y_i^2 \cdot r_i^2 + \cdots + y_i^n r_i^n$$

$$C_i^j = \eta_i^1 \cdot r_i^1 + \eta_i^2 \cdot r_i^2 + \cdots + \eta_i^n \cdot r_i^n$$

$$\alpha = R_i^j - C_i^j = \sum_{i-1}^{n} (y_i^j - \eta_i^j) \cdot r_i^j = \sum_{i-1}^{n} \beta_i^j \cdot r_i^j \tag{8-2}$$

在价值共创的过程中，其收益与管控的合理与否具有十分紧密的相关性，当价值共创的管理控制更合理时，那么同一项目的价值共创收益就会显著提升。在实际项目的开展过程中，价值共创的收益与参与方的偏好程度具有一定的相关性，从参与主体的理性角度出发，对于自身无法有效控制的价值共创难以体现强烈的偏好度。因而可根据参与主体所具有的实际偏好度进行判断，偏好度越强烈，就意味着参与主体可对这一项价值共创的控制度更高。基于上述内容，可得到支付矩阵如表 8 - 17 所示。

表 8 – 17 支付矩阵

政府部门		进行		不进行	
私人部门		进行	不进行	进行	不进行
公众	进行	$(\alpha_1^j, \alpha_2^j, \alpha_3^j)$	$(\alpha_1^j, 0, \alpha_3^j)$	$(0, \alpha_2^j, \alpha_3^j)$	$(0, 0, \alpha_3^j)$
		$\alpha_1^j > 0$	$\alpha_1^j > 0, \alpha_3^j > 0$	$\alpha_2^j > 0, \alpha_3^j > 0$	$\alpha_3^j > 0$
	不进行	$(\alpha_1^j, \alpha_2^j, 0)$	$(\alpha_1^j, 0, 0)$	$(0, \alpha_2^j, 0)$	$(0, 0, 0)$
		$\alpha_1^j > 0, \alpha_2^j > 0$	$\alpha_1^j > 0$	$\alpha_2^j > 0$	$\alpha_{1,2,3}^j < 0$

充分参考支付矩阵内容，可得到结论，α_1^j、α_2^j、α_3^j 的相对值才是本博弈均衡的决定性因素，具体情况如下所示：

（1）$\alpha_1^j > 0, \alpha_2^j > 0, \alpha_3^j > 0$ 意味着政府、民营企业、公众三个参与方的项目价值偏好均大于 0，在这一前提条件下，模型的纳什均衡是（进行，进行，进行），在进行价值共创问题的探讨过程中，应当利用动态博弈模型实现。

（2）$\alpha_1^j > 0, \alpha_3^j > 0$ 或 $\alpha_2^j > 0, \alpha_3^j > 0$ 或 $\alpha_1^j > 0, \alpha_2^j > 0$，在这一前提条件下，模型的纳什均衡是（进行，不进行，进行）或（不进行，进行，进行）或（进行，进行，不进行），也就意味着三方中存在一方并不具备价值共创的意愿，进行价值共创分担问题的深层次探讨时，应当利用动态博弈模型实现。

（3）$\alpha_1^j > 0$ 或 $\alpha_2^j > 0$ 或 $\alpha_3^j > 0$，在这一前提条件下，模型的纳什均衡是（进行，不进行，不进行）或（不进行，不进行，进行）或（不进行，进行，不进行），也就意味着三方中仅有一方表达了具有参与价值共创的意愿，那么直接将该类型的价值共创项目交与该参与方即可。

（4）$\alpha_1^j < 0, \alpha_3^j < 0, \alpha_2^j < 0$，纳什均衡解不存在，由于三方的价值共创偏好值均小于 0，因而模型无解。

根据上述博弈分析可得到结论，针对某一特定价值共创的偏好系数越高，该项价值共创就越适合。为了保证项目的整体满意度达到最高值，可完全根据各个项目的价值共创进行判断，将项目交予具有最高偏好系数的参与方。进行具体 PPP 项目的开展过程中，参与方针对某一特定价值共创的偏好的数据信息应当具有正确的认知。

8.4.3　动态价值共创的博弈模型

经过对静态博弈模型的探讨可得到结论，一般情况下，参与方均具备参与某种类型价值共创的偏好，对该类型价值共创表达了可接受意愿，因而，在

PPP 项目价值共创管理工作中，多方价值共创分析的重要性不容忽视。

1. 模型构建

利用静态博弈模型分析，求得 PPP 项目参与方价值共创净收益函数为：

$$\alpha_i^j = R_i^j - C_i^j = \sum_{i=1}^{n} (y_i^j - \eta_i^j) \cdot r_i^j = \sum_{i=1}^{n} \beta_i^j \cdot r_i^j \qquad (8-3)$$

在多方价值共创分析中，总收益由各方共同奋斗形成的 PPP 项目产出收益和价值共创获取的净收益两部分组成。各参与方在价值共创中付出的努力程度用 ba 来代表，该变量与产出收益具有明显的相关性，当参与方的努力程度表示为 baa 时，意味着该参与方并未付出任何努力。利用田盈和蒲勇健（2006）不变替代性函数（CEL）表示项目的产出函数：

$$f = (K_1 b_1^r + K_2 b_2^r + K_3 b_3^r)^{\frac{1}{r}} \qquad (8-4)$$

根据上述分析内容，可进行动态博弈下的理论模型的创建，参与方的价值共创净收益函数为：

$$\alpha_i = y_i - b_a = c_i - b_a = \beta_i \cdot b_a (i = 1, 2, 3) \qquad (8-5)$$

类比田盈和蒲勇健的不变替代性函数，可将 PPP 项目的产出收益函数表示为：

$$f(b_1, b_2, b_3) = (P_1 b_1^{1-r} + P_2 b_2^{1-r} + P_3 b_3^{1-r})^{\frac{1}{1-r}} \qquad (8-6)$$

在不变性替代函数中，产出受到三个因素的实际作用情况可用 K_1、K_2、K_3 表示，且满足 $K_1 + K_2 + K_3 = 1$，在项目中代表参与方进行的价值共创比例，即 $P_1 + P_2 + P_3 = 1$，$(P_1 = K_1, P_2 = K_2, P_3 = K_3)r$ 意味着参与方的合作程度，基于不同的价值共创开展方式，其产出值与净收益如表 8-18 所示。

表 8-18　　　　　　　　　不同方式下的产出值

项目价值共创方式	项目产出值	价值共创净收益
三方都进行价值共创	b_a	$\beta_i P_i b_a (i = 1, 2, 3)$
公众不进行	$P_1 b_a + P_2 b_a$	$\beta_i P_i b_a (i = 1, 2)$
民营企业不进行	$P_1 b_a + P_3 b_a$	$\beta_i P_i b_a (i = 1, 3)$
政府部门不进行	$P_2 b_a + P_3 b_a$	$\beta_i P_i b_a (i = 2, 3)$
政府部门 + 民营企业不进行	$P_3 b_a$	$\beta_i P_i b_a (i = 3)$
政府部门 + 公众不进行	$P_2 b_a$	$\beta_i P_i b_a (i = 2)$
民营企业 + 公众不进行	$P_1 b_a$	$\beta_i P_i b_a (i = 1)$
三方都不进行	b_{aa}	

根据表 8-18，不同价值共创方式下项目的产出值和价值共创净收益的数值一目了然，下文中将以此表内容为依据，求得三个参与方的相互博弈下，支付矩阵如表 8-19 所示。

表 8-19 支付矩阵

政府部门	b_a		b_{aa}	
民营企业	b_a	b_{aa}	b_a	b_{aa}
公众	$b_a + \sum_{i=1}^{3} \beta_i P_i b_a$	$P_1 b_a + P_3 b_a + \sum_{i=1,3} \beta_i P_i b_a$	$P_3 b_a + P_2 b_a + \sum_{i=2}^{3} \beta_i P_i b_a$	$P_3 b_a + \beta_3 P_3 b_a$
	$P_1 b_a + P_2 b_a + \sum_{i=1}^{2} \beta_i P_i b_a$	$P_1 b_a + \beta_1 P_1 b_a$	$P_2 b_a + \beta_2 P_2 b_a$	b_{aa}

2. 纳什协商建立

纳什协商这一方式常常被用于非对抗性冲突问题的处理过程。首先针对参与方在项目共创分担问题的性质进行判断，明确属于非对抗性问题。值得注意的是，在 PPP 项目的开展过程中，各个参与方都具备参与意愿，具有签约的动机，因而针对无法利用单方所开展的价值共创，针对其协商分担比例问题予以探讨，相应的效用函数将被各参与方所找到，因此，在 PPP 项目价值共创分担的过程中，纳什协商的方式可成功应用。

纳什协商对策解，选择位于效用集 H 中的一点 $h(h_1, h_2, \cdots, h_n)$，满足效用函数的最大值。与此同时，进行协商前，已选定的威胁点为 d_i。一旦协商没有成功，那么可利用此点加以拒绝协商问题。由于 PPP 项目价值共创的分担问题中，该点并不能满足效用最大化的条件，因而各个参与方都会对协商具有高度的积极性，以 PPP 项目为基本内容，进行纳什协商模型的创建流程如下：

$$f(h) - \prod_{i=1}^{n} (h_i - d_i) \qquad (8-7)$$

第一步：明确各参与方的非对抗协商点，并明确 PPP 项目价值共创分担问题，以此为基础，实现项目参与者的决策目标向量 $f(x_i)$ 的确定。

第二步：完成目标向量空间 Y_i 的确定。

第三步：将各参与方的分价值函数 (T_1, T_2, T_3) 予以明确，也就是各个参与方对应的效用函数，并参考上文的分析，分别表示为：

$$T_1 = b_a + (y_1 P_1 b_a - \eta_1 P_1 b_a) = b_a + \beta_1 P_1 b_a$$

$$T_2 = b_a + (y_2 P_2 b_a - \eta_2 P_2 b_a) = b_a + \beta_2 P_2 b_a$$

$$T_3 = b_a + (y_3 P_3 b_a - \eta_3 P_3 b_a) = b_a + \beta_3 P_3 b_a \tag{8-8}$$

第四步：充分利用分价值函数，完成总价值函数与最值的计算。

第五步：明确各个决策者的威胁点 d_i。

第六步：按照数学规划：$\prod_{i=1} [h(x_i, x_j) - d_i] - \max \prod_{i-1} [h(x_i, x_j) - d_i]$，将 Nash 协商对策解求出，并求得 PPP 项目的价值共创分担决策解。

创建纳什协商时，明确了各参与方的分价值函数，即为各方所获得的价值共创收益与产出收益之和，对于总价值函数而言，各个分价值函数的存在都具有至关重要的作用，缺一不可。各个分价值函数展现了各方共同博弈的最终状态，因而效用函数应当利用乘法规则来确定，总价值函数为：

$$T_i = \prod_{i=1}^{3} T_i = T_1 \cdot T_2 \cdot T_3 = (b_a + \beta_1 P_1 b_a) \cdot (b_a + \beta_2 P_2 b_a)(b_a + \beta_3 P_3 b_a)$$

$$\tag{8-9}$$

总价值函数中 P_1、P_2、P_3（$0 < P < 1$）意味着三个参与方的 PPP 项目价值共创比例，而 β_1、β_2、β_3 意味着三个参与方的价值共创偏好程度。

充分结合纳什协商模型和 PPP 项目，将具体 PPP 项目共创分担问题予以有效转换，仅进行总价值函数的最优解的求取即可处理该问题。从其本质上来看，就是高等数学中十分常见的求最值问题。以总价值函数为依据，进行拉格朗日函数的创建，并将拉格朗日系数代入函数式中，求取最值，如表 8-20 所示。

总价值函数的条件正好限制在拉格朗日乘数法求最值的范围内。首先进行拉格朗日函数的创建（λ 为拉格朗日乘数）：

$$f = (b_a + \beta_1 P_1 b_a) \cdot (b_a + \beta_2 P_2 b_a) \cdot (b_a + \beta_3 P_3 b_a) + (P_1 + P_2 + P_3 - 1) \cdot \lambda$$

$$\begin{cases} f'_{P_1} = \beta_1 b_a \cdot (b_a + \beta_2 P_2 b_a) \cdot (b_a + \beta_3 P_3 b_a) + \lambda = 0 \\ f'_{P_2} = \beta_2 b_a \cdot (b_a + \beta_1 P_1 b_a) \cdot (b_a + \beta_3 P_3 b_a) + \lambda = 0 \\ f'_{P_3} = \beta_3 b_a \cdot (b_a + \beta_1 P_1 b_a) \cdot (b_a + \beta_2 P_2 b_a) + \lambda = 0 \end{cases} \tag{8-10}$$

表 8 - 20　　　　　　　　　　　　　拉格朗日函数解

P_1	$\frac{1}{3}\left(\frac{1}{\beta_2} + \frac{1}{\beta_3} - \frac{2}{\beta_1} + 1\right)$
P_2	$\frac{1}{3}\left(\frac{1}{\beta_1} + \frac{1}{\beta_3} - \frac{2}{\beta_2} + 1\right)$
P_3	$\frac{1}{3}\left(\frac{1}{\beta_2} + \frac{1}{\beta_1} - \frac{2}{\beta_3} + 1\right)$

3. 数值模拟及分析

利用多方共担价值共创博弈分析，可得到结论，对于参与方而言，其价值共创的偏好程度与比例具有十分紧密的相关关系，为了增强该项结论的可信度，笔者基于三种不同大小关系下的价值共创偏好值，针对其相应的分担比例进行深入探讨，并根据所得结果加以详细分析，如表 8 - 21 所示。

表 8 - 21　　　　　　　　　价值共创偏好虚拟数值模拟

$\beta_1 = a, \beta_2 = b, \beta_3 = c$	$a = b = c$	$P_1 = P_2 = P_3 = \frac{1}{3}$
$\beta_1 = a, \beta_2 = b, \beta_3 = c$	$a > b > c$	$P_1 - P_2 = \frac{3}{b - a} > 0$ $P_2 - P_3 = \frac{2}{c} - \frac{3}{b} > 0$
$\beta_1 = a, \beta_2 = b, \beta_3 = c$	$a = b > c$	$P_1 = P_2 = \frac{1}{c} - \frac{1}{b} > 0$ $P_1 - P_3 = \frac{2}{c} - \frac{2}{a} > 0$

参考表 8 - 21 内容可知，政府、民营企业与公众价值共创偏好的三种不同虚拟赋值的关系，将分别模拟各个价值共创偏好的具体值，并将所得数据代入公式 (8 - 8) 中，实现各个参与方的价值共创与产出的实际收益的计算，并利用分价值求和的方式，完成 PPP 项目的总产出收益的计算，如表 8 - 22 所示。

表 8 – 22　　　　　　　　　　　价值共创偏好具体值模拟

$\beta_1 = \beta_2 = \beta_3 = 2$	$\beta_1 = \beta_2 = \beta_3 = \dfrac{1}{3}$	$T_1 + T_2 + T_3 = 5b_a$
$\beta_1 = 4, \beta_2 = 3, \beta_3 = 2$	$P_1 = \dfrac{16}{36}, P_2 = \dfrac{13}{36}, P_3 = \dfrac{7}{36}$	$T_1 + T_2 + T_3 = \dfrac{217}{36}b_a$
$\beta_1 = \beta_2 = 3, \beta_3 = 2$	$P_1 = P_2 = \dfrac{7}{18}, P_3 = \dfrac{4}{18}$	$T_1 + T_2 + T_3 = \dfrac{52}{9}b_a$

　　根据价值共创偏好的数值模拟结果可得到结论，PPP 项目价值共创与参与方的偏好具有十分紧密的相关性。根据表 8 – 21 可知，随着价值共创偏好系数的不断提升，共创收益也明显上升。根据表 8 – 22 可知，经过各参与方的博弈，价值共创方式所获得的产出收益远大于均摊的情况。总之，以价值共创偏好度为依据，可帮助 PPP 项目无限趋近于社会效益和经济效益均衡点。

　　针对各个参与方的价值共创行为的博弈进行深入的分析与探讨后，得到结论，在价值共创方案的选择过程中，各个参与方可依据自身的价值共创偏好进行。以相同的价值共创为前提，各个参与方的偏好具有较大的差距，可从整体上将价值共创偏好度划分为偏好、中性与规避三种类型。所谓价值偏好，即为参与方存在接受某类价值共创的意愿，并实现更高的价值共创收益的获取。一旦该类价值共创发生时，相关参与方会立即参与该项目的决策，尤其是针对自身具有足够的控制能力的项目共创，希望在进行该价值共创的过程中实现自身利益的最大化。所谓价值共创中性，即为尽管该参与方对该价值共创具有一定的控制能力，但参与方既不对该类价值共创的发生抱有希望，也不对该类价值共创的发生存在惧怕心理，且实际项目开展过程中，更加倾向于社会效益的实现。所谓价值共创规避，即并没有参与该类价值共创的意愿，不具备相应的控制能力，且该项价值共创的进行其获得的收益远远小于付出的成本。针对上述三种价值共创偏好度进行了分析，可明确 PPP 项目参与方价值共创的基本原则：

　　（1）价值共创要与控制力相对应。按照上文的博弈分析内容，对于价值共创获得收益覆盖成本的处理能力可用控制力来代表。而高价值共创偏好代表着其控制力相对较高。因此，得到价值共创分担原则，在价值共创的分配过程中，应当将最具控制力的参与方作为首选，抑或是开展统一价值共创所付出成本最小的一方。针对双方均不具备较强的控制力，抑或是均对进行该价值共创表达了强烈的意愿，可根据实际能力，将该价值共创分配给较强的一方，亦是应用共同开展价值共创的模式。

（2）PPP 项目价值共创对称性。PPP 项目价值共创对称性，收益与损失二者处于对称的状态，参与方进行价值共创时，既需要付出较大的成本，也可获得相应的经济收益，从而实现了各个参与方进行价值共创的积极程度的显著提升。与此同时，同样作为参与方的政府，也应当获取相应的补偿，从而确保价值共创分担的公平性。

8.4.4　演化博弈模型

根据价值共创的基本原则，我们可以发现环境治理 PPP 项目主体参与价值共创需要保持相应的利益均衡，因此需要进行演化博弈分析。

从环境治理 PPP 项目支付矩阵（见表 8 - 23）可以看出，主导主体政府进行补偿的期望收益 $U_M(S_1)$ 和平均收益 $U_M(S)$ 分别为：

$$U_M(S_1) = p(V - S) + (1 - p) \cdot (-s)$$

$$U_M(S_2) = 0$$

$$U_M(S) = qU_M(S_1) \qquad\qquad (8 - 11)$$

表 8 - 23　　　　　　　　　　环境治理 PPP 项目支付矩阵

选择策略与支付矩阵		民营企业	
		积极合作	消极合作
政府（主导主体）	激励	$V - S, \Delta V - \Delta S + S$	$-S, 0$
	不激励	$0, \Delta V - \Delta C$	$0, 0$

基于博弈经济学的理论视角，对主体学习模仿速度与效率产生决定性影响的因素为模仿对象的数量与可模仿对象的成功率。在博弈经济学中，可将模仿对象数量以类似对象博弈方的比例来表示，在参与博弈的过程中，观察者的观察深度与模仿者的模仿辨识度均受到模仿对象数量的影响；同理可知，观察深度与辨识度可借助超额收益予以表示，即对于模仿对象的行为，模仿者的相似度。模仿者在模仿的过程中，应用种种行为、策略获取的收益减去平均收益即为超额收益。显而易见，既可应用超额收益对模仿对象的难度予以有效判断，也可针对受到策略行为产生的绩效激励程度进行表述。

在本次课题的研究中，不同博弈方的动态变化程度利用 $\dfrac{d_q}{d_t}$ 或 $\dfrac{d_p}{d_t}$ 来描述。

总之，政府作为主体，起到主导的作用，可利用以下微分方程表示其行动策略的动态变化：

$$F(q) = \frac{d_q}{d_t} = q(1-q)(Vp-S) \qquad (8-12)$$

基于同一原理，根据环境治理 PPP 项目的支付矩阵，$U_N(S_1)$ 为积极合作模式的期望收益，不积极合作参与 PPP 模式的期望收益 $U_N(S_2)$ 和支付矩阵下的平均收益 $U_N(S)$ 分别为：

$$U_N(S_1) = q(\Delta V - \Delta S + S) + (1-q)\cdot(\Delta V - \Delta C)$$
$$U_N(S_2) = q(\Delta V - \Delta C)$$
$$U_N(S) = pU_N(S_1) + (1-p)U_N(S_2) \qquad (8-13)$$

可利用下列微分方程表描述民营企业行动策略的动态变化：

$$F(p) = \frac{d_p}{d_q} = p(1-p)(Sq + \Delta V - \Delta C) \qquad (8-14)$$

充分结合主导主体与辅助参与主体的动态变化策略，即 $F(q)$ 和 $F(p)$，针对演进时的博弈状况与稳定策略展开深入的剖析与探讨。

基于竞争者与在位者的演化博弈图例，针对上述 PPP 参与主体的演化稳定策略的变动，可利用坐标平面图将其存在的复制动态关系予以描绘，如图 8-10 所示。

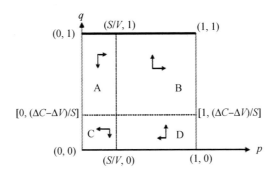

图 8-10　PPP 项目参与主体复制动态和稳定性

图 8-10 显示，若 S/V 和 $(\Delta C - \Delta V)/S$ 的值处于不断减小的状态时，B 区域的面积随之变大，与此同时，C 区域面积随之减小，此外，大多收敛于演化稳定策略 $[p^* = 1, q^* = 1]$ 为 A、D 区域的初始复制动态关系的最终状态，与环境治理 PPP 项目参与主体共赢的需求保持高度一致。

由于 $0 \leq p \leq 1$，$0 \leq q \leq 1$，因此 $0 \leq S/V \leq 1$，$0 \leq (\Delta C - \Delta V)/S \leq 1$，

若 S/V 和 $(\Delta C - \Delta V)/S$ 的值处于不断减小的状态时，可得出下述结论：

与民营企业相较，政府补偿额度 S 较大，基于这一前提进行 PPP 项目价值共创，产生的亏损额度为 $(\Delta C - \Delta V)$，民营企业的参与度越高。在开展环境治理 PPP 项目时，相对亏损将由民营企业来承担，即民营企业获取的利润有所下降，意味着部分社会责任由民营企业参与环境治理所承担，为政府公共产品的提供起到辅助的作用。与此同时，若政府下发了大额补偿，那么收益的减小将得到一定弥补，从而实现民营企业参与积极性的显著提升。

8.4.5　案例分析

在理论分析的基础上，本书结合具体的实际情况，对实践中出现的内容进行深度阐述，目前我国各级政府都在积极开展环保工作，未来一段时间内，我国政府也会投入越来越多的人力物力推进环保工作的进行，所以在治理环保的过程中，考虑 PPP 模式与实际的治理方法相结合是具有很强的现实意义的，在本书的研究过程中选取了云南省大理市治理湖水污染问题中的 PPP 项目，进行了各方面的分析，具有较高的实践意义。

1. 项目概况（见表 8 - 24）

表 8 - 24　　　　　　　　　　项目基本信息表

项目名称	云南大理市洱海环湖截污工程 PPP 项目
项目类型	新建
运作方式	污水处理厂采用的管理模式是建设到运营再到转让，截污管道采用的管理模式是由设计到建造到融资最后到运营
合作内容	在污水项目的处理过程中，计划投资约 35 亿元，每日要处理 5.4 万立方米的污水，同时利用投资，还要铺设大约 250 千米的污水排水管道，有关项目公司要负责对污水截流之后进行处理，并且要按照高等的行业标准来进行污水的处理和运营
回报机制	政府购买服务费和污水处理费
签约日期	2015 年 9 月 23 日草签《PPP 项目合约》
合作期限	与 6 座大型污水处理厂签订 30 年的合作合同，其他的工程合作年限为 18 年
中标民营企业	中信水务产业基金管理有限公司
签约日期	2015 年 9 月 23 日草签《PPP 项目合约》
项目公司设立概况	公司名称：大理洱海生态环境治理公司 设立时间：2015 年 10 月 2 日

　　在大理市政府治理污染的过程中，授权洱海保护部门设立专门的投资平台，负责对该地区的环境保护各项事务的处理。一般来说项目公司的本金不能低于投资额的 20%，但是由于具体实际情况的影响，最终在实际的设计方案中将项目的本金调高到 30%，剩余 70% 的资金由项目公司自行融资解决。

　　项目公司在运营的过程中可以根据运营的绩效来获得大理市政府的支持，在项目公司的项目期内提供质量保证，且正常移交后就可以对资金进行清算。大理市住建局根据项目的实际情况，与项目公司在各种事务的处理上深度合作，并且对污水处理的过程给予相应的监督和指导。大理市环保局负责对处理后的水质进行检测和监督。大理市财政局要根据相关的监督结果，进一步考虑实际项目的花费情况，为项目公司支付各方面的费用。

　　项目回报机制。在处理的过程中，项目公司不会对用户征收处理费，但是政府应该根据污水的处理环节和各项工作来支付项目公司的服务费。

　　2. 分析案例

　　在 PPP 项目价值的研究过程中，首先应该结合全部的各个方面的实际情况，对参与方的价值偏好进行分析，我们可以认为参与方价值共创的意愿与价值共创关系形成正相关的联系，也可以认为当价值共创，收益提高时，价值创造成本就会被完全覆盖。所以对于整个项目的开展来说，进行价值共创，可以有效提高整个项目的收益率，也能够进一步维护社会各方面效益的平衡。本书经过博弈分析，对价值共创的原则进行分析，结合该项目的价值共创理论，对两个原则进行完善和优化。第一，PPP 项目价值共创对称性。大理市政府代表政府部门通过各方面价值的计算比例，进一步找到在价值共创过程中收益的平衡点，对于政府部门来说，在推行价值共创时，也可以获得对应的利益。第二，价值共创要与控制力相对应。政府部门、民营企业和公众都要根据自己价值共创的控制力，在自己的范围内确保 PPP 项目的收益和效益达到平衡。见表 8 – 25。

　　地方政府对民营企业参与 PPP 项目采取"激励监管"策略和"不监管"策略的期望收益以及平均收益分别为 U_{11}、U_{12}、U_1^*，见式（8 – 15）—式（8 – 17）。其中 T 代表政府对民营企业机会主义行为的惩罚；C 代表政府监管成本；A 是政府获得的额外收益；V 代表政府对民营企业的补偿；I 代表政府的收益；E 代表政府的成本；O 代表民营企业机会主义行为。

$$U_{11} = q(I - E - V_1 - C + A) + (1 - q)(I - E - O + T - C) \qquad (8 – 15)$$

表 8 - 25　　　　　　　　系统均衡点局部稳定性分析

均衡点 (p, q)	tr J	det J	局部稳定性
$(1, 0)$	$\pm$	$+$	不稳定
$(0, 1)$	$+$	$+$	不稳定
$(1, 1)$	$-$	$+$	ESS
$(0, 0)$	$-$	$+$	ESS
(p, q)	0	$-$	鞍点

$$U_{12} = q(I - E) + (1 - q)(I - E - O) \qquad (8-16)$$

$$U_1^* = pU_{11} + (1 - p)U_{12} \qquad (8-17)$$

（1）在民营企业机会成本小于机会主义收益时（$OC < OS$），即使政府对民营企业机会主义行为惩罚低于地方政府监管成本（$T < C$），但若能使得地方政府在环境治理 PPP 项目中获得额外收益 A（如带来的超出项目约定目标和要求的生态环境优化等社会效益、社会福利和环境优化带来的使用者付费等）增加，或者民营企业在环境治理 PPP 项目中在社会效益和福利创造上超出了政府预期，能获得更多政府给予其在声誉、物资和其他方面的奖励 V2，那么双赢合作成为稳定均衡策略。

（2）在民营企业机会成本小于机会主义收益（$OC < OS$），但当政府加大对民营企业机会主义行为惩罚 T，并使其大于地方政府监管成本（$T > C$）时，如果在环境治理 PPP 项目中地方政府的整体利益（$A - V_1 - C$）、民营企业整体获利（$V_2 + T + OC - OS$）能够得到保障，那么双赢合作成为稳定均衡策略。

（3）当政府加大对民营企业机会主义行为惩罚 T，并使得民营企业机会成本远大于机会主义收益（$OC > OS$）时，此时系统演化由地方政府来主导。政府可以在演化过程中给予一定的外部影响，如在保证常规项目收益的基础上降低监管成本，提升民营企业积极合作的口碑、声誉收益，从而改变演化结果，实现稳定策略均衡。

8.5

本章小结

环境治理 PPP 项目价值共创机制的设计，有利于 PPP 项目的可持续发展。分析政府与民营企业价值关系冲突，识别环境治理 PPP 项目价值共创关键因素，通过政企行为互动和主体关系，探讨环境治理 PPP 项目价值共创过程，建立政企行为博弈模型，设计环境治理 PPP 项目价值共创机制的保障措施。

本章界定了环境治理 PPP 项目利益相关者及其价值取向，通过公私资本竞合关系、契约与非契约互补关系和多层次共生关系构成的 PPP 基本价值关系，研究其价值关系冲突和根源，进而分析环境治理 PPP 项目价值共创内涵。识别环境治理 PPP 项目的价值共创关键影响因素。接下来定义了环境治理 PPP 项目价值共创系统，依据价值共创三阶段理论模型，将系统分析先导阶段、发生阶段和发展阶段。通过建立演化博弈模型分析环境治理 PPP 项目价值共创行为偏好，进而构建环境治理 PPP 项目价值共创机制。主要研究成果如下：

1. 环境治理 PPP 项目价值共创的影响因素研究

通过分析文献，对民营企业参与环境治理 PPP 项目价值共创的影响因素进行识别，结合环境治理 PPP 项目具有公共产品的属性，从主体方面确定 4 大类、21 小类关于环境治理 PPP 项目价值共创的影响因素，利用 PPP 项目价值共创因素结构方程的创建，得出外部环境方面中的政策支持是 PPP 项目价值共创最关键因素，政府方面的政府注意力相关关系最为显著，作为第二位的关键因素，其次相关关系显著程度排序依次为项目激励机制和民企经验水平。

2. 环境治理 PPP 项目价值共创形成机理研究

在行为约束和主体关系约束的前提下，定义了环境治理 PPP 项目价值共创系统，依据价值共创三阶段理论模型，将系统分析先导阶段、发生阶段和发展阶段。有效地维护政府和民营企业之间持续的价值关系，促进双方之间信息交流和行为互动，最终达到价值共创的成熟稳定状态，这也是政企关系和行为循环不断发展的过程。

3. 环境治理 PPP 项目价值共创实证分析

通过建立演化博弈模型分析环境治理 PPP 项目价值共创行为偏好，得出了环境治理 PPP 项目价值共创能力水平和价值共创偏好联系紧密，并通过案例进一步验证了价值共创有效性。

4. 环境治理 PPP 项目价值共创路径与保障措施

首先分析了 PPP 项目价值共创的外部性影响，进行环境治理 PPP 项目价值共创路径的设计，基于前文研究，最终分别从健全政策法规、优化营商环境、创新激励机制、完善合作机制四个方面来建立环境治理 PPP 项目价值共创的保障措施。

第 9 章

环境治理 PPP 项目公众参与价值共创机制研究

9.1
价值共创下环境治理 PPP 项目公众参与解释架构

9.1.1　环境治理 PPP 项目公众参与相关概念

1. 公众参与主体类型

公民拥有环境权，即公民有在健康、安全舒适的环境中生活的权利，按照其基本原理，一个人（团体、单位），只要其是环境的主体（有环境权），有参与的要求，就应该可以或有权利参与环境治理。同时我国相关法律也赋予环境治理公众参与的知情权、参与权、表达权和监督权。公民对环境治理 PPP 项目的参与是行使自身的正当权利。但公众参与的主体并不是单一群体，而是多样化、持续变动的利益和联盟集合体。通过自我确认、群体确认、第三方确认，经由邻近关系、经济关系、使用关系、价值关系途径，确认具体环境治理 PPP 项目的参与公众。

自我确认中，公众通过自身兴趣和渠道，发现环境治理相关问题，主动采取行动，成为环境治理 PPP 项目的行动者。政府在这个过程中，可以通过及时发布相关消息，推动公众自我确认，保障参与渠道通畅，将参与与否的选择权交给公众。群体确认是政府积极发掘和联系潜在利益相关者，并最后促使潜在参与者通过行动参与环境治理，如与环境社会组织保持联络等。第三方确认是通过第三方渠道或社会关系网中的弱连接，将原本不是主要潜在利益相关者的团体或个人变为直接利益相关者，并使其通过行动参与环境治理。

正是由于公众参与主体的多样化，单从实体区分主体类型容易忽略一部分参与主体，因此本书借鉴杨光斌的分类方法，将环境治理 PPP 项目公众参与主体分为理想型参与主体、利益型参与主体和泄愤型参与主体。

（1）理想型参与主体。理想型参与主体是指那些因公共利益或公共话题而影响公共权力的个人或组织，即是因为生态环境保护意识和公民主体意识，与环境事件没有强直接利益关系的情况下，通过合法的方式，参与环境治理，并产生良好效益。如部分受过良好教育可以理智有效地进行网上参与的网民和大学生群体。

（2）利益型参与主体。利益型参与主体指因自身环境权益受到损害而进行参与的个人及组织。这些主体中有能够准确表达自身环境需求，理智参与，并能整合自身资源或与他人合作，进行较为有效的参与活动的（活动参与），也有不能准确表达自身诉求的参与者。利益型参与主体是具有公民属性的个人和群体，不包括具有"官"属性的利益相关者。

（3）泄愤型参与主体。泄愤型参与主体是指那些无特定目标、为发泄私愤而临时聚集起来的无组织的社会群体和个人。在这其中，不排除与理想型参与主体和利益型参与主体重叠的可能，如利益受到损害，而在网上进行无目标导向的谩骂泄愤等。

2. 公众参与形式

对于公众参与的形式，学术上习惯于"二分法"，即分为制度性参与和非制度性参与。制度性参与是指依照法律规定进行的参与，如信访、投票、网络参与和社会组织的参与等，这种参与是合法行为；非制度性参与则是在不同程度上与法律有冲突的参与行为，如群体性事件等。但网络参与中也有不当言论的违法成分，群体性事件也有正常的维权行为，所以对于具体参与形式的分类应依照其合不合法的本质来确定。环境治理 PPP 项目公众参与形式作为公众参与的一种，也按照以上"二分法"确定。

（1）制度性参与。一是人大建议和政协提案。我国是人民民主专政国家，人民代表大会和政治协商会议是我国民众权利的直接行使方式。人大建议和政协提案具有其专业性、权力性，并且是人民群众真实意愿反映等特点，是最为有效的制度性参与形式。

二是信访。信访自古有之，民众一直有基层政府无法解决问题向上一级政府求助的思想。环境信访工作是行政首长负责制，如同其他领域的信访工作，环境信访也有"回避制度"，即有权做出处理决定的环境保护行政主管部门工作人员与环境信访事项或者信访人有直接利害关系的，应当回避。但在实践中回避制度并不能完全落实，而且信访主管部门并不是独立的权力机关，只是政府的一个职能部门，因此越级上访时有发生。

生态环境社会组织也称环保 NGO（non - governmental organization），是以生态环境保护为特定目标而组织起来的社会团体，它们作为政府、企业之外的新角色，广泛参与环保领域的社会活动，不同于信访这种属于弱势公民个体或弱势公民群体的非组织化的制度性活动。也因为环境危害是区域性和集中性的，生态环境社会组织能够集合受到环境危害的多数个体，通过组织化的形式，成为环境事件的公众代言人，来有效表达和实现公众环境权利。

三是网络参与。互联网的发展为公民参与环境治理提供了更加便捷的参与方式，其以快速、低成本、不受地域限制的特点，为环境治理公众参与提供了新的途径。

对于环境政策和相关政务的讨论，可以是群众自发地在微博等平台上的讨论，也可以是通过政府设立的网上渠道进行投票或者提议等。对于自身环境权利的维护，往往限定于特定人群和特定地域，同时参与的目标更明确，网络表达也更理性。这种类型的网络参与，不仅可以影响侵害自身环境权益的事件的进程和结果，如厦门 PX 事件，也可能改变相关法律法规，使之更加完善。

四是国际组织。环境问题具有全球性特点，针对影响全球的环境问题，各国进行联合治理，也是国际政治斗争与博弈的焦点。各国政府针对环境问题的合作治理可能会出现零和博弈结果，从而无法完成制定的环境治理目标。这时候国际组织在协调国家和地区间关于环境问题的互动、合作、仲裁、冲突等发挥着积极作用。著名的环境保护国际组织有世界自然基金会（WWF, World Wide Fund for Nature or World Wildlife Fund）、世界自然保护联盟（IUCN, International Union for Conservation of Nature）、大自然保护协会（TNC, The Nature Conservancy）等。

（2）非制度性参与。非制度性参与的主要表现形式为环境群体性事件。群体性事件是弱势群体对于危害自身利益的事件，因正规的利益表达渠道受阻，从而采取暴力或激进手段来表达自身需求，这种情况下的表达多集中于具体事件的损害和结果，对于改善更加宏观的制度或法律则并不注重。

我国近年来的环境群体事件呈现如下特点：一是时间上整体呈上升态势，在"十二五"后期有所回落；二是空间上呈集中迹象，农村远高于城市，且村镇一级为高发区域；三是事件持续时间长且规模较大，从前期群众发现反映环境问题，到后期冲突事件发生所持续的整体时间，延续一年以上的占47%，30人以上的较大型和300人以上的重大型群体事件高发；四是组织化程度低，主要是底层参与，社会精英和环境组织参与较少；五是抗争对象主要为企业，但对各级政府的抗争也不可忽视，抗争方式则主要以暴力冲突为主。

3. 环境治理 PPP 项目公众参与范围

公众参与环境治理 PPP 项目是有一定范围的，由公众参与的现实能力和国家容忍公众参与程度共同决定。公众参与在保证正常政治秩序和社会良性发展的情况下，是多多益善的，但是当公众参与超出政府制度化治理能力的限度，则会导致政权运行失衡和社会秩序混乱。健全的公众参与机制可划分为预案参与、过程参与、末端参与和行为参与。

一是预案参与，即参与国家环境管理的预测和决策。公民在环境法律、政策或者政府的相关管理活动开始之初，就有权参与，诸如，我国环境法律修改意见的网上征集、英国《城镇规划法》规定对环境规划有异议的公民可向环境大臣反映。

二是过程与末端参与，包含环境治理过程和环境保护制度实施过程的参与，在自身权益受到侵害时向有关部门申诉、参与环境纠纷的调解。如美国《清洁水法》规定公民有权参与环境相关标准制定、修改和实施，政府需为其参与创造条件。我国在 2015 年 7 月通过的《环境保护公众参与办法》规定："环境保护主管部门可以通过征求意见、问卷调查，组织召开座谈会、专家论证会、听证会等方式征求公民、法人和其他组织对环境保护相关事项或者活动的意见和建议。公民、法人和其他组织可以通过电话、信函、传真、网络等方式向环境保护主管部门提出意见和建议。"

三是行为参与，即公民自觉性参与，是理想型主体的理想化参与，公民主动参与环境社会组织、网上理性参与等都属于行为参与范畴。政府的宣传教育可以提升公民的环保意识、环境治理参与意识和法制观念等，使更多的人以理性的态度主动参与环境治理。

9.1.2　环境治理 PPP 项目公众参与价值共创可行性和必要性分析

1. 环境治理 PPP 项目中的价值冲突

环境治理 PPP 项目虽然在整体上有一致的价值导向，但每个主体却存在价值冲突。用组织理论来解释，政府和企业是两个完全不同的组织，在体制、运行、行动等方面都存在着很大差异。政府强调规则制度，强调等级和角色专业化，而企业强调通过对目标灵活性和适应性的调整，追求经济利益的实现。政企对环境治理 PPP 项目目标的不一致，就可能给项目带来公共部门控制权丧失、消极的民主治理、过高的成本以及问责机制的缺失等问题。同时由于信息的碎片化和不对称性，政府和公众很难看到其他环境治理 PPP 项目参与者在技术理性伪装下的潜在问题。

对于环境治理 PPP 项目这样的准公益性项目，虽然项目建设能给社会和公众带来很大的好处，但是环境负外部性会使当地居民在项目全生命周期中与政府或者承建企业产生邻避冲突。这种冲突本质上反映了 PPP 项目所包含的社会公众的整体利益与局部公众环境行为自利性之间的博弈，而且由于该类型项目在环境投入—环境意愿—环境行为之间存在时滞效应，市场力量无法协调矛盾与冲突，需要政府统一管理、系统筹划和长期积累。

环境治理 PPP 项目中的价值冲突实际上来源于两方面：一是多元利益主体的价值取向差异；二是多元主体互动中产生的冲突。

其一，环境治理 PPP 项目中不同利益相关者的价值取向差异所引起的公共价值冲突体现在多元主体间的不同利益诉求上。环境治理 PPP 项目最核心的三个利益相关者是政府、企业和公众，他们对环境治理 PPP 项目的产出都有不同价值偏好和要求。

其二，环境治理 PPP 项目的正常运作是政、企、社三方的互动结果，现阶段主要的互动过程在政企之间。政企间是一种风险共担、利益共享的关系。风险共担过程中如果没有进行合理的风险分配设计，模糊双方的权利和义务，就可能会造成 PPP 项目事实中不断的再谈判，增加项目管理成本，导致政企关系恶化。在利益共享中，政府作为合同的甲方对企业有绝对选择权，这就有可能导致政府的寻租行为，一个企业在授权下的垄断也可能造成公共服务定价不合理、社会资源配置效率低下等问题，违反公共价值内在的公平、平等和正义等要求，长期如此会使公众对政府公信力和项目程序信任水平下降，导致合作关系的恶化。环境治理 PPP 项目中的公共价值包含着公众对于公共服务和产品质量、满意度、环境权益等价值要求，为了保障其实现，公众需要畅通和有效的诉求表达、互动、监督等参与渠道，参与环境治理 PPP 项目的全过程。

环境治理 PPP 项目作为利用市场力量改善环境服务质量的"资源互助、利益共享、风险公担、互利共赢"的制度安排，在其实际运作过程中也要面对多元主体的差异化价值需求，多元主体互动产生一系列复杂问题，价值冲突几乎无可避免。如何在政、企、社合作中，协调多元主体的差异化价值取向，在差异中寻找共识、消解冲突、促进合作成为必须要解决的现实问题。

2. 环境治理 PPP 项目公共价值逻辑起点

PPP 模式诞生于"新公共管理"运动。在这场运动中，原先由政府全权主导的管理模式遭到质疑，这种模式导致了政府的财政赤字和官僚主义，同时公共服务的供给效率却不高。因此，新公共管理模式的改革方向是"小政府、大市场"和"经济、效率和效益"。

世界范围的新公共管理运动所蕴含的本质特征在于，政府和社会关系的变化和公共服务质量与效率的追求。政府与社会关系的变化，在于政府主导角色的转变，从"划桨人"变为"掌舵者"，引导市场机制在公共服务领域发挥作用，PPP 模式就在公共服务市场化浪潮中应运而生。政府赋予私人部门特许经营权，以契约为依托，构建政府和私人部门风险共担、利益共享的长期合作模式，为公共服务供给提供了多样化主体选择和风险的合理分担。作为服务供给新模式，PPP 不仅要满足时间、预算和质量要求，项目的直接产出价值也要在诸如为项目当地提供就业、培训机会以实现集体利益的回报中体现公共价值。公共利益的实现是 PPP 公共价值的核心，可以通过将社会的受益者以集体方式或政治程序组织起来，引导 PPP 主动获取公共利益来实现。

3. 环境治理 PPP 项目中的公共价值体现

PPP 自出现开始，作为治理工具被各个国家广泛应用，但是这其中也出现了许多问题。作为治理工具的工具理性代替了原本公众治理应有的价值理性，效率和成本控制被摆到了最重要的位置，民主和公平却被忽略。这些困境说到底是一种价值的缺失，过于简单地将政府与社会资本合作看成是一种工具，会忽视它最核心的价值内涵。对此，摩尔提出了公共价值概念，将"信任、合法性、公正和民主"等命题重新摆到人们面前。考虑公共价值创造的环境治理 PPP 项目不只是提供公共服务的过程，这之中嵌入的公众参与、民主协商要素都推进了合作治理的形成和民主的发展。

PPP 中公共价值的体现集中于公共利益的实现。公共价值自身的概念具有较强的模糊性，到现在学界也没有形成一个统一的定义。但这并不影响学者们对公共价值的偏爱，即使存在这种模糊性，公共价值对于复杂的公共服务问题也有很好的解释力。公共价值并不单纯局限于社会团结、政治责任、社会公益等概念，其中也有效率和竞争的内涵。

公共价值的创造过程是一个多方参与的过程。政府将实现公共价值作为其主要使命和目标，围绕公共价值的实现来配置公共资源和公共权力，制定公共政策和提供公共服务，以取得公民信任和合法性。公众参与这个过程，在与政府等其他参与者互动时，产生体验价值，提升获得感，共同创造公共价值。公共价值的确定过程又是一个双向的沟通过程，以政府为主体的公共组织可以在公共价值的确定过程中发挥其主观能动性，对公民的价值偏好进行积极引导。如果以世界各国政府改革使用较多的指标作为参考，基本可以得出如下五项具体标准来细化公共价值：民主性、公开性、回应性、责任性和高质量。

民主性是指在环境治理 PPP 项目不断改革和发展过程中，贯彻以人为本的核心思想，政府、企业权利得到人民授权，接受人民监督，而公众也能通过良好稳定的制度安排，参与环境治理 PPP 项目的改革决策实施过程。公开性是指在环境治理 PPP 项目全生命周期内，各方对于项目进行中的契约、成本、运作绩效等方面的相关信息能够及时迅速和准确的获得。回应性是指政府能及时收到公众对于环境治理的需求变化、感知生态环境和治理环境的变化，及时据此进行行政和制度安排上的调整。责任性是指环境治理 PPP 项目各主体方担起自身相应的公众责任，不互相推诿。高质量是指环境治理 PPP 项目成果要达到人民对于治理环境的要求，全面保障政企合作提供公共服务的质量。

9.2
价值共创下环境治理 PPP 项目公众参与水平分析

环境治理 PPP 项目公众参与是公众以顾客角色参与的，以公共利益实现为要旨，以期实现民主性、公开性、回应性、责任性和高质量的公共价值。这种价值共创过程不是机械的按部就班的流程，而是生命式的动态过程。因此，对于环境治理 PPP 项目中公共参与水平的考量应该从生态的角度进行。

9.2.1　环境治理 PPP 项目公众参与价值共创生态系统

1. 环境治理 PPP 项目公众参与的价值导向

从前文的讨论中可以看出，环境治理 PPP 项目的主体实际是存在价值冲突的。公共部门需要实现政府绩效、政治利益和公共利益，私人部门需要实现财务、报酬、社会责任的私人利益，公众需要通过 PPP 项目实现社会利益、公共利益。价值冲突引发行动者的机会主义行为，造成诸如供给不足、腐败等问题。在行动主义的视域下，环境治理 PPP 项目中，不同的行动者都有自身的参与动机。因自身环境权利受到损害而行动的行动者的公共意识是其是否遵从制度的价值导向的关键，当其公共意识较弱时，其行动只是在满足自身价值偏好，公共意识较强时，在满足自身价值的基础上，才会关注其他事物。这个过程中是存在着制度激励失灵的，需要从更高的价值层面去引导行动者行为。

环境治理 PPP 项目的成功应建立在"公众满意、政府获得好评、投资者获利"的基础上，应以三方的满意作为标准。这样，PPP 才能在实现供需双方绩效改善的基础目标后，实现更高层次的基于合作伙伴关系的价值递增。

基于民主性、公开性、回应性、责任性和高质量的公共价值是政府发起PPP 项目，乃至合作治理的初衷。政府的使命和行为准则是实现公共价值，围绕如何更好地实现公共价值来制定公共政策，行使公共权利，建设公共项目，提供公共服务。

但公共价值并不只是单纯的政府的产出，还有是否使公众满意，提升公众"获得感"的结果。这里面就存在一个公共价值确认的双向沟通，政府以为好的东西并不一定是公众最满意的，公众的所有要求也不一定是最为理智和合理的，政府可以在价值确认过程中给予公众积极的价值引导，公众也可以通过主动合作行动向政府表达自身的价值偏好。公共价值并不是单纯的静态概念，在基本的内涵下，在每个不同的具体事件中是有不同的具体体现的。同时公共价值也有增加和被创造的积极属性，而不仅仅是捍卫利益的消极导向。因此，公共价值作为 PPP 项目需要实现的总目标，项目全生命周期都需要实现的价值追求和 PPP 必要的逻辑起点，是最适合作为环境治理 PPP 项目公众参与行动者的价值导向的。

2. 环境治理 PPP 项目公众参与价值共创生态系统形成逻辑

在价值共创理论中的服务生态系统是将原本的企业和顾客间的二元互动拓展至包含物理和社会环境的 A2A（Actor to Actor）网络互动，是价值共创行动者之间动态的松散耦合的互动关系，并强调社会历史和多样性制度的作用。

类比其概念，从单独考虑狭义上的环境治理 PPP 项目政企二元互动，拓展至政府、企业、公众和环境治理场景中的非人类主体。从具体环境治理项目开始，政府和企业通过合同等契约形式形成紧密的合作关系，在项目周期内进行互动、合作和博弈。公众作为环境治理 PPP 项目的用户和付费者，通过亲身体验、税收、支付、监督、信访、网络等方式进行参与，与其他行动者形成紧密的互动关系，在这个过程中与其他人类与非人类行动者共同创造体验价值、公共价值等。政、企、社三类主要行动者在环境治理 PPP 项目中形成合作关系，在项目结束后合作关系自行解除。但其中的信任关系的建立，可以使行动者在下次项目中快速响应并建立更为和谐的合作关系，并在一次次具体项目结束后不断深化其信任程度，在常态化治理期间也保持较为紧密的互动，形成常态化和动态的关系网络，即环境治理 PPP 项目公众参与价值共创生态系统。

不同环境治理 PPP 项目行动者基于自身自发感知和响应，依据自身的价值诉求，通过制度、技术、契约等进行对话、获取、风险评估、透明度分析等价值共创过程，形成开放、多元、动态的耦合结构，实现自身价值取向，共创公共价值。

9.2.2　环境治理 PPP 项目公众参与价值共创生态系统行动主义

1. 环境治理 PPP 项目中行动主义理念分析

行动主义提出了合作行动的构想，认为合作行动所形成的就是合作治理模式。现今环境治理 PPP 项目的内涵已经不再局限于社会资本参与建设的一个个实体项目，而是广泛的私人部门，包含社会资本和公众等非政府部门与政府在公共领域的合作，是公私对于公共领域的合作治理。合作治理所需要的多元主体关系不是以往制度主义下泾渭分明的主客体关系，而是消弭了主客体概念的平等行动者，这一点又与价值共创中对话的平等主体概念不谋而合。

合作治理中政府扮演的是服务者角色，我国政府近 20 年来一直在进行转型，从理念、结构、体质、功能和方法等方面转向服务型政府。服务型政府的改革经历了两个阶段：建设服务型政府和建设人民满意的服务型政府。在行动主义视角下，人民满意的服务型政府的行为有三方面特征：一是行动本质是坚持以人民为中心；二是行动指向是积极回应人民关切问题；三是行动目标是增强人民的获得感。这个时候的政府实际上是引导社会自治，并保障其顺利运行。全球化、后工业化进程中所呈现出来的社会高度复杂性和高度不确定性意味着，作为新型社会治理模式的合作治理将更多地突出分散的、随机性的治理行动。分散的、随机性的治理行动又是存在于治理网络之中的，在治理网络中实现合作互动。这一点又与 PPP 广义的公私合作概念不谋而合。

2. 环境治理 PPP 项目公众参与价值共创行动者划分

本书将环境治理 PPP 项目公众参与行动者划分为人类行动者和非人类行动者两大类，人类行动者包含政府、企业、公众三大群体，非人类行动者包含物质性的项目和概念性的技术环境、经济环境、政策环境。具体的行动者划分如表 9 - 1 所示。

表 9 - 1　　　　环境治理 PPP 项目公众参与价值共创行动者的划分

类别		内容
人类行动者	公共部门	中央政府、地方政府、政府授权部门（财政部、环保部、税务局、知识产权局、立法机构等）
	私人部门	投资企业（科技类或生态类企业）、SPV、设计施工单位、运营维护单位、材料设备供应单位、金融机构（银行、信托、证券、保险等）、咨询机构
	社会公众	公共服务消费者、环保 NGO、科研院所（高校、研究所、专家库）、传播媒体（新闻媒体、网络媒体等）
非人类行动者	物质性的	环境治理 PPP 项目
	概念性的	生态环境、治理技术、法律政策

本书认同马克莫尔主张的公共价值的创造和识别都走的是行动主义的研究路径。其核心是公共管理者为增进公共领域的公共价值所采取的战略行动。在

环境治理 PPP 项目中，公众参与的行动者同参与主体一样，都是多样化和复杂的，单纯的制度确认和分类并不能很好地穷尽所有参与主体和行动者。行动者确认是依靠主体行动的，行动者通过主动采取行动确认自身行动者的身份。在社会层面，这意味着"社会组织时刻处在行动中，不是民主体制下的表达者，而是社会工程建设中的行动者"。据此，做出以上环境治理 PPP 项目公众参与价值共创行动者划分。

9.2.3　公众参与行为水平多维生态位评价指标体系构建

1. 生态位研究综述和应用原理

生态位的概念最早出现在生物学中，指生态系统中一个种群在时间空间上所占据的位置、资源利用情况及其与相关种群之间的功能关系与作用，广泛用于群落结构、种群进化、种间竞合关系及物种多样性研究，其中最为成功的是由 Grinell 教授（1917）、Elton 教授（2001）和 Hutchison 教授（1957）三人提出的"空间生态位""功能生态位"和"多维超体积生态位"，并且有对应的成熟的评价体系。空间生态位强调物种在所处空间中的分布意义和环境要求。功能生态位强调物种在生物群落中的需求和与周围物种的互动关系。多维超体积生态位则是结合了集合理论，把生态位看作是多维的超体积结构，也可以理解为从环境状态集合 $A = \{x/x = (x1, \cdots, xn)\}$ 到物种 Y 的密度集合的一个映射 $f(x1, \cdots, xn)$。总而言之，生态位在生态学中是用来评价物种的生存能力，解释物种与环境适应程度，解释多种生物间的共生现象，其本质是对资源的可利用程度、供求和供需关系、竞争和资源投入等进行研究，这些也是经济管理学中同样需要研究的内容，这就使生态位理论被广泛应用于社会学科。

段祖亮等（2014）以新疆天山北坡城市群中 10 个城市为研究对象，选取16 个指标，采用主成分分析方法、城市生态位宽度模型和分异指数模型，测度分析该城市群的生态位宽度和生态位分异特征。辛杰（2015）基于互动观将企业生态系统社会责任与企业个体组织的单边社会责任进行比较分析，在此基础上阐释企业生态系统社会责任互动的内涵。Pigford A A E 和 Hickey G M，Klerkx L（2018）利用开放现有的农业创新系统（AIS）方法，支持创新生态位的创建，加强创建多行动者，跨行业创新生态位，以使这些生态位支持跨多个规模向可持续农业系统过渡。方园等（2019）运用多维生态位理论，将养老特色村视为具备生命体特征的种群，构建 5 维度、15 要素、30 指标的养老特色村多维生态位宽度评价体系，并对浙江省西北部 10 个典型养老特色村进行实证研究。张卫等（2019）基于生态学共生视角，梳理了微政务信息公开行为共生模式的演化历程（独立生存、寄生、偏利共生、互惠共生）；结合博文种群和粉丝种群繁衍规律，构建了微政务生态演化方程，分析了不同生态位下方程平衡点分布和稳定性。Turnheim B 和 Geels F W（2019）利用战略生态位管理，分析可持续性转型背景下激进创新的出现和传播，探索基于因果关系的时间相互作用和不同参与者所扮演的不同角色的不同种类的扩散和过渡模式。

环境治理 PPP 项目价值共创的共建共治共享理念，与生态系统中的共生理念是不谋而合的。生态位是对于物种在生态环境中与自然资源和其他物种的共生关系的一种定量阐述，同时环境治理在价值共创视角下即是环境价值共创生态系统，因此环境治理 PPP 项目公众参与就可以理解为在这一服务生态系统中，公众参与所能利用的资源和与其他主体的关系。即可以利用生态位的概念，来评估公众参与在环境治理 PPP 项目价值共创中的角色。

要研究环境治理 PPP 项目公众参与，先要对公众参与的现状有整体的认识。本书选取多维生态位概念，结合王炜等（2016）和方园等（2019）的方法，通过对文献和全国各地统计年鉴数据分析，筛选出了公众参与的六个指标，分别为环境来访信件总数（件）、环境信访来访总数（批次）、承办的人大建议数（件）、承办的政协提案数（件）、生态环境社会组织量（个）和电话/网络投诉数（件），这几个指标均属于制度性参与的范畴，其中来访和网络参与容易跨越制度性的界限，环境群体事件因为其突发性和不确定性的特点，不在整体考虑范围内。

2. 公众参与生态位宽度指标维度分析

本书选取了环境来访信件总数（件）、环境信访来访总数（批次）、承办的人大建议数（件）、承办的政协提案数（件）、生态环境社会组织量（个）和电话/网络投诉数（件）六个指标来表示环境治理 PPP 项目公众参与水平，通过《全国环境统计公报》《中国环境年鉴》《中国环境统计年鉴》和《中国民政统计年鉴》搜集相关数据，选取数据最为完整的 2010—2015 年"十二五"期间的数据进行生态位宽度分析。通过原始数据可以看到，电话和网络投诉的量级远在其他参与方式之上，人大建议和政协提案也存在一定内在联系，可以对指标进行维度划分，运用主成分分析法来检验。

主成分分析能从选定的指标体系中归纳出主要信息，利用各指标数据间的相关关系，运用 SPSS 22.0 软件，对公众参与水平指标体系进行降维，得到新的综合评价指标及得分。其利用"降维"的思想，将多个相关的原始变量通过线性变换，转化为少量的不相关的综合变量（即主成分），这些变量能代替原始变量的绝大部分信息且包含的信息又互不重叠，从而达到简化分析、减弱多重共线性影响的目的。

主成分的数学模型如下：

$$\begin{cases} y_1 = \mu_{11}x_1 + \mu_{12}x_2 + \mu_{13}x_3 + \cdots + \mu_{1p}x_p \\ y_2 = \mu_{21}x_1 + \mu_{22}x_2 + \mu_{23}x_3 + \cdots + \mu_{2p}x_p \\ y_3 = \mu_{31}x_1 + \mu_{32}x_2 + \mu_{33}x_3 + \cdots + \mu_{3p}x_p \\ \qquad\qquad\qquad \vdots \\ y_p = \mu_{p1}x_1 + \mu_{p2}x_2 + \mu_{p3}x_3 + \cdots + \mu_{pp}x_p \end{cases} \qquad (9-1)$$

将五年内 31 个省份的不同参与指标进行平均，再运用 SPSS 软件，进行主成分分析。首先对于数据的 KMO 和 Bartlett 球形检验结果，适当性大于 0.6，显著性小于 0.5，因此适宜做主成分分析，如表 9-2 所示。

表 9-2　　　　　　　　　　　　KMO 与 Bartlett 检验

Kaiser – Meyer – Olkin 测量取样适当性		0.761
Bartlett 的球形检定	大约卡方	148.742
	df	15
	显著性	0.000

经主成分分析过后得到的解释总方差和元件评分系数矩阵如表 9-3、表 9-4 所示：抽取累计特征值 85% 以上的三个主成分，y_1 包括环境信访来访总数、人大建议量和政协提案数；y_2 包括环境信访来信总数和电话、网络投诉数；y_3 为生态环境社会组织量。

公众参与水平的代表方式为来访和"两会"提案，与其有效性密切相关。人大、政协的环保提案有着政治影响力和专业素养方面的优势，能够直接对地方政府的环境执法和治理行为产生较大的压力，能够在地方政府的立法、执法和环境治理投资方面有显著积极影响。而环境信访来访的参与成本要高于来信等方式，需要公众更大的动力，同时公民的直接来访会比来信等间接方式给政治体系更大的压力，还能够为地方环境执法部门提供执法线索。因此三种方式成为反映公众参与水平的最主要方式。来信数与电话、网络投诉以其便捷的特性成为公众参与的重要途径。通过生态环境社会组织来参与生态环境治理虽不是最主要的参与方式，却也不可或缺。

表 9 - 3 　　　　　　　　　　　指标特征值与贡献率

主成分	特征值	贡献率（%）	累计贡献率（%）
1	3.940	66.666	65.666
2	0.936	15.592	81.258
3	0.549	9.153	90.411
4	0.403	6.710	97.121
5	0.135	2.243	99.363
6	0.038	0.637	100.000

表 9 - 4 　　　　　　　　　　　元件评分系数矩阵

	元件		
	1	2	3
环境信访来信总数	-0.131	0.530	-0.098
环境信访来访总数（批次）	0.733	-0.334	-0.291
人大建议量	0.398	-0.078	0.020
政协提案	0.321	0.005	0.028
生态环境社会组织量	-0.282	-0.046	1.068
电话/网络投诉数	-0.358	0.694	0.030

$$y_1 = -0.131x_1 + 0.733x_2 + 0.398x_3 + 0.321x_4 - 0.282x_5 - 0.358x_6$$

$$y_2 = 0.530x_1 - 0.334x_2 - 0.078x_3 - 0.005x_4 - 0.046x_5 + 0.694x_6$$

$$y_1 = -0.098x_1 - 0.291x_2 + 0.020x_3 + 0.28x_4 + 1.068x_5 + 0.030x_6$$

通过元件评分系数矩阵（见表 9 - 4）可以得到主成分与原始指标的线性关系。因此，将环境治理 PPP 项目公众参与划分成三个维度、六个指标，如表 9 - 5 所示。

表 9 - 5　　　　　　　　　　环境治理 PPP 项目公众参与指标维度

指标维度	具体指标
传统参与维	环境来访总数
	人大建议量
	政协提案数
媒体参与维	环境来信总数
	电话、网络投诉数
组织参与维	生态环境社会组织量

　　一是传统参与维，包含环境信访来访总数、人大建议量和政协提案数，这是制度性参与中最有效的三种方式，人大建议量和政协提案数是人大代表或政协委员们通过对过往年份人民对环境领域所关心的热点搜集，同时经过专业化考量后提出的，人大建议一经通过就具有法律效力，其有效程度是其他方式不可比的。环境信访的来访数是公民在遭受一定环境侵害时的第一诉求，相较于来信、电话网络和生态社会组织等更能督促政府快速对环境事件做出回应。

　　二是媒体参与维，包含环境信访来信总数和电话、网络投诉数。这两种方式特别是网络投诉，是新媒体快速发展后的公众参与新形式，以其便捷、低成本的特点并且在数量级上远远超出其他参与形式，成为公众参与环境治理的主要方式。2016 年全国微信举报平台平均受理天数为 2.5 天，按期办结率高达 99.45%，平均办结天数为 26.1 天。2017 年，平均受理天数 3.6 天，按期办结率高达 99.46%，平均办结天数为 25 天。

　　三是组织参与维，包含生态环境社会组织量，公民通过生态环境组织参与环境治理是公民环境意识最强的一种参与方式，是一种自觉性参与。环境社会组织的力量可以使公众参与更加组织化，有专业性的指导。在中国，如自然之友、山水自然保护中心、野性中国等生态组织在都扮演了重要、正向的角色，其以处理环境事件的专业性，可以集合群众和有自身媒体渠道的舆论导向性在与政府的高效接触中，作为群众代表人和公众政府中间人促进了环境事件的更好解决。

　　3. 公众参与生态位指标分类和权重确定

　　（1）指标分类。生态位理论中，种群对于不同资源的需求程度不同，第一种资源是在满足最低限度后，越多越好；第二种是资源量需要保持在一定的范围内，过多或过少都会对种群造成不良影响；第三种是资源越少对种群约有利。

参考上述分类，由于环境治理 PPP 项目公众参与的数量和范围并不是越多越好，超越数量和范围的公众参与会对国家秩序和治理能力造成不良影响，环境治理 PPP 项目公众参与指标应落在第二种的范围内，但是由于电话网络和来信数量并无明显上限限制，也有学者研究表明，新媒体参与方式，比传统参与方式效果显著得多，因此将此两类指标作为第一种类型。

（2）基于熵值法的要素权重确定。不同的指标对于参与水平的贡献程度不同，需要确定权重来进行后续评价。常用的赋权法有主观和客观之分。主观赋权包含层次分析法、德尔菲法等，客观赋权包含熵值法、变异系数法等。前文对于指标进行维度划分的主成分分析法也能得到一组指标权重，但在确定指标权重的过程中需要方差贡献率作为系数，包含主观成分。而利用熵值法根据各指标所含信息的有序程度来确定各指标层权重，信息熵越大，指标权重就越小；信息熵越小，指标权重就越大，可以避免人为因素的干扰，使评价结果更加客观。本书利用熵值法对指标赋权，步骤如下：

步骤一：数据标准化。不同指标的量纲不同，数量差距过大，用极差法对于原始数据进行标准化处理。

对于第一种类型指标：

$$X_{ij} = \frac{x_{ij} - x_{j-\min}}{x_{j-\max} - x_{j-\min}} \qquad (9-2)$$

对于第一种类型指标：

$$X_{ij} = \begin{cases} \dfrac{x_{ij} - x_{j-\min}}{x_{j-opt} - x_{j-\min}}, & x_{j-\min} < x_{ij} < x_{j-opt} \\[3mm] \dfrac{x_{j-\max} - x_{ij}}{x_{j-\max} - x_{j-opt}}, & x_{j-opt} < x_{ij} < x_{j-\max} \end{cases} \qquad (9-3)$$

X_{ij} 表示 i 省市 j 指标的标准值，x_{ij} 为 i 省市 j 指标的原始值，$x_{j-\min}$ 表示 j 指标的需求下限，用最小值表示，$x_{j-\max}$ 表示 j 指标的需求上限，用最大值表示，x_{j-opt} 表示资源需求最适宜值，用平均值表示。

然后，通过指标标准值计算 i 省市 k 维度的要素标准值 X_{ik}：

$$X_{ik} = \sum_{b=1}^{a} X_{ib} / a \qquad (9-4)$$

a 为维度 k 的指标个数，X_{ib} 为维度 k 第 b 个指标的标准值。

步骤二：熵值计算。首先计算 i 省市 k 维度标准值 X_{ik} 占 k 维度总标准值的比重 P_{ik}：

$$P_{ik} = X_{ik} / \sum_{i=1}^{n} X_{ik} \qquad (9-5)$$

公式中 n 为研究对象个数，即 31。

计算第 k 项要素的熵值 e_k：

$$e_k = - \frac{\sum_{i=1}^{n} P_{ik} \ln P_{ik}}{\ln n} \qquad (9-6)$$

步骤三：权重确定。

$$w_k = \frac{1 - e_k}{\sum_{i=1}^{n} (1 - e_k)} \qquad (9-7)$$

将 w_k 均分给该维度的指标，获得指标权重 w_j。

4. 公众参与生态位宽度计算

（1）单维生态位宽度。公众参与某一省市生态位维度的宽度反映了该省市在这一维度的资源比例与利用效率，即参与程度。参考王炜等（2016）和方园等（2019）的生态位宽度模型，以 31 个省份为行，参与指标为列，构建生态位宽度矩阵，得出公众参与单维生态位宽度模型：

$$S_{iq} = \frac{\sum_{j=1}^{m} X_{ij} w_j}{\sum_{i=1}^{n} \left(\sum_{j=1}^{m} X_{ij} w_j \right)} \qquad (9-8)$$

公式中，S_{iq} 为 i 省市 q 维度的生态位宽度，m 为 q 维度的指标个数。

（2）综合生态位宽度。依据多维超体积生态位理论，不同省市在 N 种参与方式上的参与程度，即占据的生态位宽度能够构成一个 N 维的超体积空间，该体积为 $V_i = \prod_{q=1}^{m} S_{iq}$，因不同省市公众参与生态位宽度可表示为：

$$S_i = \left(\prod_{q=1}^{m} S_{iq} \right)^{1/m} \qquad (9-9)$$

S_i 为 i 省市的综合生态位宽度。

9.2.4 公众参与的生态位研究结果分析

1. 计算结果

本书选取 2011—2015 年 31 个省份的环境来访信件总数（件）、环境信访来访总数（批次）、承办的人大建议数（件）、承办的政协提案数（件）、生态环境社会组织量（个）和电话/网络投诉数（件）的统计数据作为公众参与评价指标，并通过主成分分析法将指标分为三个维度，后利用式（9－2）至式（9－7）用五年内各省市不同指标平均值计算出维度和指标的熵值，如表9－6所示。

表9－6　　　　　　　　　　公众参与生态位宽度评价指标权重

指标名称	环境信访来信总数（件）	环境信访来访总数（批次）	承办的人大建议数（件）	承办的政协提案数（件）	生态环境社会组织量（个）	电话/网络投诉数（件）
w_k	0.209848228			0.505449416		0.284702356
w_j	0.0699	0.0699	0.0699	0.2527	0.2527	0.2847

运用表9－6的权重值和式（9－8），计算出单维度的生态位宽度值，因为计算出的数量级在小数点后两位，为方便后续计算和描述，对宽度值全部乘以100处理。

结合以上数据和式（9－9）计算出的各省市、不同年份的综合生态位宽度如表9－7、图9－1所示。

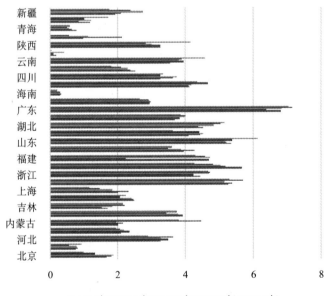

■2011年■2012年■2013年■2014年■2015年

图9－1　31个省份"十二五"期间环境治理公众参与综合生态位宽度

表9-7　31个省份"十二五"期间环境治理公众参与综合生态位宽度

省市	2015年	2014年	2013年	2012年	2011年	平均综合生态位宽度	平均宽度排名
北京	1.652209	1.798447	1.852711	1.319557	0.989577	1.5225	25
天津	0.761454	0.798277	0.786094	0.55624	0.929158	0.766245	28
河北	3.25555	3.506734	3.273907	3.638922	2.907346	3.316492	15
山西	2.098985	2.340232	2.184051	2.051394	1.963961	2.127724	22
内蒙古	2.009803	2.162993	1.963697	4.454649	3.808672	2.879963	18
辽宁	3.908378	3.911555	3.766304	3.437329	3.764021	3.757517	13
吉林	1.698702	1.527466	1.845222	2.215757	2.142527	1.885935	23
黑龙江	2.48446	2.461799	2.404418	2.063947	2.239195	2.330764	19
上海	2.017798	2.310141	1.847949	1.449669	1.148341	1.754779	24
江苏	5.267304	5.382022	5.138744	5.70586	5.290997	5.356985	3
浙江	4.431441	4.243879	4.694867	4.720282	4.655246	4.549143	6
安徽	5.663565	5.180799	5.023187	4.79476	4.254239	4.98331	4
福建	4.704371	2.237207	4.712086	4.592029	4.28829	4.106797	9
江西	3.945716	4.272463	3.866882	3.497098	3.600852	3.836602	12
山东	5.3585	5.203141	5.167131	5.379537	6.117747	5.445211	2
河南	4.101272	4.444811	4.536553	4.420568	3.636793	4.228	8
湖北	4.531364	4.37805	4.836664	5.046962	5.14548	4.787704	5
湖南	3.686252	3.842011	3.982955	3.999317	3.870715	3.87625	11
广东	6.822061	6.394071	6.840162	7.147833	7.043204	6.849466	1
广西	2.951729	2.965394	2.961832	2.920253	2.67344	2.894529	17
海南	0.278015	0.310449	0.285816	0.284031	0.202191	0.2721	30
重庆	4.124669	4.106878	4.183706	4.654328	4.359522	4.285821	7
四川	3.267045	3.642778	3.755934	3.276521	3.351679	3.458791	14
贵州	2.521336	2.385383	2.286931	2.089943	1.79744	2.216207	20
云南	3.542806	3.951679	3.803394	3.900765	4.586523	3.957033	10
西藏	0.18337	0.085055	0.408287	0	0.036184	0.142579	31
陕西	3.256811	3.260932	3.003016	2.824085	4.144281	3.297825	16
甘肃	0.966148	2.111629	1.110335	0.548972	0	0.947417	27
青海	0.770374	0.638321	0.563104	0.48784	0.589687	0.609865	29
宁夏	1.170213	0.82283	1.201478	1.01533	1.726382	1.187247	26
新疆	1.909382	2.091855	2.745729	2.371295	1.752404	2.174133	21

2. 综合生态位结果分析

（1）数量特征。31 个省份的公众参与综合生态位宽度呈现较大差异。广东以年均 6.849466 的较大优势占据第一，公众参与水平最高，程度最深，比第二名山东的平均值高出 25.8%，更是最后一名西藏的 48 倍之多。以生态位最宽的广东为标杆，将其年均生态位宽度值化为标准值 1，与其他省市的生态位进行对比，比值在 0.5 以上的有 14 个省市，近半数。按照与标准值比值，将我国各省份按公众参与综合生态位宽度分为三个梯队：第一梯队是比值 0.6以上的省份，包含广东、山东、江苏、安徽、湖北、浙江、重庆、河南；第二梯队是比值在 0.3 至 0.6 之间的省份，包含福建、云南、湖南、江西、辽宁、四川、河北、山西、广西、内蒙古、黑龙江、贵州、新疆、山西；第三梯队是比值小于 0.3 的省份，包含吉林、上海、北京、宁夏、甘肃、天津、青海、海南、西藏。由此可见我国环境治理公众参与整体水平呈正态分布，多数集中在第二梯队，提升空间充足。

（2）空间特征。通过计算结果可以明显看出，我国公众参与生态位宽度有明显的地域差异，呈现出"重东南、轻西北"的特点，从区域的均值来看，由高到低依次是华东地区（上海、江苏、浙江、江西、安徽、福建、山东）、中南地区（河南、湖北、湖南、广东、广西、海南）、西南地区（重庆、四川、贵州、云南、西藏）、东北地区（辽宁、吉林、黑龙江）、华北地区（北京、天津、河北、山西、内蒙古）、西北地区（陕西、甘肃、青海、宁夏、新疆）。由此可以大概推断，公众参与水平与当地人口密度和经济水平呈正相关，一方面在人口密度大相较于地广人稀的区域，人均占有环境资源更少，需要更多的自然资源，产生更多的环境污染，也就更容易出现环境纠纷，同时一些经济发展会以环境为代价，产生更多的环境事件。另一方面经济发展后，根据马斯洛需求理论，人类在满足最基本的生存需求后会有更高层次的需求，这个时候公民会更主动地重点关注自身的生存环境。因此，两方面推动了公众参与环境治理水平的提升。

（3）时间特征。从时间上来看，我国环境治理 PPP 项目公众参与生态位呈稳中上升态势，区域间水平差异在一个较为稳定的状态。除了福建、甘肃、内蒙古出现了较大波动，其他省市均在较为稳定的范围内，如图 9-2所示。

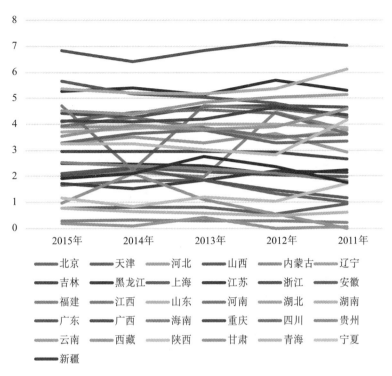

图 9 - 2　"十二五"期间 31 个省市环境治理公众参与综合生态位宽度

3. 多维生态位结果分析

将我国 31 个省份的公众参与多维生态位在时间上平均，得到图 9 - 3，纵向比较同一维度的各省份的生态位宽度，得到如下结论：

第一，各维度发展不均衡的省市占大多数，以各维度的最宽值为 1，比较不同省份的相对值，发现传统参与维和相对值大于 0.5 的省市均超半数，而媒体参与维相对值超过 0.5 的仅三个。

第二，各省市在媒体参与维（来信、电话/网络投诉）上较为薄弱，加强空间大。发现传统参与维（来访、人大、政协）和组织参与维（生态环境社会组织）上，相对值大于 0.5 的分别为 22 和 19，均超过半数，因此传统参与维（来访、人大、政协）和组织参与维（生态环境社会组织）的发展还是相对均衡且普标较宽的。而媒体参与维（来信、电话/网络投诉）中相对值超过 0.5 的仅有三个省份，也是综合生态位宽度在前三位的广东、山东和江苏，从图 9 - 3 可以明显看出，这三个省份均是媒体参与维的生态位宽度远大于其他维度。

第三，公众参与水平提升关键在于媒体参与维（来信、电话/网络投诉）。一方面媒体参与维（来信、电话/网络投诉）是公众参与生态位宽度中的薄弱环节，另一方面媒体参与维（来信、电话/网络投诉）的权重是三个维度中最大，而且传统参与维和组织参与维 的指标并不能无限增加，因此公众参与水平提升的核心在于提升公众在媒体参与维的参与。

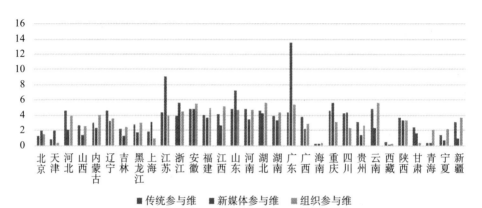

图 9 - 3　31 个省份"十二五"期间平均环境治理公众参与多维生态位宽度

4. 各省市公众参与类型特征

（1）聚类分析。使用 SPSS 22.0 软件，选用 31 个省份公众参与多为生态为宽度的五年平均值，对各省份的公众参与多维生态位宽度进行聚类分析。选用系统聚类中的质心聚类法，用欧氏距离平方法测量类间距离，聚类结果如图 9 - 4 所示。

根据聚类结果将各省份分为三类：①广东、山东、江苏，占据综合生态位宽度的前三位。②浙江、重庆、四川、安徽、湖北、福建、湖南、河南、江西、辽宁、陕西、广西、河北、内蒙古、云南，均在综合生态位宽度的第一、第二梯队。③海南、西藏、青海、宁夏、北京、天津、上海、甘肃、山西、贵州、黑龙江、吉林、新疆均在综合生态位宽度的第三梯队。

（2）以传统参与维为标准的相对宽度。传统参与维（来访、人大、政协）代表公众参与最为有效的制度化参与方式，因其参与难度大、参与条件多的特点，优化提升难度较高，因此将这个维度的生态位宽度作为各省市的特色村基础宽度，来衡量其他省份的其他维度生态位占据情况，如表 9 - 8 所示。

（3）各省份公众参与类型特征。结合图 9 - 4 和表 9 - 8 所示的聚类分析和相对宽度分析的特点，根据各省份公众参与发展制约因素，将 31 个省份划分为如下几类：

①媒体参与制约型。包括福建、湖南、河南、江西、辽宁、陕西、广西、河北、内蒙古、云南、山西、贵州、黑龙江、吉林、新疆和青海、宁夏，这些省份的媒体参与维的生态位宽度明显小于其他两个维度，只要能提升新媒体的参与数量与质量，就能快速提升公众参与水平。

②传统与组织参与制约型。包括广东、山东、江苏、北京、天津、上海、甘肃、浙江、重庆、四川，这些省份的传统与组织参与维的生态位宽度明显小于媒体参与维。提升公众参与可以从这两维度进行。

③平衡型。包括安徽、湖北、海南和西藏，这四个省份三个维度的生态位均较为均衡，不同的是，安徽、湖北的公众参与水平较高，综合生态位宽度排行第四、第五，而海南、西藏则整体发展水平不高处于倒数后两位。

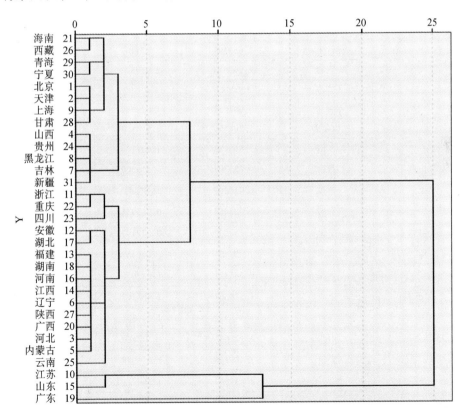

图 9 - 4　31 个省份环境治理公众参与生态位宽度聚类树状图

表 9 - 8　　以传统参与维为标准的我国公众参与各维度相对宽度

聚类分类	省份	传统参与维（来访、人大、政协）	媒体参与维（来信、电话/网络投诉）	组织参与维（生态环境社会组织）
第一类	江苏	3.441163	7.265717	3.16155
	山东	3.842922	5.784376	3.753028
	广东	3.525058	10.75353	4.31545
第二类	浙江	3.117131	4.453248	3.538759
	重庆	3.688722	4.486128	2.47321
	四川	3.394838	3.489911	1.845437
	安徽	3.814602	3.812711	4.36592
	湖北	3.637336	3.439169	4.463887
	福建	3.186787	2.959533	3.947121
	湖南	3.136368	2.703005	3.490157
	河南	3.807094	2.733486	3.771114
	江西	3.313072	2.161064	4.129128
	辽宁	3.658199	2.574463	2.88354
	陕西	2.949548	2.619614	2.701562
	广西	3.00943	1.79192	2.30251
	河北	3.684657	1.629599	3.111415
	内蒙古	2.364459	1.834117	3.175663
	云南	3.867183	1.831174	4.515838
第三类	海南	0.225307	0.214509	0.248413
	西藏	0.418307	0.02541	0.198147
	青海	0.323485	0.265935	1.621949
	宁夏	1.153239	0.572197	1.770327
	北京	1	1.5733	1.176247
	天津	0.685881	1.582056	0.299425
	上海	1.520667	2.463207	0.734073
	甘肃	1.910972	1.247704	0.306314
	山西	2.127635	1.14003	2.041422
	贵州	2.439146	1.096988	2.074464
	黑龙江	2.237519	1.360711	2.373788
	吉林	1.727312	1.053705	1.936233
	新疆	2.456709	0.746229	2.938656

9.3
价值共创下环境治理 PPP 项目
变化及公众参与影响分析

在得出环境治理 PPP 项目公众参与水平和类型特征后，需要在此基础上对公众参与的影响因素进行分析。本章基于宏观的时代经济等变化，讨论价值共创下，环境治理 PPP 项目的治理环境和公众、企业和政府三个主要行动者的变化，并在此基础上，对宏观因素对公众参与的影响进行实证分析。

9.3.1 环境治理 PPP 项目价值共创活动环境变化

1. VUCA 的时代环境变化

VUCA 一词由美国军方在 20 世纪 90 年代提出，是由易变性（Volatile）、不确定性（Uncertain）、复杂性（Complex）、模糊性（Ambiguous）的首字母缩写组成，开始是用来描述冷战结束后的越发不稳定的、不确定的、复杂、模棱两可和多边的世界，后来被商界用来描述混乱的和快速变化的商业环境。其实不论是政界还是商界，整个世界所呈现出的趋势都是快速变化的，具有 VU-CA 特性的，环境治理也不例外。

易变性（Volatile）是变化的本质和动力，也是由变化驱使和催化产生的。它表示即使在掌握了一个事件的相关信息后，其本身和持续时间依然是未知且不稳定的。不确定性（Uncertain）是指缺少预见性，缺乏对意外的预期和对事情的理解和意识，同时由于信息不对称，即使一件事情的因果关系清晰已知，也不一定能够按照预计的走向完成，存在的变化的可能。复杂性（Complex）是指事件中包含许多相通的链接和相互影响的变量，即使在掌握了一部分信息的情况下，想清晰地梳理其中的变化关系，看清关系本质也并非易事。模糊性（Ambiguous）是指事物的因果关系和条件是模糊和不确定的，也可能没有先例可以参考。组成 VUCA 的这四个词所代表的是不同的挑战，这四个挑战不是完全单独存在的，而是随机与其他挑战相结合的，在形容大的趋势的时候，则代表耦合的多重特点。

环境治理领域相较于其他领域有其自身的特点。其实体生态环境是复杂的、全球性的开放系统，是包含生命物质和非生命物质的自我调节系统，是处于环环相扣的动态的生态平衡中的。同时抽象的环境治理环境也是一个开放性的复杂网络结构，人与人、政府、公众、社会组织、企业、生态环境之间的链接空前的丰富和复杂，联系也越来越紧密，蝴蝶效应也越发明显，一点小小的改变就可能引起巨大的变化，事务的影响因素和不可控的变量都在增多。环境治理因为生态环境和治理环境都拥有这样的特性，双倍的 VUCA 特性让环境治理 PPP 项目公众参与价值共创所要面临的环境变化更为复杂和混乱。

2. 数字化的治理环境变化

现代社会是信息化社会，其赖以发展的技术就是数字化技术，包含互联网、物联网、3D 打印、云计算、大数据等信息技术。20 世纪七八十年代开始，第一代数字技术出现，技术基于 IT（Internet Technology）、架构和 PC 端以实现业务数据化。其迅速发展为商业世界带来了巨大的效益，也改变了人们的生活方式。到了 20 世纪 90 年代，商业世界的复杂性使传统 IT 技术疲于应对，因此 IT 技术架构向 DT（Date Technology）转变。第二代数字技术基于 DT 技术、架构和移动端以实现数据业务化。第二代的 DT 技术已经不局限于商业领域，政府、社会组织等一切人类组织都依赖于此。是否能有效利用数据实现全方位的数字化运转是能否进入数字化时代的核心。

而数据作为数字化的基石，成为数字社会的第一生产要素，在这个过程中不得不提大数据技术。大数据作为近年来的新兴事物，并没有一个精准的定义，不同的学界或是业界对大数据的研究各有侧重方向。本书借用《互联网周刊》的定义，"大数据是通过对海量数据进行分析，获得有巨大价值的产品和服务，或深刻的洞见，最终形成变革之力"。大数据并不是一项单一的技术，而是一个整体的概念，是一套相关的技术。

大数据作为一项技术，有其技术特性，IBM 在 2014 年发布的《践行大数据承诺：大数据项目的实施应用》白皮书中将其定义为：海量化数据（Volume）、高速化处理（Velocity）、多样化结构（Variety）、数据易变性（Variability）、数据有效性（Volatility）等的 Vs 特性。Vs 特性会随着大数据技术的不断丰富而不断拓展。具体特性描述如表 9 - 9 所示。

表 9 - 9   大数据的 Vs 特性

Vs	特性	描述
Volume	海量化数据	衡量数据的规模
Velocity	高速度处理	衡量数据的处理速度
Variety	多样化结构	衡量数据的类型
Viscosity	强关联数据	衡量数据流间的关联性
Variability	易变化数据	衡量数据流的变化率
Veracity	精确化数据	衡量数据的确定性
Volatility	数据有效性	表明数据有效性及存储的期限
……		

大数据技术同时拥有社会属性，它代表了一种技术、一种能力、一种思维和一个时代。运用大数据技术来整合资源，是开放共享的逻辑思维，从而进入一个更加开放的社会，一个权力更分散的社会，一个网状的社会。

9.3.2　环境治理 PPP 项目价值共创公众行为变化

1. 公众主人翁意识增强

我国通过法律法规的不断出台，使公众在环境治理中的合法和主体地位得到确定，同时公众自身的参与意识也在不断增强。公众从以往被动等待政府进行环境治理转变为主动参与环境治理，不仅在自身周围的生态环境遭到破坏时加入，还在不与自身利益直接相关时，出于兴趣和环保意识，在网络平台上参与环境治理。

依据公众参与阶梯理论，公众参与分三个层次八个阶梯，如图 9 - 5 所示。公众参与的层次越高，参与的程度和水平越高。从 2006 年至今，我国的公众参与数量翻了几番，公众参与程度也已经实现从假性参与到象征性参与的转变，集中表现在政府网站发布环境治理方面的政策信息和政治活动的告知性参与，召开论证会、专家座谈会等的咨询性参与等。

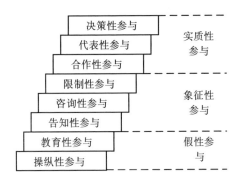

图 9 - 5　公众参与阶梯理论

数字化时代，让公众可以通过网络平台以更便捷和低成本的方式参与环境治理，发表自己的意愿和建议；政府将以更开放的心态将人民当作环境治理的合作伙伴和决策者，保障公众参与，创造更大的公众参与空间，一起努力使象征性公众参与升级为实质性公众参与。

2. 公众参与渠道多样化

环境治理公众参与从只有来信、来访的传统参与路径，到电话网络、座谈会、专家论证会、听证会等多样化渠道。数字化技术，如基于 Web3.0 语义网技术、以"微博"等社交媒体为主的分布式信息发布技术，都为公众参与提供了实时互动的全新信息空间，导致了信息的海量递增和传播渠道的极度多元，加强了与公众的沟通。公众不仅通过政府方提供的网络渠道，如政府网站、手机应用等参与环境治理，还可以通过社交网站进行参与。公众通过微信、微博、QQ 等搜索、转发环境治理相关信息，并在社交平台上与环境社会组织联络合作。通过网络，针对某个具体治理项目的公众、政府、社会组织、企业等的弱连接，使公民的一次性参与数量大大增加，同时合作建立的信任关系也可以促进下次合作的顺利进行和由一次性参与到常态化参与的转变。

3. 公众参与个性化增强

网络、社交媒体等使公众更易于表达自身意愿，技术的发展使兴趣驱动的公众有了更多的自由时间来确定更愿意参与环境治理的哪些方面。公众对于环境治理的个性化需求其实一直都存在，但是由于以往技术水平的限制，政府不能更准确、更全面地发现这种个性化需求。以往公众需求即使被发现，可能也要承担很大的信访或管理成本，政府也很难在兼顾管理成本的情况下，通过有效的手段满足公众需求。然而随着数字化时代的到来，政府可以通过数字化形式接收公众的差异化需求，通过这些大量的、类型各异的数据，政府甚至可以比公众本身更了解他们的需求，同时环境治理技术的进步也让政府能够更加有效地进行环境治理，如应用智慧科技、互联网和物联网等技术治理水污染，提升了 10.3% 的水污染处理综合效率。

9.3.3　环境治理 PPP 项目价值共创企业行为变化

1. 企业社会责任增强

根据阿奇·卡罗尔（Archie Carroll）提出的企业社会责任"金字塔"概念，企业社会责任分为四层，基础层即第一层是企业需要承担的经济责任；第二层是法律责任，指企业在进行生产活动时需要在法律的框架内进行；第三层是伦理责任，是企业在经济和法律层面所要遵循的伦理规范外，还要满足的虽没有强制要求却是社会共识的伦理规范；第四层即最高层是慈善责任，是企业完全自愿的行动，反映了企业在无规定但有无法明确表达的社会期望中所承担的责任。

同时，环境治理 PPP 项目中的企业还要承担环境责任，被动接受或者主动承担对环境、资源的保护与合理利用的责任。被动层面的环境责任需要企业在生产活动过程中统筹经济效益与环境效益的平衡度，不能因过分逐利而过度开发自然资源和污染环境；主动层面的环境责任需要企业在与政府和公众的平等合作中，在为自身获取环境所带来的利益的同时，尊重其他社会成员对环境资源的权益，实现代际公平和代内公平。

在具体环境治理 PPP 项目层面，企业主要的社会责任是经济及法律等基础性责任，即与政府合作保障环境治理这一公共服务的产品的高效高质量供给。超越具体项目层面来说，企业应承担的社会责任包含伦理责任和道德责任。

在一般的 PPP 项目管理中，只考虑企业的经济和法律责任，忽视了企业的伦理和慈善责任。而价值共创话语环境下，政、企、社三方形成共建共治共享的社会治理格局是多元行动者以公共价值为导向的环境治理中价值共创行为。价值共创的目标给企业履责提出了更高的要求，企业不能只单纯追求经济和法律责任的实现，应该从价值层面考虑自身责任，承担相应的伦理道德责任。

2. 企业价值创造理念改变

企业价值创造的研究经历了价值链理论、价值网理论和利益相关者理论等多种理论的发展，其发展过程中呈现出三大趋势：一是从只承认劳动单一要素到接受更加广泛的利益相关者视角来探讨企业价值创造值源泉的多元化；二是从局限于企业内部的价值创造过程，到关注外部利益相关者的作用；三是从注重财务绩效等单纯经济价值到重视企业的社会价值。如表 9 - 10 所示，企业的价值创造从以往的生产者主导、顾客购买使用价值的方式，转变为重视顾客体验价值，创造企业与顾客间的价值共享系统，通过与顾客的互动合作产生价值。

表 9 - 10　　　　　　　　　企业价值创造代表性理论观点

理论学派	价值源泉	价值创造主体	价值表现
劳动价值论	劳动	劳动者	经济绩效
要素价值论	劳动、资本、土地	各种要素的贡献者	经济绩效
企业能力理论	知识、信息、技术、管理者稀缺资源与核心能力	各种资源和能力的贡献者	经济绩效
价值链理论	企业内部运营活动包括基本活动和辅助活动	企业自身	经济绩效
价值网理论	网络内多个主体间相互联系的活动	企业与其他网络成员（如顾客、供应商等）	经济绩效
价值共创理论	体验价值	企业与顾客	经济绩效 社会绩效 环境绩效
利益相关者理论	企业与利益相关者之间的互动与合作	企业与广泛的利益相关者（如员工、顾客、政府、社区等）	经济绩效 社会绩效 环境绩效

同时，新的治理环境和价值共创要求企业履行更多的社会责任，但企业对

社会责任有一种误解，认为这是企业责任范畴外的附加行为，这种误解让企业认为社会责任的履行会增加企业运营成本，削弱企业竞争力，从而使企业对履责产生抵触情绪，只进行口头履责，不进行真正的社会价值创造。特别是在环境治理领域，若能将社会责任融合进企业的价值创造全过程中，创造一个由社会责任驱动的企业综合价值创造模型就再好不过了。

价值创造包含价值认知、价值主张、价值融合、价值沟通、价值实现五个环节。将社会责任作为创造的驱动要素就要求企业：一是在价值认知方面，将坚持透明和道德的行为，追求经济、社会和环境综合价值最大化等社会责任理念融入核心价值观，能够潜移默化地影响每一位员工的观念和行为，从而改变整个企业的决策和行为。二是在价值主张方面，将社会责任融入企业愿景和战略，对企业发展目标进行修正和调整，即从单纯追求经济利润最大化转变为追求经济、社会和环境综合价值最大化。还应当通过网站、媒体、发布会等多种形式向社会传播，以及与外部利益相关者的需求之间进行外在契合，让利益相关者了解企业的价值主张，获得他们对企业的理解和认可，从而拉近企业与其他利益相关者的关系，提升其信任程度。三是在价值沟通方面，通过运用定期的信息披露机制如企业发布社会责任报告，重大事件的临时沟通机制如企业做出对社会影响较大的重大决策或重大行为时，与利益相关者进行交流，来接受价值信息反馈，从而实现各个价值环节的持续改进。四是在价值实现方面，企业可以采用一些指标量化企业的经济、社会、环境绩效。如企业的经济价值可以用营业收入、资产、利润、运营效率、专利拥有量等指标来衡量，社会价值可以用为社会提供服务的质量、社会捐赠金额、对员工发展的贡献等指标来表示，环境价值可以用能源利用效率、温室气体减排量等指标来体现。

9.3.4　环境治理 PPP 项目价值共创政府行为变化

在 VUCA 和数字化的环境下，政府如果延续过往的治理行为，是无法适应新时代，提供良好的环境治理效果的。因此，环境治理 PPP 项目价值共创中政府行为也要有相应的变化。以下从引起政府治理行为变化的三个方面来探讨。

1. 治理环境变化引起的政府行为变化

随着复杂环境和数字化时代的到来，对政府的治理理念、治理范式和治理角色都产生了影响，引起了政府相应的行为变化。VUCA 和数字化的时代特点与治理内涵相通，借助技术发展的东风，治理范式能够在原有的基础上向智能化发展。利用数字技术分析政府能力和公众行为；利用数字技术加强绩效考核，降低政府成本；利用数字化技术加强网络监督、舆情控制，帮助政府决策从事后走向事前，提升政府决策能力。

政府角色方面，我国政府经历了全能管制型政府（1949—1978 年）、有限调控型政府（1979—1996 年）、有效法治型政府（1997—2011 年）、创新服务型政府（2012 年至今）四个阶段。角色转变下，政府经历了地位从"绝对服从"到"相对独立"，价值取向从"政府本位"到"社会本位"，行为从"管制"到"服务"，工具从"人治"到"法治"的转变。角色转变具体体现在行政审批制度改革，持续推进"放管服"（简政放权、放管结合、优化服务），分散政府权力，减少审批流程，使行政审批彻底从地方政府管制市场与社会的手段转变为地方政府服务与回应市场和社会需求的工具。

2. 公众参与行为变化引起的政府行为变化

通过上文的阐述可以看到，公众在环境治理 PPP 项目价值共创下的参与渠道是多方面的、复杂的，借助数字化发展，公众不仅可以借助传统的来信、来访和电话等方式参与环境治理，也可以通过网站、手机应用、微信、微博等网络平台来进行参与。公众参与的数量级的大量增长会对政府信访接受能力、治理能力、平台维护能力带来严峻的考验。政府能力若没有相应提升则可能出现治理问题处理不及时、不到位，网络参与平台崩溃或者被恶意攻击，舆论走向被带偏，政府公信力降低等情况。

政府需要从环境治理的顶层设计时就考虑公众参与行为变化，以人的需求、人的智慧和人的发展为切入点，进行精细化治理考量，设定相应的法律政策，保障公众参与合法性，并引导公众理智参与环境治理。

在环境治理过程中，政府不仅要关注环境治理行为本身，还要关注公众的环境治理意愿，保证公众提出的问题得到及时有效的解决，保障问题的处理时间和处理效率，设置专门人员维护网络参与平台，保障网络渠道的通畅。

具体治理项目结束后，政府需要利用数字化、大数据技术，考量环境治理效果，收集公众对于环境治理 PPP 项目的反馈，发现公众对于环境的要求，以人为本为导向，进行以后的环境治理。同时也要利用网络平台，学习其他国家（地区）环境治理 PPP 项目的成功经验，利用无人机等数字监控技术，保障环境不受破坏，将项目化治理变为常态化的监控治理。

公众参与行为变化和政府治理行为变化实际上是没有时间上的绝对先后的，政府引导、保障公众参与，公众表达环境诉求、监督政府企业治理行为，这两者是相互影响、相互促进的，在不断的交互行动中不断进步，螺旋式上升。

3. 企业参与行为变化引起的政府行为变化

通过上文研究可以看出，数字化时代和合作治理要求让企业从社会责任、经营范式到价值创造理念都发生了转变，作为 PPP 项目中企业的合作者、发包人的政府行为也会产生相应的变化。

社会责任方面，要求企业承担更多的社会责任，但责任的履行从来不是单独一方承担的事情。企业、政府还有公众都需要承担责任内容，责任的分配不均等问题会导致责任履行缺位、错位和越位。环境治理 PPP 项目履责问题的根本原因在于行动者利益诉求的异质性。因此，从价值角度寻求责任分担的解决方案是政府的治理工作导向。诚然，环境治理 PPP 项目需要各个行动者进行平等合作，但政府作为治理实践中的绝对权威主体，拥有最高的话语，其应该最早接收到变化信号，重视不同利益相关者的价值诉求，并引导其他行动者，寻求价值共识，进行合作。

在政策制定方面，政府在环境治理网络中处于全面统筹协调和主导地位，企业是发挥市场能力和技术力量的重要角色，公众是节点性的主体。政府服务效能需进一步提升以及帮助企业下大力气解决降成本、减负担等问题，需要做好优化营商环境的顶层设计、打造廉洁高效的政务环境、构造完备优质的要素环境和营造诚信规范的市场环境，以提升政府治理能力，增强企业发展后劲。

9.3.5　公众参与环境治理 PPP 项目价值共创宏观影响因素分析

1. 基本假设

（1）国家能力方面。国家能力本身是个包含各种实现国家自主性目标和意志的能力的集合，可划分为"渗入社会、调节社会关系、提取资源，以及以特定方式配置或运用资源四大能力"。具体到环境治理方面，国家能力可分为两大部分，一部分是环境污染的预防和治理能力，另一部分是调节社会秩序相对稳定的能力。

环境污染被视为经济发展中的副产品，环境保护和经济增长间的博弈对政府来说一直是个难题。对于公众参与环境保护在我国被视为重要公民权利的背景下，政治系统适应、吸纳和制度化公众参与的国家能力，是影响社会秩序稳定水平的关键因素。而对于此，福山强调现代国家政府制定并实施政策和执法的能力特别是干净的、透明的执法能力是最契合国家能力本质的。我国地方政府是环境治理政策的解释者、执行者，是连接中央制度供给和微观制度需求的重要中介，其治理能力、治理行为直接影响环境治理效果。地方政府对环境规制的进一步细化及执行和对环境治理的投资直观体现了环境治理领域的国家能力。为此，提出第一个假设：

假设一：国家环境治理能力越强，公众参与度越低。

（2）环境污染方面。我国环境事故频发，是我国人民美好生活需求达成的一大阻碍。环境污染不仅会对生态环境造成严重的损害，还会对公民人身财产和精神造成损害。这两方面的损害都造成了人类现有及未来公共利益和私人利益受损的结果。公共利益和生命财产受到污染侵害是公众参与环境保护的根本动因。在污染驱动下，公众参与环境保护源于对于特定环境问题的关注。上海交通大学民意与舆情调查中心的调查结果显示：当具有潜在危险性的设施建筑在住宅附近时，65.3%的公众会选择"联合受害邻居向相关部门反映"，若得不到解决，53.8%的公众会抗争，直到设施停建或者搬离。因此本书提出第二个假设：

假设二：环境污染越严重，公众参与度越高。

（3）经济社会方面。社会经济状况是促进公众参与环境治理的直接因素，经济水平和受教育程度越高的居民公众参与度越高。社会和经济更发达的地区，会赋予政治参与更高的价值，对于个人来说更高的经济水平和更大程度上的地位平等与高水平的政治参与以及较强的政治效能感相联系。公众参与作为政治参与的一种方式，也受到社会经济水平的影响，但具体的影响方向学界并没有达成共识。

环境意识促进环保行为，而公众受教育程度越高，其文化水平帮助其理解环境保护的意义和建立正确的环境观念，从而使其拥有更高的环境意识，更有可能参与环保行动。但也有学者认为环境意识对环境行为的影响非常有限，环境意识与环境行为之间的相关系数一般为0.14—0.45。

Brent 通过对美国公民参与环保的实证调查得出，女性会比男性更有环境治理参与意愿。但国内学者的研究显示性别对公众的环保组织参与没有显著影响。

社会经济因素对于公众参与环境治理的影响存在差异，其作用究竟是积极的还是消极的需要进一步研究。为此提出假设三：

假设三：社会经济水平越高，公众参与度越高。

2. 变量选取与数据来源

本书利用 2011—2015 年"十二五"期间的 31 个省市的面板数据来进行公众参与环境治理的影响因素计量分析。本书的因变量选取环境来信数（lx）、环境来访数（lf）、人大建议数（rd）、政协提案数（zx）、环境社会组织数量（hjzz）和电话网络投诉数（dwt）来表示为环境治理公众参与度。数据来自《中国环境年鉴》和《中国民政统计年鉴》。公共参与环境治理途径有直接的来信、来访和电话网络投诉，也有间接地通过人大与政协提出建议提案和通过参与环境社会组织来参与。李子豪通过百度的搜索指数来表示公民网络舆论监督能力，并证明其对政府环境立法的影响并不显著。因此，本书采用电话和网络投诉数量来代表科技进步下公共参与的新途径。

自变量包括三个核心部分，第一部分为国家能力变量，当前地方政府环境治理主要通过环保立法、环保执法处罚和环境污染治理投资三种方式实现。因此考虑环境保护现行法规和规章总数（fggz）来表示环境立法强度，行政处罚案件规模（ajgm）来表示政府执政能力，环境污染治理投资 GDP 占比（tzzb）来表示政府对环境治理的投资强度，从而整体反映国家环境治理能力。数据来自《中国环境年鉴》和《中国环境统计年鉴》。第二部分为社会经济因素，分别选取了人均 GDP（pgdp）、居民消费水平（xfsp）、每十万人高等教育人数（edu）和女性人口比重（nv）五个变量。曾婧婧在其研究中应用万人高中人数，得到结果确与以往教育促进公众参与结果相反，因此本书应用高等教育人口数来衡量教育水平。数据来自《中国统计年鉴》。第三部分为环境因素，选取工业废水排放量（gfs）、工业废气排放量（gfq）、工业固废产生量（ggf）和突发环境事件（thj）四个变量来表示。工业三废是城市化进程中产生环境污染的三大指标，不同于工业三废的不易察觉，突发环境事件通常激发公众关注和舆论探讨，从而对公众参与产生影响。数据来自《中国环境年鉴》。

3. 模型建立

按照上文分析，所有因变量都会或多或少地对自变量产生影响，本书在借鉴祁玲玲和曾婧婧的基础上建立如下模型：

$$lx = \beta_0 + \beta_1 \, ajgm + \beta_2 \, tzzb + \beta_3 \, fggz + \beta_4 \, gfs + \beta_5 \, gfq + \beta_6 \, ggf + \beta_7 \, thj + \beta_8 \, pgdp$$
$$+ \beta_9 \, xfsp + \beta_{10} \, edu + \beta_{11} \, nv + \varepsilon$$

$$lf = \beta_0 + \beta_1 \, ajgm + \beta_2 \, tzzb + \beta_3 \, fggz + \beta_4 \, gfs + \beta_5 \, gfq + \beta_6 \, ggf + \beta_7 \, thj + \beta_8 \, pgdp$$
$$+ \beta_9 \, xfsp + \beta_{10} \, edu + \beta_{11} \, nv + \varepsilon$$

$$rd = \beta_0 + \beta_1 \, ajgm + \beta_2 \, tzzb + \beta_3 \, fggz + \beta_4 \, gfs + \beta_5 \, gfq + \beta_6 \, ggf + \beta_7 \, thj + \beta_8 \, pgdp$$
$$+ \beta_9 \, xfsp + \beta_{10} \, edu + \beta_{11} \, nv + \varepsilon$$

$$zx = \beta_0 + \beta_1 \, ajgm + \beta_2 \, tzzb + \beta_3 \, fggz + \beta_4 \, gfs + \beta_5 \, gfq + \beta_6 \, ggf + \beta_7 \, thj + \beta_8 \, pgdp$$
$$+ \beta_9 \, xfsp + \beta_{10} \, edu + \beta_{11} \, nv + \varepsilon$$

$$hjzz = \beta_0 + \beta_1 \, ajgm + \beta_2 \, tzzb + \beta_3 \, fggz + \beta_4 \, gfs + \beta_5 \, gfq + \beta_6 \, ggf + \beta_7 \, thj + \beta_8 \, pgdp$$
$$+ \beta_9 \, xfsp + \beta_{10} \, edu + \beta_{11} \, nv + \varepsilon$$

$$dwt = \beta_0 + \beta_1 \, ajgm + \beta_2 \, tzzb + \beta_3 \, fggz + \beta_4 \, gfs + \beta_5 \, gfq + \beta_6 \, ggf + \beta_7 \, thj + \beta_8 \, pgdp$$
$$+ \beta_9 \, xfsp + \beta_{10} \, edu + \beta_{11} \, nv + \varepsilon$$

考虑到所有自变量都会对公众环境参与的不同形式产生影响，四个计量模型是一致的。ε 为随机误差项，用以确保计量模型的合理性。面板数据的计量通常涉及固定效应模型和随机效应模型，具体运用哪个模型，本书通过计量过程中 Hausman 检验确定。

4. 计量结果分析

计量结果如表 9 - 11 所示，政府行为因素方面，10% 的环境治理投资占比的增长会消减 39% 的人大建议，10% 的现行法规和规章总数的提升会分别减少 1.73% 和 7.36% 的人大建议与政协提案。环境行政处罚案件数与电话/网络投诉数也显著负相关。假设一成立。

环境污染因素方面，工业废气排放量与公众参与的相关显著性最为明显，工业废水排放量与人大建议数显著正相关，与环境社会组织数量有一定正相关性，与政协提案负相关。工业固废产生量与人大建议量有一定负相关性。突发环境事件数与来信显著负相关，与人大建议数显著正相关。这是由于来信的时效性对于突发环境事件并不适用，公民会选择更加快捷的参与方式，而突发事件的增多所引起的公众关注会促进人大建议数量。假设二不成立。

表 9 – 11　　　　　宏观因素对公众参与的影响

变量	来信	来访	人大建议	政协提案	环境社会组织数量	电话/网络投诉数
环境行政处罚案件数	0.04595 (0.668658)	– 0.013476 (– 0.587667)	0.000604 (– 0.255415)	0.003165 (0.283366)	– 0.002947 (– 0.930668)	– 0.312969*** (– 0.375403)
环境污染投资	– 569.4758 (– 1.047956)	287.2346 (1.321692)	– 39.06203** (– 2.056438)	– 66.8752 (– 0.757111)	– 3.631397 (– 0.142692)	– 1254.05 (– 0.19022)
现行法规和规章总数	2.960346 (0.109652)	– 1.982818 (– 0.205944)	– 1.731798* (– 1.808893)	– 7.364429* (– 1.678176)	1.465744 (1.14272)	157.1158 (0.479696)
工业废水排放量	– 0.046562 (– 1.497735)	0.002514 (0.508849)	– 0.000967** (– 2.053911)	– 0.003033 (– 0.600218)	– 0.001033 (– 1.6376)	0.116996 (0.310206)
工业废气排放量	0.170344 (1.643201)	0.001657 (0.06716)	0.008206*** (3.686122)	– 0.046205*** (– 2.742059)	0.00530* (1.779182)	– 0.028576 (– 0.022721)
工业固废产生量	0.128914 (0.585253)	0.010563 (0.30229)	– 0.005497* (– 1.846092)	0.00139 (0.038809)	– 0.002607 (– 0.653623)	– 2.495889 (– 0.933989)
突发环境事件	– 41.0791*** (– 3.40003)	– 0.229554 (– 0.057809)	1.564308*** (3.700109)	2.769225 (1.410089)	0.757598 (1.337509)	144.3298 (0.984673)
人均 GDP	– 0.389128** (– 2.03975)	– 0.014831 (– 0.63914)	0.0047** (2.388518)	0.006691 (0.215783)	– 0.001054 (– 0.399888)	– 2.488019 (– 1.07501)
居民消费水平	0.299778 (0.781967)	0.039291 (– 0.676058)	– 0.009518* (– 1.778022)	– 0.001531 (– 0.024574)	0.003823 (0.533093)	3.726445 (0.80123)
每十万人高等教育人数	– 0.248105 (– 0.091123)	– 0.130346 (– 0.420648)	– 0.03215 (– 1.378478)	– 0.701391 (– 1.584815)	– 0.0178 (– 0.569659)	56.62526 (1.714259)
女性人口比重	33638.99 (0.905794)	– 3416.826 (– 0.242733)	– 2129.591 (– 1.450184)	– 15359.41** (– 2.544412)	– 92.18623 (– 0.046855)	– 1934055* (– 4.292693)
R²	0.68961	0.042742	0.300776	0.354454	0.091197	0.437327
H	0.0012	0.9229	0.1706	0.0043	0.3199	0.0236
	固定	随机	随机	固定	随机	固定

注：***、** 和 * 分别表示相关统计量在 1%、5% 和 10% 水平下显著。

社会经济因素方面，人均 GDP 与来信数负相关，与人大建议数正相关。

与来信数负相关可能是由于经济和科技水平的提升使居民选择更加便捷诸如电话网络投诉等方式。居民消费水平与人大建议数存在一定负相关性。每十万人高等教育人数与公众参与无相关性。女性人口比重与政协提案和电话网络投诉数显著负相关，且相关系数过大，需要进一步验证。假设三部分成立。

需要注意的是，人均 GDP 和居民收入水平与公众参与指标的作用相反，一方面由于 GDP 的提升可能意味着更多的环境污染，从而引起公共信访；另一方面收入水平越高的人会挑选更加良好的居住环境，减少了他们对恶劣环境的感知，从而降低其参与度。

本书选取的研究指标是以往研究采取过的，同时模型设定也类似，但结果的确不甚相同，这是因为本书使用多个宏观因素整体考察其对公众参与的影响，并且数据时间不同，国家整体状况不同，影响了不同指标与因变量的关系。

5. 研究结论

（1）国家环境治理能力水平是公众参与环境保护的最重要因素。国家作为环境治理的主体，治理能力的提升能显著减少以"两会"为途径的公众参与。从数据上来看，"十二五"期间环境污染指标数都出现了下降，证明中国环境政策的推行和国家能力的提升是改善环境质量的重要途径。纵然公民参与环境治理被提升到了很高的位置，但政府的主体作用也完全不能忽视。同时公众作为国家能力的监督者，也可以对政府行为起到一定规范作用。因此以国家为环境治理主体，提升公共参与水平仍是环境问题的主要方向。

（2）公民环境意识不断提升。环境污染作为公众参与的直接驱动力是学界共识，但在本书的研究中工业固废产生量与突发环境事件却与公众参与具有负相关性。原始数据显示，近年来污染排放减少的同时，环境信访量上升，这是由于公众环境意识的增强。以往大多数公众参与是污染驱动型，在自身环境利益受到损害时才被动参与环境治理，这时其参与行为会随着具体环境问题的解决而结束，具有利己性和暂时性。然而随着经济社会发展和人均受教育水平的提高，公众的环境意识已经不再局限于特定的、暂时的和局限于自身的环境问题，而是开始关注整体的自然环境和代际的可持续。这种更深层次的环境意识也将使公众对环境污染的容忍度更小，并要求更高的国家环境治理能力，同时督促自身更积极地参与环境治理。

（3）社会经济水平对公众参与的影响更为深层次和复杂化。公众参与环境治理作为公众政治参与的一部分，社会经济的发展可以促成以阶层为基础的政治参与的扩大。经济新常态下，我国经济增长速度从高速转向低速，经济结构不断优化，创新驱动力的增大都使经济发展不再完全站在环境的对立面，同时人民对于美好生活的需求包含了金山银山，也包含了绿水青山，这就使社会经济水平的关系不再是单向促进，而是更为复杂且相互影响的。其具体关系就需要更进一步的研究。

基于结论，以下政策启示值得思考。第一，政府环境治理能力的提升对除"两会"外的公众参与影响并不明显，意味着政府的立法和执法更需要考虑个人层面，加强宣传，以提高公众的主人翁意识。第二，环境公众意识的提高给政府的环境治理带来更大的压力。以后政府的政策制定及执行需要更高的科学性和更长久的环境可持续意识。第三，社会经济水平对公众参与影响的深层次和复杂化需要政府将环境保护的意识贯穿于日常的经济活动中，考虑经济增长的同时考虑环境水平，不仅要有事后的治理能力，更要有事前的预防能力。

前文通过对公众参与水平和参与影响因素的分析，对环境治理 PPP 项目公众参与价值共创的运行有了一定的了解，本章在此基础上，结合超网络理论，构架环境治理 PPP 项目公众参与价值共创超网络，分析其网络结构、共创要素和运行机理。

9.4
环境治理 PPP 项目公众参与保障策略

环境治理 PPP 项目公众参与价值共创除了超网络的运行需要内在的驱动，还需要外在的保障。网络的保障，单一的政策条例是不够的，要从根本出发，从道德角度对相关制度进行重构，构建政策网络，结合价值共创超网络一起，形成两网融合的保障策略。

9.4.1　环境治理 PPP 项目公众参与保障策略设计要点

1. 道德共识是策略设计起点

环境治理中存在着价值的分歧、共识的碎裂，这些都是由治理过程中工具理性扩张的中心—边缘结构不合理所带来的。因此想要重构环境治理 PPP 项目的道德共识，达成总体性的共识，就要从两方面——克服工具理性和打破不平等结构入手。

　　想要达成总体共识，要先超越个人主义和组织的界限，站在更为宏大的社会实践层面考虑环境治理问题。从社会层面考虑问题就要重新定义国家和社会的关系，不能再是国家凌驾于社会之上，社会被动地等待政府治理，也没有话语权，而应是国家简政放权，将自身置于与社会平等的地位上，成为社会治理的行动者之一。

　　总体道德共识无法离开治理行动者平等的对话环境。行动者只有在平等的地位以及可以和谐交流的对话环境中才能形成和保持真正的伙伴关系。这就需要政府向服务型政府转变，抛弃权力本位的思想，改革治理结构、制度和程序，以营造行动者平等交流、取长补短的对话环境。在这个过程中，政府人员的角色也要从"唯命是从"（实施单一形式的规则）转向"当家做主"（寻求实质指导原则的最佳办法），而主动辅助性原则为伙伴关系的建立提供了指南。通过设立行动者对话平台、赋予每个行动者平等的发言权和承认其他行动者三方面来设立机制保障合作伙伴关系建立。

　　2. 尊重差异是策略设计基础

　　（1）差异是基本社会现象。自 20 世纪中期开始，差异就是社会治理中不可忽视的问题，它不仅是清晰的社会现象，而且逐步促进了协商民主、公众参与民主的出现。但是现今社会的高复杂度、高不确定性，差异更加扩大，同时社会问题也有井喷式的增长，这就使社会在原本"中心—边缘"式的结构中想要达成共识越来越难，也就无法在越来越多的社会问题上构建相应的政策。

　　（2）尊重差异是环境治理的基本要求。承认和尊重差异给治理带来了多元的、流动的视角，在这个视角下，治理中政策的构建不再是消除差异来形成共识，而是体会和包容差异，体会不同差异后的处境和价值追求，最后形成包含差异的共识。差异是被尊重的，行动者是平等的，差异和多元性是永恒存在的，但是行动者之间也会发现其共同属性，并以此进行共同治理行动。

　　环境治理 PPP 项目公众参与价值共创的价值共识也是在尊重差异的基础上形成。行动者只有在认同公共价值的基础上，才能主动寻求价值工程，共同创造价值。作为价值共识且进一步作为道德标准，其本质内涵就不是一成不变、抹杀所有差异的。相反，公共价值在治理中是动态的，容纳不同行动者不同利益诉求的。

3. 主体概念与结构消解是策略设计内在要求

从道德角度来说，农业社会中有一个家族共同体，道德责任主体不在单独的人身上，共同体有其道德观念和规范，并约束共同体的人，个人违反共同体道德时会受到惩罚。工业社会中，日常生活中还保留一定的家族共同体概念，但是在公共领域，个人是其自身的道德责任主体，为其本身的行为负责是毋庸置疑的。在合作社会中，个人是道德主体，但却不是道德责任主体，原因有二：一是在合作行动中，合作共同的道德观念、规范和原则等都是被个人内化的，内化为自身所要承担的责任，并主动采取行动，因而是道德主体；二是个人却不会因为责任承担过程中的一些过失受到惩罚，过失所带来的不良社会影响的责任由其所在的组织承担，因此不是道德责任主体。主体的消解，主体和客体概念的不复存在，就使得在此基础上构建的社会治理中的"中心—边缘"结构消解。

在合作共同体中，主体的消解不是对个体差异的抹杀，而是让行动者更加低调务实地展开活动。这时候的行动者是主体和行动结合的概念，行动者的行动就包含和体现了人的总体性，而不是将主体和行为分开考虑。行动者的行动也就不再是主体的功能，而是获取利益和实现自我的过程。

9.4.2　环境治理 PPP 项目公众参与政策实施要点

1. 提升规范引导能力，促进行动者主动进行价值共创

规范的类型大致有两类：强制性规范和引导性规范。在人类历史的发展中，规范的发展趋势总是先以强制性规范为主导，而后引导性规范的作用逐渐增大，超过强制性规范，规范也从强制作用更多地变成先验的调节作用。当引导性规范更多地发挥作用，少了强制性的约束，人的行为受到引导性规范的调节时，其行动更多地就表现为自愿行为，自愿行动的增多，基于自愿行动的合作行动就会增多，合作的行动者网络就会逐渐形成。

因此，引导性规范是合作治理的形成基础，也是合作治理的制度保障。在环境治理 PPP 项目公众参与政策规范的开放式构建中，前期的政策可以有较多比例的强制性规范，来有效营造良好健康的治理环境，规范机会主义行为。

而随着政策规范的动态调整，行动者之间价值诉求和行动的相互交流，后续的政策构建应以引导性政策为主，充分发挥每个行动者的主观能动性，使行动者主动进行合作治理，主动进行平等高效的合作环境维护。

2. 加强相关教育宣传，提升行动者价值共创意识水平

政策规范的引导性作用的发挥，在于人们对其中内涵的价值认同。环境治理 PPP 项目公众参与政策中的公共价值是行动者的行动起点。行动者因对公共价值的认同，主动参与环境治理，积极与各方行动者交流，并维持合作环境。以实现提升公众参与意识、帮助公众明确参与途径、助力参与行动科学有序为主要目标。

以我国为例，PPP 的推行，经历了《关于推广运用政府和社会资本合作模式有关问题的通知》（财金〔2014〕76 号）、《财政部关于印发政府和社会资本合作（PPP）咨询机构库管理暂行办法的通知》（财金〔2017〕8 号）、《国务院办公厅关于政府向社会力量购买服务的指导意见》（国发办〔2019〕96 号）等政策的不断推行，政府的大力宣传，才让更多的私人资本摒弃观望态度，主动参与 PPP 项目。

3. 贯彻以人为本理念，推动多样化治理价值共创实现

在推进环境治理 PPP 项目公众参与过程中，坚持以人为本的价值判断机制，保障公共价值的实现。一是尊重公众的主体地位，坚持以人为本的发展思想，把改善环境条件，提升公众环境感知治理以及环境治理获得感和幸福感作为环境治理的出发点和落脚点，把公众作为环境治理的动力来源和行动归宿，积极促进公众参与环境治理 PPP 项目，将公众看作环境治理 PPP 项目的共同行动者。二是要满足公众对环境治理的需求，关注和识别其需求，并以回应和满足为导向。三是完善参与渠道建设，在没有出现环境治理问题时，加强公众参与宣传，提升参与热情，防止需求脱离实际。

9.4.3　环境治理 PPP 项目公众参与政策网络构建

通过上文分析得出需要以道德来重构现有政策制度。道德制度是适应于高复杂度和不确定性的社会的，因此其本身的构建也是一种实践性、复杂性的、动态的和虚拟的思维方式。因此，道德从社会整体来看是开放性的，是在行动

中不断丰富的。在环境治理 PPP 项目中，公共价值就是这个整体的道德价值
形态。公共价值本身的民主性、公开性、回应性、责任性和高质量的特性，以
及其本身就是在各方行动中形成的本质让其完美契合环境治理中道德价值的角
色。公共价值在环境治理政策构建中作为道德原则，可以指导制度设计和制度
中实质性内容的道德定位。政策网络理论一直被应用于公共政策领域，对现今
复杂政策问题提供了有效的解释。现在学者对于政策网络研究集中在"隐
喻"、分析工具和治理范式三个视角，主要研究内容和成果如表 9 - 12 所示。

　　环境治理 PPP 项目公众参与的相关政策和制度中涉及的主体数量众多，
而且关系复杂多变，利益诉求差异化，因此从单个利益主体的角度来构建相关
政策并不能为环境治理的价值共创提供保障。本书借助政策网络理论，运用罗
茨和马什的四维度模型，为环境治理 PPP 项目公众参与相关政策提供一个解
释性和构建性框架。四维度模型通过成员资格、成员间的相互依赖程度、成员
间的资源分配情况、利益整合程度四个不同维度，将政策网络分为政策社群、
专业网络、府际网络、生产者网络与议题网络。这几种类型网络的聚合程度由
高到低，也对应着不同的政策行动者。

表 9 - 12　　　　　　　　政策网络三种视角及相关成果

分析视角	主要功能	分析视角	主要内容	部分研究成果
"隐喻"	描述性的	微观 中观	政策网络 类型学	三维度分类模型：制度化程度（尤其是稳定性程度）、政策制定安排的范围（是否局限于某一重点部门还是跨部门）、参与者的数量（网络是封闭的还是相对开放的） 四维度模型：成员资格、成员间的相互依赖程度、成员间的资源分配情况、利益整合程度 七维度模型：行动者、网络功能、结构、制度化、行为准则、权力关系与行动者战略
分析工具	解释性的	中观 宏观	质性研究与量化研究	三组辩证关系：网络结构与个人行为间、网络结构与政策环境间、网络结构与政策结果间的辩证关系 四种决策模式：渐进调整、充分探求、优化调整、理性探求
治理范式	规范性的	宏观	网络管理策略	网络管理要素：对现有关系模式的干预/网络关系重构、建立共识、解决问题

　　我国提出的共建共治共享的治理格局，意味着环境治理 PPP 项目及其公

众参与相关政策的行动者越来越多元化，政策内容也要顾及不同行动者之间的差异化需求。再通过政策将各个行动者的资源行动进行有效整合。在此过程中，各级政府部门、企业、公众等围绕具体的环境治理政策过程，在表达自身利益诉求和追求自身利益目标的过程中，逐步形成紧密或松散的不同聚合程度的互动关系，并进一步结合政策网络。结合罗茨的分类方法，将环境治理 PPP 项目公众参与政策相关的行动者进行聚类，不同的行动者在政策过程中发挥着不同的作用和功能，如表 9-13 所示。

表 9-13　　　　　　环境治理 PPP 项目公众参与政策网络结构

网络类型	行动者组成	网络主要特征	网络主要功能
政策社群	立法机构、国家行政机构等	网络封闭性较高，具有高度的准入条件，行动者稳定且数量有限；具有强势权威，成员互动频率高且具有持久性、广泛性的影响力和权威性；关键行动者总体利益具有一致性	制定和颁布政策、政策评估
专业网络	环境治理 PPP 项目公众参与及政策所涉及领域的机构、专家学者	行动者成员较稳定且数量有限，成员间差异性大，成员关系相对稳定并具有较高的互动频率，掌握独特的治理资源并代表行业或者团体利益	政策倡议、咨询和建议
府际网络	各级地方政府及其下属环境和财政等职能部门	网络封闭程度高，成员稳定且数量有限，行动者成员间互动频率较高且具有持久性，具有一定的区域性影响力和权威性，能调动相当规模的资源	政策响应、执行、落实、监督
生产者网络	排污企业、治理企业、SPV	网络成员具有一定的聚集性，但行动者成员众多、不稳定；成员间存在竞合性，互动仅限于业务范围；除少数企业外大多缺乏话语权	政策倡议、反馈
议题网络	公众、媒体、生态环境社会组织等	网络关系松散，行动者成员数量众多且不稳定、流动性强；成员间互动有限且存在一定分歧	政策倡议、反馈、监督

9.4.4　环境治理 PPP 项目公众参与两网融合保障策略

环境治理 PPP 项目公众参与"两网融合"保障策略是依据环境治理 PPP 项目公众参与生态位和影响因素分析结果，以价值共创实现为愿景，以"价值—结构—行动"为行动逻辑,设计兼顾公平与效率的"价值共创超网络"
与"政策网络"两网融合的保障策略,如图 9-6 所示。

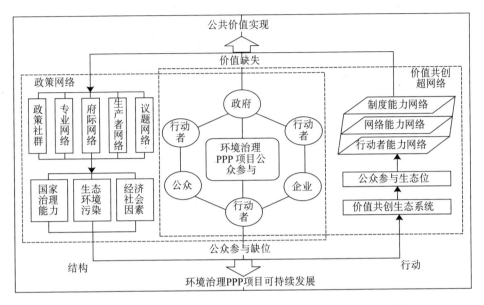

图 9-6　环境治理 PPP 项目公众参与机制研究框架两网融合保障策略

　　环境治理 PPP 项目价值共创网络和政策网络拥有重合度很高的行动者,
参与价值共创网络的行动者,很大程度上同时也是政策网络中的节点。首先,
公众和其他行动者通过价值感知,参与环境治理 PPP 项目或是相关政策构建,
或是两者都参与。行动者之间进行互动合作,构成环境治理 PPP 项目公众参
与价值共创超网络或者政策网络。其次,两个网络中的行动者和部分结构有所
重叠,公众和其他行动者自发形成多维度、多层次的网络,其不同合作行为会
导向不同的治理和政策结果。然后,政策网络的产出会影响政策经济生态环境
等宏观因素,进而从结构角度影响公众参与行为,同时在环境治理 PPP 项目
公众参与价值共创视角下的公众参与生态位变化反映了公众参与的变化结果,
这些行为也反过来影响政策网络运行,形成一个循环。最后,一方面从环境治
理 PPP 项目的价值冲突和缺失出发,构建更为平等合作的环境治理 PPP 公众
参与价值共创超网络;另一方面从结构方面入手,设定政策网络,以框架性要
求保障环境治理 PPP 项目公众参与行动有序进行和价值的实现。两方面结合
促进环境治理 PPP 项目公众参与螺旋上升发展,促进公共价值的实现和环境
治理 PPP 项目可持续发展。

9.5
本章小结

本章从环境治理 PPP 项目中的价值冲突、价值缺失和公众参与的缺位越位等问题入手，结合价值共创理论和行动主义，通过在尊重差异基础上对环境治理 PPP 项目中不同行动者价值诉求的相似性寻找，提出环境治理 PPP 项目公众参与价值共创的合理性和必然性；通过对环境治理 PPP 项目的行动者划分和角色定位，基于价值共创和行动者网络的同构性，构建环境治理 PPP 项目公众参与价值共创超网络模型；基于环境治理 PPP 项目公众参与价值共创中内涵的行动主义思想，从道德重构、政策网络构建和政策的引导性三方面构建其保障机制。具体而言本章得出以下结论：

第一，环境治理 PPP 项目价值共创生态体系中的公众参与生态位确定。通过生态位方法和聚类分析，得出我国环境治理公众参与水平存在明显的"重东南、轻西北"的地域差异，但在时间上较为稳定。在不同的参与维度上，各维度并未均衡发展，来访、人大、政协和生态环境社会组织维度呈现出整体态势良好、差异不大的特点，但在来信、电话/网络投诉维度上存在明显差异。最后通过对各省市的多维生态位聚类分析和相对宽度比较，将其划分为三类：媒体参与制约型、传统与组织参与制约型和平衡型。

第二，宏观因素对公众参与环境治理 PPP 项目的影响。国家环境治理能力水平是公众参与环境保护的最重要因素，公民环境意识不断提升和社会经济水平对公众参与的影响更为深层次和复杂化。其中需要注意的是，政府的环境政策数量只与"两会"参与显著相关，降低"两会"参与数量，但其他参与行为却有上升趋势。因此，制度制定的微观层面与引导性需要更多的关注。

第三，环境治理 PPP 项目公众参与价值共创超网络构建。本章以环境治理 PPP 价值共创的行动者为网络节点，以行动者能力、网络能力、制度能力三个维度中节点的不同链接为边，构成三层的价值共创复杂网络。先分析了行动者能力维度的价值共创要素包含行动者关系、资源整合、影响力三种，网络能力维度的价值共创要素包含对话环境、信息共享、开放性结构三种，制度能力维度价值共创要素包含道德共识和动态制度两种。其价值共创机理包含四个方面，一是行动者能力维度的行动者能力—交互影响—信任合作；二是网络能力维度的网络能力—互补增进—结构开放；三是制度能力维度的制度能力—道德共识—动态构建；四是跨维度的"行动者网络—制度保障—合作治理。

第四，环境治理 PPP 公众参与保障策略构建。本章运用政策网络四维度模型，构建包含政策社群、专业网络、府际网络、生产者网络与议题网络的环境治理 PPP 项目公众参与政策网络，分析每种网络中的具体行动者。最后结合价值共创超网络，以"价值—结构—行动"逻辑，形成环境治理 PPP 项目公众参与"价值共创网络—政策网络"两网融合的保障策略，保障环境治理 PPP 项目公众参与水平不断提升，促进环境治理 PPP 项目可持续发展。

 **第 10 章**

环境治理 PPP 项目主体责任及价值创造体系

前几章论述形成环境治理 PPP 项目主体责任与价值创造体系。本书围绕环境治理"一个中心"，践行主体责任和价值共创"两个维护"，把握政府 + 企业 + 公众"三位一体"责任和价值目标紧密联系的环境治理多层次体系，设置社会责任双轮协同驱动机制，全景责任分担保障策略，政府绩效政策工具选择和公众参与价值共创超网络，坚持"四个坚守"——坚守治理创新发展、责任内涵发展、价值共同发展和生态绿色发展，创建合作治理共同体，实现环境治理 PPP 整体可持续发展。

10. 1

环 境 治 理 PPP 项 目 社 会 责 任 内 生 动 力 机 制 构 建

10. 1. 1　环境治理 PPP 项目社会责任双轮驱动机制的提出

经过分析，环境治理 PPP 项目社会责任的履行会受到多元主体的共同影响，项目政府方、社会资本方、社会公众三方动力源存在着复杂交织的合作与博弈关系，三方内生动力充足则将使得 PPP 项目社会责任履行形成良性循环，反之，若一方内生动力不足则整个项目社会责任履行便形成恶性循环。环境治理 PPP 项目社会责任的履行不仅仅依赖政企两大运行主体的内生合力作用，社会及环境利益诉求等外生合力同样对社会责任的履行起到促进与纠偏的作用。据此本书认为环境治理 PPP 项目社会责任内生动力可以由双轮驱动下的履行机制来实现。

　　双轮驱动，从字面意义上解读即事物的两个方面之间相互协调、持续发力，统筹推进事物的发展。2016 年中共中央、国务院印发《国家创新驱动发展战略纲要》，提出实现创新驱动要坚持"双轮驱动"，即科技创新和体制机制创新两个"轮子"相互协调、持续发力。而对于环境治理 PPP 项目社会责任而言，其"双轮驱动"即项目运行的内生动力与环境社会利益诉求的外生动力相互协调、持续发力，统筹内生动力源之间的合作与博弈关系，以及内生动力源与外生动力源合作与博弈关系的二元矛盾，使得环境治理 PPP 项目社会责任履行的各方动力源避免"同床异梦"，最终形成"求同存异"的双轮驱动机制。

　　本书对环境治理 PPP 项目社会责任双轮驱动机制的构建，从内生动力源、外生动力源"双轮"出发，从利益相关者、契约关系、外部成本的三维场域设计出政府部门、社会资本方、社会公众三方协同度最大化的社会责任内生动力机制。在内生动力源方面，依据环境治理 PPP 项目政企运行主体之间的显性契约关系动态调整、环境及社会等外部成本内部化来实现对内生动力源的责任感知，提高运行主体履责主动性；在外生动力源方面，从隐性契约互动共生性、利益相关者利益均衡完善环境治理 PPP 项目的履责评价，消除社会责任履行驱动力的"隐形约束"。以期"双轮驱动"机制的构建能够保障环境治理 PPP 项目社会责任的履行。

10.1.2　环境治理 PPP 项目社会责任双轮驱动机制的构建

1. 环境治理 PPP 项目社会责任"内生动力源轮"

（1）显性契约关系动态调整。显性契约即正式契约，在法律上可以强制执行的契约。政企两大运行主体的显性契约关系贯穿于环境治理 PPP 项目的全生命周期，在项目不同阶段政企对于社会责任的履行扮演着不同的角色，显性契约关系动态调整尤为必要。这里试图从政企再谈判优化方面对显性契约关系动态调整进行设计。

　　内生合约不完全将直接导致环境治理 PPP 项目在冗长的再谈判过程中会增加项目运行的交易成本。再谈判主要是针对或然事件进行契约的完善或修订，是政企双方化解争议、达成共识的过程。柔性契约可为刚性初始条款提供再谈判的可行性条件，在环境治理 PPP 项目的全生命周期中不单单触发一次再谈判，而周而复返的再谈判过程将促进项目参与主体社会责任观念的不断演进。柔性契约在显性契约动态调整下表达双方存在隐性契约的成分，即刚性契约基础上允许"灰色地带"的存在，而"灰色地带"即良好的合作关系与信任基础。

政企再谈判的优化设计可以有效促进环境治理 PPP 项目资源投入以及社会责任配比的合理性，对于政府方来说可以避免再谈判导致的项目非正常退出而承担巨额的社会成本，对于社会资本方而言可以最大限度地争取经济收益，并且可以提高与政府的合作默契与声誉水平，为后续项目的拓展和承揽奠定基础。

（2）环境及社会等外部成本内部化。在《西方经济学大辞典》词条解读中，外部成本内部化的实质是一种费用分摊机制。环境治理 PPP 项目的外部成本内部化其目的在于将公共产品供给所产生的负外部效应内化于其项目自身，自项目内部阻断环境及社会等外部成本的转移通道，由此推动项目内生主体社会责任的履行。这里将从产品及服务供给价格规制方面来实现环境及社会等外部成本内部化。

环境治理 PPP 项目所供给的公共产品及服务的价格不是一成不变的，项目定价关乎责任政府公信力、社会资本方经济收益以及环境与社会公众的承受能力，具体而言，即诸如租金、可行性缺口补贴以及服务单价等项目运营定价都受到政府财政承受能力、社会资本定价增资或撤股等外部性条件的约束。通常环境治理 PPP 项目的价格规制可以分为显性规制与隐性规制两种，显性价格规制通常体现在项目初始定价规制，而隐性规制则是指根据社会资本方经济收益及环境与社会公众承受能力而定期调整。显性价格规制具有刚性特征，而隐性价格规制具有柔性特征，"一刚一柔"使得环境治理 PPP 项目外部成本始终处于内部化状态。

建立政、企、社三方满意的产品及服务供给价格是项目履行社会责任的外在表现。政府方处于优势地位，在项目定价方面有绝对话语权，刚性价格规制阶段主要表现为政府履行社会责任，避免权力寻租，损害社会资本利益；社会资本方是项目的执行者，对项目的收益情况具有知情权，因此柔性价格规制阶段主要表现为社会资本方履行社会责任，提高政企项目价格信息对称性，实现价格及时调整。

2. 环境治理 PPP 项目社会责任 "外生动力源轮"

（1）隐性契约互动共生。上文提到，环境治理 PPP 项目内外生主体之间具有隐性契约关系。在该关系的约束下项目各方形成互利共生的 "命运共同体"，进而实现项目可持续发展。而传统的项目单向供给链并不能实现环境与社会公众等外生主体的责任感知，需要建立环境治理 PPP 项目内外生主体互动共生通道，促使项目内部主体履行社会责任，因此借助 "互联网 +" 构建信息互动平台十分必要且有效。

"互联网 +" 信息互动平台的主要作用是提高项目信息公开程度，提高互动通畅性，消除外部主体对项目内部主体的不信任。因此政府与社会资本方需要加强电子政务平台和项目运行信息公开平台的建设，从公众意见获取、项目监察实施、整改结果核验等全流程实现内外互动，其可以建立微信公众号、APP 等信息互动平台的方式了解民众诉求。对于社会公众方而言，则可以自发形成组织或者依托 NGO 等第三方社会组织在平台上反馈产品及针对服务问题提出意见。

环境治理 PPP 项目内生主体可能有在不知情的情况下出现社会责任履行不到位的现象，这时社会公众等外生主体应具有互动共生的意识，履行公民责任，对项目提出意见，帮助项目内部主体进行整改，使内部主体更好地履行社会责任。

（2）利益相关者利益均衡。与供给产品及服务的价格规制目的类同，利益相关者利益均衡也是为了寻求政、企、社利益均衡即三方满意的结果。但与前者不同的是，利益相关者利益均衡是外生主体履行社会责任的外在表现。除向 SPV 派驻中立型专家学者作为独立董事等参与项目决策之外，社会公众还应作为激励因素与约束因素积极参与项目的绩效考核，实现内外利益相关者的利益均衡。

从激励层面来看，能够将社会公众的权、责、利充分调动，社会公众可以以人才或劳动力的形式成为环境治理 PPP 项目内部职工，在接受项目供给公共服务的同时还能取得经济收入，而且社会公众作为内部职工还可以发挥地缘优势，避免项目运行当中 "走弯路" 以及 "走错路"，进而从外部实现对项目内部的激励。从约束层面来看，社会公众积极参与项目决策与绩效的考核评价，使其充分熟悉项目内部控制与运行流程，在项目决策阶段充分考虑环境影响与民声，绩效考核评价充分考虑环境与公众的反馈意见，进而从外部实现对项目内部的约束。

3. 环境治理 PPP 项目社会责任双轮协同驱动机制

综上分析，"内生动力源轮"与"外生动力源轮"将共同推动环境治理 PPP 项目社会责任的履行，据此协同双轮驱动机制，统筹内外生主体社会责任履行动力，以此来实现环境治理 PPP 项目社会责任双轮驱动机制，具体如图 10－1 所示。

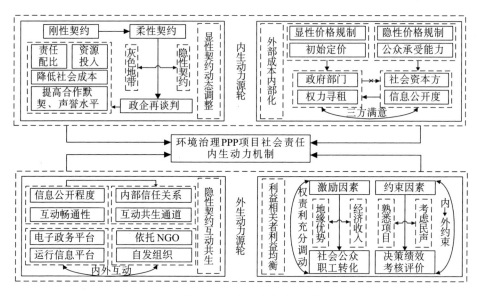

图 10－1　环境治理 PPP 项目社会责任双轮驱动机制

10.2
环境治理 PPP 项目责任分担的全景式保障策略

环境治理 PPP 项目责任分担的全景式保障策略是依据责任分担障碍诊断结果，以责任分担可持续发展为愿景，以"顶层设计—中层运行—底层维护"为行动方针，设计兼顾公平与效率的"激励约束—风险管控—资源调度—效率评价"保障策略。环境治理 PPP 项目责任分担保障策略是围绕责任分担网络设计的，首先在责任分担利益诉求和监督管理的基础上，建立基于利益诉求的激励约束制度，为责任分担提供一个相对公平的制度环境；其次在责任分担风险感知的基础上，形成责任分担风险的全流程管控模式，规范责任分担行动者行为，降低责任分担交易成本；再次在责任分担合作意愿的基础上，搭建跨行动者的资源统筹调度平台，提升资源配置效率，增加责任分担溢出效益；最后在责任分担可持续的基础上，构建责任分担效率的陀螺评价体系，为责任分担保障策略的迭代更新提供不竭动力，以保障环境治理 PPP 项目责任分担的可持续发展，如图 10 - 2 所示。

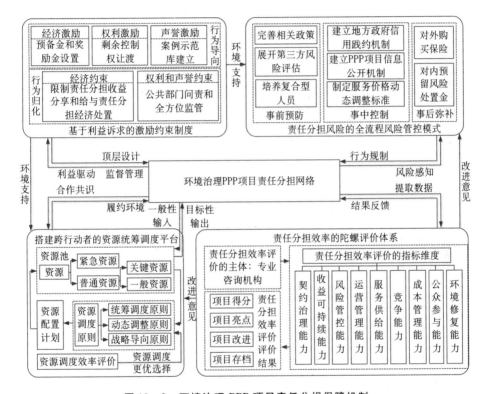

图 10 - 2　环境治理 PPP 项目责任分担保障机制

由图 10 - 2 可知，环境治理 PPP 项目责任分担中基于利益诉求的激励约束制度是责任分担保障策略的顶层设计；责任分担风险的全流程管控模式、跨行动者的资源统筹调度平台是责任分担保障策略的中层运行；责任分担效率的陀螺评价体系是责任分担保障策略的底层维护。顶层的激励约束为中层的风险管控和资源调度提供稳定的环境支持，底层的效率评价为中层的风险管控和资源调度提出改进意见，促使责任分担保障策略与责任分担障碍精准匹配，保障责任分担的公平与效率，进而促进责任分担的可持续发展。

10. 3

环境治理 PPP 项目政府绩效政策工具选择

政策工具内涵是政府为实现和满足公众的公共物品和服务需求所采取的各种方法、手段和实物机制，是政府在将公共物品和服务作为公共价值承载形式的产出过程中，选择合适的政策工具保证其顺利实施和应有效用的实现。我国在环境治理领域的政策工具选择主体经历了由中央集权到地方环保部门，再到现如今开放的环保市场，同时政策工具的作用及其类别也发生了深刻变革。政策工具是公共政策主体为实现公共政策目标所能采用的各种行政手段的总称。从价值共创视角看来，政策价值是政策工具选择和实施的逻辑起点，"价值—目标—受众—工具"是政策工具从开发到提出再到最终实现的逻辑范式。本节将从政策价值出发，探究政策价值与政策工具之间的关系，最后以典型个案为范例，为环境治理 PPP 项目政策工具选择提供经验思考。

10.3.1　环境治理 PPP 项目政策工具价值特征

1. 政策工具三大类别

政府绩效的提升和实现离不开政策工具的保驾护航，政策工具的制定和选择也同样存在价值冲突，在环境治理 PPP 项目进行过程中，多元主体不同的价值偏好会产生不同的政策结果。从政策价值的混合性来剖析政策工具的选择和使用具有溯源性。政策价值的混合性由政策工具的制定者和受众者的价值偏好决定，这种价值偏好决定了政策的基本价值观和价值行为，同时也指导着政策内容和政策实施过程。Schneidewind N. F（2018）采用五分法，将政策工具分为权威性、诱因型、建立能力型、象征或劝说型五种类型工具。Howlett M（2020）则充分考虑政府在政策执行过程中的作用将政策工具分为强制型工具、自愿型工具和混合型政策工具。Salamon N. J（2014）把政策工具划分为行政管制、社会管制、经济管制和贷款担保等 13 个类别。从需求、供给及环境三个维度对政策工具的类型进行了划分。白彬和张再生（2016）认为政策工具特性、政策问题、环境因素和受众目标是政策工具行之有效的核心因素。而政策价值、政策目标和政策工具构成了公共政策的基本要素。我国学者严强（2007）认为社会价值选择主导着政策活动的进行。李雪松（2019）认为政策需要经过设计、执行、检验和评价才能实现政策价值，而政策价值是通过政策工具的有效组合来体现的。由此看来，政策工具选择反映了政策价值，而政策价值也体现于政策工具的制定与运用中。从我国环境治理政策发展进程看来，政策的形成都被两种或两种以上相互矛盾的政策价值影响着，这既是所谓的政策价值中和的"混合性"特征。这种"混合性"特征是对价值冲突的解决和对价值偏好的排序。环境治理 PPP 项目价值域解释下，可以将政策目标大体分为"效率目标"与"公平目标"两类，如何实现效率和公平的有机统一而实现政策价值合理分配，是实现政策价值的基本追求。考虑公共价值治理背景下的环境治理 PPP 项目，政府绩效是全社会效率目标和公平目标的集中反映，政策价值的混合性特点贯穿于项目全生命周期过程中。

结合环境治理 PPP 项目、价值共创过程和伙伴关系发展路径，将环境治理 PPP 项目政府绩效政策工具划分为控制型政策工具、激励型政策工具和辅助型政策工具三大类。控制型政策工具主要是指政府部门为了实现对环境治理、PPP 项目和伙伴关系的有效管理，直接采用的起推动性作用的政策，控制型政策工具包括使用强硬手段和干涉措施；激励型政策工具主要是指政府部门通过对环境治理 PPP 项目参与主体的激励来达到预期效果的手段；辅助型政策工具是指政府部门作为推动环境治理 PPP 项目发展的主要力量，为 PPP 模式的发展创造一个良好的平台和环境或者一些智力和技术支持等，具体表现为金融政策、法规管制、目标规范等。

控制型政策工具是政府职能部门对环境治理做出直接的监管与控制，通常包含政府职能部门制定的统一的环保标准和要求企业采取的控制污染技术两种。控制型政策工具是我国环境治理体系形成以来的初级探索，这种"一刀切"的治理手段暴露了一定的弊端，比如没有考虑环境问题之间的异质性和治理成本的差异性，使得控制型政策工具在实际运用中出现了效率低下的现象，同时控制型政策工具没有考虑环保数据、环保技术的运用，难以对治污对象形成有效激励。

控制型政策工具的弊端明显，催生了以市场为治理对象的经济型工具，具体是运用交易、收费、税收等方法对企业或社会公众实施激励，这种依托市场的经济型工具充分考虑了治理成本和治理收益，但同时经济型政策工具没有重视信息的处理和运用。控制型政策工具和经济型政策工具存在的不足，使得第三代政策工具得以产生，这种政策工具包括教育、信息化等途径，教育是指政府职能部门通过向企业和公众传播环保知识，在全社会中树立正确的环保价值观。信息化手段是指政府在政务服务时信息透明公开，充分运用"互联网＋"和"大数据"等信息化方法对环境问题进行治理。第三代政策工具在继承了经济型政策工具的经济激励同时，通过对社会施加道德压力以激励企业和公众自觉对环境进行环保行为。

2. 政策工具使用原则

环境治理 PPP 项目是提高政府治理能力的一种创新实践范式，环境治理 PPP 项目本身就是政策工具的一种创新。在招标、建设、监管、评估和运营等一系列过程中，环境治理 PPP 项目需要用到多种具体的工具形态而不是单一的使用某一种政策工具，为了保证效率与公平价值的协调，将政策工具进行组合使用并不断进行丰富和创新，具有十分重要的研究意义。

在环境治理 PPP 项目全生命周期中如何对政策工具进行选择和丰富，受到两方面主要因素影响。首先，治理目标是影响政策工具效果的核心，对于环境治理 PPP 项目来说，它的价值创造目标是多层次多维度的，然而政策工具的目标指向性却是单一的，因此如何将治理目标与政策工具相互契合是亟待解决的问题，如果不能准确区分项目本身的价值目标，那么使用政策工具时就会出现驴唇不对马嘴的情况。其次，政策工具并不是某个问题的最优解，不可能"包治百病"。对于控制型政策工具或者激励型政策工具的甄选和运用都要经过仔细考虑，往往政策工具的组合使用才能发挥其最大效应。

对于政策工具的组合使用来说，环境治理效率和经济成本这两项指标是选择和使用政策工具的硬性指标，经过治理理念的迭代更新，政策价值取向也跟着改变，逐渐从"技术性效率"发展成"社会性效率"，提倡多元性的价值取向。然而在实践中，环境治理领域的政策工具组合使用应该考虑到具体问题的复杂性，例如随着城镇化和工业化的进程加快，环境污染的源头并不是唯一的，是社会活动外部性、技术溢出效应以及信息流通阻碍等多重原因造成的。总之，环境治理的整体改善和优化，需要多重政策工具的组合使用才能实现，相比较寻找"最优解"，如何使"组合拳"体现其适应性、有效性和稳定性成为关键，以实现环境效益、经济效益和社会效益的整体均衡。

地方政府、社会资本和公众共同参与到环境治理过程中，政策工具在其中起到一定的约束和激励作用，所以政策工具的选择具有以下几个基本原则：一是效率原则。帕累托最优在环境治理 PPP 项目价值共创和政府绩效管理过程中未必能够一步到位地实现，但是以效率作为首要原则却是必须，所以首先强调在环境治理 PPP 项目价值共同创造和政府绩效管理过程中各方都能获得其应有的利益并达到均衡是无可厚非的。二是公平原则。在环境治理领域中引入 PPP 模式，强调价值共创的核心是建立稳定的伙伴关系都体现了公平性，这种公平性包含三个层面的含义：财政公平、基本权利公平和再分配公平。而公平性也是检验环境是否得到有效治理、公共价值能否得到共同创造、多方伙伴关系是否稳固的重要标尺。因此，环境治理 PPP 项目价值共创活动中政策工具的选择和运用必须体现公平、公正的价值理性而不仅仅是工具理性。三是可管理性原则。因为环境治理 PPP 项目涉及的主体过多，政策工具的选择和使用如果过于复杂，那么管理过程将会适得其反，所以在环境治理 PPP 项目价值共创过程中政策工具的选择和使用并非越多越好，对于需要政策工具的地方进行精准管理、有的放矢，必要时候将政策工具进行组合使用，将会得到一加一大于二的效果。

3. 政策工具价值建构

探讨环境治理 PPP 项目政策工具价值建构的过程必须首先厘清"效率"与"公平"这一悖论难题。随着社会治理理念的变迁，政策价值取向也随之变换，丁煌（1998）认为，传统的"技术性效率"已经被"社会性效率"取代。政策价值的混合性特征反映了"效率"与"公平"之间的动态关系，不再规避其中某方，提倡多元的价值取向，优化权衡价值次序。政策工具具有其自身的适用性，例如在税务管理中的政策工具并不一定适用于市场治理领域中，所以在环境治理领域中的政策工具的选择和使用应该尽量避免"互斥性"，首先应关注工具理性与价值理性之间的关系。由于在环境治理 PPP 项目价值共创过程中同时存在利益价值与公共价值，且两者之间存在一定的互斥现象，所以简单地将适用于民营市场的政策工具运用于环境治理领域并不恰当，应尽量避免过分追求工具的效率化，尽量对政策工具的公平公正等价值进行理性的考量。其次应考虑政策工具之间的冲突。各种类型的政策工具在性质、运用方式和前提条件上都不尽一致，所以很难被高度整合起来协同运转。工具之间的冲突、工具与制度的冲突以及工具与人的冲突是常见的效率内耗现象，在一定程度上降低了工具运用的预期效果，影响了政策的执行力。总之，在环境治理 PPP 项目价值共同创造过程中进行政策工具的选择与运用是一种有理有据的创新。但由于政策工具的多样性与复杂性，需要进行细致的甄选，以期使社会效益最大化。

政策的制定者首先从"理性经济人"的假设出发，认为效率价值是政策价值的根源。Weimer D L（2008）认为效率是一切政策得以实行的基石，也是衡量政策的准绳。在政策价值排序过程中，效率价值是头号公理，效率价值决定了技术和工具合理性的最低要求。公平价值与效率价值交叉并存，党的十八大提出要推动政府职能向创造良好发展环境、提供优质公共服务、维护社会公平正义转变。

政策工具价值建构具体来说包含政策使用目标和政策使用手段，不同的政策工具对于不同的政策目标具有不同的影响路径，对政策活动的影响效果也不同。为了实现政策工具效果的最大化，通常对于一种政策目标来说，政策工具往往不是独立存在的，而是以多种政策工具组合的形式发挥其作用，如果政策组合的效果能够满足多方需求并实现其预期效果，说明此政策结构的状态良好，其功能也较为完善。但如果政策组合的效果不理想，不能够实现其效用时就表明政策工具的数量较多，政策结构冗杂，其功能不能得以充分发挥，导致社会资源不能得到有效配置。所以，为了政策效果得以充分实现，政策工具必须带有一定的组合特征，且从政策组合的视角研究政策工具的效果，对于提高政府的社会治理能力具有很强的现实意义。政策工具的组合是连接政策目标（政府绩效目标）与政策执行效果（政府绩效执行效果）之间的桥梁和手段。

10.3.2　政策工具选择反映政策价值的案例解释

通过对南宁市的实地调研和以年鉴数据为研究基础，对南宁市运用组合型政策工具对城市环境进行治理的案例进行研究。在城市化进程加大的过程中，南宁市通过加大环保建设投入、加强环境监管、扩充环保市场等方法，推进环保产业的转型与升级。南宁市从 2005 年的环保支出不足 10 亿元，到 2015 年在环保领域投入 576 亿元，南宁市对于环境治理的决心使得环境治理效果明显且稳定，这离不开多种环境政策工具的甄选和使用，通过对南宁市近几年环境治理效果的变化和政策实施结果进行分析，探究南宁市环保政策工具组合使用情况。

1. 传统控制型政策工具的应用

传统型的控制型政策工具是环境污染治理的基础手段，控制型政策工具是对于环境问题制定环保标准同时对生产生活活动进行限制。环保督查和惩罚力度决定了控制型政策工具的使用效果。对于南宁市来说，政府职能部门的执法力度和处罚力度不断加强，从整体来看，传统的控制型政策工具是环境治理的基础。环境治理项目的直接提供也属于政府职能部门的传统控制型政策工具，南宁市每年新增财政拨款的 10% —20% 用于相关环境治理项目建设，除了对环境治理项目进行建设之外，对于生态服务的提供效率也逐步增加，例如开发湿地公园等附加设施，在促进生态功能稳定运转的同时为公众提供良好的生活环境。如表 10 - 1 所示。

表 10 - 1　　　　　　　　　　控制型政策工具

政策工具名称	政策工具解释
环境治理基础设施建设	规定环境治理基础设施建设资金投入、招投标管理、合同管理、采购方法、运营规范等
环保技术要求	对于环境治理过程中所用到的试剂、设备、仪器等做出标准认证要求，对于环保技术人才进行资质认证，高校和企业合作
公共服务	制定相关公共服务政策法规，设立政府职能部门，并明确其职责

2. 激励辅助型政策工具的应用

信息与教育在环境治理中的作用不可或缺，信息手段主要是借助第三方的力量，包括消费者、建设商、供应商、环保组织等，着重解决环境治理过程中出现的信息不对称难题。通常信息手段的使用要借助"互联网＋"和"大数据"等技术，通过推进信息化手段的方式，极大地调动了南宁市环保企业的参与积极性与自觉性，扩展了社会公众参与环境治理的渠道，使得社会公众自觉参与到环境监督中去。有效地弥补传统环境治理过程中出现的信息不对称问题，降低治理成本。

在环境治理过程中，对于环境情况的认知同样影响环境治理效果，所以教育手段变得尤为重要，通过向社会公众或其他主体传递环境资源价值，能够提升社会对于环境治理的认知，在全社会树立环境保护价值规范。教育手段指的不是简单的"填鸭式"教育，而是通过行动参与、价值创新等方式，来增加社会的环保意识，培养公众的环保行动力，促使社会公众承担起环境保护的责任。南宁市政府环保职能部门利用电视、广播、网络等媒体进行社会环保教育外，还进行各种各样的环保专题培训等，这些成为解决环境问题的关键。如表10-2、表10-3所示。

表 10-2　　　　　　　　　　　　激励型政策工具

政策工具名称	政策工具解释
政府采购	设定政府采购清单，节省财政资金，设立采购评审标准
政企合作	规范 PPP 模式进入环境治理领域，划定财政支出红线，进一步明确 PPP 项目审慎标准
信息交互	构建环保信息平台和数据资源库，设立政务透明机制和信息共享机制
市场管控	逐步将环保产业各方面市场化，鼓励具有条件和资质的企业进入环保市场，增加环保市场参与和竞争机会
产学研合作	鼓励高校和企业共同合作，共同培养环保领域人才，共同研究环保技术，建立环保科技园区等

表 10-3　　　　　　　　　　　　辅助型政策工具

政策工具名称	政策工具解释
治理目标	树立符合全社会环保价值理念的环境治理目标，并进行规划
税收政策	对具有较高资质和独创环保技术的企业进行适当的税收减免等
金融支持	适当拓宽环保企业融资渠道和进行贷款支持

3. 辅助型政策工具的应用

上述三种政策工具都是从外部对环保行业进行制约，但环保行业自身同样拥有自我监督、自我更新、自我优化的能力。企业与政府环保部门签订环境协议是最典型的行业自我监督方式，南宁市青秀区 78 家餐饮企业与青秀区环保职能部门签订的《环保行政合同》规范了该地区参与行业的环保行为，并逐步在其他环保领域得到推广。

通过政策工具理论的运用，对南宁市环保政策工具的选择和使用进行了部分分析，将南宁市环境政策工具分为传统控制型政策工具、激励辅助型政策工具和行业自我监督三大类，具体分析了南宁市环境治理过程中的政策工具使用，并通过对环境政策工具使用分析，可以认为环境政策工具是南宁市环境治理效果显著的重要标志，体现了南宁市环境治理体系正在经历巨大变革。

10.4

环境治理 PPP 项目公众参与价值共创超网络构建

10.4.1　环境治理 PPP 项目公众参与价值共创超网络

1. 超网络内涵

超网络是通过构建复杂网络预测模型，来对计算机、生物、经济、社会等复杂现象进行解释的网络科学，是有效且直观的研究工具，在社会网络分析、供应链、知识管理等方面都有所应用。现实中的诸如交通、物流、产业集群等许多复杂系统不能单纯用一个维度的单层网络解释，应用超网络，依照现实情况构建多层次、多维度、多关联的复杂网络，来解释现实复杂系统的内部逻辑关系和运行规律。现有对于超网络的研究视角有三种，基于变分不等式、超图和网络三方面，具体如表 10 - 4 所示。

表 10 - 4　　　　　　　　　　超网络的主要研究视角和研究范式

研究视角	研究范式
基于变分不等式的超网络	首先将多层、多标准的超网络平衡模型转化为优化问题，再利用变分不等式求解
基于超图的超网络	以超图理论为基础，通过简化层次结构，从而更清晰地描述节点间的联系
基于网络的超网络	强调梳理网络结构，重点关注现实网络多级、多层、多维网络的复杂特性，适合于解决具有多层次网络的建模问题

超网络中有众多的异质性节点，代表具体实际系统中的个体，节点与节点的连接是边，代表不同个体互动性形成的关系。节点少的网络，其边也少，网络结构相对简单，就是普通的网络。随着节点的不断增多，边也越来越多、越来越复杂，网络规模也随之日益增大，同时也出现了同层次和维度的节点与边，便形成了规模巨大、链接复杂、节点异质的超网络。

环境治理 PPP 项目公众参与价值共创，涉及众多的利益相关者，其利益诉求和类型都存在维度差异，同时，具有项目跨度时间长，短期聚集，长期松散存在的特点，是复杂的生态系统。因此本书运用基于网络的超网络研究范式，构建环境治理 PPP 项目公众参与价值共创超网络。

2. 环境治理 PPP 项目公众参与价值共创超网络模型

将公众作为环境治理 PPP 项目的重要参与者，与政府、企业等利益相关者一起看作环境治理 PPP 项目价值共创的行动者。为完成同一价值创造任务，以行动者为超网络节点，从行动者能力、网络结构能力、制度能力三个维度，以节点的不同链接为边，构成三层的环境治理 PPP 项目公众参与价值共创超网络。

行动者能力强调节点的即环境治理 PPP 项目行动者的协作能力，具体体现在行动者关系、资源整合、影响力三个方面。网络能力强调网络结构能力，具体体现在对话环境、信息共享、开放性结构三方面。制度能力强调环境治理 PPP 项目价值共创的制度保障能力，具体体现在道德共识和动态制度两方面。这三层网络由相同的价值共创行动者所组成的节点，但网络节点的链接方式不同，体现的层级不同，所以这三层网络相互独立也相互关联，共同构成环境治理 PPP 项目公众参与价值共创网络，如图 10 - 3 所示。

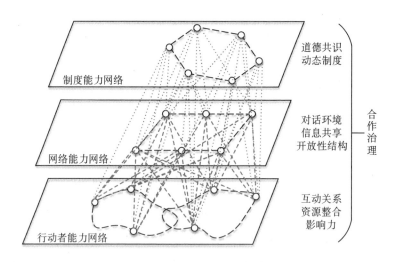

图 10 - 3　公众参与环境治理 PPP 项目价值共创超网络

10.4.2　基于超网络的公众参与价值共创要素

基于超网络的公众参与的价值共创网络强调在环境治理 PPP 项目中，公众以主动的行动者身份，政府和社会资本等其他利益主体转变角色，以平等的行动者角色参与环境治理 PPP 项目，各行动者相互协作，平等对话，并不断整合调整为有序的动态演变状态。通过行动者自身的能力增长、合作共赢，带动网络结构不断调整优化，合作环境健康发展，并在道德价值共识的基础上，形成动态的制度结构，反过来促进行动者的行动，实现环境治理 PPP 项目公众参与的可持续发展和价值实现。

下面通过分析行动者能力维度、网络能力维度和制度能力维度来分析基于超网络的环境治理 PPP 项目价值共创的关键要素。

1. 行动者能力维度价值共创要素

行动者是环境治理 PPP 项目价值共创的价值实体，由公众、政府、企业等利益相关者组成的人类行动者和技术环境、经济环境、政策环境等非人类行动者构成。通过各自的价值驱动，主动采取行动进行环境治理，实现价值共创。行动者能力包含互动关系、资源整合、影响力三个要素。

价值共创中的互动关系要素反映了行动者通过互动对话，整合自身资源，与其他行动者相互制约和影响的关系，并在这个过程中实现自身利益取向。信任关系在其中有着突出的表现，是任何合作交易的基础。信任关系的强度和水平能显著影响环境治理 PPP 项目的绩效、创新和价值实现。

资源整合要素是指环境治理 PPP 项目公众价值共创网络中的政、企、社等行为主体的"资源整合与主体赋能"组织功能。每个行动者都是资源整合者，行动者通过对资源进行获取，彼此间进行共享交流，对自身掌握的资源进行利用创新，提升行动者个体能力，以实现更高层次的合作治理，实现价值共创。

影响力要素反映了行动者自身的价值主张对网络中其他行动者的影响程度。其可能是长期或短期，硬性或软性，正式或非正式的影响力。在一个行动者无法单独完成环境治理的价值共创网络中，行动者的影响力，可以帮助其寻求更多拥有同样价值理念和价值追求的行动者与其进行合作互动，从而产生价值。

2. 网络能力维度价值共创要素

行动者针对环境治理 PPP 项目的行动、价值共创行动，构成了相应的网络结构，在网络维度上，不同的网络结构特征会对网络的运行发展产生不同的影响。网络能力包含对话环境、信息共享、开放性结构三个要素。对话环境要素，是指行动者在进行对话时是处在平等、开放和包容的环境下。现代治理环境是高度复杂、充满差异的，行动是在寻求差异的相似性的基础上开展的。但是差异有差异程度的区别，有天然差异和"恶差异"的区别。"恶差异"是与共生共在相冲突和背离的差异，是在以往社会中压制差异追求同一性中产生的，如人的财富占有、贫富差别等。这些差异的存在使行动者处于一个不平等的环境中，在对话中一方可能因为另一方的地位压制从而不能完全自由自觉进行行动。因此用寻求相似性来消除"恶差异"，从而保障对话环境的平等开放和包容是环境治理 PPP 项目价值共创的关键要素。开放性结构要素是指行动者自身和网络的组织结构是开放与合作的。现在所处的后工业时代是高复杂性和不确定性的，单一、固定的组织结构无法适应环境的变化和各种跨界竞争与合作。开放性是在价值共创中的一种连续的价值来源，能够促进网络中的行动者以更积极的态度共同参与和合作，实现价值共创。这种开放性不止体现在组织内部的开放沟通，也体现在与组织外部的资源交换和互动，还体现在网络中各主体针对环境治理公共价值实现而开展的互动合作。这些开放性使行动者成为价值共同体，共同构建开放式的环境治理 PPP 项目公众参与生态系统。

3. 制度能力维度价值共创要素

网络中行动者的行为要受到正式制度和非正式制度的规范作用，以保证环境治理 PPP 项目价值共创能够有效开展和及时反馈。制度能力是维持价值网络中行动者关系的关键，规范行动者行为，避免投机和机会主义行为的产生。制度维度包含道德共识和动态制度构建两个要素。

道德共识要素是制度形成的基础，是制度框架中的价值导向，以引导环境治理 PPP 项目的有序进行。行动者的行动是出于其自身的价值导向的，网络中道德共识水平越高，越能从根本上促进网络的可持续发展，降低行动者之间的交易成本。值得一提的是，这里的道德共识不是一方强势主体强加于其他弱势主体的价值准则，而是在行动中，在尊重不同行动者价值差异的前提下形成的价值共识。

　　动态制度构建要素是指在环境治理 PPP 项目价值共创中，其制度应是动态的、开放式的，随着行动者的互动而变化的。动态的制度网络构建是行动者网络不断调整，随机应变的基础。

　　4. 跨维度价值共创要素流动

　　价值共创网络中，以行动者为实体，行动者的行动和实践形成了网络，并赋予网络不同的结构特征，行动中价值、观念、诉求、资源都在不断交换中，在互动中形成了道德共识，构建了政策网络，并指导行动者的行动和网络形成，实现要素在不同维度的流动和关联。

　　综上所述，环境治理 PPP 项目公众参与价值共创中，行动者作为要素实体，在行动者能力维度、网络能力维度和制度能力维度有着不同的具体要素体现，以自身行动为载体，实现要素在层内和层间的流动和关联。不同维度内和维度间的关联特征是决定环境治理 PPP 项目公众参与价值共创的重要因素。因此本书在研究环境治理 PPP 项目公众参与价值共创时，重点考虑多维度要素的层内层间关联结构，得出基于超网络的环境治理价值共创的关键因素是以行动者为实体，行动者能力要素、网络能力要素、制度能力要素在不同维度内和维度间的关联结构，这些要素相互作用、相互协调，共同影响着环境治理 PPP 项目公众参与价值共创进程。

10.4.3　公众参与价值共创超网络运行机理

　　基于超网络的环境治理 PPP 项目公众参与价值共创的关键因素是以行动者为实体，行动者能力要素、网络能力要素、制度能力要素在不同维度内和维度间的流动和关联，下面就四个方面对基于超网络的环境治理 PPP 项目公众参与价值共创超网络运行机理进行分析。

　　1. 行动者能力维度运行机理

　　行动者能力维度的运行机理为：行动者通过对自身和共享资源的整合，通过实践调整与其他行动者关系，扩大自身影响力。

　　政府在环境治理 PPP 项目中起引导者的作用，政府作为治理信息发布者和治理参与者，通常是环境治理 PPP 项目的第一行动者。政府发布相关环境治理 PPP 项目信息，吸引社会资本进入，发布环境治理公众参与相关条例，吸引公众参与。在 PPP 项目进行过程中，政府监督社会资本和公众的参与行为。政府主导角色的转变和引导者角色的建立，更好地吸引非政府力量参与环境治理，使治理 PPP 项目拥有更好的经济环境效益，更高的公众满意度，更好地实现价值共创。

公众开始在环境治理 PPP 项目中是被动参与者，但随着公民意识和环境保护意识的提升，也就是作为行动者的能力提升，使其主动参与环境治理。公众作为单独的个体，资源掌握量和社会影响力都处在一个较小的水平，因此，一部分个体联合起来，形成组织，来强化自身的资源整合能力和影响力。

这种组织有暂时性和长期性的，暂时性的组织就是在发生环境问题时，公众组成的临时性集体，如北京阿苏卫垃圾焚烧厂案例中，奥北社区组成的以律师黄小山为代表的"奥北志愿者小组"，将单个居民集合起来，组织了两次线下维权，并完成了《中国城市环境的生死抉择——垃圾焚烧政策与公众意愿》，递交给政府相关部门。这个志愿小组领头人是法律专业人士，志愿小组内还有具备专业知识和高知识素养的成员。小组集合了个人资源，通过行动拥有了更大的影响力，并在与政府的对话过程中有了更加平等有效的行动者关系。小组在环境问题得到解决后解散。长期性的组织是环境保护组织或者长期关注环境问题的其他组织，如自然之友、山水自然保护中心、野性中国等。这些环保组织有着相当数量的环保专业人士、专业的参与途径、良好的公关能力和广泛的社会影响力，在一些一般群众并不熟悉和注意却十分重要的领域参与环境治理，如嘎洒江一级电站、罗梭江回龙山水电站事件，都赢得了环境诉讼，促使相关电站停止施工，恢复生态，并促成相关规定的颁布。长期组织的存在提升了环境治理公众参与行动者能力水平，强调了其在网络中的地位和影响力，并且吸引更多公众加入，形成良性循环。

企业作为环境治理 PPP 项目中代表技术和效率的一方，通过自身资源整合，提升自己的经济实力和技术实力，提升自身在市场中的竞争力和声誉，从而在招标过程中胜出，以获得经济效益。同时企业行动者能力的提升和企业社会责任的履行能够帮助环境治理 PPP 项目的公共价值更具经济效益。

不同行动者的能力是各有所长且互补的，在环境治理 PPP 项目中行动者之间采取合作行动，各尽所长，促进项目的可持续进行、行动者价值和公共价值实现。同时合作促进了信任，信任是合作的基础。合作促使信任关系的建立，而信任又使合作关系持续下去。如此形成良性循环，促进环境治理 PPP 项目公众参与价值共创超网络的螺旋式上升。

命题一：行动者能力维度利于驱动环境治理 PPP 项目价值共创，即行动者能力—交互影响—信任合作。如图 10 - 4 所示。

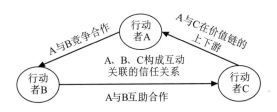

图 10 - 4　行动者能力维度价值共创机理

2. 网络能力维度运行机理

网络能力维度的运行机理为：行动者处于价值共创超网络中，平等有效的对话环境、高效真实的信息共享和开放动态的网络结构可以使价值共创网络更好地运行发展。

在平等有效的对话环境中，行动者能够依据自身偏好，用喜爱的方式进行对话互动，进行合作治理，表达自身的价值期望，进行价值共创。因此，在多样化的信息沟通和传播环境中，在高度复杂性和高不确定性的社会环境中，行动者之间的能力相关性和互补性应该得到高度重视，信息的传递和开放的结构能够帮助行动者，进行更加高效的合作，从而发挥行动者协同效应，提供优质解决方案。良好平等的合作环境可由政府牵头，带领企业和公众共同创造。在具体的项目中，政府承担一定的财政投资或补贴，并设定科学机制确定合理的风险分担和收益分配比例，以吸引企业参与。诸如 PPP 项目信息库、招标信息、公众参与信息平台等信息共享措施，都有利于降低对话交流成本，提升互动频率，降低项目分散性。同时信息的快速流通，可以使行动者明确自身在价值共创网络中的角色，对自身的资源整合能力和影响力有着更明确的认知，也就能够在不同行动中，更好地筛选契合的合作者进行合作。

在结构上，环境治理 PPP 项目价值共创超网络是一个拥有众多连接的网络，同社会商务网络类似，节点之间稳定而紧密的链接关系，能够产生可观的链接红利。在这个网络中，每个行动者都拥有可接入性，不论接入的是显性连接还是隐性连接，作为链接节点的行动者，拥有的链接数目越多，可接入性越强，价值共创的结构也越多，价值共创的成功机会就越大。这种可接入性强、开放性的环境治理价值共创网络结构，倡导多方参与，政府、企业、公众等行动者之间建立快速、开放、持续的对话。公众作为用户角色，拥有更多的主动权，因此也更积极地参与到环境治理前期、招标、实施、运营等全生命周期中，将自身的重构能力不断激发出来，以产生更多的社会价值。

命题二：网络能力维度有利于驱动环境治理 PPP 项目价值共创，即网络能力—互补增进—结构开放。

3. 制度能力维度运行机理

制度能力维度的运行机理为：制度为价值共创提供框架，同时其中蕴含的尊重差异的理念、道德共识的内涵、平等开放的内在要求，都引导着行动者主动进行价值共创，并以开放的结构在价值共创中不断进行调整。

制度对价值共创的引导和保证能力是不可或缺的。营销学里，服务生态体系下的价值共创，强调制度对于体系的引导能力。社会治理理论中，强调法治的重要性，环境治理的进行需要制度的保障。因此制度对于环境治理 PPP 项目价值共创是尤为重要的。但这里的制度并不是囿于制度性思维里的制度，不是通过对同一性的追求而形成的制度，而是在面对、承认和包容差异后，找到行动者之间的相似性，从而在价值共创中找到正确方向。这里的相似性是行动开展的依据，不是行动追求的目标。制度的作用依然建立在行动导向的思维下，但其作为行动框架的功能依然存在，规范功能和秩序功能也不会减弱。从宏观上的社会治理看，行动的自觉性尚未被完全呼唤出来，在制度理性依然发挥关键性作用的同时，结合行动主义思想，将行动所倚重的道德融入制度的构建中，帮助行动者建立从道德出发进行自觉行动的行为概念，并在后续的实践中不断地调整。

环境治理 PPP 项目价值共创中的道德共识是公共价值，将其作为制度的背景色进行制度的开放性构建，发挥制度道德引导性作用，在提供大的政策化背景的同时，将环境治理公共价值的实现这一理念深入人心，引导和保障行动者处于道德的自觉行动；开放性的政策构建，让行动者不仅是环境治理的行动者，还是环境治理道德共识构建的行动者，制度层面和治理层面的耦合，共同推动和保障了环境治理 PPP 项目价值共创的实现。

命题三：制度能力维度有利于驱动环境治理 PPP 项目价值共创，即制度能力—道德共识—动态构建。

4. 跨维度超网络运行机理

以上三个维度共同组成了环境治理 PPP 项目的价值共创机理，这些维度相互联系、作用和影响。跨维度的耦合关联很重要，但网络中行动者的协同创新也需要强调。

在环境治理 PPP 项目价值共创网络中，公众作为用户的角色，其环境和价值需求应该是价值共创的核心。公众在其中作为 PPP 项目的使用者和付费者，是环境治理 PPP 项目价值的最好载体，是价值实现的监督者。同时环境治理 PPP 项目中的政府、企业、媒体、非人类行动者等这些网络节点间的互动是确保环境治理 PPP 项目公共价值实现的重要支撑。这些行动者通过行动者能力的提升和信任关系的建立以及能力资源的交流互补，从而构建了开放式的网络结构，再经由制度能力的提升，保障和引导了行动者的价值共创。众多行动者之间形成了不同的协同链条，产生了环境治理的协同效应。当网络中的某个节点发生变换，如公众环保素养的提升、大数据等带动环境治理技术的改变等，或者是网络结构的变换，在一个项目结束后价值共创网络的消失，再随着下一个项目重新建立，亦是在形成常态化的网络结果。尤其当制度能力调整，政策、制度和规则随着环境治理实践和行动者要求的不断改善时，一个要素的变化，网络中的节点和环节都要随之调整，以便及时与之匹配和协调。由此，环境治理 PPP 项目的价值共创水平得到了优化和提升。这个过程循环往复，整个网络的价值实现和共创呈现螺旋式上升的态势，形成了环境治理 PPP 项目公众参与价值共创的动态提升。

命题四：行动者能力维度、网络能力维度、制度能力维度间相互促进实现价值共创，即行动者网络—制度保障—合作治理。

10.5
环境治理 PPP 项目合作治理运行体系

10.5.1　政府—企业合作治理

合作治理是多个主体之间建立一种持续和固定的关系，通过构建权力体系和组织机构，发展共同愿景，开展广泛的共同规划，以实现"整体大于局部之和"的效应。政府与企业在环境治理中的关系不再只是由上而下的裁决与监督方式，而是在与环境发展同等水平的理解基础上，双方基于异质资源的互补优势实现良性互动。政府借助公私合作模式实现环境治理中"政府再造"，企业通过与政府合作实现"公共化"改造，拓展新的投资领域并壮大发展，从而形成彼此相互依赖与协商的共同合作关系。

构建政府—企业环境合作治理模式是从环境治理理念的革新与环境发展共识的实现到制度安排与组织设计，它最终导致对行动者合作行为的积极激励。在社会、自然内外因素的作用下，不同的主体、环境要素及其相互作用的各个环节之间建立的内在"有机组织"，通过"有机组织"内部之间互动联结以及与外部环境的耦合，从利益驱动、命令驱动和心理驱动三个方面驱使合作系统形成和发展。主要包括：愿景共构、部门协作机制、风险分担机制、信任沟通机制和绩效评估。这些运行机制通过共同的机制嵌入环境合作治理体系，从而优化系统合作作用，如图 10 - 5 所示。

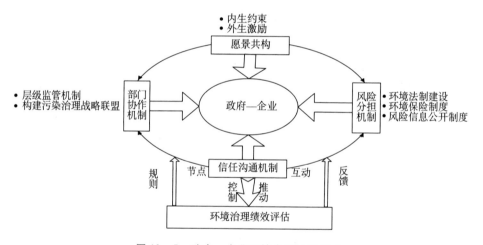

图 10 - 5 政府—企业环境合作治理模式

10.5.2 政府—公众合作参与

环境治理中的多中心理论强调公共物品供给结构的多元化，强调政府、企业和民间组织可以成为环境物品的供应者和环境事务的参与者，从而在环境物品供给和环境事务管理过程中引入多种竞争机制。该模式中公众充分利用政府提供的各种渠道积极主动地参与环境治理，包括环境治理的政策制定、基础设施建设、城市规划等各个环节，主动履行自身的职责和义务，与政府通过相互信任和合作来共同治理环境，如图 10 - 6 所示。

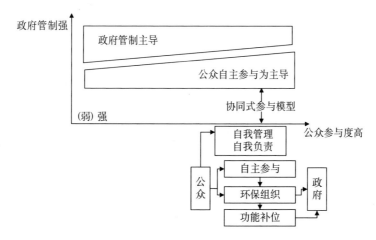

图 10 - 6　政府—公众环境合作治理模式

公众以自主参与环境治理为主导，利用其独特优势，主动与政府沟通合作，并及时反馈信息；公众自我管理，自我负责。公众参与治理通过合作、对抗实现对政府、企业等其他主体功能的补充：（1）合作关系，政府与公众履行共同责任、追求同一目标，协调合作，实现共同目标。例如环境组织可以通过接受政府委托或参与政府采购，在环境事务领域与政府合作发展。（2）对抗关系，公众通过倡导、激发政府部门环境政策的变革，促使政府决策上的环境保护倾向或迫使政府改变不利于环境保护的决策。公众还可以通过新闻媒体监督污染环境企业的信息，对企业施加压力，督促他们采取节能环保设备，停止污染环境。然而这种模式的缺点是，如果政府引导劣势，公众独立参与管理也将失去方向性。

10. 5. 3　"政—企—民"合作治理

在环境治理中，政府、企业以和公众作为社会系统的基本组织和运作单位并不是相互排斥，而是相互吸引与合作。通过合作、谈判、伙伴关系、建立身份和共同目标来实施公共事务管理。"政府—企业—公众"构成环境合作治理系统，它所拥有的管理机制主要依靠的不是政府权威，而是多方合作权威。其权力向度是多元的、相互的，而不是单一的和自上而下的。合作治理结合了合作学和"多中心"理论的核心内容，放弃了传统的"中心—边缘"的治理结构。

　　环境合作治理机制是指政府在保护并尊重企业、公众的主体地位以及社会
—经济—自然的系统运作机制和规律基础上，通过主导作用，建立制度化的沟
通渠道和参与平台，不仅加强了企业和公众的支持和培养，他们与企业和公众
一起发挥自我治理、参与服务和合作管理的作用。在这个过程中，政府还需要
在传统的一元结构下改变自上而下、以控制为基础的治理方法，综合运用行政
管理、居民自治管理、社会自律、法律手段甚至市场机制等，从而形成政府主
导、企业公众合作、共治共建共享的多元环境治理新格局，实现治理污染、节
约资源的环境治理目标。"政—企—民"三方环境合作治理模式如图 10 - 7
所示。

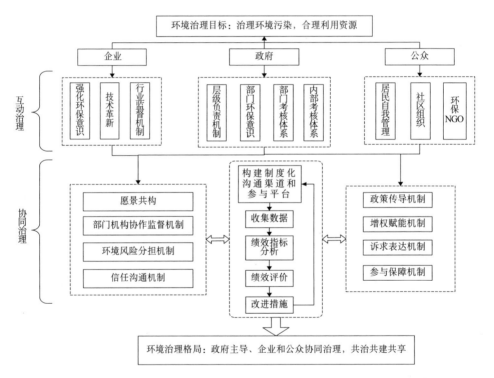

图 10 - 7　　"政—企—民"环境合作治理模式

　　生态环境合作治理不是一个短期的项目，生态环境治理的复杂性和长期性
决定了区域生态环境合作治理不会在短期内终结，会有一个效果维持阶段。根
据实际考虑，环境合作治理整个生命周期大致分为三个阶段：决策和项目阶
段、实施和控制阶段以及运营维护阶段。根据这三个阶段的工作，三个阶段区

域生态环境合作管理所需的各种机制和运行模式如图 10 - 8 所示。它是整个生命周期中区域生态环境合作治理的运行模型。

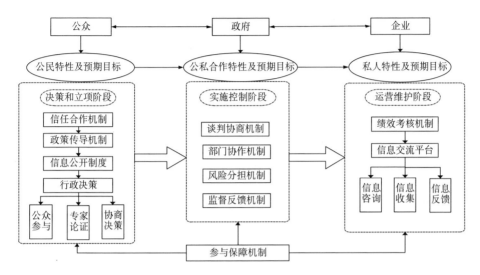

图 10 - 8　"政—企—民"环境治理全生命周期合作模型

（1）在决策和立项阶段。首先要在利益平衡基础上建立起的信任合机制。在多元主体合作的组织中，每一个独立的主体都会因为自身的优劣势、社会性质等因素合理分配权力，相互协调合作，以实现效率最大化和全生命周期价值最大化的目标。其次，建立没有错误的政策传导机制和信息披露制度。合作实体需要长期的相互对话、磨合和共同的工作经验，以便在短时间内完成整合。最后，建立健全行政决策机制，即由公众参与、专家论证和地方政府决定相结合。有必要确保各个治理主体参与决策。在行动实施之前，决策权的分配不是基于行政层面，而是基于专家技能，由相关领域的专家作出决策。这可以大大提高决策质量和可信度，为合作治理的实施阶段奠定良好的基础。

（2）在实施与控制阶段。首先，建立政府—企业谈判协商机制。由于政府和企业在利益收入和公共社会利益之间存在矛盾以及合作契约的不完备性，不可避免地会产生冲突。这就需要双方建立谈判协商机制。其主要包括 PPP 特权授予以后，公共部门和私营部门由于原始合同的设计缺陷或紧急情况的影响，导致利益分配或投资比例上的分歧，从而进行二次或者多次谈判。其次，按需分配权力，建立分工协作机制。明确任务分工，提出工作质量和事件进展的要求。责任管理的主体应进一步完善任务分工，制定工作计划，确保任务的落实。最后，建立有力的监督机制。事实上，体制内监督是滞后的、隐蔽的和

脆弱的 。只有外部主体的参与才有可能限制权力运作的自利取向，以实现真正的民主。因此，对区域生态环境的协调管理来说，形成一个相互制约、相辅相成的健全综合全面的监督机制尤为重要。

（3）运营维护阶段。首先，建立科学绩效考核机制。针对合作企业创建绩效考核机制，全面搜集生态环境方面的数据，进行绩效评价后，有助于及时处理生态环境存在的问题。其次，建立畅通的信息反馈机制，保证畅通的信息流动渠道，建立配套的咨询服务体系，从而建立流动的信息反馈机制。

10.6
环境治理 PPP 项目合作治理前景

贯彻党的十九大报告提出的"构建政府为主导、企业为主体、社会组织和公众共同参与的环境治理体系"，公私合作在环境治理领域的应用取得阶段性成果。治理主体基于趋利避害的利己主义诱导其主观上分散和推诿责任，降低自身责任风险；环境治理外部性和契约不完全性从客观上为机会主义行为创造条件，导致环境治理 PPP 项目主体责任模糊、履责行为违规，严重降低环境治理效率；高复杂性和不确定性的时代变化对政府治理的理念范式提出根本性挑战，价值创造成为环境治理主体责任有效性的新路径。设置社会责任双轮协同驱动机制、全景责任分担保障策略、政府绩效政策工具选择和公众参与价值共创超网络，丰富和发展合作治理理论，创建合作治理共同体，实现环境治理 PPP 整体可持续发展。

环境治理 PPP 项目主体内生责任机制贯穿于 PPP 项目的全生命周期，良好的责任治理是项目稳定的基石。PPP 项目的公益性要求政府及时维护社会公众的利益。由于 PPP 长期合同具有天然的不完全性，在项目的实施和运营阶段必然出现合作治理，设计 PPP 项目合作治理机制，有利于提高公共产品和服务的供给效率。

环境治理 PPP 项目的可持续发展与项目内生主体积极履行社会责任密不可分。为解决我国当前环境治理 PPP 项目"政府寻租行为""企业自利性行为"等机会主义责任缺失行为，应当合理配置环境治理 PPP 项目内生主体责任，有效增加双方内生性的履责动力、履责强化和履责分担，促成项目环境经济可持续发展的良性循环。此外，通过环境治理 PPP 项目多主体参与价值共创的保障策略，增加公私合作公共价值。中国 PPP 项目仍处于发展阶段，为保障项目的可持续发展，需要项目各参与方不忘初心、相互合作和同舟共济，在确保 PPP 项目可行前提下，保障项目提质增效。

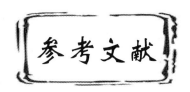

参考文献

[1] 杨志军，耿旭，王若雪．环境治理政策的工具偏好与路径优化——基于 43 个政策文本的内容分析 [J]．东北大学学报（社会科学版），2017，19（03）：276－283．

[2] 俞海山．从参与治理到合作治理：我国环境治理模式的转型 [J]．江汉论坛，2017（04）：58－62．

[3] 陈卫东，杨若愚．政府监管、公众参与和环境治理满意度——基于 CGSS2015 数据的实证研究 [J]．软科学，2018，32（11）：49－53．

[4] 黄晓军，骆建华，范培培．环境治理市场化问题研究 [J]．环境保护，2017，45（11）：48－52．

[5] 徐顺青，宋玲玲，刘双柳，高军．基于资本资产定价模型的 PPP 项目合理回报率研究 [J]．工业技术经济，2019，38（03）：46－51．

[6] 樊佩佩，曾盛红．动员视域下的"内生性权责困境"——以"5·12"汶川地震中的基层救灾治理为例 [J]．社会学研究，2014，29（01）：125－147，244．

[7] 程安林．内部控制制度变迁演化的动因选择：外力驱动还是内生驱动？[J]．审计与经济研究，2015，30（03）：49－57．

[8] 钟茂初，姜楠．政府环境规制内生性的再检验 [J]．中国人口·资源与环境，2017，27（12）：70－78．

[9] 王娴，赵宇霞．论农村贫困治理的"内生力"培育 [J]．经济问题，2018（05）：59－63．

［10］陈水生．从压力型体制到督办责任体制：中国国家现代化导向下政府运作模式的转型与机制创新［J］．行政论坛，2017，24（05）：16－23.

［11］任敏，雷蕾．环境整体性治理机制创新研究——以贵阳市生态文明建设委员会为样本［J］．福建行政学院学报，2016（01）：26－31.

［12］张彩云，盛斌，苏丹妮．环境规制、政绩考核与企业选址［J］．经济管理，2018，40（11）：21－38.

［13］郭燕芬，柏维春．营商环境建设中的政府责任：历史逻辑、理论逻辑与实践逻辑［J］．重庆社会科学，2019（02）：6－16.

［14］曾云敏，赵细康，王丽娟．跨尺度治理中的政府责任和公众参与：以广东农村垃圾处理为案例［J］．学术研究，2019（01）：64－70.

［15］吴建南，文婧，秦朝．环保约谈管用吗？——来自中国城市大气污染治理的证据［J］．中国软科学，2018（11）：66－75.

［16］汤金金，孙荣．多制度环境下我国的环境治理困境：产生机理与治理策略［J］．西南大学学报（社会科学版），2019，45（02）：23－31，195.

［17］卢洪友．外国环境公共治理：理论、制度与模式［M］．北京：中国社会科学出版社，2014.

［18］任志涛，雷瑞波，等．不完全契约下PPP项目运营期触发补偿机制研究［J］．地方财政研究，2019（05）：51－57.

［19］陶弈成，龙圣锦．生态文明体制改革背景下企业环境责任制度的优化途径［J］．江南论坛，2018（08）：13－15.

［20］吴健，高壮．PPP热潮下污水处理行业政府责任的冷思考［J］．环境保护，2016，44（17）：36－40.

［21］陈婉玲．公私合作制的源流、价值与政府责任［J］．上海财经大学学报，2014，16（05）：75－83.

［22］叶晓甦，石世英，田娇娇．城市基础设施PPP项目公私责任厘定：公平与效率视角［J］．青海社会科学，2015（04）：52－57，119.

［23］李楠楠，王儒靓．论公私合作制（PPP）下公私利益冲突与协调［J］．现代管理科学，2016（02）：81－83.

［24］周雪光，练宏．政府内部上下级部门间谈判的一个分析模型——以环境政策实施为例［J］．中国社会科学，2011（05）：80－96，221.

［25］王丽．雄安新区建设中的政府责任与政府边界［J］．甘肃社会科学，2019（02）：65－71.

[26] 陈婉玲.公私合作制的源流、价值与政府责任 [J].上海财经大学学报，2014，16（05）：75－83.

[27] 吴健，高壮.PPP热潮下污水处理行业政府责任的冷思考 [J].环境保护，2016，44（17）：36－40.

[28] 叶晓甦，石世英，田娇娇.城市基础设施PPP项目公私责任厘定：公平与效率视角 [J].青海社会科学，2015（04）：52－57，119.

[29] 邹东升，包倩宇.城市水务PPP的政府规制绩效指标构建——基于公共责任的视角 [J].中国行政管理，2017（07）：98－104.

[30] 张晓明.论企业发展的整体效益观及企业生态化的动力机制 [J].宁夏社会科学，2018（01）：104－109.

[31] 陈剑，吕荣胜.节能服务企业成长动力机制的实证研究 [J].技管理研究，2015，35（05）：109－113.

[32] 佟蓬晖，赵德志.企业社会责任与员工内部工作动机的关系研究 [J].技术经济与管理研究，2018（11）：60－64.

[33] 刘春济，朱梦兰.谁影响了谁：产权性质、企业社会责任溢出与表现 [J].经济管理，2018，40（12）：105－122.

[34] 肖红军，张俊生，李伟阳.企业伪社会责任行为研究 [J].中国工业经济，2013（06）：109－121.

[35] 田虹，姜雨峰.企业社会责任履行的动力机制研究 [J].审计与经济研究，2014，29（06）：65－74.

[36] 马少华.企业社会责任动机的国外研究综述与展望 [J].商业经济，2018（06）：117－120.

[37] 谢慧明，沈满洪.PACE2016中国环境治理国际研讨会综述 [J].中国环境管理，2016，8（06）：104－106.

[38] 唐玉青.多元主体参与：生态治理体系和治理能力现代化的路径 [J].学习论坛，2017，33（02）：51－55.

[39] 陈碧琴，傅强.基于帕累托偏好的公共产品服务相对效率的理论模型 [J].管理世界，2009，23（08）：171－172.

[40] 任志涛，李海平.基于三方满意的垃圾焚烧处理价格机制研究 [J].地方财政研究，2018（07）：99－106，112.

[41] 萨日娜.分配约束、单向外部性与PPP中公共设施的所有权分配 [J].经济研究参考，2018，8（21）：67－71.

[42] 涂春元. 治理理论视角下"责任·责任意识·责任理念"辨析 [J]. 行政论坛, 2006, 23 (06): 8 - 10.

[43] 蔡守秋, 潘凤湘. 论我国环境损害责任制度: 以综合性责任分担为视角 [J]. 生态经济, 2017, 33 (03): 170 - 174.

[44] 高蒙蒙, 汪冲. 民营资本参与基础设施项目的风险分担问题研究 [J]. 学习与探索, 2018, 23 (08): 143 - 148.

[45] 常亮, 刘凤朝, 杨春薇. 基于市场机制的流域管理 PPP 模式项目契约研究 [J]. 管理评论, 2017 (03): 197 - 206.

[46] 刘方龙, 邱伟年, 曾楚宏. 组织核心价值观的内涵及其评价指标——价值共创视角下的多案例研究 [J]. 外国经济与管理, 2019, 41 (01): 86 - 101..

[47] 何雨佳, 石磊. 基于关键成功要素的 PPP 项目政府角色定位研究 [J]. 项目管理技术, 2018, 16 (01): 24 - 29.

[48] 杨学成, 涂科. 共享经济背景下的动态价值共创研究——以出行平台为例 [J]. 管理评论, 2016, 28 (12): 258 - 268.

[49] 任志涛, 刘逸飞. 基于演化博弈的 PPP 项目信任传导机制研究 [J]. 地方财政研究, 2017 (10): 33 - 41.

[50] 司文峰, 胡广伟. 我国内地城市电子政务服务能力分布规律——基于地理区域、政务渠道、政务维度综合视角 [J]. 数据分析与知识发现, 2018, 2 (09): 1 - 9.

[51] 蔡春红, 冯强. 网络经济背景下企业价值网模块再造、价值重构与商业模式创新 [J]. 管理学刊, 2017, 30 (04): 28 - 40.

[52] 周文辉, 邱韵瑾, 金可可, 李宇雯. 电商平台与双边市场价值共创对网络效应的作用机制——基于淘宝网案例分析 [J]. 软科学, 2015, 29 (04): 83 - 89.

[53] 李朝辉, 卜庆娟, 曹冰. 虚拟品牌社区顾客参与价值共创如何提升品牌关系?——品牌体验的中介作用 [J]. 商业研究, 2019 (06): 9 - 17.

[54] 陈伟, 吴宗法, 徐菊. 价值共毁研究的起源、现状与展望 [J]. 外国经济与管理, 2018, 40 (06): 44 - 58.

[55] 高良谋, 韵江, 马文甲. 开放式创新下的组织网络能力构架 [J]. 经济管理, 2010, 32 (12): 71 - 78.

[56] 胡振宇, 李玉然, 黄艳. 客户关系管理系统的应用问题及对策研究

[J]．现代商业，2017（17）：34-35.

[57] 唐晓萍．关于高新技术企业内部控制问题的几点思考 [J]．财会学习，2016（21）：254.

[58] 吴绍玉，王栋，汪波，李晓燕．创业社会网络对再创业绩效的作用路径研究 [J]．科学学研究，2016，34（11）：1680-1688.

[59] 张秀萍，王振．社会网络在创新领域应用研究的知识图谱——基于 CiteSpace 的可视化分析 [J]．经济管理，2017，39（10）：192-208.

[60] 卢娟，李斌．社会网络、非正规金融与居民幸福感——基于2016年中国家庭追踪调查数据的实证研究 [J]．上海财经大学学报，2018，20（04）：46-62.

[61] 蓝虹，任子平．建构以 PPP 环保产业基金为基础的绿色金融创新体系 [J]．环境保护，2015，43（08）：27-32.

[62] 孙穗．基于绿色金融视角的 PPP 模式融资创新研究 [J]．技术经济与管理研究，2019（05）：81-85.

[63] 任志涛，张赛，郭林林，李海平．基于私营部门违约的 PPP 项目强互惠行为分析——以环境治理为例 [J]．土木工程与管理学报，2018，35（03）：22-27.

[64] 朱国伟．实现社会治理中的价值共创 [N]．中国社会科学报，2015-06-19（B02）．

[65] 卓光俊，杨天红．环境公众参与制度的正当性及制度价值分析 [J]．吉林大学社会科学学报，2011，51（04）：146-152.

[66] 孙金辉．PPP 合作、管制性壁垒与商业模式创新：基于价值重构的视角 [J]．山东社会科学，2019（04）：139-142.

[67] 陈晓春，张雯慧．价值共创视角下"三共"社会治理格局的大数据应用研究 [J]．湖南大学学报（社会科学版），2019，33（03）：41-47.

[68] 鲍静，曹堂哲．党和国家机构改革中的绩效问题——基于"战略—结构—绩效"（SSP）范式的分析 [J]．国家行政学院学报，2018（06）：21-25，186.

[69] 李文彬，王佳利．地方政府绩效评价的扩散：面向广东省的事件史分析 [J]．行政论坛，2018，25（06）：100-108.

[70] 王学军，王子琦．追寻"公共价值"的价值 [J]．公共管理与政策评论，2019，8（03）：3-16.

［71］徐鸣．监管限度内中国监管绩效评价体系的构建研究［J］．当代经济管理，2019，41（07）：18－23．

［72］郎玫．博弈视角下政府绩效评价的基础模型及其选择中的"绩效损失"［J］．上海行政学院学报，2018，19（06）：64－77．

［73］沈奥，江旭．动态环境下的战略柔性对新产品绩效影响研究［J］．科学学与科学技术管理，2019，40（01）：124－136．

［74］任志涛，雷瑞波，高素侠．PPP项目公私部门双边匹配决策模型研究——基于满意度最大化［J］．地方财政研究，2017（06）：106－112．

［75］曹堂哲，魏玉梅．政府购买服务中的绩效付酬：一种公共治理的新工具［J］．改革，2019（03）：139－148．

［76］孙涛，张怡梦．科学差异化政府绩效评估——优化政府职责体系的技术治理工具［J］．国家行政学院学报，2018（06）：26－31，186．

［77］冯严超，王晓红．中国式财政分权、地方政府竞争与循环经济绩效——基于动态广义空间模型的分析［J］．上海对外经贸大学学报，2019，26（02）：39－48．

［78］王法硕．我国地方政府数据开放绩效的影响因素——基于定性比较分析的研究［J］．情报理论与实践，2019，42（08）：38－43．

［79］姜文芹．民生类基本公共服务绩效指标体系构建［J］．统计与决策，2018，34（22）：36－40．

［80］程进，周冯琦．基于制度变迁的我国生态系统绩效管理研究［J］．江汉论坛，2018（12）：48－52．

［81］刘洋，樊胜岳，王贺．生态治理政策绩效评价模式的整合研究［J］．电子科技大学学报（社科版），2018，20（06）：24－32，38．

［82］罗文剑，陈丽娟．大气污染政府间协同治理的绩效改进："成长上限"的视角［J］．学习与实践，2018（11）：43－51．

［83］聂莹，刘倩．公共价值视阈下生态建设政策的绩效评价——以青海乌兰县为例［J］．河南社会科学，2018，26（02）：40－44．

［84］丰景春，郑传斌，鹿倩倩，薛松．关系治理与契约治理导向匹配状态的量化研究——以公私合作模式下A地铁项目为例［J］．运筹与管理，2019，28（01）：158－165．

［85］李佳露，张艾荣．政府内部跨部门沟通对电子公共服务供应链绩效的影响研究［J］．电子商务，2019（02）：50－52．

[86] 王俊豪，朱晓玲，陈海彬.民营企业参与 PPP 的非正式制度壁垒分析——基于新制度经济学的视角 [J].财经论丛，2017 (06)：107 - 113.

[87] 刘江帆，薛雄志，张晓丹.民营企业参与流域综合治理 PPP 项目的融资结构设计和政策建议 [J].建筑经济，2017，38 (05)：34 - 38.

[88] 宋健民，陶涛.民营企业参与 PPP 项目的制约因素及措施研究 [J].建筑经济，2017，38 (07)：94 - 99.

[89] 高蒙蒙，汪冲.民营资本参与基础设施项目的风险分担问题研究 [J].学习与探索，2018 (08)：143 - 148.

[90] 刘俊峰，李群.民间资本 PPP 项目参与度偏低的原因及对策 [J].银行家，2018 (02)：91 - 93.

[91] 向鹏成，王碧.演化博弈视角下民营企业参与 PPP 项目的积极性研究 [J].建筑经济，2019，40 (01)：58 - 63.

[92] 王颖林，刘继才，高若兰.基于互惠及风险偏好的 PPP 项目政府激励研究 [J].建筑经济，2016，37 (07)：54 - 57.

[93] 叶晓甦，李丹丹，马烈等.基于公众感知的 PPP 项目收益分配模型研究 [J].建筑经济，2017，38 (10)：33 - 37.

[94] 胡长改，杨德磊，李洋等.政府—社会资本合作（PPP）项目利益相关者价值网络研究 [J].工程管理学报，2019，33 (06)：72 - 77.

[95] 徐永顺，陈海涛，迟铭等.PPP 项目中合同柔性对项目价值增值的影响研究 [J].管理学报，2019，16 (08)：1228 - 1235.

[96] 任志涛，郝文静，于昕.基于 SNA 的 PPP 项目中信任影响因素研究 [J].科技进步与对策，2016，33 (16)：67 - 72.

[97] 石世英，傅晓，王守清.PPP 项目伙伴关系维系对项目价值影响的实证研究 [J].工程管理学报，2019，33 (03)：58 - 62.

[98] 朱晓玲，刘素坤.浅析 PPP 模式下地方政府与民营企业面临的不对称风险 [J].经贸实践，2017 (15)：41 - 42.

[99] 卢明湘，谢晓莉，吕洁.民营企业投资 PPP 项目的路径研究 [J].建筑经济，2018，39 (10)：41 - 44.

[100] 马慧.民营企业参与 PPP 项目的影响因素研究 [J].现代商贸工业，2018，39 (08)：63 - 64.

[101] 狄凡，周霞.基于模糊综合评价的民营企业 PPP 项目风险评估分析 [J].北京建筑大学学报，2018，34 (03)：63 - 69.

［102］王雨辰，胡轶俊．民营企业 PPP 项目参与度研究——基于公共性的风险分析［J］．软科学，2019，33（06）：89 - 94.

［103］郑思齐，万广华，孙伟增等．公众诉求与城市环境治理［J］．管理世界，2013（06）：72 - 84.

［104］李子豪．公众参与对地方政府环境治理的影响——2003—2013 年省际数据的实证分析［J］．中国行政管理，2017（08）：102 - 108.

［105］岳经纶，刘璐．公众参与实践差异性研究——以珠三角城市公共服务政策公众评议活动为例［J］．武汉大学学报（哲学社会科学版），2018，71（02）：175 - 188.

［106］付宇程．行政决策中的公众参与类型初探［J］．法学杂志，2011，32（12）：124 - 126.

［107］马勇，童昀，任洁，刘军．公众参与型环境规制的时空格局及驱动因子研究——以长江经济带为例［J］．地理科学，2018，38（11）：1799 - 1808.

［108］祁玲玲，孔卫拿，赵莹．国家能力、公民组织与当代中国的环境信访——基于 2003—2010 年省际面板数据的实证分析［J］．中国行政管理，2013（07）：100 - 106.

［109］曾粤兴，魏思婧．构建公众参与环境治理的“赋权—认同—合作”机制——基于计划行为理论的研究［J］．福建论坛：人文社会科学版，2017（10）：169 - 176.

［110］朱留财．从西方环境治理范式透视科学发展观［J］．中国地质大学学报（社会科学版），2006（05）：52 - 57.

［111］赵立力，黄庆，谭德庆．基础设施 BOT 项目的产品价格调整机制研究［J］．预测，2006（02）：74 - 77.

［112］科斯．企业、市场与法律（盛洪等译）［M］．上海：上海人民出版社，2009.

［113］赵聚辉，李晓霞，王佳文．促进 PPP 模式发展的税收政策研究［J］．宏观经济研究，2018（05）：107 - 117.

［114］王能能，孙启贵，徐飞．行动者网络理论视角下的技术创新动力机制研究——以中国自主通信标准 TD - SCDMA 技术创新为例［J］．自然辩证法研究，2009，25（03）：29 - 34.

［115］刘建国．基于行动者网络理论的智能交通产业标准化战略研究［J］．中国科技论坛，2014，30（02）：52 - 56.

[116] 谢元，张鸿雁．行动者网络理论视角下的乡村治理困境与路径研究——转译与公共性的生成 [J]．南京社会科学，2018，8 (03)：70-75.

[117] 万文海，王新新．共创价值的两种范式及消费领域共创价值研究前沿述评 [J]．经济管理，2013，35 (01)：186-199.

[118] 蔡岚．合作治理：现状和前景 [J]．武汉大学学报（哲学社会科学版），2013，66 (03)：41-46，128.

[119] 敬乂嘉．合作治理：再造公共服务的逻辑 [M]．天津：天津人民出版社，2009.

[120] 敬乂嘉．合作治理：历史与现实的路径 [J]．南京社会科学，2015，8 (05)：1-9.

[121] 马皓．合作治理理论视阈下的北极环境治理模式创新 [J]．理论月刊，2017，23 (06)：165-170.

[122] 俞海山．从参与治理到合作治理：我国环境治理模式的转型 [J]．江汉论坛，2017，35 (04)：58-62.

[123] 陈英．企业社会责任理论与实践 [M]．北京：经济管理出版社，2009.

[124] 卢代富．企业社会责任的经济学与法学分析 [M]．北京：法律出版社，2002.

[125] 罗晓霞，胡超．农村科技服务供给中的政府责任研究综述 [J]．统计与管理，2015 (04)：76-77.

[126] 马岭，苏艺．全面推行政府权责清单制度的法治意义 [J]．学习与探索，2018 (11)：75-80.

[127] 吉鹏．购买服务背景下政府与社会组织的互动嵌入：行为过程、负面效应及优化路径 [J]．求实，2019 (01)：74-83，111-112.

[128] 李妍，马丽斌，薛俭．基于绿色发展理念下开发区 PPP 项目的关键成功因素研究 [J]．科技管理研究，2018，38 (22)：245-253.

[129] 何寿奎，陈璨．PPP 项目合作风险形成机理与协同治理机制 [J]．当代经济管理，2018，40 (07)：48-53.

[130] 黎继子，黄香宁，龚璐凝，库瑶瑶．基于 Fuzzy-Dematel 算法下新产品开发的众包供应链风险分析 [J]．科技管理研究，2019，39 (04)：228-235.

[131] 张静，赵玲．基于解释结构模型的微博用户群体行为影响因素分析 [J]．情报科学，2016，34 (08)：29-35.

［132］杨阳.地方党政领导干部经济责任审计评价与管理路径［J］.社会科学家，2018（11）：63－67.

［133］陈亚丽，黄涛珍.组织学习能力的可拓物元模型及其应用［J］.求索，2012（09）：12－14，17.

［134］任志涛，高素侠.PPP项目价格上限定价规制研究——基于服务质量因子的考量［J］.价格理论与实践，2015（05）：51－53.

［135］陈颖.混合所有制改革下政府对改革路径选择的决策机制［J］.商业研究，2018（12）：102－108.

［136］景莹.合理应对网络舆情提高地方政府公信力［J］.人民论坛，2018（16）：62－63.

［137］谭小芳，杜佳媛.PPP模式中民营企业与地方政府信任重塑［J］.地方财政研究，2018（09）：48－58.

［138］周怀峰，谢长虎.强互惠、非强互惠第三方惩罚与群体合作秩序［J］.中国行政管理，2015（05）：97－103.

［139］周凤华，王敬尧.Q方法论：一座沟通定量研究与定性研究的桥梁［J］.武汉大学学报（哲学社会科学版），2006（03）：401－406.

［140］曲英，王蕴琦.基于Q方法的城市居民可持续消费人群特征研究［J］.科技与管理，2014，16（06）：45－51.

［141］董骁.PPP项目重新谈判特征及制度优化研究［J］.技术经济与管理研究，2017（09）：3－7.

［142］胡代光，高鸿业.西方经济学大辞典［M］.北京：经济科学出版社，2000.

［143］李颖，刘慧娴，罗杰，龚兴华.还洱海一泓清水——云南大理推进洱海环湖截污PPP项目纪实［J］.中国财政，2016，6（22）：10－13.

［144］胡改蓉.PPP模式中公私利益的冲突与协调［J］.法学，2015，17（11）：30－40.

［145］赵强.城市治理动力机制：行动者网络理论视角［J］.行政论坛，2011，18（01）：74－77.

［146］王帮俊，赵雷英.基于扎根理论的产学研协同创新绩效影响因素分析［J］.科技管理研究，2017，37（11）：205－210.

［147］杜亚灵，赵欣，温莎娜.基于扎根理论的PPP项目履约绩效影响因素［J］.中国科技论坛，2017（04）：13－20.

［148］崔彩云，王建平．基础设施 PPP 项目决策关键成功因素及作用路径［J］．土木工程与管理学报，2017，34（04）：101 – 108．

［149］孟庆良，徐信辉，郭鑫鑫．基于扎根理论的众包创新知识获取影响因素研究［J］．科技管理研究，2018，38（06）：130 – 135．

［150］尹贻林，王垚．合同柔性与项目管理绩效改善实证研究：信任的影响［J］．管理评论，2015，27（09）：151 – 162．

［151］包国宪，王学军．以公共价值为基础的政府绩效治理——源起、架构与研究问题［J］．公共管理学报，2012，9（02）：89 – 97，126 – 127．

［152］韩炜，杨婉毓．创业网络治理机制、网络结构与新企业绩效的作用关系研究［J］．管理评论，2015（12）：65 – 79．

［153］彭艳君．顾客参与量表的构建和研究［J］．管理评论，2010，22（03）：78 – 85．

［154］白彬，张再生．基于政策工具视角的以创业拉动就业政策分析——基于政策文本的内容分析和定量分析［J］．科学学与科学技术管理，2016，37（12）：92 – 100．

［155］李雪松．政策工具何以反映政策价值：一项溯源性分析——基于 H 省 W 市综合行政执法模式的经验证据［J］．求实，2019（06）：41 – 53，108 – 109．

［156］唐方成，蒋沂桐．虚拟品牌社区中顾客价值共创行为研究［J］．管理评论，2018，30（12）：131 – 141．

［157］吴菊华，程小燕，李太儒．基于社会支持的内容创建与价值共创体验研究［J］．软科学，2016，30（10）：141 – 144．

［158］叶晓甦，石世英，刘李红．PPP 项目价值创造驱动要素及其作用机理［J］．地方财政研究，2017（09）：67 – 74．

［159］张萍，杨祖婵．近十年来我国环境群体性事件的特征简析［J］．中国地质大学学报（社会科学版），2015，15（02）：53 – 61．

［160］欧纯智，贾康．PPP 在公共利益实现机制中的挑战与创新——基于公共治理框架的视角［J］．当代财经，2017（03）：26 – 35．

［161］刘小峰，张成．邻避型 PPP 项目的运营模式与居民环境行为研究［J］．中国人口·资源与环境，2017，27（03）：99 – 106．

［162］宁靓，赵立波．公共价值视域下的 PPP 价值冲突与协调研究——以澳大利亚新学校项目为例［J］．中国行政管理，2018（10）：139 – 144．

［163］谢新水．对"人民满意的服务型政府"行动特征的考察——以行

动主义为视角 [J]. 学习论坛, 2018 (10): 73-80.

[164] 方园, 刘声, 祝立雄, 等. 多维生态位视角下的乡村养老特色村研究——以浙江西北部为例 [J]. 经济地理, 2019, 39 (08): 160-167.

[165] 张卫, 朱晓峰, 周晓琛, 等. 基于生态方程的微政务信息公开共生演化研究 [J]. 情报理论与实践, 2019, 42 (06): 99-104.

[166] 王炜, 念沛豪, 朱丹彤, 等. 基于生态位宽度模型的区域多功能评价及演变分析——以北京市为例 [J]. 世界地理研究, 2016, 25 (06): 66-77.

[167] 张橦. 新媒体视域下公众参与环境治理的效果研究——基于中国省级面板数据的实证分析 [J]. 中国行政管理, 2018 (09): 79-85.

[168] 张宁, 左丽, 张澜, 等. 智慧科技投入对城市水污染治理效率的影响研究 [J]. 信息与管理研究, 2019, 4 (06): 32-40.

[169] 潘峰, 西宝, 王琳. 地方政府间环境规制策略的演化博弈分析 [J]. 中国人口·资源与环境, 2014, 24 (06): 97-102.

[170] 曾婧婧, 胡锦绣. 中国公众环境参与的影响因子研究——基于中国省级面板数据的实证分析 [J]. 中国人口·资源与环境, 2015, 25 (12): 62-69.

[171] 阚双, 郭伏, 杨童舒. 多组织知识学习超网络模型及其学习绩效研究——面向复杂产品产业集群 [J]. 东北大学学报 (社会科学版), 2018, 20 (06): 578-585.

[172] 彭为, 陈建国, 伍迪, 等. 政府与社会资本合作项目利益相关者影响力分析——基于美国州立高速公路项目的实证研究 [J]. 管理评论, 2017, 29 (05): 205-215.

[173] 任志涛, 李海平, 张赛, 郭林林. 环保PPP项目异质行动者网络构建研究 [J]. 科技进步与对策, 2017, 34 (09): 38-42.

[174] 吴俊杰, 戴勇. 企业家社会网络、组织能力与集群企业成长绩效 [J]. 管理学报, 2013, 10 (04): 516-523.

[175] 杨学成, 陶晓波. 从实体价值链、价值矩阵到柔性价值网——以小米公司的社会化价值共创为例 [J]. 管理评论, 2015, 27 (07): 232-240.

[176] 肖亚雷. 碎片化的共识与合作治理重构 [J]. 东南学术, 2016, 253 (03): 60-66, 252.

[177] 段祖亮, 张小雷, 雷军, 等. 天山北坡城市群城市多维生态位研究 [J]. 中国科学院大学学报, 2014, 31 (04): 506-516.

　　[178] 辛杰. 企业生态系统社会责任互动：内涵、治理、内化与实现 [J]. 经济管理，2015，37（08）：189 - 199.

　　[179] 王锡锌. 行政过程中公众参与的制度实践 [M]. 北京：中国法制出版社，2008.

　　[180] 周珂，王小龙. 环境影响评价制度中的公众参与 [J]. 甘肃政法学院学报，2017（03）：64 - 68.

　　[181] 卡尔·夏皮罗，哈尔·R. 范里安. 信息规则：网络经济的策略指导 [M]. 孟昭莉袁，牛露晴，译. 北京：中国人民大学出版社，2017.

　　[182] 弗里德里希·克拉默. 混沌与秩序——生物系统的复杂结构 [M]. 柯志阳，吴彤，译. 上海：上海科技教育出版社，2010.

　　[183] 王欣. 社会责任融合视角的企业价值创造机理 [J]. 经济管理，2013，35（12）：182 - 193.

　　[184] 张康之. 论合作治理中行动者的非主体化 [J]. 学术研究，2017（07）：40 - 49，177.

　　[185] Newig J, Fritsch O. Environmental Governance: Participatory, Multi - Level and Effective? [J]. Environmental Policy & Governance, 2010, 19 (03): 197 - 214.

　　[186] Gillespie J, Nguyen T V, Nguyen H V, et al. Exploring a Public Interest Definition of Corruption: Public Private Partnerships in Socialist Asia [J]. Journal of Business Ethics, 2019 (03): 123 - 145.

　　[187] Atallah G. Endogenous Efficiency Gains from Mergers [J]. Southern Economic Journal, 2016, 83 (01): 202 - 235.

　　[188] Gama A, Maret I, Masson V. Endogenous heterogeneity in duopoly with deterministic one - way spillovers [J]. Annals of Finance, 2019, 15 (01): 103 - 123.

　　[189] Clarke L, Agyeman J. Shifting the Balance in Environmental Governance: Ethnicity, Environmental Citizenship and Discourses of Responsibility [J]. Antipode, 2011, 43 (05): 1773 - 1800.

　　[190] Shelleyegan C, Bowman D, Robinson D. Devices of Responsibility: Over a Decade of Responsible Research and Innovation Initiatives for Nanotechnologies [J]. Science & Engineering Ethics, 2018 (02): 1 - 28.

　　[191] Franke van der Molen. How knowledge enables governance: The copro-

duction of environmental governance capacity [J]. Environmental Science and Policy, 2018, 87 – 90.

[192] Mclennan B, Eburn M. Exposing hidden – value trade – offs: sharing wildfire management responsibility between government and citizens [J]. International Journal of Wildland Fire, 2015, 24 – 32.

[193] Knudsen, Steen J. Government Regulation of International Corporate Social Responsibility in the US and the UK: How Domestic Institutions Shape Mandatory and Supportive Initiatives [J]. British Journal of Industrial Relations, 2018, 56 (01): 164 – 188.

[194] Baughn C C, Bodie N L, Mcintosh J C. Corporate social and environmental responsibility in Asian countries and other geographical regions [J]. Eco – Management and Auditing, 2010, 14 (04): 189 – 205.

[195] Daniel Albalate, Germà Bel, R. Richard Geddes. Recovery Risk and Labor Costs in Public – Private Partnerships: Contractual Choice in the US Water Industry [J]. Local Government Studies, 2013, 39 (03): 332 – 351.

[196] Thompson D F. Responsibility for Failures of Government [J]. American Review of Public Administration, 2014, 44 (03): 259 – 273.

[197] Bures, Oldrich. Contributions of private businesses to the provision of security in the EU: beyond public – private partnerships [J]. Crime, Law and Social Change, 2017, 67 (03): 289 – 312.

[198] Arild Vatn. Environmental Governance – From Public to Private? [J]. Ecological Economics, 2018, 148 – 156.

[199] Constantinescu M, Kaptein M. Mutually Enhancing Responsibility: A Theoretical Exploration of the Interaction Mechanisms between Individual and Corporate Moral Responsibility [J]. Journal of Business Ethics, 2015, 129 (02): 325 – 339.

[200] García Pérez C, López D, Muñoz F. Public Private Partnerships for Internationalization of Services: Chilean Architecture Industry [J]. Social Science Electronic Publishing, 2017, 43 (07): 290 – 213.

[201] Bonjour S, Servent A R, Thielemann E. Beyond venue shopping and liberal constraint: a new research agenda for EU migration policies and politics [J]. Journal of European Public Policy, 2017, 25 (03): 409 – 421.

［202］Iseki H. Examination of recent developments in Public Private Partnership transportation projects in North America ［J］. Transport Policy, 2010, 34 （05）: 147 – 156.

［203］Doorn, Neelke. Allocating responsibility for environmental risks: A comparative analysis of examples from water governance ［J］. Integrated Environmental Assessment and Management, 2016, 43 （06）: 223 – 253.

［204］Bryson J, Crosby B, Bloomberg L. Public Value Governance: Moving beyond Traditional Public Administration and the New Public Management ［J］. Public Administration Review, 2014, 72 （05）: 445 – 456.

［205］Wal V & Zeger. From Galaxies to Universe: A Cross – Disciplinary Review and Analysis of Public Values Publications from1969 to 2012 ［J］. American Review of Public Administration, 2015, 45 （01）: 13 – 28.

［206］Bao G, Wang X, Larsen G, Morgan D. Beyond New Public Governance: A Value—based Global Framework for Performance Management ［J］. Governance and Leadership. Administration and Society, 2013, 45 （04）: 443 – 467.

［207］Graaf G, Huberts L, Snulders R. Coping with Public Value Conflicts ［J］. Administration & Society, 2016, 48 （09）: 1101 – 1127.

［208］Pande Y S K. A Spectral Characterization of Absolutely Norming Operators on S. N. Ideals ［J］. Operators and matrices, 2016, 11 （03）: 11 – 60.

［209］Heintzman R & Marson B. People, Service and Trust: Is There a Public Sector Service Value Chain? ［J］. International Review of Administration Sciences, 2015, 71 （04）: 549 – 575.

［210］Moore M. Public Value Accounting: Establishing the Philosophical Basis ［J］. International Journal of Public Administration Review, 2014, 74 （04）: 465 – 477.

［211］Yang K. Creating Public Value and Institutional Innovations across Boundaries: An Integrative Process of Participation, Legitimation, and Implementation ［J］. Public Administration Review, 2016, 76 （06）: 873 – 885.

［212］Bozeman B & Johnson J. The Political Economy of Public Values: A Case for the Public Sphere and Progressive Opportunity ［J］. American Review of Public Administration, 2015, 45 （01）: 61 – 85.

［213］Head B & Alford J. Wicked Problems: Implications for Public Policy and Management [J]. Administration & Society, 2015, 47 (06): 711 –739.

[214] Ha T. Empirically Testing the Public Value Based Conceptual Framework for Evaluating E – Government Performance in Vietnam [J]. Modern Economy, 2016, 7 (02): 140 –152.

[215] Gutiérrez L. J, Fernández Pérez V. Managerial networks and strategic flexibility: a QM perspective [J]. Industrial Management & Data Systems, 2010, 110 (08): 1192 –1214.

[216] Jia K, Chen Y, Bi T, et al. Historical – Data – Based Energy Management in a Microgrid With a Hybrid Energy Storage System [J]. IEEE Transactions on Industrial Informatics, 2017, 13 (05): 2597 –2605.

[217] Rashid I, Murtaza G, Zahir Z A, et al. Effect of Humic and fulvic acid transformation on cadmium availability to wheat cultivars in sewage sludge amended soil [J]. Environmental Science and Pollution Research, 2018, 25 (16): 1 –9.

[218] Bryson J M, Crosby B C, Bloomberg L. Public Value Governance: Moving Beyond Traditional Public Administration and the New Public Management [J]. Public Administration Review, 2014, 74 (04): 445 –456.

[219] Rosenbloom D. H. Beyond Efficiency: Value Frameworks for Public Administration. Chinese Public Administration Review [J]. 2017, 8 (01): 37 –45.

[220] Bryson J & Alessandro S. Towards A Multi – Actor Theory of Public Value Co – Creation [J]. Public Management Review, 2016, 12 (05): 1 –15.

[221] Kamensky D, Behzadinasab M, Foster J T, et al. Peridynamic Modeling of Frictional Contact [J]. Journal of Peridynamics and Nonlocal Modeling, 2019, 8 (04): 1 –15.

[222] Taylor J. Organizational Culture and the Paradox of Performance Management [J]. Public Performance & Management Review, 2014, 39 (01): 7 –22.

[223] Yimer M. Medium term expenditure and budgetary practices in Ethiopia [J]. International Journal of Economic and Business Management, 2015, 3 (04): 23 –38.

[224] Amira Shalaby, Amr Hassanein. A decision support system (DSS) for facilitating the scenario selection process of the renegotiation of PPP contracts [J]. Engineering, Construction and Architectural Management, 2019, 26 (06): 223 – 245.

［225］ Ole Andreas Aarseth, Vegar Mong Urdal, Svein Bjørberg, Marit Støre - Valen, Jardar Lohne. PPP in Public Schools as Means for Value Creation for User and Owner ［J］. Procedia - Social and Behavioral Sciences, 2016（07）：226 - 237.

［226］ O'SHEA C, Palcic D, Reeves E. Comparing PPP with traditional procurement: The case of schools procurement in Ireland ［J］. Annals of Public and Cooperative Economics, 2019, 90（02）：245 - 267.

［227］ Khalid Almarri, Halim Boussabaine. The Influence of Critical Success Factors on Value for Money Viability Analysis in Public - Private Partnership Projects. 2017, 48（04）：93 - 106.

［228］ Ye X, Shi S, Chong H Y, et al. Empirical analysis of firms' willingness to participate in infrastructure PPP projects ［J］. Journal of Construction Engineering and Management, 2018, 144（01）：04017092.

［229］ Mario Bunge. Mechanism and Explanation ［J］. Philosophy of the Social Sciences, 27（04）：410 - 465.

［230］ Pargal S, Wheeler D. Informal Regulation of Industrial Pollution in Developing Countries: Evidence from Indonesia ［J］. Journal of Political Economy, 1996, 104（06）：1314 - 1327.

［231］ Wang H, Di W. The determinants of government environmental performance: an empirical analysis of Chinese townships ［M］. The World Bank, 2002.

［232］ Beierle T C. Democracy in practice: Public participation in environmental decisions ［M］. Routledge, 2010.

［233］ Reed M S, Vella S, Challies E, et al. A theory of participation: what makes stakeholder and public engagement in environmental management work? ［J］. Restoration ecology, 2018, 26：S7 - S17.

［234］ Roy, Deya. Negotiating marginalities: right to water in Delhi ［J］. Urban Water Journal, 2013, 10（02）：97 - 104.

［235］ Ezzamel M, Xiao J Z. The development of accounting regulations for foreign invested firms in China: The role of Chinese characteristics ［J］. Accounting, Organizations and Society, 2015, 44（08）：60 - 84.

［236］ Edvardsson B, Tronvoll B, Gruber T. Expanding understanding of service exchange and value co - creation: a social construction approach ［J］. Journal of the academy of marketing science, 2011, 39（02）：327 - 339.

[237] Vargo S L, Lusch R F. Institutions and axioms: An extension and update of service – dominant logic [J]. Journal of the Academy of Marketing Science, 2016, 44 (01): 5 – 23.

[238] Junxiao Liu, Peter E. D, Peter R. Davis, et al. Conceptual framework for the performance measurement of public private partnerships [J]. Journal of Infrastructure Systems, 2015, 21 (01): 313 – 323.

[239] Pike K, Wright P, Wink B, et al. The assessment of cultural ecosystem services in the marine environment using Q methodology [J]. Journal of Coastal Conservation, 2015, 19 (05): 667 – 675.

[240] Brookes S. The New Public Leadership Challenge [J]. Human Resource Management International Digest, 2011, 19 (04): 175 – 194.

[241] Schneidewind, N. F. Methodology for validating software metrics [J]. IEEE Transactions on Software Engineering, 2018 (05): 419 – 422.

[242] Howlett Michael. Beyond Legalism? Policy Ideas, Implementation Styles and Emulation – Based Convergence in Canadian and U. S. Environmental Policy [J]. Journal of Public Policy, 2020 (03): 305 – 329.

[243] Salamon, N. J. An Assessment of the Interlaminar Stress Problem in Laminated Composites [J]. Journal of Composite Materials, 2014 (01): 177 – 194.

[244] Shamim A, Ghazali Z. A Conceptual Model for Developing Customer Value Co – Creation Behaviour in Retailing [J]. Global Business & Management Research, 2014, 6 (03): 185 – 196.

[245] Shamim A, Ghazali Z. The Role of Self – Construals in Developing Customer Value Co – Creation Behavior [J]. Global Business & Management Research, 2015, 7 (02): 19 – 27.

[246] Heinonen K, Helkkula A, Holmlund – Rytkönen M, et al. Customer participation and value creation: a systematic review and research implications [J]. Managing Service Quality: An International Journal, 2013, 23 (04): 341 – 359.

[247] Pagani M, Pardo C. The impact of digital technology on relationships in a business network [J]. Industrial Marketing Management, 2017 (67): 185 – 192.

[248] Lyytinen K, Yoo Y, Boland Jr R J. Digital product innovation within four classes of innovation networks [J]. Information Systems Journal, 2016, 26 (01): 47 – 75.